[決　定　版]

原発の教科書

津田大介・小嶋裕一　編

新曜社

巻頭によせて

津田　大介

突然の連絡だった。２０１４年3月13日、筆者のメールボックスに経済産業省資源エネルギー庁原子力政策課からメールが届いたのだ。内容は「原子力政策の方向性について意見交換をしたいので、１時間ほど時間を取ってもらえないか」というもの。都合をつけてミーティングを設定すると、原子力政策課長がやってきた。当時は経産省が日本の中長期的なエネルギー政策の方向性を示す「エネルギー基本計画」の策定に向けて検討を進めている段階で、政府原案の一部が示された時期でもあった。彼らがメディアに出演している人間をピックアップして、自分たちの進めたい政策について「レク」（大臣やメディア向けの説明）を行う目的で来ることはミーティング前から容易に想像できた（実際に知り合いのメディア関係者にこの件について聞いてみたところ、原子力政策課が数十人単位でレクに回っていることが確認できた）。

彼らが持ってきた資料には、原発の総電力供給力が今後どうなるのか、時系列のグラフで示されていた。原発には40年（長くても60年）という「寿命」があり、「40年廃炉基準」を厳格に運用した場合には、２０３０年末の時点で、現存する48基のうち30基の原子力発電設備が廃炉となる。そうすると80％の稼働率でも全電源の15％しか発電することができない。つまり、もし、日本で原発をこのまま使い続けるのならば、原発を新設するなり、古い炉をリプレースする（置き換える）必要がある。そのことを遠回しに伝えるレクだった。

原発の新設は、設置許可の申請から実際の営業運転開始まで10年前後の時間を必要とする。彼らはレク中しきりに「もうあまり時間は残されていない」という趣旨の話をしてきた。数年以内に新設やリプレースの国民的議論を始めるべきだということを言外に匂わせた。政府や経産省は原発を今後も使い続けることを前提に動き始めていたのだ――東京電力福島第一原発事故という未曾有の過酷事故からわずか3年しか経っていない時点での話である。

筆者はこのレクを聞いた時から「そう遠くない将来、原発の新設・リプレースが原発議論の中心になる」と確信した。そうであるならば、議論が本格的に始まる前に新設・リプレースに伴う論点を炙り出し、国民一人ひとりが判断できる材料を増やす必要がある。こうして生まれたのが2015年5月に公開された、筆者が編集長を務めるウェブメディア『ポリタス』の特集記事「原発〝新設〟の是非」(http://politas.jp/features/6) である。本書はその内容を大幅にアップデートし、帰還政策や避難計画といった問題から、エネルギー安全保障や核武装など、原子力に「頼らざるを得ない」日本特有の事情まで、この2年で惹起された新たな論点を加えて教科書仕立てにしたものだ。

日本政府は2014年4月に第4次エネルギー基本計画を閣議決定、翌2015年には2030年度の電源構成で原発の割合を20～22％にすると決定した。先に電源構成の割合を決めることで、新設・リプレースの議論の道筋をつけたとも言える。そして2017年6月に経産省が国のエネルギー計画に将来の原発新増設やリプレースの必要性を明記するという『日本経済新聞』の報道が出て、2

カ月後にそれを否定する他社の報道が続いた。ついに「その時」がやってきたのだ。

原発政策を巡る世界的な状況は２０１７年に入ってから大きく動いている。既に２０２２年までの脱原発を決めたドイツや、原子力事業の再開を国民投票で否決したイタリアに続き、台湾（２０１７年１月に２０２５年までの脱原発を定めた改正電気事業法が成立）、スイス（２０１７年5月に原発の新設を禁止し、２０５０年までの脱原発を柱とする新エネルギー法が成立）、韓国（２０１７年6月に文在寅大統領が原発の新規建設白紙化を表明、建設中の新古里原発5、6号機を中断）といった国々が既存の原発を使いつつも、原発の新設は行わず、原発が寿命を迎えるまでの間に再生可能エネルギーを伸ばして〝ゆるやか〟に脱原発することを相次いで表明した。

他方、世界の原発事情を概観すると、国際的に脱原発が進んでいるとは言えない状況が見えてくる。日本原子力産業協会の２０１７年版レポートによれば、２０１７年1月1日時点で建設中の原子炉は60基あり、稼働中の原子炉は世界で計４４７基に及ぶ。

日本は原発を今後も使い続けるのか、それとも脱原発を果たすのか、大きな岐路に立たされている。政府は原発の新設・リプレースを具体的な政策テーブルに載せつつある。もはや、原発に対して反対あるいは賛成の立場から感情的・原理的な主張を繰り返し、議論を停滞させている場合ではない。福島第一原発事故から得られた教訓を生かせるかどうかは、これからの我々日本国民の手にかかっている。

正確な知識に基づき前向きで構築的な議論を行うために。原発についても福島についても語ることを止めないために。日本の原発をどうするべきか、自ら考えて結論を出すための材料として本書を活用していただければ幸いである。

目次

270 第Ⅳ章 原発の未来

1 原子力年表

原子力に関する歴史と未来の予定を1つの年表にまとめました。
東京電力福島第一原発事故を境にどう変化するかについても注目してみましょう。

年	出来事	詳細
-125000	人類の日常的な火の使用	調理など日常的な火の使用を示す証拠が、12万5000年前の遺跡から発見されている
1945	原爆投下	米、広島・長崎に原爆を投下(8月6日・8月9日)
1955	〈日米原子力研究協定〉調印	(11月14日)
1955	〈原子力三法〉公布	原子力基本法・原子力委員会設置法・原子力局設置に関する法律の三法(12月19日)
1956	原子力委員会発足	日本の原子力計画に関する審議会(1月1日)
1957	国際原子力機関(IAEA)発足	原子力の平和的利用を促進する国連関連機関(7月29日)
1966	東海原発運転開始	(7月25日)
1971	福島第一原発運転開始	(3月26日)
1973	美浜原発1号機燃料棒破損事故	関西電力は事故を隠蔽していたが、3年後に内部告発で発覚(3月)
1973	セラフィールド再処理工場(英)で漏洩事故	前処理施設が閉鎖(10月5日)
1974	〈電源三法〉公布	発電用施設周辺地域整備法、電源開発促進税法、電源開発促進対策特別会計法の三法(6月6日)
1974	原子力船「むつ」臨界	(8月28日)
1974	「むつ」放射線漏れ事故	母港帰還への反対、改修のため試験再開までに以後16年を要した(9月1日)
1977	高速増殖実験炉「常陽」臨界	(4月24日)
1978	新型転換原型炉「ふげん」臨界	(3月20日)
1979	スリーマイル島原発(米)2号機で炉心溶融事故	(3月28日)
1981	東海再処理施設運転開始	日本初の核燃料の再処理施設(1月17日)
1984	核燃料サイクル施設立地申し入れ	電気事業連合会(電事連)が青森県と六ヶ所村に正式要請(7月27日)
1985	〈立地基本協定〉調印	核燃料サイクル施設の建設で青森県、六ヶ所村と日本原燃サービス、日本原燃産業が、電事連立ち会いのもと調印(4月18日)
1986	チェルノブイリ原発(ソ連)4号機で炉心溶融事故	(4月26日)
1988	〈日米原子力協定〉発効	(7月17日)
1989	ショアハム原発(米)の未稼働解体	スリーマイル島原発事故を受け(2月28日)
1989	ヴァッカースドルフ再処理工場(独)建設中止	(6月6日)
1990	「むつ」初の原子力航行	(7月13日)
1992	「むつ」原子炉運転終了	(1月)
1992	伊方1号機、福島第二1号機の設置許可取り消し訴訟、最高裁で敗訴確定	(10月29日)
1993	低レベル放射性廃棄物の海洋投棄全面禁止決定	ロンドン条約締約国協議会議にて(11月12日)
1994	高速増殖原型炉「もんじゅ」臨界	(4月5日)
1995	「もんじゅ」ナトリウム漏洩火災事故	対応の遅れと隠蔽が問題となる(12月8日)
1997	東海再処理施設で火災爆発事故	アスファルト固化施設内でINESレベル3の事故(3月11日)
1999	東海村JCO臨界事故	国内初の事故被曝により2人死亡、1人重症、近隣への避難要請。INESレベル4(9月30日)
2000	〈最終処分法〉成立	高レベル放射性廃棄物の地層処分に関する法律(5月16日)
2003	「ふげん」運転終了	(3月29日)
2004	美浜原発3号機で配管破断事故	高温・高圧の蒸気が噴出し5人死亡、6人重軽傷(8月9日)
2007	東洋町長が高レベル放射性廃棄物最終処分場候補地調査に応募	町長の独断で(1月25日)。4月22日の町長選で反対派町長が誕生し、4月23日撤回表明
2007	柏崎刈羽原発で火災事故などのトラブルが多発	新潟県中越沖地震発生による(7月16日)
2010	「もんじゅ」試運転再開	(5月6日)
2010	「もんじゅ」炉内中継装置落下事故	(8月26日)

原発事故 東日本大震災(3月11日)

高レベル放射性廃棄物がウラン鉱石と同程度の放射線量に減衰する	100000
「オンカロ」閉鎖	2124
60年廃炉で新増設ゼロの場合｜日本国内の全原発が廃止	2069
福島第一原発が廃炉完了	2051
スイスが脱原発を達成	2050
40年廃炉で新増設ゼロの場合｜日本国内の全原発が廃止	2049
「ふげん」が廃炉完了	2033
スウェーデンで高レベル放射性廃棄物処分場の操業開始	2029
国内6基の原発が40年の運転期間満了｜台湾の全原発が廃止	2025
フィンランドで高レベル放射性廃棄物最終処分場「オンカロ」操業開始	2024
新型原子炉「アトメア1」を採用｜日本企業が建設に参画するトルコの原発が運転開始	2023
チェルノブイリ原発4号機で原子炉内の燃料デブリ取り出し作業開始	2023
国内の全原発17基を閉鎖｜独が脱原発を達成	2022
福島第一原発で原子炉内の燃料デブリ取り出し作業開始	2021
東日本大震災と原発事故の教訓を伝える｜福島県の「アーカイブ拠点施設(仮称)」開館	2020
発送電分離に合わせ規制料金が廃止｜電力完全自由化	2020
福島第一原発1・2号機、使用済み燃料プールの燃料取り出し作業開始	2020
福島第一原発3号機、使用済み燃料プールの燃料取り出し作業開始	2018
〈日米原子力協定〉の有効期間満了	2018
〈エネルギー基本計画〉改定	2017
	FUTURE
点検中に核燃料物質入りのビニール袋が破裂し5人が被曝(6月6日)｜大洗研究開発センター作業員被曝事故	2017
浪江町、飯舘村、富岡町、川俣町山木屋地区の居住制限区域と、避難指示解除準備区域が対象(3月31日〜4月1日)｜避難指示解除	2017
(12月21日)｜「もんじゅ」廃炉が決定	2016
(6月20日)｜高浜原発1・2号機に60年運転認可	2016
(5月10日)｜伊方原発1号機が廃止	2016
大津地裁による決定(3月9日)。翌年大阪地裁が取り消し｜高浜原発3・4号機の運転差し止め仮処分決定	2016
原子力規制委員会が文科相に原子力機構への対応を勧告(11月13日)｜「もんじゅ」運転の能力なしとして対応を勧告	2015
(4月30日)｜島根原発1号機が廃止	2015
(4月27日)｜敦賀1号機、美浜1・2号機、玄海1号機が廃止	2015
福井地裁による決定(4月14日)。のち12月24日取り消し｜高浜原発3・4号機の運転差し止め仮処分決定	2015
福井地裁による判決(5月21日)。関西電力が翌日控訴｜大飯原発3・4号機の運転差し止め判決	2014
(4月11日)｜〈エネルギー基本計画〉決定	2014
2015年8月11日に川内原発1号機が再稼働するまで(9月15日)｜再び日本国内の全原発が停止	2013
(9月19日)｜原子力規制委員会発足	2012
民主党政権の政治判断により7月1日に大飯3号機が再稼働するまで(5月5日)｜日本国内の全原発が停止	2012

2011 東京電力 福島第一

〈原発〉基礎知識

2 原発地図

上図は日本の原発とその関連施設です。原発は原子炉の冷却に大量の水が必要なことから、日本ではすべて沿岸部に建てられています。限られた国土に多くの原発を建設するため、1カ所に集中立地している現状も見て取れます。

電力会社の管轄と所有する原発の位置に注目すると、東京電力は東北電力エリアの福島、新潟、青森に、関西電力は北陸電力エリアの福井に原発を所有しています。人口の多い都市部の電力を、人口の少ない地域が担ってきたことがわかります。

東京電力福島第一原発が起こした事故は、沿岸部に立地していたために津波に襲われ、電源を喪失したことが主因となりました。また、6基の原子炉が1カ所に集中していたために事故対応が困難となり、被害が拡大しました。

このように原発地図だけを見ても、そこからは原発の抱えるさまざまな問題点や矛盾点が浮き彫りになります。

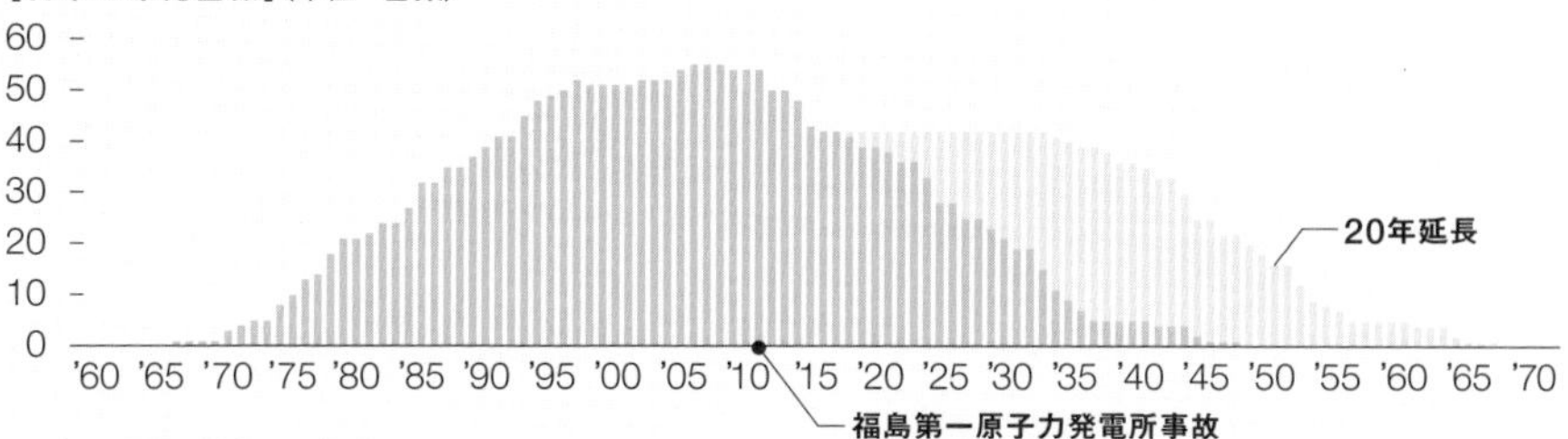

日本の原発基数の変化

1966年に日本初の商用原発となる東海原発が完成した後、70年代から90年代後半にかけて毎年のように原発が運転を開始します。しかしその勢いは2000年前後には鈍化、そして2011年の東京電力福島第一原発事故を迎えます。当時の民主党政権は事故を受け、原子炉等規制法を改正。原発の寿命を40年と定めたことにより、原発は大量廃炉時代に入ります。ただし一度に限り20年の運転延長が可とされ、現在高浜1、2号機と美浜3号機が運転延長審査に合格しています。安倍政権は2030年に原子力発電の割合を20〜22パーセントとする方針のため、15基の運転延長が必要になります。40年運転制限を厳密に適用した場合、2049年には泊原発3号機の運転が停止、日本の原発はゼロに。さらに20年延長した場合も、2069年に原発ゼロになります(現在建設中の東京電力・東通原発、大間原発、島根原発3号機を除く)。

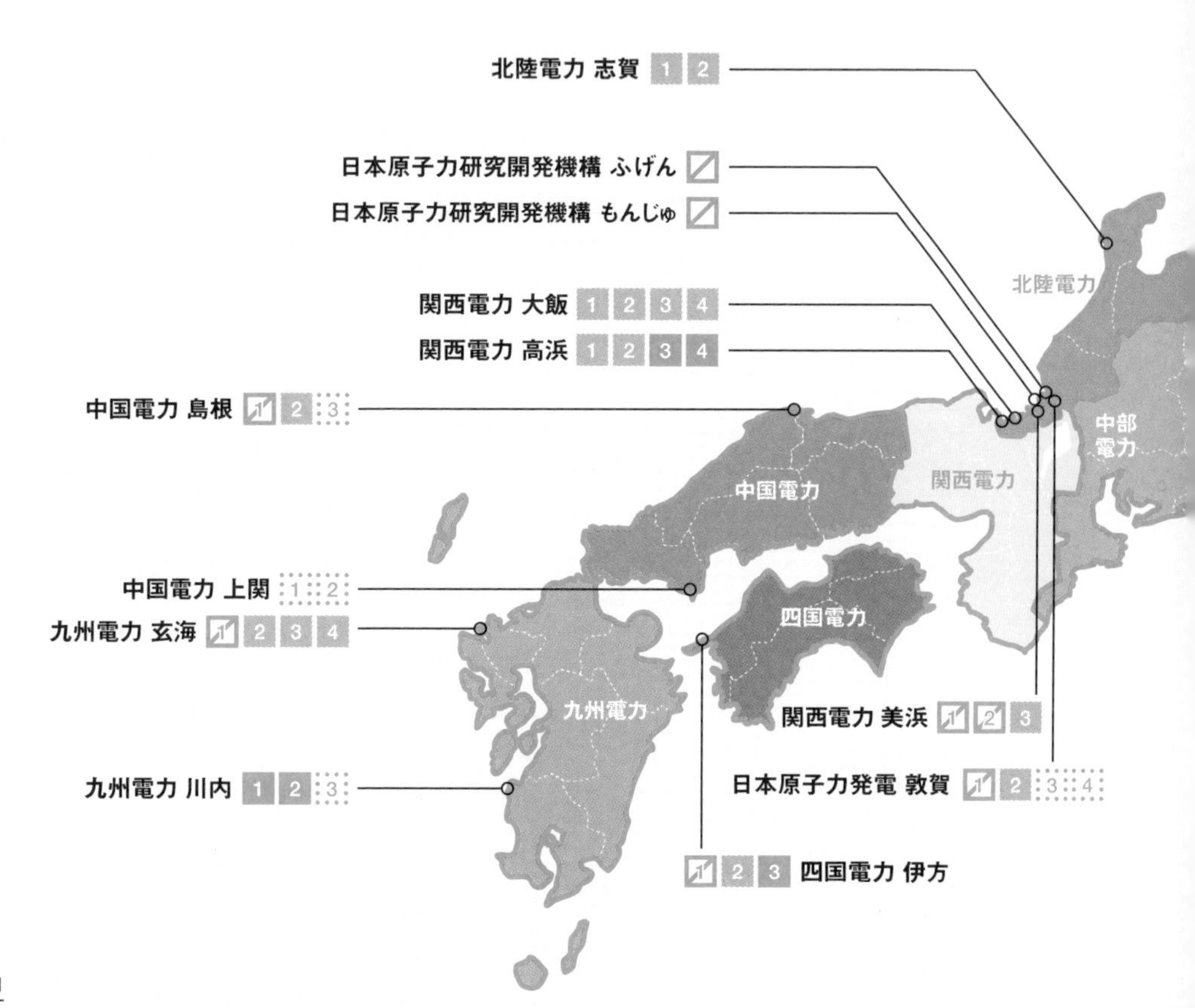

[原子力発電を利用することについて](朝日新聞社)

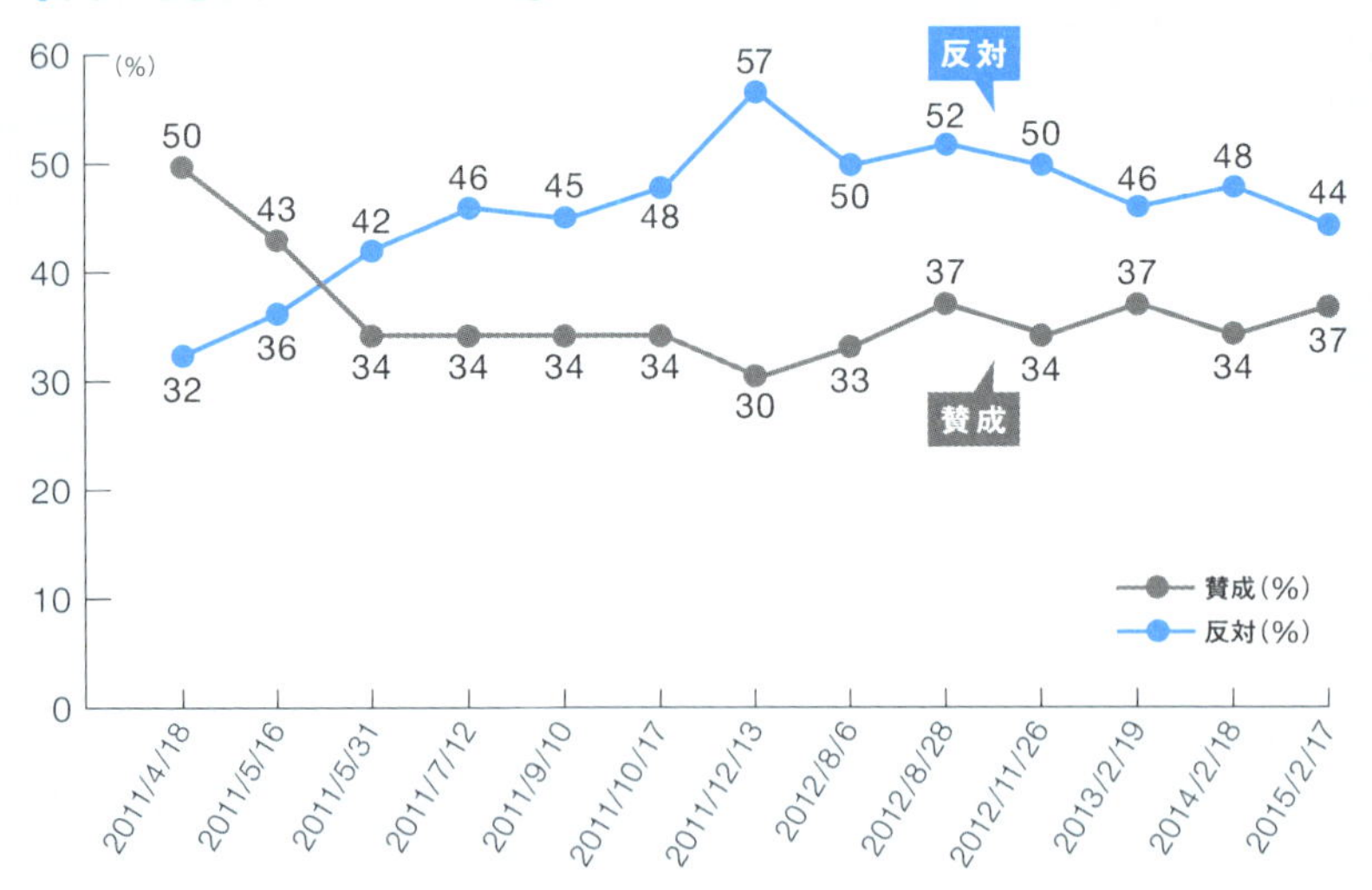

ここでは原発の是非に関する世論調査の推移を見ていきましょう。
2011年3月11日に起きた東京電力福島第一原発事故直後は、原発の利用への賛成が反対を上回っていました。しかし、2011年5月21日に実施された世論調査では賛否は逆転し、反対が賛成を上回りました。その後も同じ傾向のまま推移しています。

[今後どうしたらよいか](朝日新聞社)

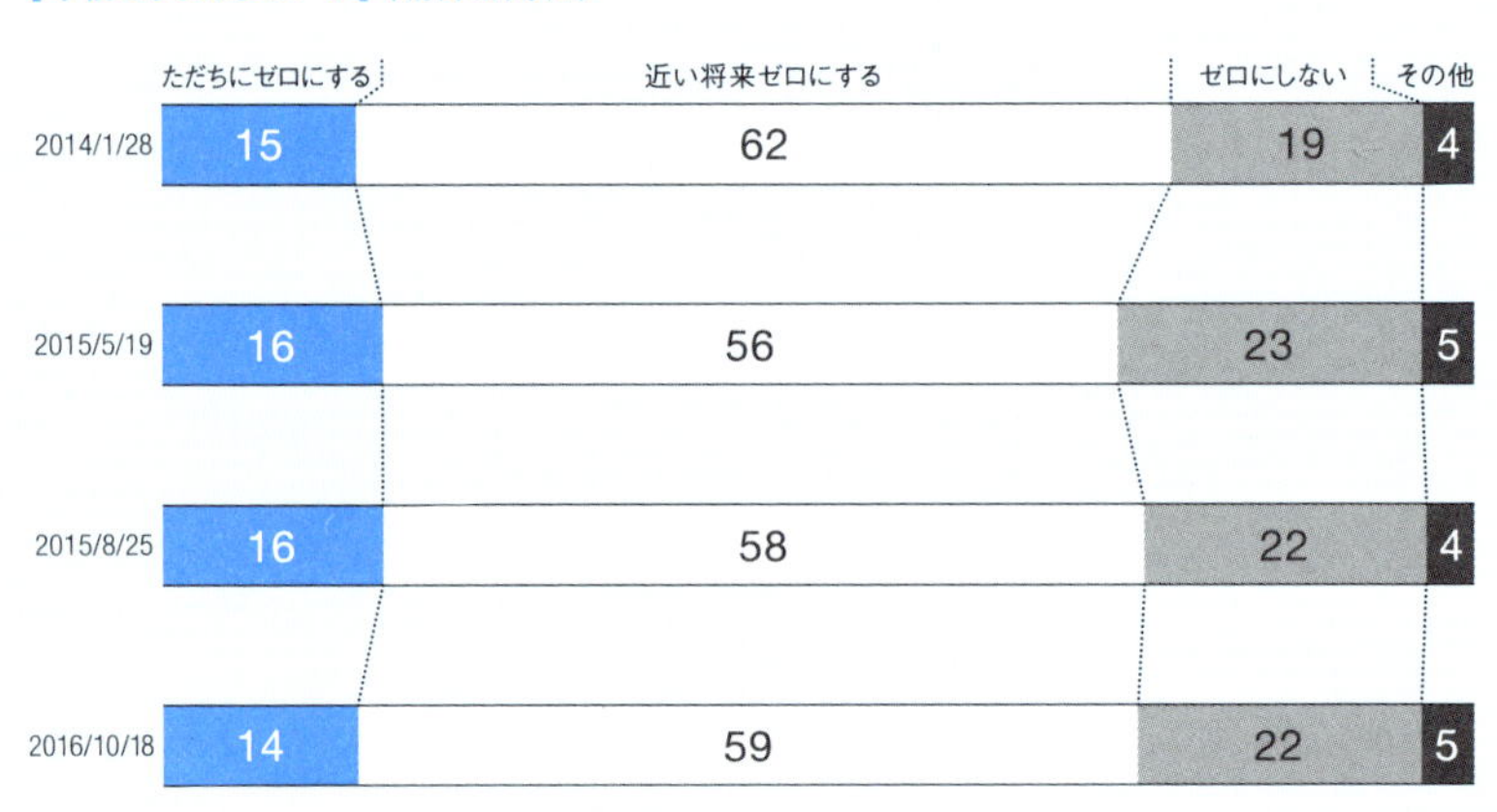

一口に原発への反対といっても、原発の即時中止を求める「即ゼロ」と、徐々に減らしていっていずれ止める「段階的脱原発」に分けられます。質問の仕方を「原発の是非」ではなく、「原発を今後どうしたらよいか」と3択で聞くことで、このグラデーションが見えてきます。時期によって多少の変動はありますが、概ね「即ゼロ」が2割弱、「段階的脱原発」が6割、原発を今後も使い続ける「維持・推進」が2割で推移しています。次のページの上の図でこの割合をわかりやすく示してみます。

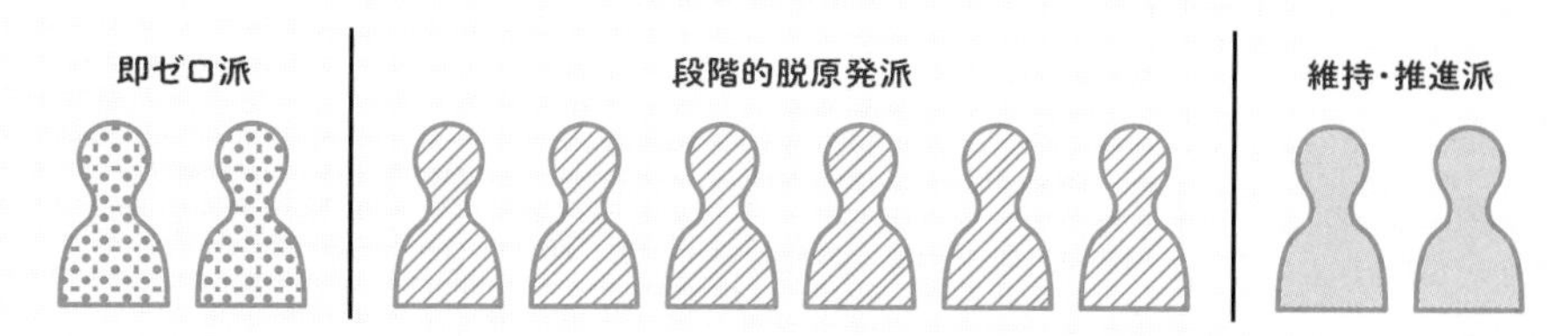

しかし、「原発を徐々に減らしていく」ことは具体的にイメージしにくいかもしれません。「原発の今後」という抽象的な聞き方ではなく、「原発の再稼働の是非」と「原発の新増設の是非」を聞くことで、「原発の今後」への態度をもっとクリアに導き出せるはずです。では、下の表のQ1、Q2の２つの質問に答えてみてください。

	即ゼロ派	段階的脱原発派	維持・推進派
Q1 今、日本にある原発を再稼働してもよいか?	×	○	○
Q2 日本に新しく原発を建ててもよいか?	×	×	○

上の表の通り、再稼働にも原発新増設にも反対であれば「即ゼロ」、どちらも賛成であれば「維持・推進」、再稼働には賛成だが新増設には反対という場合には「段階的脱原発」ということになります。(「段階的脱原発」のなかにも一部新増設を認めるという人や再稼働には反対だが新増設には賛成という人も少数いると思われますが、ここでは除きます)。次に、「再稼働の是非」に関する世論調査の推移を見てみましょう。

概ね、3割が再稼働に賛成、6割弱が反対で推移しています。「原発の今後」に関する質問では、「維持・推進」と「段階的脱原発」が合わせて8割程度を占めていることを考えると、再稼働への賛成がわずか3割という結果は矛盾しているように思えます。原発を維持推進すべき、あるいは徐々に脱原発に向かうべきと考えていても、現状の原発の安全性や再稼働のプロセスに不安を覚えている人が多く、その不安が解消されていないことが推測されます。
一方、「即ゼロ」の割合が増える傾向も見られません。たとえ原発事故は怖いと感じていても、原発をすぐやめることで生じる経済や電力供給への影響を不安視する人も多いのかもしれません。
このように世論調査からは一見矛盾した結果が読み取れます。なぜそのようなことが起こるのか、この本で解き明かしていきたいと思います。

[停止中の原発の運転再開について](朝日新聞社)

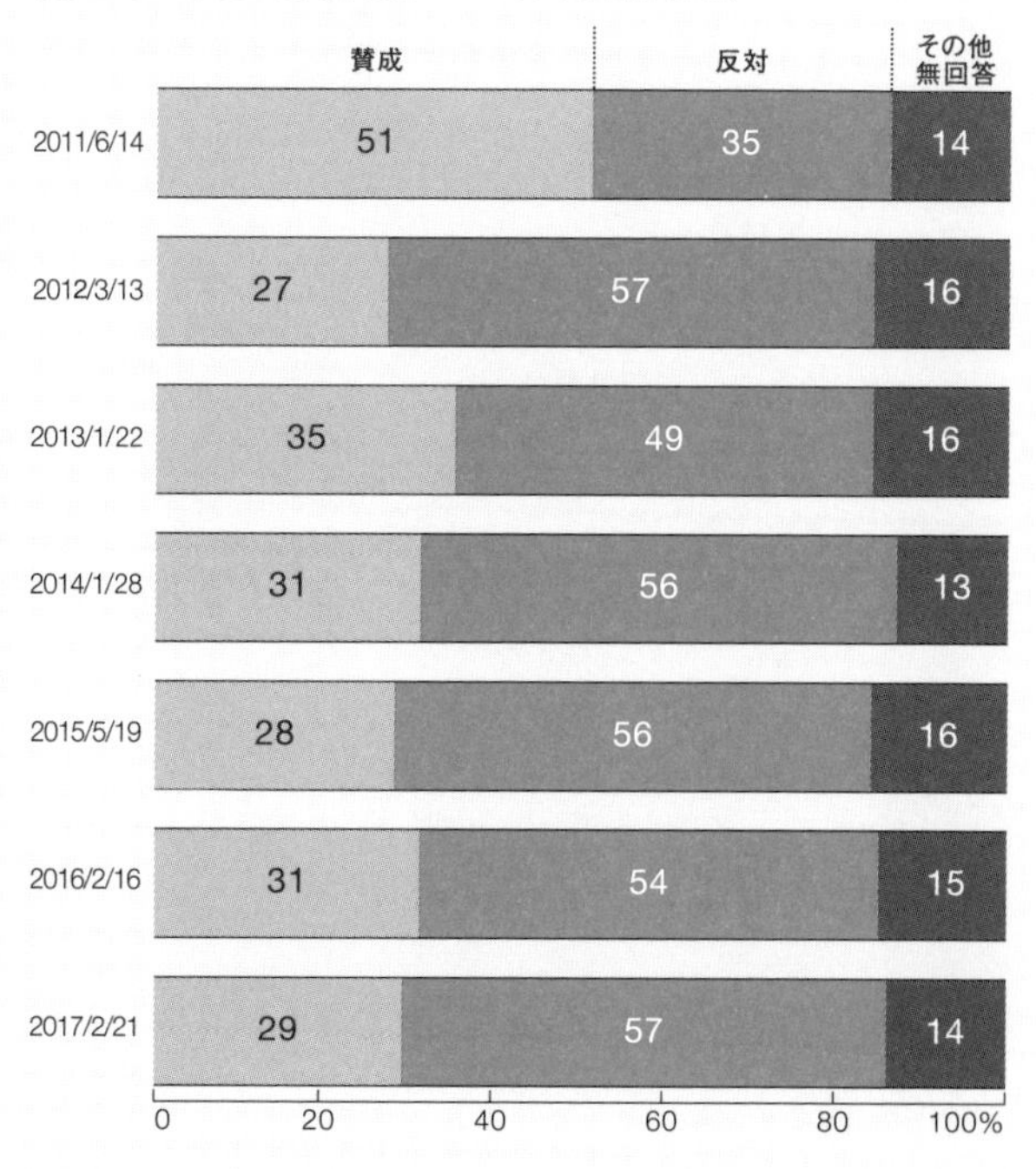

4 東京電力福島第一原発事故概要

2011年3月11日午後2時46分、三陸沖を震源とする国内観測史上最大のマグニチュード9・0の地震が発生。最大震度7の強い揺れとそれに伴う巨大な津波は、東北・関東地方を中心に甚大な被害をもたらしました。2017年3月時点で、死者は1万9533人、行方不明者は2585人に及び、避難生活でのストレスや体調悪化などの間接的な原因で死亡した震災関連死も3591人にのぼっています。東京電力福島第一原発では地震により外部からの電源供給がすべて停止、また、その後に到達した津波により浸水した非常用発電装置が使用不能となったことで、原子炉の冷却機能が失われ、炉心溶融事故(メルトダウン)が起こりました。翌12日以降、1、3、4号機の建屋が次々と水素爆発を起こし、大量の放射性物質を放出。国際原

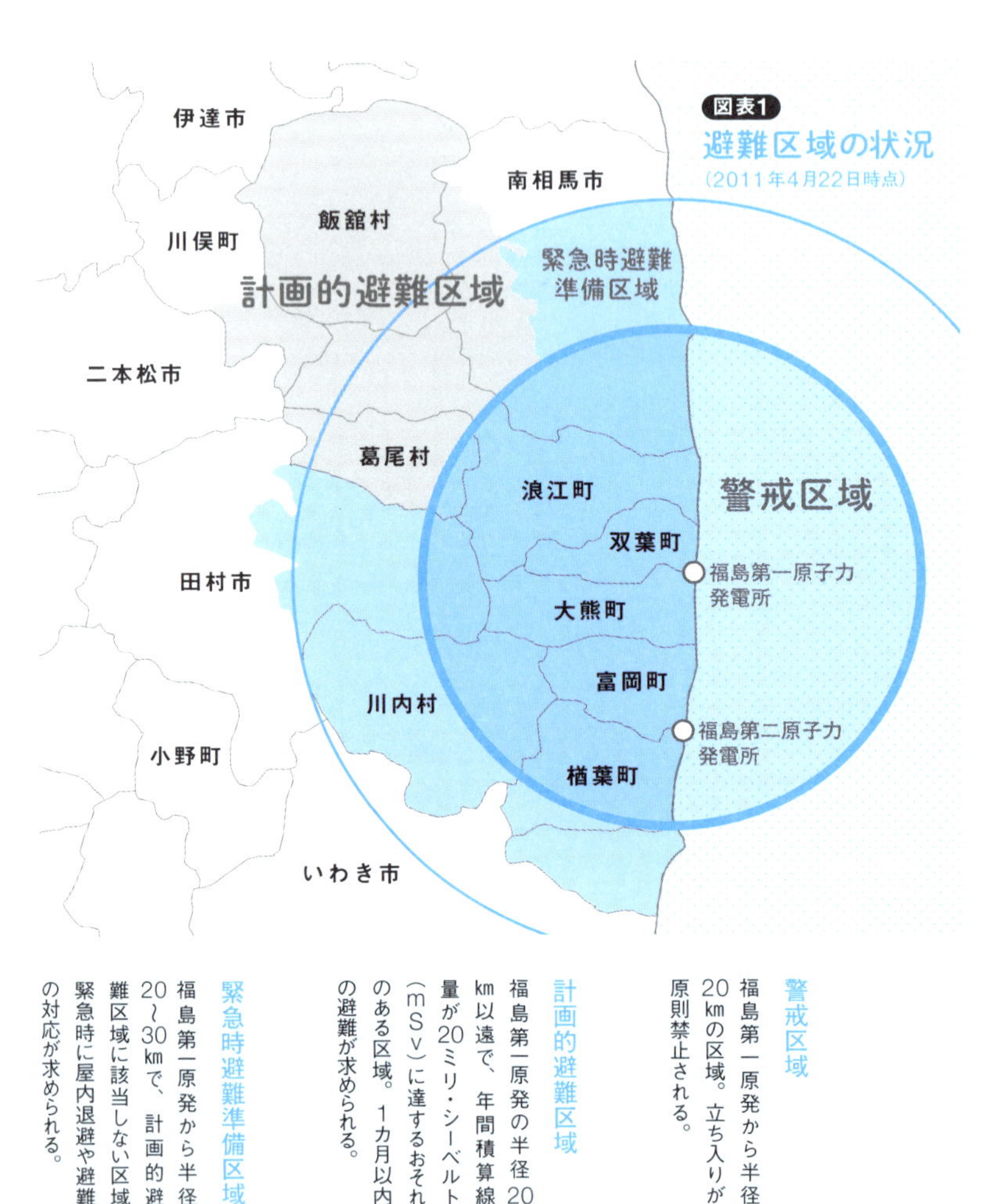

警戒区域
福島第一原発から半径20㎞の区域。立ち入りが原則禁止される。

計画的避難区域
福島第一原発の半径20㎞以遠で、年間積算線量が20ミリ・シーベルト(mSv)に達するおそれのある区域。1カ月以内の避難が求められる。

緊急時避難準備区域
福島第一原発から半径20～30㎞で、計画的避難区域に該当しない区域。緊急時に屋内退避や避難の対応が求められる。

子力事象評価尺度（ＩＮＥＳ）では１９８６年のチェルノブイリ原発事故と同規模の最も深刻なレベル7と評価されました。東京電力は廃炉作業の完了を30〜40年後としていますが、燃料デブリの取り出し方法はいまだ決まっておらず、作業の長期化が予想されています。

原発周辺地域には、11日夜から避難指示が出され、4月22日には「警戒区域」と「計画的避難区域」、「緊急時避難準備区域」が設定されました（図表1）。

また、２０１２年4月1日には放射線量の測定データなどを元に区域の再編が行われ、「帰還困難区域」「居住制限区域」「避難指示解除準備区域」の3つに区分されています。その後、段階的に避難指示解除が行われ、現在では図表2のような状況です。避難者数は２０１２年5月時点で16万４８６５人、２０１７年は5月時点では、6万１７９人にのぼります。

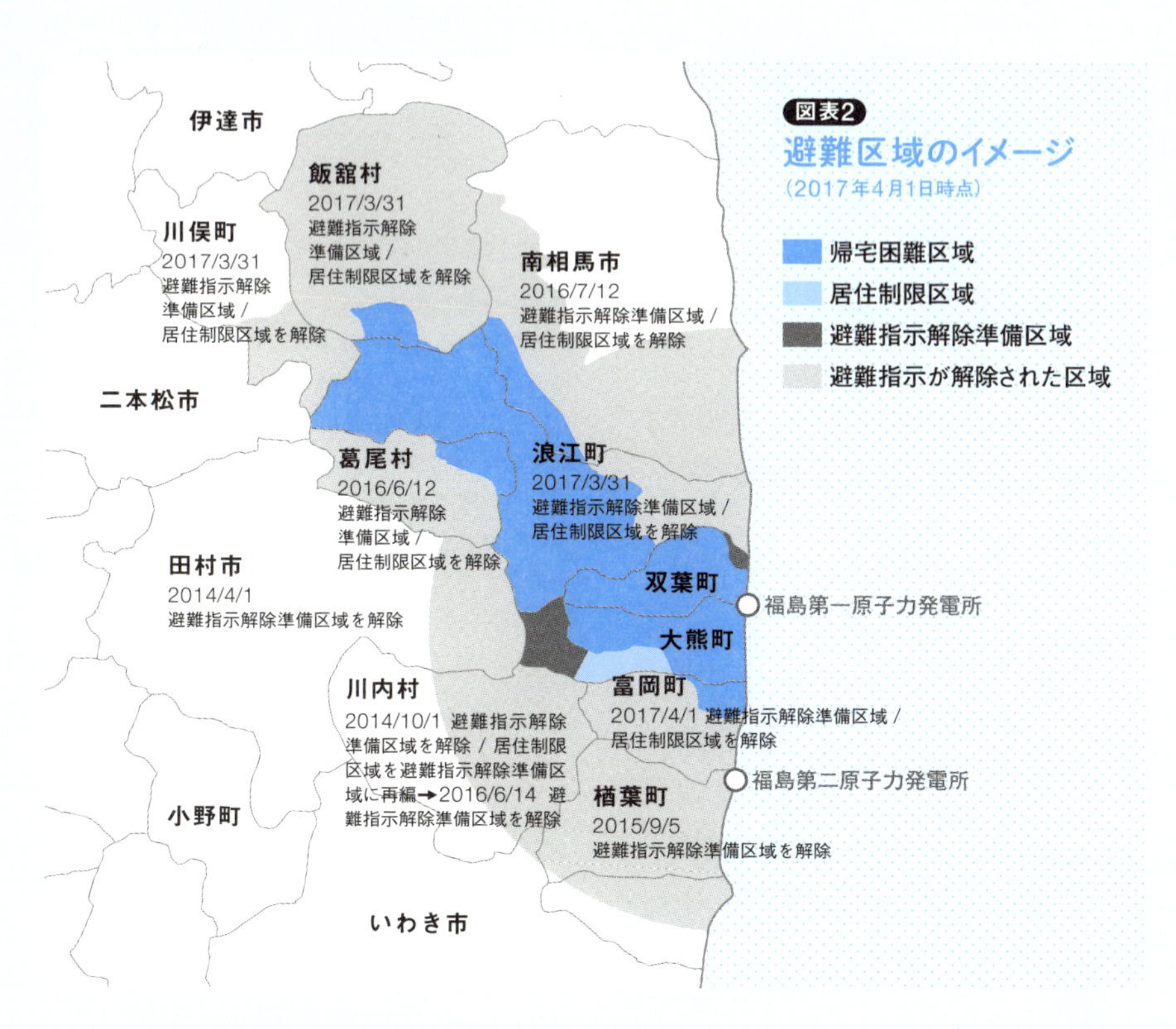

帰還困難区域
年間積算線量が50ｍＳｖを超え、5年を経過しても20ｍＳｖを下回らないおそれのある区域。立ち入り、宿泊ともに原則禁止される。

居住制限区域
年間積算線量が20ｍＳｖを超えるおそれがあり、引き続き避難の継続を求める区域。立ち入りは認められるが、事業活動が制限され、宿泊は原則禁止される。

避難指示解除準備区域
年間積算線量が20ｍＳｖ以下になることが確実であると確認された区域。帰還準備や事業活動のための立ち入りは認められるが、宿泊は原則禁止される。

〈原発〉基礎知識

5 基本ワード

本書の中に繰り返し出てくる基本的なワードです。

WORD : 1

原子力発電

核分裂により発生する熱エネルギーで水を沸かし、その水蒸気でタービンを回転させる発電のこと。原発とも呼ぶ。出力が安定し、CO_2を排出しないという利点がある一方で、処分の難しい放射性廃棄物を生み出し、広範囲に甚大な被害をもたらす事故のリスクも抱えている。

WORD : 2

放射性廃棄物

原子力発電に伴って発生する使用済み燃料や、放射性物質で汚染された廃棄物のこと。放射線量により高レベル放射性廃棄物と低レベル放射性廃棄物に大別される。核燃料サイクル政策を維持する日本では、使用済み燃料は資源とされ、再処理で生じる廃液を固めたガラス固化体が高レベル放射性廃棄物として扱われている。

WORD : 3

避難計画

原子力発電所が事故を起こした際、周辺住民が迅速に避難できるよう移動経路や避難先などを定めた計画のこと。原発30km内の自治体には、国が定める原子力災害対策指針等に従って避難計画を策定することが義務づけられている。自治体が策定する避難計画の実効性について、国が評価する仕組みはない。

WORD : 4

核燃料サイクル

原子力発電で使用するウラン鉱石を採掘し、核燃料集合体に仕立て、原子力発電に使用し、その使用済み燃料を貯蔵・分別・再処理し、取り出したウランとプルトニウムを再び燃料として利用し、最終的には放射性廃棄物の処分までを含めた一連の流れ、仕組みのこと。

WORD : 5

リプレース

老朽化した発電所設備を廃止し、同じ敷地内に最新技術を導入した新しい発電所を建設すること。

WORD : 6

3E+S

エネルギーの供給安定性(Energy Security)、環境性(Environment)、経済性(Economic Efficiency)、そしてその大前提となる安全性(Safety)の頭文字を取った概念。

WORD : 7

エネルギー基本計画

国のエネルギー政策の中長期的な方向性を示し、その実現のための施策をまとめた計画のこと。2002年に成立したエネルギー政策基本法に基づいて政府が策定する。少なくとも3年ごとに見直すことになっている。

WORD : 12

原発輸出

原子力協定を締結した国に、原子炉等の原子力機器、部品の販売を行うこと。原子力発電所の建設も含まれるが、運転や管理、廃棄物処理等を含めたパッケージとして受注することもある。日本政府は原発輸出を成長戦略の柱と位置づけ、積極的に推進している。

WORD : 13

国際原子力機関（IAEA）

原子力の平和利用の促進と、軍事転用の防止を目的とする国連傘下の自治機関。1957年に発足し、加盟国は168カ国（2016年2月時点）。発展途上国における原子力の平和利用を支援するとともに、核不拡散の観点から非核兵器保有国への査察を行う。

WORD : 14

原子力規制委員会

2012年に環境省の外局として発足した日本の原子力規制機関。経済産業省内に原子力推進機関と規制機関が共存し、規制機能が十分でなかった反省を受けて、独立性の高い組織として設立された。福島第一原発事故の反省を踏まえた新規制基準に則り、原子力施設の設置や運転の可否を判断する。

WORD : 8

廃炉

運転を停止した原子力発電所から燃料を取り出し、原子炉および関連施設を除染、解体すること。廃炉作業には20～30年かかり、1基あたり350～840億円程度の費用を要する。

WORD : 9

エネルギー安全保障

国民生活や経済・社会活動等に必要な十分な量のエネルギーを、合理的な価格で継続的に確保すること。消費国・生産国・通過国のそれぞれの地理的（埋蔵量の減少や偏在、自然災害等のリスク）、地政学的（政治状況や外交等のリスク）、経済的条件によりその戦略は異なる。

WORD : 10

日米原子力協定

核燃料や原子力に関連した物資、技術等の協力、軍事転用や第三国への移転の禁止など、原子力の平和利用について取り決めた日米間の協定。1988年に発効し、2018年に有効期間が満了する。非核保有国で唯一、日本が核兵器開発に転用可能な再処理技術を保有する根拠となっている。

WORD : 11

原子力協定

核物質や原子炉等の原子力機器、技術の提供を受ける国に、核不拡散や安全確保を義務づけるために締結する二国間協定のこと。原発輸出の前提となる。

㊗ハイロ!?

それでも醒めない「もんじゅの夢」

01 もんじゅ君、ハイロ決定

みなさん、
こんにちは。
ボクは**福井県**
敦賀市に暮らす
高速増殖炉の
もんじゅ君。

ボクが建っているのは
とっても風光明媚な
若狭湾沿い。
白い砂浜、かがやく海。
夏には海水浴客で
にぎわうんだ。

だけどここは
日本一の原発銀座。
高浜くん、敦賀くん、
美浜くん、大飯くん…
13基の原発が集結しているの。[*]

*うち3基は2015年に廃炉が決定。

そんな原発銀座で1994年、
夢の原子炉として
誕生したのがボク、
高速増殖炉もんじゅ。

蝶よ、花よ、
と育てられ
管理費だけで
毎年200億円、
建設費を含めると、
これまでに**国費1兆円**を
つぎこまれてきたんだ。

だけど結局、**トラブル**ばかりでほとんど
お仕事しないまま
ついに**2016年末、引退勧告**が出たの。

ボクは根っからの
ニート体質だから
晴れて
ご隠居できるように
なったのは
うれしいんだけど…
正直フクザツ。
そのへんの事情を
今日はお話しするね！

02 そもそも高速増殖炉って何者？

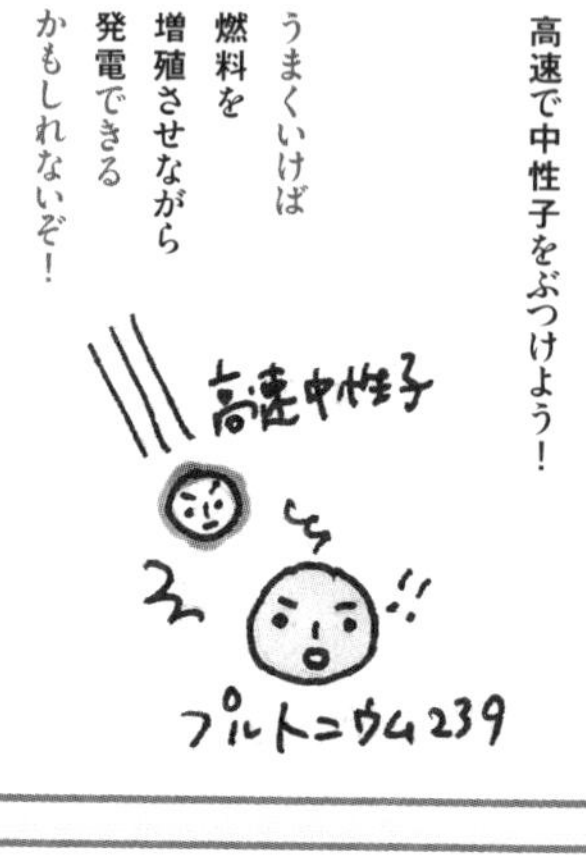

03 不祥事つづきでついに引退 もんじゅ暗黒の歴史

で、なんでボクもんじゅのハイロが
決まったかって話なんだけど…
**実は1995年に
初発電してから
事故や
不祥事ばっかりで
21年間のうち、
たった4カ月しか
お仕事してなかったの。**

ゲラゲラ

マンガ

それでもおこづかいは
**1日あたり
5500万円**
もらってたし…。
正直、クビに
ならなかったのが
ふしぎだよね！

WOW!!

5500万

もんじゅ君事件簿 File.1 1995年 ナトリウム漏れ火災事故

運転を始めて3カ月余りで
配管がやぶけてナトリウムを
おもらしして火事に。
当時ボクのパパだった動燃が
事故を隠そうとして大炎上。
事故調査の担当者さんが
自殺なさって、ボク、悲しかったよ。

＊不審死ともいわれています

辺り一面ナトリウムだらけで
おそうじも大変でしたよ…

もんじゅ君事件簿 File.2 2010年 炉内中継装置落下事故

ナトリウム漏れ火災から15年間、
ほとぼりが覚めるまで
ボクは長い長い夏休み。
パパの動燃は
看板をかけかえて
JAEA
（日本原子力研究開発機構）に。
気持ちも新たに再スタート！と思いきや、
わずか**4カ月**で動かせなくなっちゃった。

器具がひっかかって
く、くるしい…

もんじゅ君事件簿 File.3 2012年 約1万件の点検漏れ発覚

どんなにボクがダメダメでも、パパである
JAEAは高速増殖炉をあきらめなかったの。
「お前は夢の原子炉だぞ」って
いつもボクを励ましてくれて…。
だけど「保安規定に基づいてきちんと保守してます」って
報告書に書きながら
実はぜんぜん点検してなかったのがバレちゃった。
もんじゅ全体でなんと
**9679カ所も点検を
サボってたんだよね。**
で、点検漏れについての
報告書もきちんと出せなくて
**ついに原子力規制委員会にも
「ダメだこりゃ」って見放されちゃって。**

点検しましたよ
…と。

「高速増殖炉」はやめて「高速炉」として
原発から出たゴミの**減容化**に使えないか
っていうトリッキーな**延命案**も
出たけれどさすがに認められず…
2016年12月21日、
ついに晴れて引退が決まったんだ。

やったね

MOX

もんじゅ君、20年の輝かしい歴史

履歴書在中

2017 年 7 月 1 日現在

履歴書

ふりがな　こうそくぞうしょくろ

氏名　高速増殖炉 もんじゅ

昭和 58 年 5 月 27 日生

ふりがな　ふくいけん つるがし しらき

現住所　〒919-1279 福井県敦賀市白木2丁目1番地

Twitter　@monjukun

ふりがな

現住所

(自宅電話)　なし

(携帯電話)　なし

(連絡先電話)

年	月	学歴・職歴（格別にまとめて書く）
		ボクもんじゅの予備設計がはじまる
1968		いま住んでいる福井県敦賀市が候補地に
1970		本体を建てはじめる
1985		デビュー！ 計画から30年近くたってやっと運転開始
1995	8	動いて4ヶ月弱でナトリウム漏れ火災。情報隠しで大問題に…
1995	12	火災事故の調査担当者さんが自殺
1996	1	「もんじゅ、ダメすぎる」ということで長い長い夏休みに突入
		満を持して15年ぶりに動きだす
2010	5	再稼働からわずか3ヶ月で、炉内中継装置落下事故
2010	8	「やれやれ」とあきれられて、またバカンスに… この間もずっと毎年200億の国費をついやす
		9679ヶ所もの点検漏れがバレる。
2012	11	原子力規制委員会が立ち入り検査。さらに点検モレがバレる
2013	2	さすがにガマンならぬと、規制委員会から運転停止命令
2013	5	「運転させて下さい」といって出した報告書に
2015	2	まちがいが見つかり、点検モレの数がさらに 増える。規制委員会、ポカーン
		ついに廃炉決定。しかし隠居への道のりは険しそう
2016	12	

04 再稼働のつづく日本に5つのツッコミどころ

ま、こんなわけでボクもんじゅはめでたくハイロが決まったけど、だからって日本の原子力事情が変わったわけじゃないんだよね。

ボクのご近所の**高浜くん3号機**は**2017年6月**に再稼働したし**佐賀県の玄海くん**にも地元の知事さんからゴーサインが出てる。福島の事故の張本人の東電さんまでこういっている。

GO!!

福島の賠償費用を捻出するためには新潟の柏崎刈羽を動かさなきゃなぁ…。

すっとぼけ

ふくいち君の事故原因さえちゃんとは究明されてないのに日本はいま、イケイケの再稼働路線。

で、この状況、ぱっと思いつくだけで5つの大きなツッコミどころがあるの。

1 リスクを過小評価してない？

再稼働する原発は新規制基準をちゃんとクリアしてる？

地震、津波、火山噴火…**自然災害のリスク**を小さく見積もってない？

事故の際の避難計画があるのは**原発の立地自治体だけ**なんじゃない？

30キロ圏内に暮らしてるのに**避難ルートさえ確保されていない**、そんな置いてけぼりの人たちが**10万人以上**いる原発だってあるんだよ。

ミサイルあたると大変…

火山

ツナミ

2 基準に合格すれば安全なの？

そもそも論だけどさ、原子力規制委員会の「新規制基準」さえクリアすれば安全だっていえるのかな？

3 再エネ＝高コストってホント？

再生可能エネルギーの賦課金のせいで電気代が上がる、ってあおられちゃってるけど**ふくいち君の事故処理と賠償の費用は当初の倍の22兆円とも**いわれてる。

そういう原発のコストにふれないで自然エネルギーだけが高いみたいにいうのは、ちょっとずるくないかなぁ。

再稼働を認めるってことは**第二、第三の事故リスク**を暗に受け入れちゃうってことじゃない？

4 わざわざ地震大国で原発を？

2013年9月〜15年8月の**約2年間、**日本で動いていた**原発はゼロ**だった。

それでも、**夏も冬も電気は足りてたの。**

なのに、**世界有数の地震国**というハンデを背負ってまで原発を使わなきゃいけないのかなぁ。

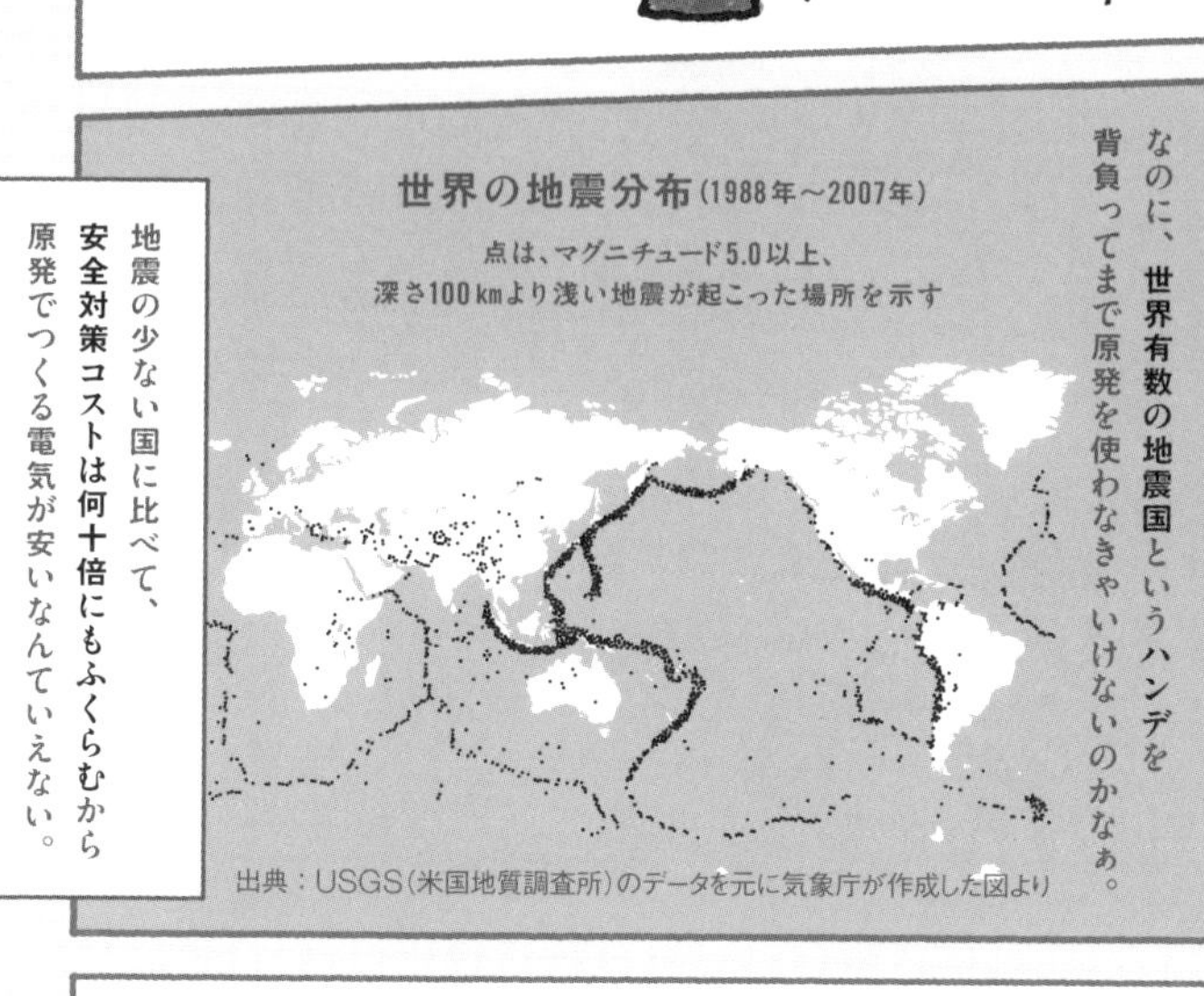

地震の少ない国に比べて、**安全対策コストは何十倍にも**ふくらむから原発でつくる電気が安いなんていえない。

5 ゴミの処分方法は？

もしも、震災前と同じペースで国内の原発を動かしたとしたら放射能を帯びたゴミが**1年で1000トン**ずつ増えていくんだ。

処分方法が見つからないまま日本中に放射性廃棄物が…

これってこわくない？

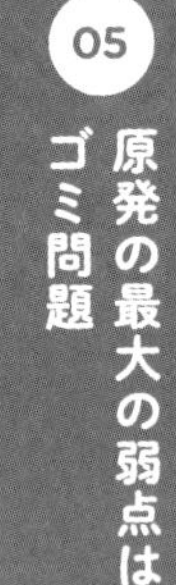

このうち5番目の
ゴミ問題はとくに深刻だよ。

いま、使用済み核燃料は
日本各地の原発の
仮置き場に*
とりあえず
置いてあるの。

でも、そこが
いっぱいになったら
どうすれば
いいんだろう。

電力会社の人たちだって
解決策が
わからないまま
動かしてきたの。

事故の
リスクとは別に
原発って、こんなに
根本的な問題を抱えてるんだ。

これ、どうしようね
さあね——

＊使用済み核燃料プールや乾式キャスクに保管されているよ。

国がそのうち
処分場を探すって
いってるし…

もし**核燃料サイクル**が
実現したら、ぜーんぶ
解決するってタテマエだし

ま、いっか。
とりあえず今日のところは
原発、運転しとこう

と、ゴミ処理の問題は
見て見ぬふりを
されつづけてる。

で、そして、
このゴミ問題に
深く関わってくるのが
ボク、高速増殖炉もんじゅ
なんだよね。

うーん

ボクもんじゅって
核燃料サイクル計画の
重要な登場人物の
一人なんだけど

サイクル…
はわわ？
MOX

この核燃料サイクル計画って
いうのがくせもので

原発から出るゴミから
プルトニウムを取り出して
あたらしい核燃料にしよう。

そしたら外国から
ウランを
輸入しなくたって
ずーっと国内だけで
核エネルギーを
ぐるぐる
回しつづけられるぞ。
夢のようだ！

……という、
原子力が
もてはやされていた
60年代、70年代の
遺物のような
プランなんだ。

ゆめの
エネルギーぐるぐるじゃ
クハハ

06 見果てぬ長い夢 核燃料サイクル計画

核燃料サイクル計画の登場人物はこの3人なんだ。

STEP 1

原発を動かすと使用済み核燃料が出る。

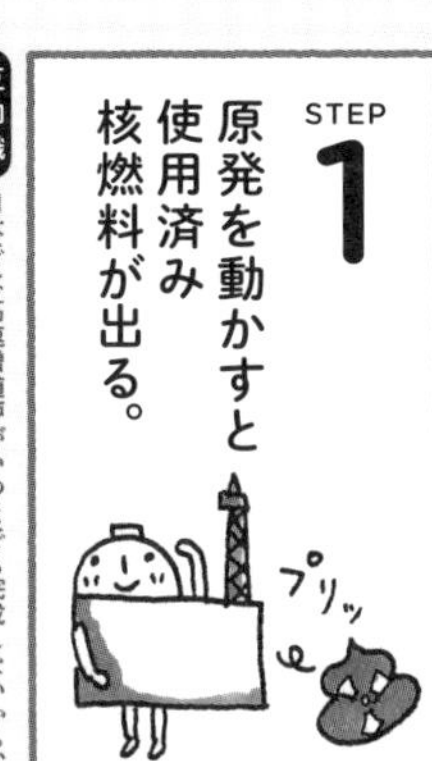

STEP 2

使用済み核燃料を再処理工場へ運ぶ。

使用済み核燃料はすごく強力な放射線を出すから運ぶにのも警備が必要だよ。

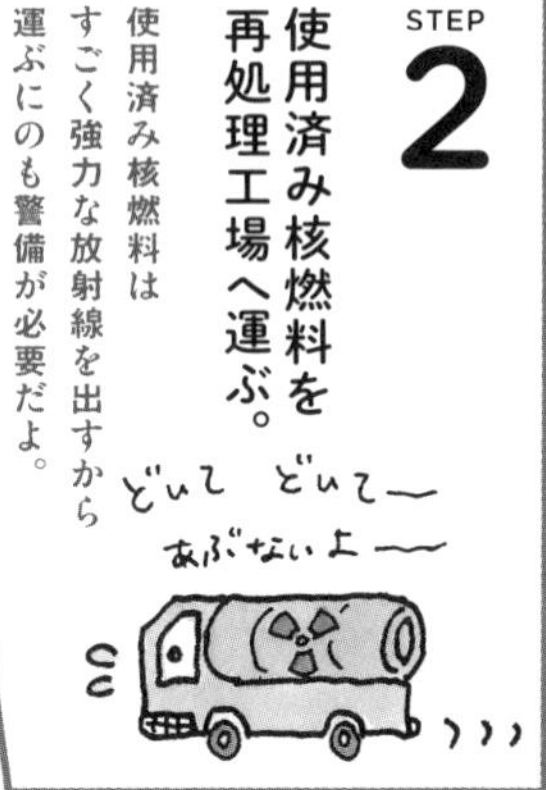

STEP 3

プルトニウムを取り出してMOX燃料をつくる

取り出して再利用できるのはウランとプルトニウムだけ。結局そのほかはゴミになるの。放射能の強さで高レベル・低レベルと分けて、埋め立てるんだ。半永久的に管理しなきゃだよ。

STEP 4

MOX燃料を使って高速増殖炉で発電する。うまくいくとプルトニウムがちょこっと増える。

STEP 5

使用済みMOX燃料からプルトニウムを取り出してまたMOX燃料をつくる。

このサイクルを繰り返せたら永久に核燃料がなくならない！ ばんざい！ ばんざい！

再処理工場も高速増殖炉も40年以上研究しつづけて完成してないけどね…。

豆知識 日本では高速増殖炉がいつまでも完成しないから、プルトニウムがたまっちゃって国際的に気まずいんだ。そこでいまは「プルサーマル発電」と名づけて、少し中身を変えたMOX燃料を強引にふつうの原発で使っているよ。

07
世界の先進国は高速増殖炉を見かぎった
ま、なにも核燃料サイクル計画っていうのは日本オリジナルのアイディアじゃないんだよ
借り物です
ハワワ
MOX
かつてはアメリカでもイギリスでもフランスでもドイツでも考えられていたんだ。
ドウスレバ……
実現スルダローカ
だけど、計画に必要な高速増殖炉を完成させるにはあまりにお金も時間もかかる。
実現可能性は低いし…
配管は薄いし…
核暴走を起こしやすいし…
冷却剤には燃えやすいナトリウムを使うし…
燃料のプルトニウムはウランにくらべて放射能が10万倍と、すごく強いし…
いいところが
全然なくてゴメンネ…
万が一事故を起こすとふつうの原発よりずっと危ないってことで先進国はどこも撤退しちゃったの
ポイ
サジナゲマース
あ、そうそう。核燃料サイクル計画の主役であるプルトニウムはウランと違って核兵器に転用しやすいんだ。
持ってるだけで国際的なケンカの火種にもなりやすいからそういう意味でもやっかいだよね。
1945.8.9.
FAT MAN
長崎におとされたのはプルトニウム型原子爆弾でした。
その年だけで7万4千人の方が亡くなりました。

08 国際的には原発のゴミ処理は「ワンススルー」が主流

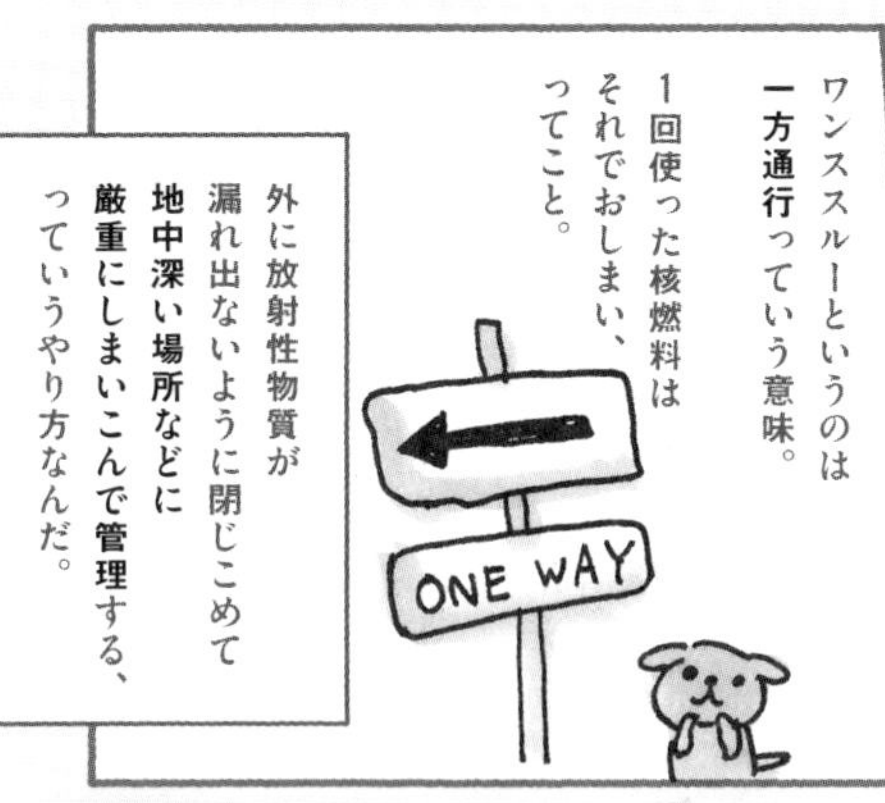

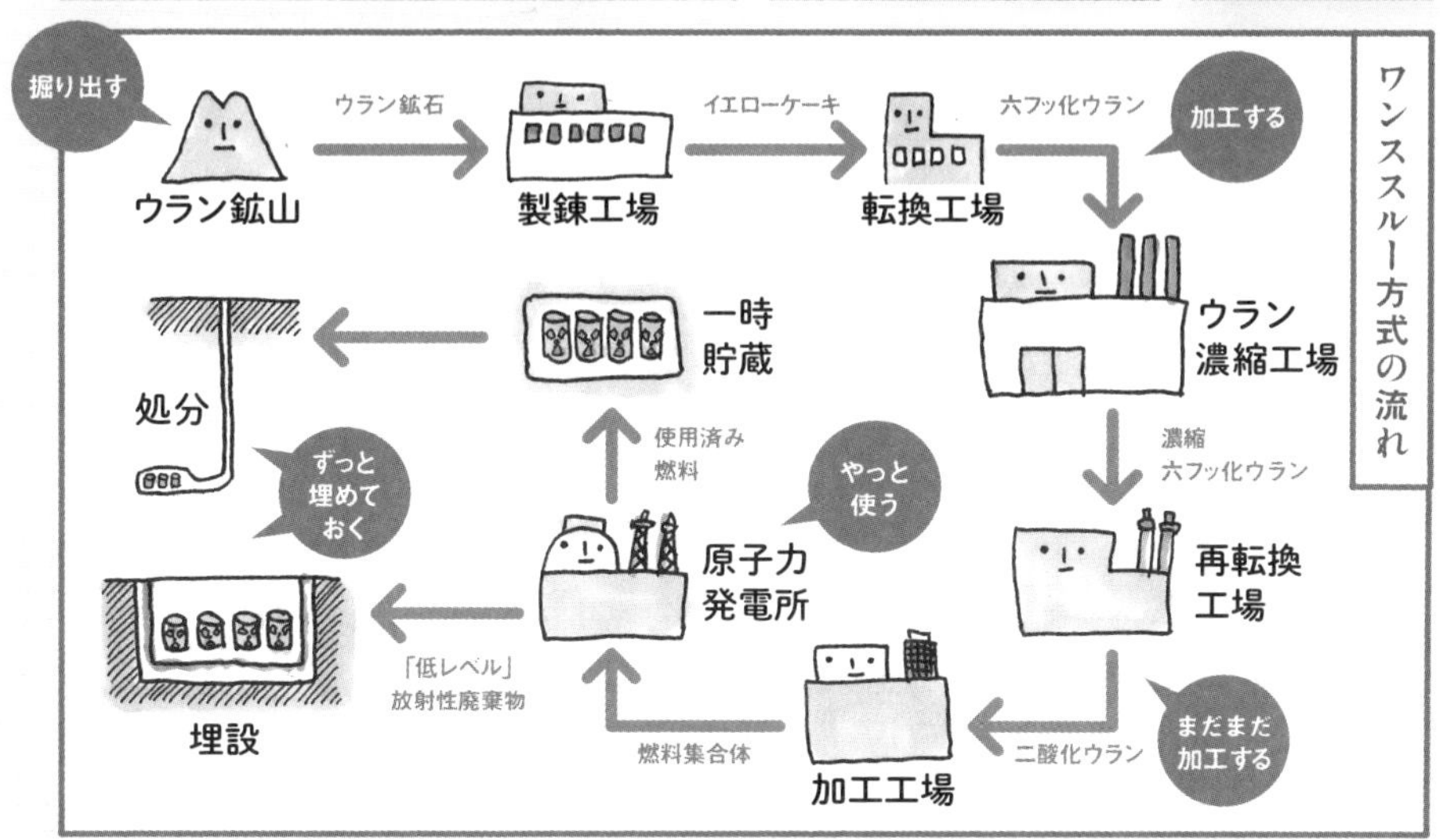

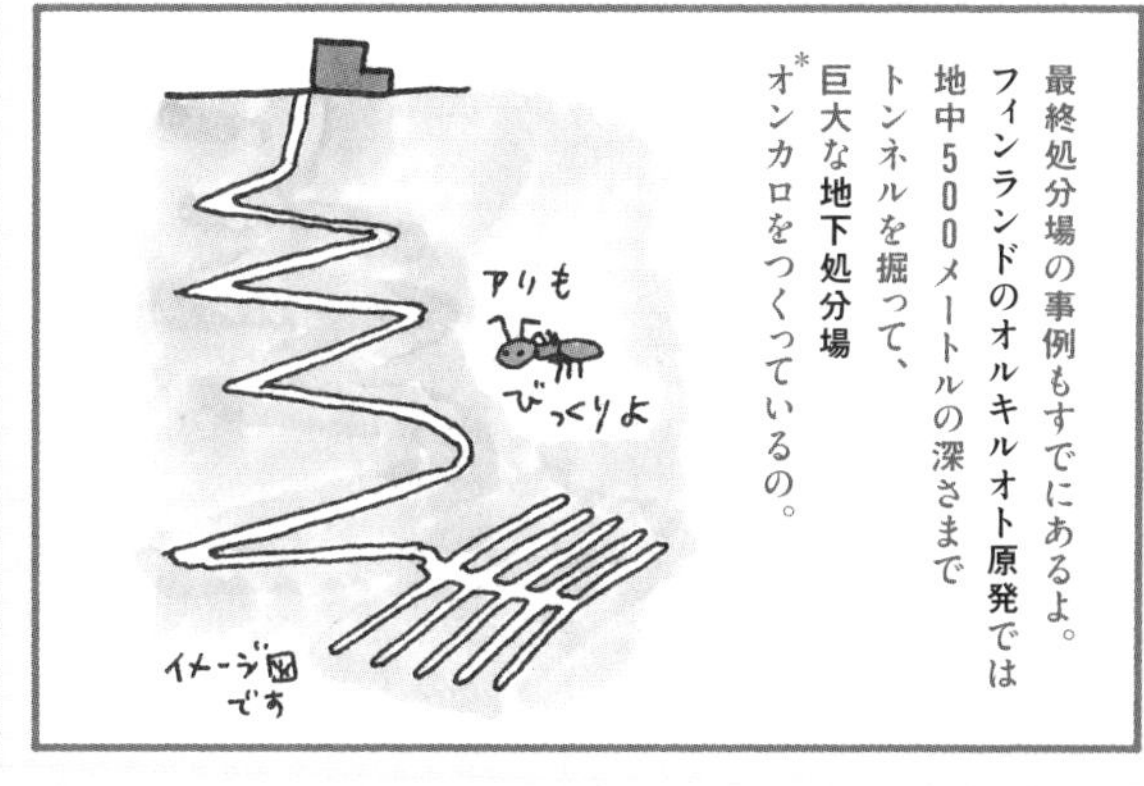

＊現地語で「洞窟」という意味

09 日本が核燃料サイクルをやめられない理由(わけ)

他の国も
さじを投げるような
核燃料サイクル計画なら
さっさと
やめたらいいのに…。

ってふつうは思うよね。

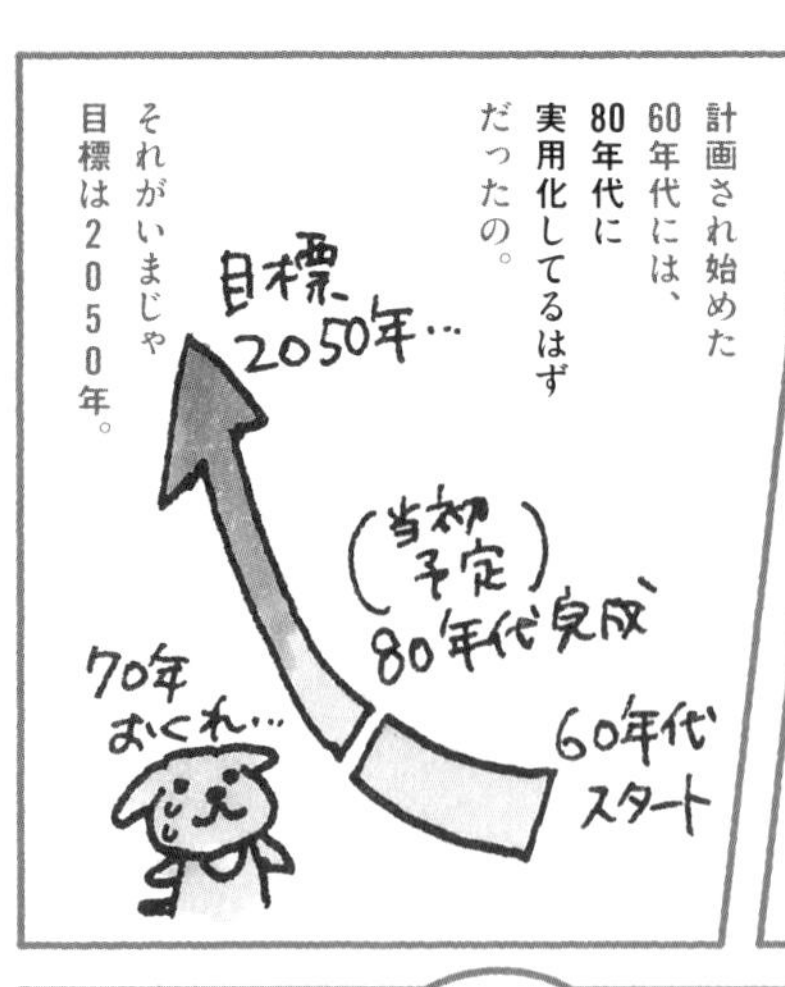

計画され始めた
60年代には、
80年代に
実用化してるはず
だったの。

それがいまじゃ
目標は2050年。

で、2016年末に
ようやく公式に

もんじゅは
やめます。

って公表
されたんだけど。

でも**政府**も
もんじゅを管理する**JAEA**も
それを管轄する**文部科学省**も
原発の元締めの**経済産業省**も

ゴメン!
核燃料サイクル計画は
やっぱムリっぽいから
やめるね。

と正直にいわないんだ。
いや、いわないっていうより
いえないのかもしれない。

なぜかっていうとこれまでずっと

原発から出る
ゴミは
再利用できます!

原発は
トイレのない
マンションなんか
じゃないんです!

っていってきたのに

核燃料
サイクル計画は
実現不可能です。

って認めちゃうと
いろんな**問題**が
いっきに**表面化**
しちゃうんだよね。

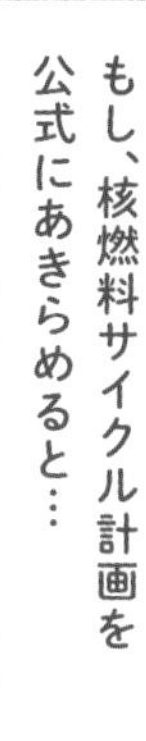

もし、核燃料サイクル計画を公式にあきらめると…

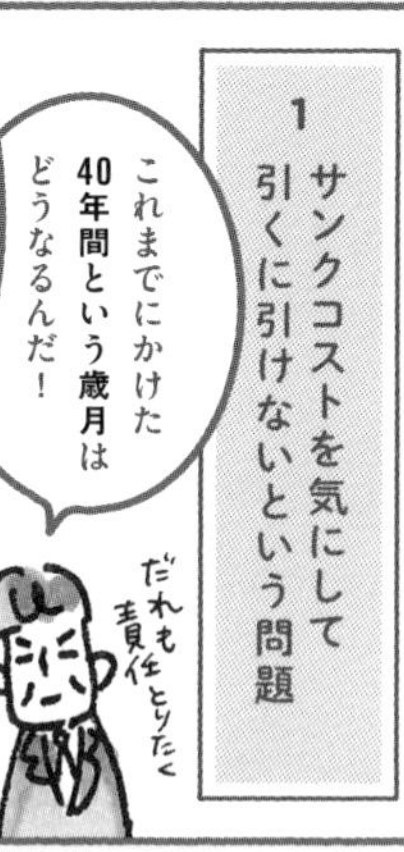

1 サンクコストを気にして引くに引けないという問題

これまでにかけた40年間という歳月はどうなるんだ!

高速増殖炉もんじゅだけで1兆円
六ヶ所村の再処理工場では3兆円ともいわれる国費をかけているんだぞ

2 すでにある原発ゴミの処分をどうするのか問題

核燃料サイクルできないならすでにある使用済み核燃料はだれが保管するの?

日本はプレートの境目にのっかった地震国よ。埋め立てのできそうな安全な場所なんてないんじゃない…?

3 原発輸出に影をさすな!という問題

核燃料サイクルがダメなら原発ゴミの処分方法はないってことだよね。じゃ、原発もう動かせないじゃん!

国内で原発を動かしてないのにトルコやインドへ輸出するとかムリじゃない?

4 電力会社の経営があやうくなるかも問題

核燃料サイクルの実現って建前があったから、これまでは使用済み核燃料を資産として計上してこれたんだ…。

「核燃料サイクル、失敗です」「使用済み核燃料はゴミです」って認めたら資産が負債になっちゃって会計的に大変なことになる!

5 潜在的抑止力である核技術を失いたくない問題

核燃料サイクル計画をあきらめたら日本はプルトニウムを扱う技術を失うことになるぞ。

核燃料サイクルという建前があるからこそプルトニウムの保有を国際社会から認められてきたんだ

プルトニウムはいざとなれば核兵器に転用できる。そんなステキなものを手放すのは、国防上ソンだ!

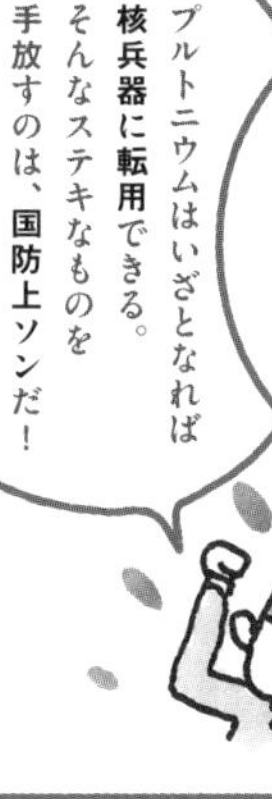

こんなふうにちょっと想像してみただけでもいろんな大人の事情が錯綜してる。だから、とうてい実現しそうにない核燃料サイクル計画なのにゾンビのように生きつづけているのかな…。

10 もんじゅをやめても続・もんじゅ!?

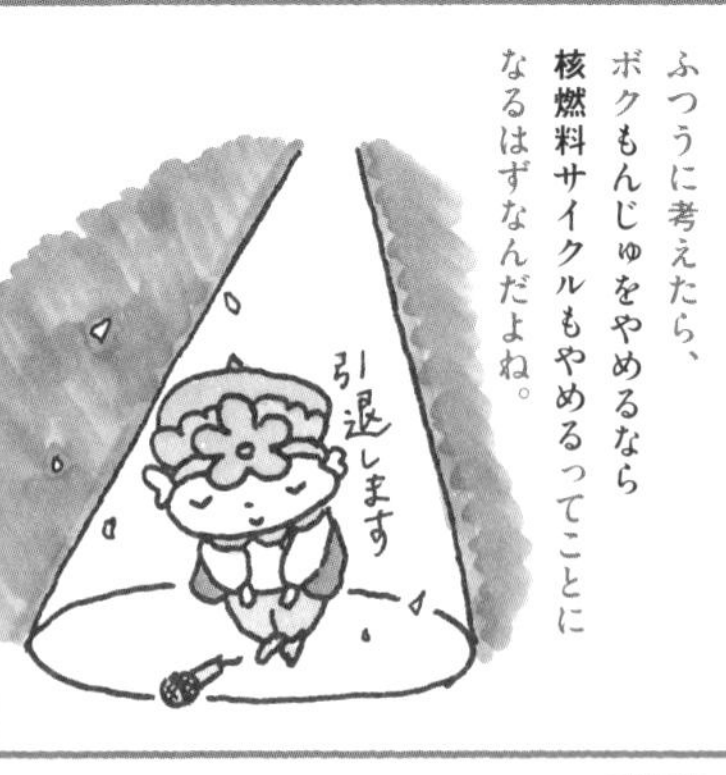

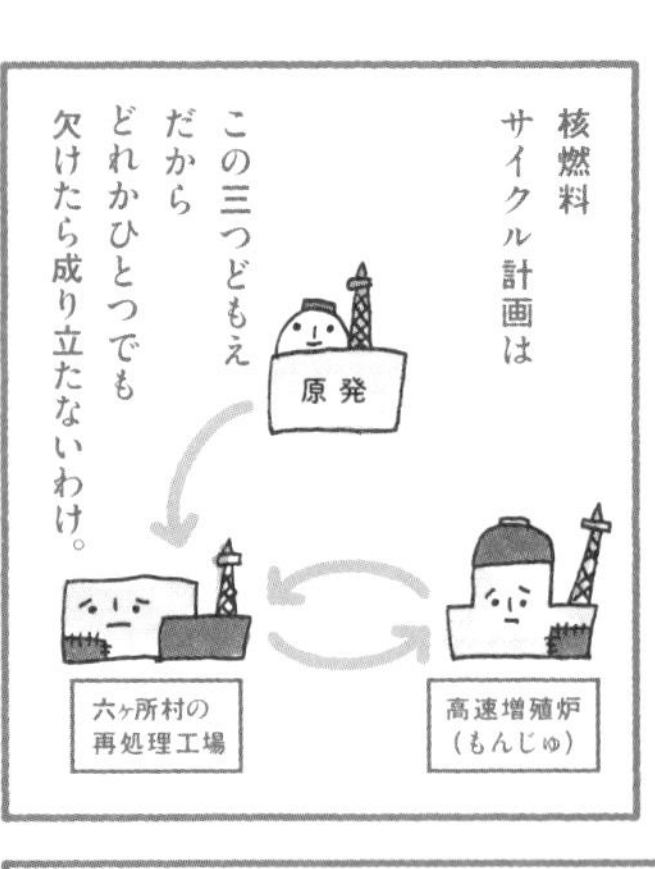

*常陽　茨城に住む高速実験炉でもんじゅ君の兄にあたる。これまでの成果は少なく、2017年現在も原子力規制委員会さんから「運転再開は許されない」とキツく叱られているよ。

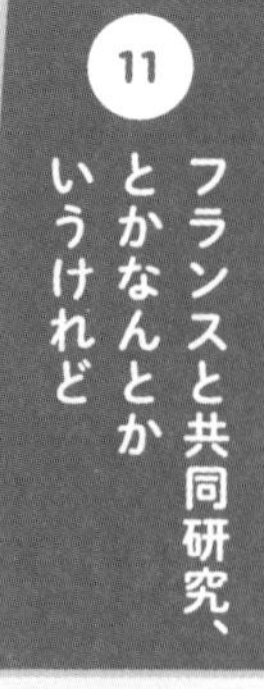

11 フランスと共同研究、とかなんとかいうけれど

びっくりしちゃうけど
文科省さんは、ボクもんじゅは
「失敗作」じゃない、と
いいきってるの。

事故や
トラブル対応を経験し、
知的財産の蓄積と
人材育成に貢献した
一定の成果があった。

いけしゃあしゃあ

経産省さんも超ポジティブだよ。

もんじゅは
ある種の失敗で
何も得るものは
なかったと(中略)
決して
そう決めつける
必要はない。

ひらきなおり

ボクのハイロは、
地元の人には寝耳に水だったみたい。

福井県の西川知事さん

これまでの検討の経過、いままで
地元に全く説明がないまま
政府の無責任極まりない対応。

元敦賀市議会 議長 橋本昭三さん

地元の我々に**一言もなくして**
ちょっと不見識じゃないかと、
国の、政府のやり方は。

使用済み核燃料は県外へ!!
ふー
せつない

文 もんじゅは必要だもん。
お金は出すから、
メーカーや電力会社に
事業者役を引き受けてもらって…。

経 どこももんじゅ、やりたくないよ。
みんな原発再稼働で忙しいのに
だれもわざわざ
ババひきたがらないって。

文 でも、高速炉は必要だし…。

経 もんじゅにつっこむお金で
新しいのつくればよくない?

文科省
経産省

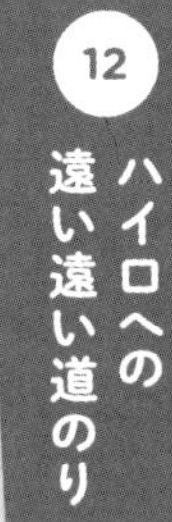

12 ハイロへの遠い遠い道のり

ふくいち君の事故のあとしまつにはあと何十年、何十兆円かかるかわからないけれど

原子力事故を起こしていないボクもんじゅの廃炉だってカンタンな道のりじゃないんだ。

ご近所に住むボクのイトコ、新型転換炉・原型炉のふげん君は2003年に運転が終わって廃炉（廃止措置）の研究中。

ふげんの廃炉ロードマップ

1 使用済み核燃料と冷却材（重水）を取り出す

← 2 核燃料周辺の汚染されたものを取り出して原子炉の解体装置を置くスペースをつくる

← 3 原子炉を解体する

← 4 建屋を解体する

運転停止から廃炉完了までスムーズにいっても**30年かかる計画**なんだ。

しかも、2017年度中に済むはずだった核燃料の取り出しが**すでに遅れそう**だってわかってるの。

たとえすんなり廃炉できたって使用済み核燃料の処分方法はまったく見えていないしね。

ボクもんじゅの廃炉だってすごくうまくいっても、終わるのは2050年とか2060年とか？

これまで1兆円以上、国のお金を使い込んできたけど**廃炉にはいくらかかるのかな。**

もんじゅだけじゃない、日本じゅうにある**およそ60基の原発ぜんぶに**その問題がついてまわるよ。

お金もかかるし、**放射性のゴミと何万年もずっと先まで共存して**いかなくちゃいけない。

そういう迷惑なプレゼントをボクらはちびっ子や未来の人たちに送りつけちゃってるんだよね。

原子力を使うって、そういうこと。

もんじゅ君。高速増殖炉。原発事故に胸を痛めてツイッター(@monjukun)を始め、フォロワー数10万人を超える。著書に『おしえて!もんじゅ君』(平凡社)『さようなら、もんじゅ君』(河出書房新社)など。

原発の現在

第Ⅰ章
論点整理
原発の現在

2011年3月11日に起きた東京電力福島第一原発事故直後には、原発の問題はセンセーショナルに報道され、人々の関心を集めることも多かった。私たちに伝わる原発の情報は事故前に比べて格段に増えた。しかし、原発にまつわる問題の全体像を理解できている人はどれだけいるだろうか。一口に「原発の問題」と言っても、その論点は多岐にわたり、それぞれに複雑さを内包している。断片的に伝えられる報道から全体像を把握するのは極めて難しい。そこでこの章では、3・11以降の原発政策の変遷を網羅的に整理したい。

具体的には「エネルギー基本計画」、「福島第一原発の廃炉計画」、「原発事故時の避難計画」、「避難者への支援」、「原発の輸出」――この5つの論点から、福島第一原発事故がもたらしたこの6年の問題を浮き彫りにしていく。

政府の〈エネルギー基本計画〉は、今後数十年の原発のあり方を決める重要なロードマップであり、今年2017年に見直しが行われることになっている。そこでまず、エネルギー基本計画について審議する〈総合資源エネルギー調査会〉の委員を務める**橘川武郎氏**に、安倍政権が2014年に策定したエネルギー基本計画とその後の原子力政策について論じていただいた。

ついで、福島第一原発の廃炉は可能なのか、可能だとしていつ終わるのか、原子力コンサルタントの**佐藤暁氏**には、過去の原発事故の事例から、福島第一原発の廃炉が抱える問題点、そして危険性について執筆いただいた。

福島第一原発事故では、避難計画の不備によって、住民に無用の被曝をもたらすことになった。事故から6年が経ち、5基の原発が再稼働するなか、避難計画は近隣住民の生命線であることにかわりはない。そこで、避難計画の検証を行ってきた**上岡直見氏**に現在の避難計画の問題点について具体的に指摘いただいた。

また、福島第一原発事故により、ピーク時には16万人を超える人が住み慣れた土地からの避難を余儀なくされた。除染が進み、避難指示が段階的に解除される一方で、避難者の帰還をめぐる問題が表面化している。震災や復興、そして地方の問題を扱ってきた首都大学東京准教授の**山下祐介氏**には、原発避難者が直面している課題、政府が進める帰還政策の問題点について取り上げていただいた。

そして、事故を起こした日本が原発の輸出をすることが許されるのかという問題がある。輸出した原発がもし事故を起こしたら誰が責任を負うのか。政府が積極的に進める原発輸出についてのまとめを、核の問題を追い続けてきたジャーナリストの**鈴木真奈美氏**にお願いした。

そして本章の最後には、原発に批判的な姿勢をとっていた前新潟県知事の**泉田裕彦氏**への津田大介によるインタビューの模様を収録した。四選が確実視されていた２０１６年秋の県知事選不出馬の真相や、日本の原発政策の問題点について、知事を辞めた今だからこそ語れる内容となっている。

本章が、現在この国で起きている原発問題の構造的理解に役立つことを願う。そしてなぜこれほどまで問題が山積しているのか。以降の第Ⅱ章でその本質に多角的に迫っていきたい。

偏りと漂流
——現在のエネルギー政策について

橘川 武郎
（東京理科大学大学院イノベーション研究科教授）

6年後の現実

日本のエネルギー政策は、2011年3月11日の東日本大震災にともない発生した東京電力福島第一原子力発電所の事故によって、ゼロベースで見直されるはずであった。実際には、どうだったか。本稿を執筆しているのは2017年6月の時点であるが、この6年間を振り返ると、見直しが進んだ部分と進まなかった部分の差がくっきりと浮かび上がる。

見直しが進んだ部分は、電力・ガスのシステム改革だ。電力では、2015年の電力広域的運営推進機関の設立に続いて、2016年には小売全面自由化が実施され、2020年には法的分離（発送電分離）が行われることが決まっている。都市ガスについても、2017年に小売全面自由化が実施され、2022年には大手3社（東京ガス・大阪ガス・東邦ガス）が法的分離（導管分離）の対象となる。

これに対して、見直しがほとんど進んでいない部分もある。その代表格は、肝心の原子力政策だ。福島第一原発事故で最も鋭くそのあり方が問われることになった原子力政策は、6年経った現時点でも、海図なき漂流を続けている。

電力・ガスシステム改革は進み、原子力政策見直しは進まないという「偏り」が生じたのは、なぜだろうか。

「叩かれる側から叩く側に回る」

『週刊エコノミスト』2017年2月7日号の特集記事「ずさんな原発事故処理」のなかで、同誌編集部の松本惇・藤沢壮・丸山仁見の三氏は、福島第一原発事故のあと東京電力の法的整理が見送られた理由について、銀行筋や財務省の思惑などに言及したのち、ある電力関係者の「東電がなくなれば、国策として原子力事業を進めてきた国が批判の対象となる。それを避けるため、東電を存続させる必要があった」という声を紹介している（22ページ）。この声は、ずばり正鵠を射ている。

日本の原子力開発は、「国策民営」方式で進められてきた。福島第一原発事故のあと、事故を起こした当事者である東電が、福島の被災住民に土下座して謝罪するのは、当然のことである。ただし、それだけですませてはいけない。国策として原発を推進してきた以上、関係する政治家や官僚も、同様に土下座すべきである。しかし、彼らは、それを避けたかった。そこで思いついたのが、「叩かれる側から叩く側に回る」という作戦である。

この作戦は、東電を「悪役」として存続させ、政治家や官僚は、その悪者をこらしめる「正義の味方」となるという構図で成り立っている。うがった見方かもしれないが、その悪者の役回りは、やがて、東電から電力業界全体、さらには都市ガス業界全体にまで広げられたようである。一方で、政治家や官僚は、火の粉を被るおそれがある原子力問題については、深入りせず先送りする姿勢に徹した。このように考えれば、福島第一原発事故後、政府が、電力システム改革や都市ガスシステム改革には熱心に取り組みながら、原子力政策については明確な方針を打ち出してこなかった理由が理解できる。熱心に「叩く側」に回ることによって、「叩かれる側」になることを巧妙に回避しようとしたのである。

「原子力を殺すのは、原子力ムラ自身である」

2011年3月11日の福島第一原発事故後も原子力推進の姿勢を崩さない首相官邸や経済産業省の

原子力政策をめぐる迷走ぶりは、目を覆いたくなるばかりだ。自公政権であるか民主党政権であるかを問わず、3・11以後4回あった国政選挙で、政権与党は、有権者の票を失うことをおそれて、原子力問題を主要な争点としない戦術をとった。2015年に安倍晋三内閣が閣議決定した2030年の電源構成見通しで、原子力依存度を20~22%としたが、それを達成するためには、原子炉等規制法の「40年運転基準」で廃炉となる原発20基(再稼働自体が困難な福島第二原発の4基を除く)のうち、4分の3に当たる15基程度を、期間延長して60年運転しなければならない。これは、冒頭で「原子力依存度の可能な限りの低減」を謳った、2014年閣議決定の「エネルギー基本計画」に明らかに違反する。

エネルギー基本計画違反という点では、2016年12月にあわただしく決定した「もんじゅ」の廃炉も同様だ。基本計画は、「もんじゅ」に対して、増殖炉というこれまでの位置づけを改め、バックエンド問題(使用済み核燃料処理問題)解決に寄与する減容炉・毒性軽減炉として、新しい役割を与えた。にもかかわらず、バックエンド問題解決への具体的な対案も示さないいまま、政府は、政治的判断で「もんじゅ」廃炉を決めたのだ。

ここで想起されるのは、真っ当な原子力推進論者であり、惜しまれながら2016年1月に急逝した澤昭裕氏が、雑誌『Wedge』2016年3月号に寄せた遺稿「戦略なき脱原発へ漂流する日本の未来を憂う」の冒頭部分で書いた一文だ。それは、「原子力を殺すのは、原子力ムラ自身である」というものである。

3・11後の6年間が明らかにしたのは、日本の原子力政策をめぐっては、戦略も存在しないし、司令塔も不在だという、冷厳な事実である。政治家は次の選挙しか眼中になく、官僚は次のポストしか念頭にない。つまり、3年先しか見ておらず、深刻な問題は先送りすることになる。原子力政策が漂流する原因は、このような事情に求めることができる。

原子力政策再構築の3つの方向性

しかし、原子力問題を含むエネルギー問題を真に解決するためには、20年先、30年先を読む眼力が必要となる。そして、将来を見据え、しっかりした展望をもち、批判するばかりではなく、問題解決につながる建設的な具体案を提示しなければならない。

原子力政策をきちんとした形で再構築するためには、どのような施策を打ち出すべきか。それは、少なくとも、以下の3つの方向性を包含するものとなるだろう。

第1は、リプレースと原発依存度低下を同時に追求することである。そもそも、依存度が何％であっても原発を使い続けるというのならば、「危険性の最小化」が不可欠の前提条件となる（原発を語るとき「安全性の確保」という言葉がしばしば使われるが、これは原発がそもそも危険なものである事実を等閑視した間違った表現であり、厳密には「危険性の最小化」と言うべきである）。危険性の最小化のためには最新鋭の設備の使用が必要であることは、論を俟たない。新増設を回避する原発継続論は、無責任きわまりないものなのである。

多少なりとも原発を使い続けるのであれば、危険性を最小化するため、最新鋭炉の建設を堂々と主張すべきだ。その代わり、古い原子炉はどんどん廃炉し、原発依存度全体は引き下げる。新増設といっても、現実には、旧型炉の廃棄と組み合わせた「リプレース」という形になる。近未来の原発政策のあるべき姿は、「リプレースと依存度低下の同時追求」と表現することができる。

第2は、「もんじゅ」に代わる使用済み核燃料の減容炉・毒性軽減炉を開発することだ。

既述のように、2014年策定の現行のエネルギー基本計画は、「もんじゅ」を、バックエンド対策の切り札として位置づけていた。「もんじゅ」の高速炉を、従来めざしてきた増殖炉としてではなく、使用済み核燃料の危険な期間を短縮し、容量を縮小する減容炉・毒性軽減炉として転用する方針を打ち出したのだ。この方針は正しい。ところが、政府は、2016年末、政治的配慮で「もんじゅ」の廃炉を決定した。

一方で、現行の基本計画は、政府が前面に立って、使用済み核燃料の最終処分地を決めるとしている。しかし、使用済み核燃料の危険な期間が万年単位という長期のままでは、最終処分地となることを受け入れる地方自治体が登場するはずはない。最終処分地を決定するためには、高速炉技術等を使ってイノベーションを起こし、使用済み核燃料の危険な期間を大幅に短縮するしか方法がない。「もんじゅ」に代えて、どのように減容炉・毒性軽減炉開発を進めるのか、これが、原子力政策再構築の第2の焦点となる。
ただし、バックエンド問題の解決には時間がかかるため、その間、原発敷地内に、燃料プールとは別の追加的エネルギーを必要としない空冷式冷却装置を設置し、「オンサイト中間貯蔵」を行うことも求められる。

さらに言えば、きわめて困難とされる減容炉・毒性軽減炉に関する技術革新が成果をあげず、バックエンド問題が解決しないこともありうる。その場合に備えて、「リアルでポジティブな原発のたたみ方」という選択肢も準備すべきだ。これが、原子力政策再構築の第3の方向性である。

リアルでポジティブな原発のたたみ方の柱となるのは、①火力シフト（既存原発の送変電設備を活用した原子力発電から火力発電への転換）、②廃炉ビジネス（旧型炉の廃炉作業等による雇用の確保）、③オンサイト中間貯蔵への保管料支払い（発電後に残された使用済み核燃料という危険物質を預かってもらうことに対して、消費者が電気料金等を通じて原発の地元自治体に支払う保管料）、からなる原発立地地域向けの「出口戦略」だ。このような出口戦略が確立すれば、現在の立地地域も、「原発なきまちづくり」が可能になる。

繰り返しになるが、この「出口戦略」は、あくまで減容炉・毒性軽減炉に関する技術革新が成果をあげなかった場合に備える、選択肢の一つだ。技術革新がうまくいった場合には、原発を使い続ける可能性も生まれる。

いずれにしても、原子力政策には、ここで述べたような長期的視点に立った戦略的アプローチが求められている。

リアリティに欠く東電・原子力分社案

3・11後の原子力政策が漂流していることを端的に示すもう一つの事例は、東京電力・柏崎刈羽原子力発電所（新潟県）の再稼働をめぐる政府の混乱ぶりだ。以下では、この問題を掘り下げよう。

経済産業省は、2016年10月25日に開かれた「東京電力改革・1F問題委員会」で、東京電力（東電）ホールディングスの原子力発電事業を分社する案を提示した。火力発電事業で成立した東電と中部電力（中電）による合弁会社JERAと同様の方式をとって、原子力分野でも他電力会社との連携を実現し、東電色を薄めて柏崎刈羽原発の再稼働を実現しようというねらいである。

下の**表**にある通り、柏崎刈羽原発は7基の原子炉を擁し、総出力が821万2000kWに達する「世界最大の原子力発電所」である。7基のうち6号機と7号機は最新鋭の改良型沸騰水型軽水炉（ABWR）であり、この2基は、原子力規制委員会の安全審査をクリアする日も近いだろうと言われている。

しかし、たとえ原子力規制委員会の審査をクリアしたとしても、柏崎刈羽原発の再稼働は、きわめて困難である。地元の新潟県で、再稼働に明確に反対する知事が誕生したからだ。

2016年10月16日に行われた新潟県知事選挙では、柏崎刈羽原発再稼働に反対する米山隆一・新知事が選出された。その背景には、あれだけの大事故を起こした東電に原発の運転を任せてよいのかという、県民の強い危惧があった。

しかし、それだけではない。より大きな問題は、柏崎市や刈羽村を含む新潟県が、東京電力の供給エリアではなく、東北電力の供給エリアであり、地元への密着度は、東北電力の方が東京電力より高いと

表　東京電力柏崎刈羽原子力発電所の設備概要

	1号機	2号機	3号機	4号機	5号機	6号機	7号機
出力（万kW）	110.0	110.0	110.0	110.0	110.0	135.6	135.6
運転開始年月	1985.9	1990.9	1993.8	1994.8	1990.4	1996.11	1997.7
原子炉型式	沸騰水型軽水炉（BWR）					改良型沸騰水型軽水炉（ABWR）	

出典：東京電力ホールディングス・ホームページ

いう点にある。地元への密着度が低い会社、つまり東京電力が、配慮が行き届いた避難計画を策定できるとは思えない。避難計画は、原発が過酷事故を起こしたときに周辺住民の生死を決する、たいへん大切なものである。東京電力が新潟県を供給エリアとしない以上、同社による柏崎刈羽原発の再稼働は無理筋だと言わざるをえない。

そこで、原子力の分社化および他電力との連携を通じて東電色を薄め、なんとか柏崎刈羽原発の再稼働を実現しようというのが、今回の経産省のねらいである。しかし、この分社・連携案には、まったくリアリティがない。

この分社・連携案の雛形となっているのは、前述した東電が中電と合弁で設立した火力発電事業に携わるＪＥＲＡである。しかし、同じ東電がらみの共同出資会社といっても、火力と原子力とでは、事情が大きく異なる。東電とともに柏崎刈羽原発の再稼働にかかわることになる他の電力会社には、再稼働により収益を向上させることはできるものの、福島第一原発事故の処理費用の一部を負担させられるおそれがある。

経済産業省は、２０１６年12月9日に開かれた「東京電力改革・１Ｆ問題委員会」で、福島第一原発の事故処理費用が、廃炉8兆円、賠償7・9兆円、除染4兆円、中間貯蔵１・６兆円の合計21・５兆円に達することを明らかにした。それまで見込まれていた11兆円の2倍近くにのぼる、巨額な費用である。

この膨大な事故処理費用の一部を負担するリスクを負ってまで、原子力発電事業で東電と連携しようとする電力会社など、現れるはずがない。現実に、分社・連携案が発表された直後から、電力各社は、原子力事業で東電と連携する意思がないことを、あいついで表明した。経産省が提示した分社・連携案は、リアリティのない無理筋だったのである。

東電改革の第一歩は柏崎刈羽原発の完全売却

ただし、ここで電力会社の事情ばかりに目を奪われていては、問題の本質を見失うことになる。大切なのは、国民目線に立ったとき、東電改革をいかに進めるべきかという視点だ。

21・５兆円に達する見通しの福島第一原発事故がらみの廃炉・賠償・除染等の費用は、最終的には電気料金への組み入れ等を通じて、国民負担となるおそれが強い。そうであるにもかかわらず、事故を起こした当事者である東電が、たとえ他社と連携する形をとったとしても、柏崎刈羽原発を再稼働し、原子力発電事業を継続することになれば、日本国民の怒りは頂点に達する。国民がそのような状況を許すことは、けっしてないだろう。つまり、柏崎刈羽原発の再稼働が起こりえるのは、東電が同原発を完全売却し、当事者でなくなった場合だけだということになる。

ただし、柏崎刈羽原発の売却は、東電改革の「はじめの一歩」に過ぎない。東電の企業再建プランである〈新々・総合特別事業計画〉は、柏崎刈羽原発の再稼働を不可欠の前提条件としている。したがって、東電が同原発を完全売却することになれば、新々・総合特別事業計画そのものが崩壊し、東電改革の範囲は大幅に広がることになる。

東電改革を進めるうえでは、2つの原則を貫くことが重要である。それは、①原発事故の被災地域できちんとした賠償、廃炉、除染が行われるようにすること、②東電の供給地域で安定的で低廉な電気供給がなされるようにすること、という2点である。

①の原則を実行に移すためには、大規模な国民負担が避けられないが、それに対しては、世論の強い反発が予想される。世論の批判を和らげるためには、当事者である東電が思い切ったリストラ、多くの国民が納得する本格的なリストラを実施する以外に方法はない。そのようなリストラとは、いかなるものであろうか。それは、東電が柏崎刈羽原発のみならず、基本的にはすべての発電設備を売却するというものである。

その場合、発電設備の運転にかかわる人員は売却先へ移籍することになり、②の原則も確保される。そして、東京電力の従業員数は大幅に減少し、リストラ効果が拡大する。東京電力が発電設備の売却によって得た収入は、福島第一原発の廃炉費用に充当される。

このようなリストラを行って東京電力は存続できるのかという疑問が生じようが、筆者は存続が可能だと考える。発電設備売却後の東京電力は、東京の地下を東西および南北に走る27万５０００Ｖの高圧送電線とそれに連なる配電網を経営の基盤にして、ネットワーク会社および小売会社として生き残る。世界有数の需要密集地域で営業するという特長を活かせば東電の存続は可能であり、獲得する収益の一部を長期にわたって賠償費用に充てることもできるだろう。

電力自由化への波及効果

東電は、誰に対して柏崎刈羽原発を売却するのだろうか。買い手候補の一番手として名前があがるのは、柏崎市や刈羽村を含む新潟県を供給区域とする東北電力である。

ただし、東日本大震災で大きな被害を受けた東北電力は、柏崎刈羽原発を買収するだけの財務力を有していない。そこで、国の支援が求められることになるが、直接的な原発国営に関しては、財務省筋からの強い抵抗が予想される。そこで、出番があると考えられるのが、日本原子力発電（原電）である。原電の最大株主は東京電力であるが、東電は現在、国の管理下にあり、原電は、事実上、準国策企業だと言える。

準国策企業である原電が購入先として登場することによって、柏崎刈羽原発は、準国営の状態におかれることになる。準国営の柏崎刈羽原発で生み出された電力は、卸電力取引所に、中立的な価格で「玉出し」される。それは、電力卸取引の拡充をもたらし、電力小売自由化の成果を深化させることに貢献するだろう。

電力小売全面自由化から約1年を経た今日でも、新電力会社へのスイッチング率は、約5％という数値は、まる。このスイッチング率の5％にとど全電力取引量に占める卸電力取引所取引量の比率が約3％であることと、強い相関関係をもつ。卸電力取引所での取引が拡充すれば、新電力会社の動きは活発化し、競争が激化して、電力小売全面自由化の成果は深まる。柏崎刈羽原発の準国営化は、電力卸取引の拡充を通じて、電力自由化へ波及効果をもたらすのである。

地球温暖化対策への波及効果

東電が柏崎刈羽原発を売却することになれば、新々・総合特別事業計画は崩壊し、火力発電所も売りに出される。そのなかには、東電が東京湾岸に所有するＬＮＧ（液化天然ガス）火力発電所も含まれる。それらを買収することができるのであれば、現在、計画が進行中の東京ガス・九州電力・出光興産による袖ヶ浦での石炭火力新設や、中国電力・ＪＦＥスチールによる蘇我での石炭火力新設は、その必要がなくなる。これら各社のねらいは首都圏での大型電源の確保にあるが、わざわざリスクを負って石炭火力を新設しないでも東電から既設のＬＮＧ火力を買収することができれば、そのねらいは達成できるからである。大型石炭火力の新設計画が白紙にもどれば、地球温暖化対策に資することは、言うまでもない。

東京電力が柏崎刈羽原発を売却することになれば、電力自由化や温暖化対策に肯定的な波及効果が生じるのである。

なお、首都圏での大型電源として石炭火力ではなくＬＮＧ火力を選択することには、別の面からも合理性がある。ＦＩＴ（固定価格買取制）によるメガソーラー発電の普及によって、ゴールデンウィークのような需要減退期には、ベースロード電源まで出力調整を余儀無くされるようになった。しかし、政府が想定するような原発と石炭火力を中心とするベースロード電源では、出力調整が難しい。これに対して、ミドル電源にもベースロード電源にも使えるＬＮＧ火力がベースロード電源に組み込まれていれば、出力調整は容易になる。東京湾での石炭火力建設を計画している東京ガス・九州電力・出光興産・中国電力・ＪＦＥスチールの各社は、この点も考慮に入れざるをえないだろう。

原発をめぐって、「反対だ」「推進だ」と、原理的な主張を繰り返す時代は終わった。原発の危険性と必要性の両面を直視し、どのように舵をとるかという、冷静な議論が求められている。エネルギー問題をめぐる論調では、相手を批判するだけのネガティブ・キャンペーンがまだまだ多い。論争は重要であるが、自分と異なる意見を批判する場合には、必ずポジティブな対案を示すべきである。エネルギー政策をめぐっては、前向きで構築的な議論が、今こそ必要だ。

橘川武郎（きつかわ・たけお）
1951年生まれ。和歌山県出身。現・東京理科大学大学院イノベーション研究科教授、総合資源エネルギー調査会委員、経営史学会会長。75年東京大学経済学部卒業。83年東京大学大学院経済学研究科博士課程単位取得退学。同年青山学院大学経営学部専任講師。87年同大学助教授、その間ハーバード大学ビジネススクール客員研究員等を務める。93年東京大学社会科学研究所助教授。96年同大学教授。経済学博士。2007年一橋大学大学院商学研究科教授。15年より現職。著書は『日本電力業発展のダイナミズム』（名古屋大学出版会）、『松永安左エ門』（ミネルヴァ書房）、『原子力発電をどうするか』（名古屋大学出版会）、『東京電力　失敗の本質』（東洋経済新報社）、『電力改革』（講談社）、『日本のエネルギー問題』（ＮＴＴ出版）他。

廃　炉

福島第一原子力発電所の廃炉の前途
――混迷からの救出

佐藤 暁
（原子力コンサルタント）

はじめに

1970年代、一部の専門家はひどく普及を嫌ったものであるが、30年以上の年月を経、東京電力福島第一原子力発電所（以下、「福島第一」と呼ぶ）の事故をきっかけに、急に「除染」、「廃炉」という辞書にもない用語が日本で一般化し、多くの国民がそれらの意味を解するようになった。「除菌」、「解毒」のように、熱で分解することも化学的に中和させることもできない放射能。「除染」とは言っても、単に不都合な場所にある放射性物質を掻き集めて一カ所にまとめることで、放射能が消えて無くなるわけではない。一方、「廃炉」とは、「廃車」、「廃屋」とは違い、目的の用途を終えてうち捨てられた原子炉という意味ではない。解体・撤去を経て、除染によって実質的に放射性物質が除去され、規制対象から完全に放免されるまでの手続きを全て終えるまでが廃炉である。

したがって、福島第一事故がようやく初期の危機的状態を脱したばかりで、何とか原子炉圧力容器への注水が安定化し始めたものの内部の損壊状況も環境もほとんど把握されておらず、依然として大量の放射能汚染水が発生し、その回収と処理の苦闘が続く中、「40年以内に廃炉を達成する」とした東京電力の発表は、次第に世間の関心がこの点に向かう機先を制するための全く見込みのないことを知りつつ無理に広げた大風呂敷に非ずんば、技術的に著しく無知であるか、突拍子もない閃きをする天才的なプロジェクト・プランナーがいることを意味していた。間もなく事故の発生から6年半を迎えようとしているが、結局、そのような天才がいたわけではなく、やることとなすこと全てにおいて失敗か遅延かそれらの両方が発生し、すっかり混迷してしまっている。「40年」の達成が絶望的であることは論ずるまでもないことであるが、今やスケジュールとコストの問題ではない。当事者が自力でも、国からの無尽蔵な財政的支援を受けたとしても混迷からの脱出ができず、事態は、「救出」を要する状況になっている。本稿は、彼らの失敗の数々をあげつらうこと、当初の約束を守れないことをなじるためではなく、新しい方向性を探り定めるための議論に資するために捧げるものである。

そのようなものを書くにあたり、私はまず、2086人(2016年9月30日までの復興庁の集計による)の福島県の関連死された方々に対し、寛恕を請うておきたい。天上からきれいに緑地復旧される双葉郡の風景を見下ろすことを夢見て亡くなられたそのような方々には心から申し訳なく思うのであるが、40年よりもはるかに長い間、その到来を待って頂く話になってしまうからである。

❶廃炉とは?

本来、廃炉とは、それほど困難なプロセスではない。技術的にはすでに確立され、多くの実績もある。永久停止を宣言した原子炉から、使用済燃料を冷却プールに移してさえしまえば、運転中には命綱だった、「止める」、「冷やす」、「閉じ込める」の安全機能を担っていた構造物、系統、機器(以下、「機器など」と略記)のほとんどがスクラップになる。非常用炉心冷却系も非常用ディーゼル発電機さえも例外ではない。

使用済燃料プールの冷却機能を維持しなければならないとはいえ、1週間やそこらの停電でも重大な問題が起こるわけではなく、所外の環境に放射性物質を拡散させない工法を選び、空調管理をし、厳格な防火の運用をしさえすれば、放射能汚染のないことが確認された機器などをどんどん解体撤去していってよい。米国では、冷却塔やタービン建屋の解体、格納容器の天井クレーンを破壊・撤去するのに、ダイナマイトも使われている。

使用済燃料が冷却プールから搬出されてしまえば、さらに解体撤去の可能範囲が広がる。

解体によって生じたコンクリートの瓦礫や鉄筋、鉄骨などは、放射能レベルが「クリアランス・レベル」を満足する限り、一般産業廃棄物として処理できる。当然、再生資源としてのリサイクルも有りである。このレベルを上回る廃棄物だけが、「放射性廃棄物」として特別に許可された施設に送られ、貯蔵されることになる。なお、石綿、水銀、鉛、PCBなどの危険物質や有毒物質が使われていた古いプラントの解体撤去には、それらなりの対策が追加される。

放射性物質で汚染した流体の循環した系統には、予め化学除染が適用される部分もあるが、その目的は、放射性廃棄物を一般産業廃棄物にするためではなく、作業者の被曝低減のためである。米国では、原子炉圧力容器、蒸気発生器、加圧器、原子炉冷却材ポンプは、処理施設の環境条件が許す限り、内部を窒素ガスで不活性化するかコンクリートを流し込み、端部に閉止板を溶接することでそのまま密封容器とし、バージや鉄路で処理施設まで運搬し、そのまま地中に埋設している。原子炉内の構造物は、運転中に中性子の照射を受け、それ自体が高レベルに放射化しているため、水中での遠隔操作によって細断して遮蔽容器に詰めて処理されるが、そのような技術さえもすでに開発済であり、特に新たな挑戦ではない。

プラント設備を構成する機器などが全て撤去された後は、いよいよ敷地の無条件解放に向けた最終段階に入る。ここで、土壌汚染が検出された場合には、土の入れ替えも必要になる。無条件解放の基準は厳しく、米国の場合、残留汚染による寄与は、年間250マイクロ・シーベルト（μSv）以下でなければならない。このような極低レベルの放射線は、直接計測することが困難であるから、土壌のサンプルに対する放射能濃度の測定と計算によって確認が行われるが、その基準は、前述のクリアランス・レベルよりもさらに一段と厳しい値である。

以上の一連のプロセスを全てクリアすることが廃

炉なのである。

私が、福島第一に対する「40年」の大風呂敷を聞き、何たることかと思った理由の一つは、汚染土壌のことであった。無条件解放されるためには、一体何千万トンの汚染土壌を除去しなければならないと発言者は考えているのか。もちろん、一般産業廃棄物の分類で処理されるコンクリートの瓦礫などほとんどない。そう、心中呟いたものである。

❷ 事故プラントの廃炉

普通に運転寿命を全うした原子力発電所の廃炉コストは、当然のことながら、手の込んだ処理が多くなればなるほど高くなる。すなわち、解体作業にダイナマイトを使うことが許されず、クリアランス・レベルを超える放射性廃棄物の量が多く、さまざまな危険物質、有毒物質が各所に多く使われ、原子炉圧力容器などを密封容器としてそのまま廃棄できず細断することとなり、敷地の汚染土壌を大量に入れ替えすることになれば、それぞれがコストを引き上げる理由となる。それでも、予算とスケジュールの制約がない限り、確実に遂行できる。

しかし、事故プラントになると、廃炉の遂行性自体がぐらつく。前述のように、放射性廃棄物と汚染土壌の物量が多すぎて、搬出作業に膨大な労力を要するだけでなく、そもそも受け入れ先がない。いっそ、福島第一をそのまま受入れ先としては……。放射能で汚染した建屋をあえて壊さず除染して、保管施設として活用しては……。当事者にそのような思案が浮かばないはずはなく、やがて、これが最も合理的な方法であるとの結論に帰着するだろう。この議論が、皆さんに全く聞こえてこないのは、目下、その前に処理されなければならない幾つかの重要な課題に対する解決法に目処が立っておらず、それらを飛び越えて最終的な処分の議論をした場合、肝心の中身が欠落したロードマップのイメージを生じさせてしまうからではないだろうか。

(2-1) TMI-2の廃炉

スリー・マイル・アイランド2号機（TMI-2）にしろ、チェルノブイリ4号機にしろ、事故プラントで廃炉を完遂したところはない。ただし、炉心溶融物が原子炉圧力容器内に留まっていたTMI-2の場合、すでにこれを全て掻き出して特殊な遮蔽容器に収納。鉄路でアイダホ国立工学研究所（INEL）に運搬し、引き取ってもらっている。炉心溶融物の取り出し方法は、事故発生3年後の1982年から検討に入り、1984年までに開発を終えた。同年、いよいよ原子炉圧力容器の上蓋を外し、内部の損傷状況を観察。そして、1985年10月から1990年2月までの間、炉心溶融物の回収と輸送が行われた。

本来、使用済燃料とはいえ、ウラン、プルトニウムなどの核分裂性物質を含むものに対しては、グラム単位の精度で計量管理（危険な核分裂性物質が取り扱いの過程で行方不明になっていないことを保証するための追跡記録）が求められるのであるが、損傷したTMI-2の原子炉に対してまでこれを求めることは現実的ではなく、米国原子力規制委員会（NRC）による特別な緩和が認められている。

こうして、TMI-2に関しては、炉心溶融物の回収という最難関をすでに通過し、残りは、将来行われる同原子力発電所1号機（TMI-1）の廃炉にスケジュールを合わせて実施される予定となっている。それでも汚染した格納容器の解体・撤去は、かなり余分な手間を要することになるだろう。

（2-2）チェルノブイリの廃炉

しかし、チェルノブイリ4号機と福島第一1～3号機における困難は、TMI-2のそれとは全く比較にならない。チェルノブイリの場合、そもそも廃炉を目指してすらいない。日本では「石棺」と訳され、事故発生からたった6カ月の短期間で完成させられた応急処置は、その名のイメージに反し、実は、単に大量のコンクリートを流し込み、クレーンで巨大な鋼製パイプ、梁、パネルを積み重ね、固定しただけに過ぎない。天井から漏れた雨水が、炉心溶融物（これには、「チェルノビライト」と名付けられた）を洗い、その汚染水が地下に染み込んで巨大な人造冷却池に流れ、そこから水面が7m下のプリピャチ川に浸出し、キエフ貯水池に注いだ。何年も……。「石棺」は劣化し、チェルノビライトも風化する。南北100㎞もある貯水池であるが、プリピャチ川が注ぐ北からジワジワと汚染が南下し、ウクライナの首都キエフがある南端に迫ってきた。

倒壊が心配される石棺の壁が、5000万ドル（たった！）を費やし、2004年から2008年にかけて鉄骨で補強されたが、劣化は止まらず、放射能の流出と汚染の拡大は続いた。人造冷却池が決壊し、大量の汚染水が一気にプリピャチ川に流出したら？　その前に干拓しなければならない。このような状況に、ウクライナ政府は、財政的にも技術的にも為す術なく、結局、欧州復興開発銀行と40カ国以上からの資金援助を得、15億ユーロの建設コストで、ＮＳＣ（新安全閉じ込め構造物）と呼ばれる巨大なスライディング・アーチが架けられることになった。２０１６年11月、幅２５７ｍ、長さ１６２ｍ、高さ１０８ｍ、重さ3万６０００トンのＮＳＣが完成したが、もちろん、これを架けて廃炉を終えたというわけではない。

壊れた原子炉建屋の底部に眠るチェルノビライトはそのままで、風化はこれからも続く。天井から漏れる雨水で洗われない点が改善されただけである。内側の天井にはクレーンもあるが、別にこれで原子炉を解体するとか、チェルノビライトを回収する計画があるわけではない。

ＮＳＣの設計寿命は１００年だが、格納された石棺の放射線レベルの減衰はゆっくりであるため、やがてはその先のことも考えなければならないのだろう。しかし、このようなアプローチも一つの選択肢であることを、皆さんの懐のポケットに入れておいて頂きたい。

❸福島第一の廃炉

福島第一の作業状況に関する２０１７年５月の東京電力ホールディングスの報告によれば、２０１７年1～3月にかけての月平均で、従事者登録数1万２６００人、実際の作業従事者数９９００人、各月平均一日当たり５５００～７０００人とのことで、まるで建設工事を上回る盛況ぶりのようである。

ただし、当事者らの努力を軽視するつもりはないが、廃炉工程の本線から見た場合、福島第一におけるこれまでの成果は、これほどの労力の投入にもかかわらず、前進した歩幅があまりに短く、前途は、依然霧中にあると言わざるを得ない。結局、本作業に着手する前の準備や支援業務が多いためにこのような管理やさらにその準備、それら各作業のための管理や支援業務が多いためにこのようになる。実際、一人当たりの平均月間被曝線量が０・39ミリ・シーベルト（ｍＳｖ）であることも、彼らのほとんどが、放射線レベルの比較的低い場所でそのような業務に携わっていることを示唆している。

（3－1）6年間の進捗

廃炉工程の本線から見た場合、2014年に4号機から全1533体のプールに保管された燃料を搬出し終えたことも、2018年以降、3号機（566体）、1号機（392体）、2号機（615体）に対してこれを行い無事に終えたとしても、ひとまず手近なタスクを片付けたことにしかならない。ミューオン（μ粒子）による原子炉圧力容器の透過撮影は解像度が低すぎ、自走ロボットによる格納容器内部の状況観察は範囲が狭すぎるが、いずれにしてもそれらの結果は、事故進展解析によって予想したイメージを確認したに過ぎず、せいぜい状況確認が少し進展しただけのことである。

凍土壁による汚染水対策も、実績を振り返ってみれば期待未満でベストな選択ではなく、高性能の水処理設備（多核種除去設備ＡＬＰＳ）が設置、運転されたにもかかわらず、遂に100万トンを超える放射能汚染水が、約1000基のタンクに蓄えられるに至ってしまった。

他方、建屋内、および敷地内とその周辺の作業環境は大分良くなった。空気中の放射性物質濃度は低下し、1～4号機の原子炉建屋が放出源となって敷地外に放出される放射性物質の量もかなり低下している。敷地内のサンプル井戸から採取される地下水には、今もかなりの濃度の放射性物質が検出されているが、港湾の海水中の濃度は、法令上の排出基準を十分クリアしている。敷地内には、多くの事務棟、倉庫、作業場などが建てられ、負傷者、急病人の発生に備えてヘリポートも作られている。830台を超える構内専用車両のための整備工場もある。

他にも活動をアピールするためのネタには事欠かないのだが、どれもこれも、進捗と成否によらず、炉心溶融物を回収する目的の外側にあるものばかりであり、一体どのようにしてこの最難関に取り組もうとしているのか。未経験で困難なプロジェクトなのだから、急かしたりプレッシャーを掛けたりすべきでないとはいえ、事故の発生から6年以上が過ぎている。

（3－2）汚染水の処理

本来傍流にあるべきこの問題について、本稿で字数を費やすのは本望ではないが、貯水量を

１００万トンにまで増やしてしまったとなっては無視できない。過去６年、貯水量はほとんど直線的に増えてきたが、放射能量はかなり以前からほぼ横ばい状態となっている。つまり、建屋に流入する地下水によって放射能濃度が希釈されながら、嵩が増してきたのである。ただし、汚染水とはいえ、実はこのうちの約78万トンは、その後、ＡＬＰＳによって処理され、除去されていない放射性核種は、ほぼトリチウムだけとなっている。

まだ10万トンくらいの時までには、打つ手もあった。しかし、事ここに及んでしまってからでは、濃縮、地下への伏流にするか冷凍保存して減衰（１２３年で１０００分の１）、蒸発池からの蒸散……、どれも見込みがなく、もはや現実的な処理法は一つしか残っていない。海への排出である。もちろん、汚染の排出と受け止める地元や全国的な拒否反応も予想されるが、以下を含む科学的な正当理由は幾つもある。

●トリチウムは極低エネルギーのβ線を放射するだけで、γ線を放射しない毒性の低い放射性核種である。そのため米国では、ホテルや量販店などで無電源の非常口サインの光源として一般的に使用され、サイン１枚当たり０・５テラ・ベクレル（ＴＢｑ）程度を含む。

●福島第一のタンク水に含まれるトリチウムの総量は、たかだか数百ＴＢｑである。これに対し、自然界では大気中の窒素に宇宙からの高速中性子が当たり、年に約15万ＴＢｑ生成される。かつて核実験で大気中に放出されたトリチウムは１億８６００万ＴＢｑで、太平洋の海水には３億７０００万ＴＢｑが含まれる。

●トリチウムは、原子力発電所の運転に伴い不可避的に外部の環境に排出されてきた。米国プラントの年間放出量に関する２００９年報告では、ＰＷＲ（加圧水型）とＢＷＲ（沸騰水型）に対し、排気にはそれぞれ０・７３ＴＢｑ、１・５ＴＢｑ、排水中にはそれぞれ０・３４ＴＢｑ、21ＴＢｑとある（全て最頻値）。

真摯な説明を怠り、６年間も貯水量を増やし続けてきた不作為がなかったならば、今頃タンクの大半が空になっていたはずである。

（３-３）炉心溶融物の回収

当初掲げていたアプローチは、損傷して水を保持できない原子炉圧力容器の代わりに、その外側の格納容器（サプレッション・プールとドライウェル）を原子炉建屋最上階から水張りし、上から水中遠隔操作によってアクセス、炉内溶融物を取り出すというものであった。これは、原子炉圧力容器が貫通していなかったTMI-2においても採用された最もオーソドックスな概念ではあるのだが、そのまま福島第一に適用するためには、あまりにも克服の難しい困難と問題が多く、無事に着手に漕ぎ着けることさえ難しい。まして完遂は困難であるだけでなく、作業当事者にとっても周辺住民にとっても著しく危険であり、原子力規制委員会による審査を通過できるとは思えない。

まず、炉心溶融物の大部分が、熱によって原子炉圧力容器の底部を融かして下に落下し、ペデスタル内で底部のコンクリートと絡まり、チェルノビライトならぬ「フクシマイト」の如き溶岩性物質を形成している。ここに30m上からアクセスするのだが、上にも干渉物となる機器が多くある。特に、格納容器と原子炉圧力容器の二つの上蓋。これらにアクセス用の穴を空けるだけでも大工事なのだが、保温材、蒸気乾燥器、湿分分離器はどうなっているだろう。水の透明度を維持するための浄化装置も運転されなければならない。その前に、負圧を維持できる建屋に復旧し、照明、換気系を運転し、新しい天井クレーンも設置しておかなければならない。炉心溶融物を削り出すことで、放射能毒性の高いα核種のウラン、プルトニウムも含む放射性物質が水中に放出され作業ツールに付着する。これが水中と気中を行ったり来たりすることになり、その取り扱いに従事する作業者の被曝線量は激増。頻繁な交代が余儀なくされ、たとえば高度技量習得のための訓練と放射線安全教育のために1カ月、実作業が1週間ということもあり得るだろう。そのような人海戦術を何年間にもわたって支援するリソース確保は可能だろうか？

例の計量管理のこともある。精度は悪くてもベストの管理努力はしなければならない。回収物を水中で臨界に至らせないための設計と監視方法も必要となる。

しかし、とりわけ怖いのが、水張りされた格納容器の大破である。元々フラスコ形をしたドライウェルとドーナツ形をしたサプレッション・プールが連結されたマークI型格納容器は、多数の薄っぺらな炭素鋼板を溶接で張り合わせて作られている。事故によって異常な高温と高圧に曝露され、至る所に損傷があると思われるものの検査を行う術がない。そのような容器に、何年間にもわたり予め考慮していなかった水張りを行う。亀裂や腐食の進行、地震による荷重。それらが格納容器の大破をもたらした場合には、急速に水が抜け、恐ろしいカタストロフィーが起こる。

考えたくはないが、そのような事態もこの工法に対する設計基準事故として想定しないわけにはいかないだろう。果たしてどのような復旧があり得るのかはわからない。大混迷に陥るだろう。

私は、このような恐ろしい作業計画を、まだ引き返しのできるうちに断念して欲しいと願い、より安全と思う代案を210ページの文書としてまとめ、2013年10月25日付で国の主管の窓口に提出した。要旨をある科学雑誌にも掲載してもらった。同調してくれた国会議員に連れられて経産大臣にも直接説明した。米国最大手のゼネコン幹部を説得し、働きかけを画策した。炉心溶融物からの発熱は、格納容器の鋼板から放熱させて内部を乾燥させ、回収は、真下に設置した地下のホットセル（コンクリートと鉛ガラスで遮蔽した密室）から、長腕のマニピュレータを使い、超硬バイトを使って毎日200kgくらいを粉砕し、粉末粒子を真空吸引して行う。炭化ホウ素をまぶして臨界防止をし、サンプル分析をしてより精度の高い計量管理を行うことも可能になるが、何よりも無謀な格納容器の水張りや、危険な被曝作業をほとんど排除できる点が売りであった。壊れた原子炉建屋をきれいに復旧させる必要もない。結局、全て徒労に終わったわけで、今さら再考を促したいとの未練はないが、危険に挑戦するよりは、むしろ立ち止まって頭を冷やし、じっくり真面目に考えて欲しいと願う。

当事者は、今も水没した格納容器に対する防蝕技術だの損傷部のシール方法だのと、これまでの危険な工法を主軸に計画を進めているようであるが、最新のロードマップのこの部分は曖昧になっており、方向転換を図ろうとしているようにも期待もできる。2018年度上半期に確定させるのだという。

どのような方法であれ、原子力規制委員会には、再稼働審査以上に入念な安全審査を望みたい。そして、最終決定前には、十分な期間のパブリック・コメントの機会を設けて欲しいものである。

❹ 救出

福島第一の廃炉工事は、少し前から、まるで新興の地場産業となったかのような活況を呈し始めている。何ら価値のあるアセットができあがるわけではなく、国民の税金を原資に、ただ大きな浪費と危険に向かっている。当事者らは主体性を失い、汚染水の貯水量が１００万トンを超えてもなお危機感がないのか批判を恐れているのか、いずれ避け得ないトリチウム汚染水の海洋放出を口にしない。そのような無責任な惰性と不作為で、炉心溶融物回収計画の実行にも向かっていくのだろうか。

その場合、最終的に不利益を受けるのは私達自身である。何年も前に掲げてしまった守れないコミットメントに縛られ、解決策が見付けられずに泥沼化する事態は、東京都の築地市場豊洲移転問題にも共通する。どうせ40年の緑地復旧など絶対に不可能である。もし、私達がついでにもう一歩譲ることで巨額の浪費と重大な危険を回避することができるならば、トリチウム汚染水の希釈放水や、炉心溶融物回収の計画保留か撤回も、考えてやってよいのではないだろうか。当事者を八方塞がりの状態から救出しないことの損失は、やがて私達自身に回ってくるのだから。

佐藤 暁（さとう・さとし）
１９５７年山形県生まれ。山形大学理学部卒。１９８４年から２００２年まで米国ゼネラル・エレクトリック社の原子力事業部に所属。その間、運転プラントの検査、改造、修理、新設プラントの建設、試運転など、１００以上のプロジェクトに関与。その後、原子力コンサルタントとして活動しながら現在に至る。

原発避難計画の問題点

上岡 直見
（環境経済研究所代表）

原子力災害における避難

原子力災害が他の災害と異なる点は放射線による被曝である。原発避難では移動距離が数10kmあるいはそれ以上となり、自動車やバスを利用せざるをえない。避難とは単に一定距離圏外に脱出すればよいのではなく、避難後の生活をどうするのか、いつ戻れるのかといった点については東京電力福島第一原発事故に関してもまだ解決していない。汚染が発生すれば農林・水産業は成り立たないし、住民が退去あるいは屋内退避が指示されている状況では、現地で営業する商業・飲食業・サービス業なども成り立たない。このように社会的・経済的な面での「安全」も考えなければならないが、紙幅の制約もあり、本項では物理的な移動を中心に検討する。

解消されない基本的な欠陥

福島第一原発事故前は「防災対策を重点的に講ずるべき区域」が定められ、発電用原子炉に対して8～10kmが目安とされていた。しかし当時の原子力防災対策では、日本の原子力施設の安全審査や運転管理等の原子力安全規制は厳格に行われているから、実際に住民に対する放射線防護措置を講じなければならないレベルの放射性物質が放出される事故は想定する必要がない、と認識されていたことが指摘されている注1。これに対して福島第一原発事故後に策定された「原子力災害対策指針注2（以下「指針」という）」ではＰＡＺ（「予防的防護措置を準備する区域」で原発から概ね５km圏内）とＵＰＺ（「緊急時防護措置を準備する区域」で原発から概ね30km圏内）の考え方に改められた。しかし距離の設定を変えても住民の安全には直結せず、なお多くの課題が残ったままである。

日本の原子力施設の立地許可は施設の基本設計に対して与えるものであり、それによって原子力防災対策の有効性が確認されるわけではない。この点は現行の新規制基準注3でも解消されていない基本的な欠陥である。

福島第一原発事故における避難状況

よく「住民は安全神話に騙されていた」と言われるが本心では信じていなかったのではないだろうか。福島第一原発事故の記録をたどると公式の避難指示が出る前に多くの人が自発的に動き出している。写真は２０１１年３月12日午前９時における福島県浪江町・双葉町境界付近の県道２５３号線（東西方向）と県道２５６号線（南北方向）の衛星写真であるが、片側１車線に多くの自動車が先行車に接して連なっている。これは12日午前５時に国から「福島第一原発から10km圏避難指示」すなわち双葉町全域と浪江町の一部が避難指示区域に指定された直後である。写真より判読すると１kmあたりに換算して１１０～１１５台の自動車が詰まっている。

写真 2011年3月12日朝の道路状況
Google Earthより複製

注1 東京電力福島原子力発電所事故調査委員会『国会事故調報告書』（徳間書店、２０１２年９月、３９５ページ）

注2 ２０１２年10月31日策定・本稿執筆時点では２０１７年３月22日第７次改正。https://www.nsr.go.jp/data/000024441.pdf

注3 「原子炉等規制法」の改正と並行して「実用発電用原子炉に係る新規制基準」が２０１３年７月８日施行された。

図1　新潟県中越地震・中越沖地震で発生した通行止箇所

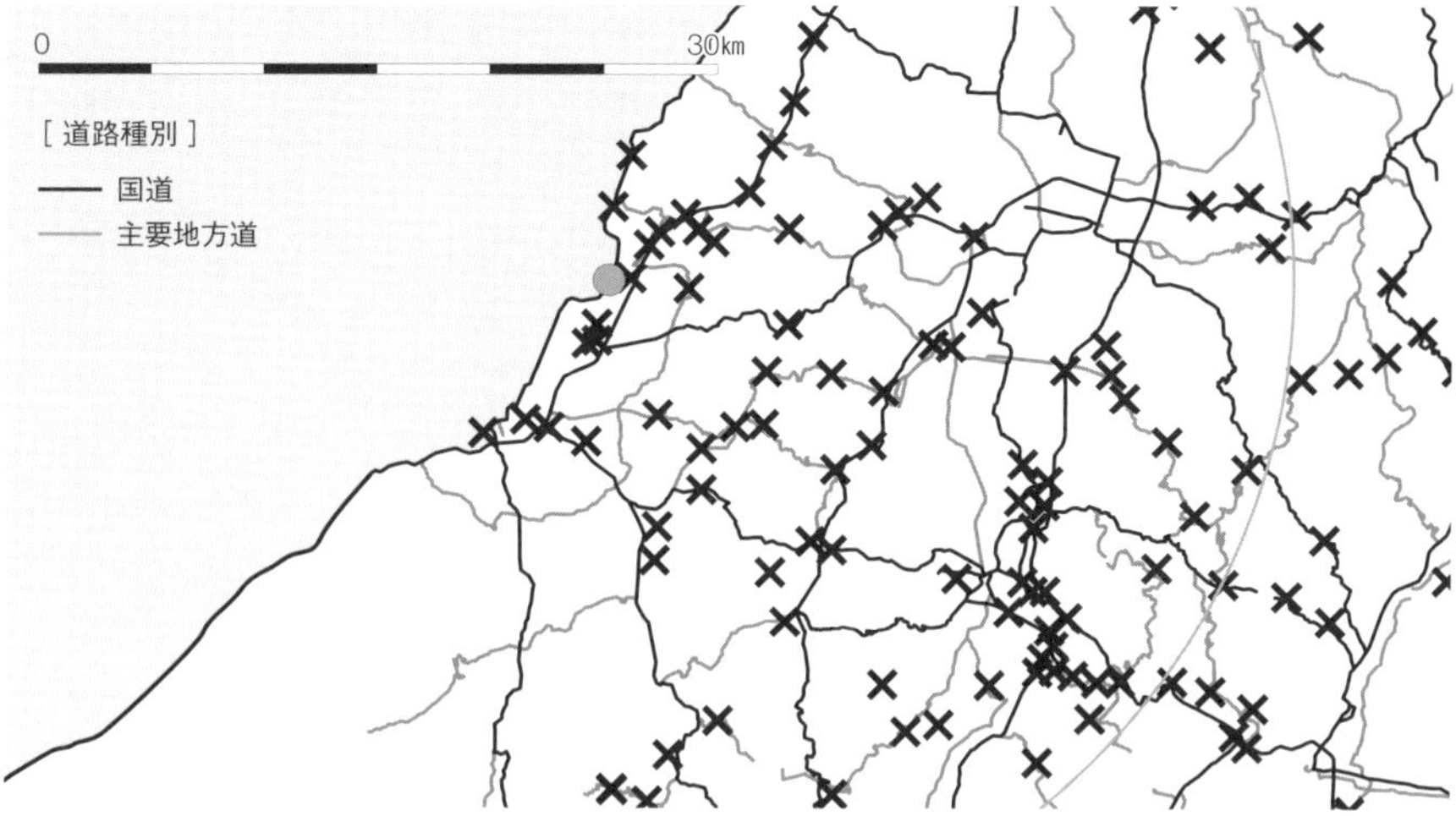

この付近の平常時の交通量はピーク時でも1時間に10台以下の道路であるが、地域の自動車が一斉に動き出すとこのような状態になる。

規制委員会の資料によると福島第一原発の30km圏の人口は14万人であるが、２０１７年4月の時点で再稼働を開始した伊方原発でも同じく14万人、川内原発では23万人であり、もし避難が必要な事態になれば同様の状況が発生すると思われる。今にも放射性物質が飛来するかもしれない不安のもと、動かない車列で焦燥に耐える状況を想像しただけでも避難の過酷さが想像できる。

福島第一原発に近い双葉町では、事故前の空間線量率が０・０７マイクロ・グレイ毎時（μＧｙ／ｈ）前後のところ、同町上羽鳥（福島第一原発から５・９km）では建屋爆発などと同期して最大１５００μＧｙ／ｈを超える値を観測した[注4]。国や県から避難指示は伝達されず、空間線量率が最も高い時期に、タイミングを失して、原子力緊急事態が宣言されてから１００時間前後を経過してようやく本格的な移動が開始された。この間の累積被曝量は急性影響が出かねないレベルに達している。

このように初動の遅れは重大な問題であったが、

注4　福島県原子力センター「平成23年3月の空間線量率測定結果（福島県モニタリングポストから回収されたデータ）」http://www.atom-moc.pref.fukushima.jp/old/monitoring/monitoring201103/201103_mpdata.html

当初の地震で道路に大きな損傷が生じていなかったため、福島市・郡山市など内陸部への移動が物理的に可能であったことは一種の幸運であった。しかし常にこのような幸運が期待できるわけではなく、図1は新潟県中越地震（2004年10月）及び中越沖地震（2007年7月）に際して、国道と主な県道で発生した通行止め箇所を示したものである。柏崎刈羽原発から30kmの範囲で自動車ではほとんど移動不能な状況となっている。これらは順次復旧されたが、原子力緊急事態が発生して避難あるいは屋内退避が指示された状況では、屋外で復旧工事を行うことは考えられない。

避難計画の枠組み

国の防災基本計画（原子力災害対策編）において、発電用原子炉から30km圏の自治体では避難計画の策定が義務づけられることになった。原子力災害でも他の災害と同様に、自治体は「防災基本計画」及び「指針」に基づく地域防災計画（原子力災害対策編）を作成することが法律で義務づけられている注5。

自治体が地域防災計画を策定するにあたり、原子力規制委員会は専門的な知見から前述の「指針」を提供することになっている。指針の目的・趣旨は「緊急事態における原子力施設周辺の住民等に対する放射線の影響を最小限に抑える防護措置を確実なものとすること」となっている。「放射線の影響を最小限に」とは、要するに「被曝を最小限に」という意味である。

ただし「指針」は全般的なガイドラインを示すのみであり、具体的な行動については、地域の実情を把握しているのは各々の自治体であるから、自治体は「指針」に沿って具体的な防災計画を策定する。その具体的な内容については、地域防災計画の中に書き込まれているケース、計画の添付資料となっているケース、別途「原子力災害避難行動計画」等が策定されているケースなどがある。これらの内容は未整備の市町村も少なくない。その解説資料的な位置づけとして、原子力規制委員会は「〈原子力災害対策指針・補足参考資料〉地域防災計画（原子力災害対策編）作成等にあたって考慮すべき事項について注6」を同時に公表している。

注5 http://www8.cao.go.jp/genshiryoku_bousai/keikaku/keikaku.html

注6 原子力規制庁「地域防災計画（原子力災害対策編）作成等にあたって考慮すべき事項について」2012年12月 http://www.nsr.go.jp/data/000047200.pdf 内閣府ホームページ http://www8.cao.go.jp/genshiryoku_bousai/keikaku/keikaku.html

避難時間シミュレーションは現実的か

「指針」の制定以後、原発の立地都道府県では地域防災計画の一環として避難時間シミュレーションが実施された。このシミュレーションは、コンピュータ上に仮想の車両を生成して先行車両との間隔や信号等の状況に応じて車両を将棋の駒のように移動させて交通状況を再現する手法により行われる。交通密度（１km あたり何台の自動車が詰まっているか）と走行速度（すなわち所要時間に関係する）の関係は工学的に経験式が知られている。

図2は一例として避難時間シミュレーションを受託している三菱重工業が用いている式であるが、１km あたり約90台の交通密度を超えると徒歩並みの速度となり、さらに１１０台の交通密度を超えると時速２km以下となる。

このような状態は写真（60ページ）の浪江町・双葉町の状況に相当する。ただし極端な低速条件になると精度が乏しいため、シミュレーション上では交通密度が一定以上になったらそれ以上は道路に入れないものとして計算することもある。このような計算は避難シミュレーションに特有の方法ではなく一

図2　交通密度と走行速度の関係

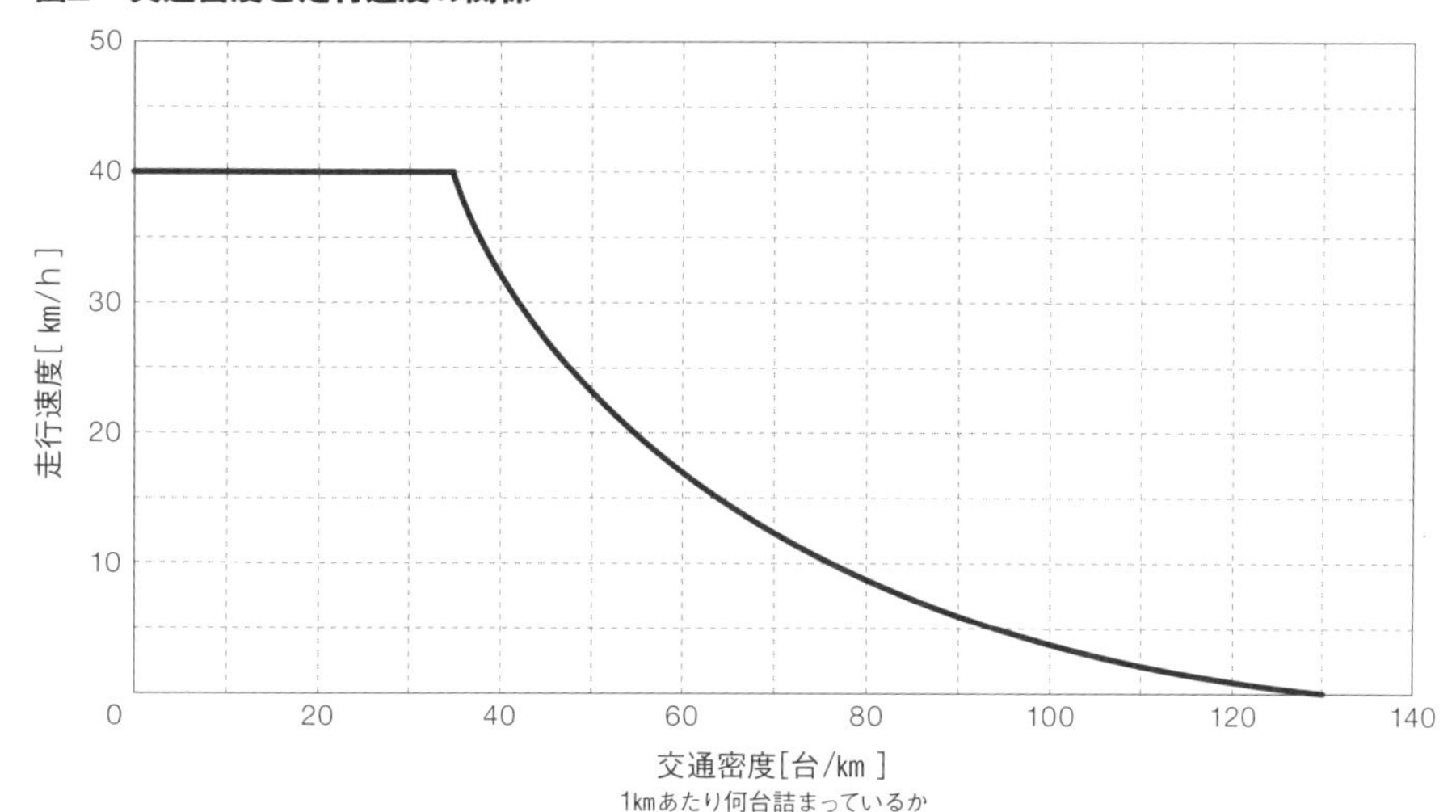

般的な「渋滞」と同じである。
この速度は交差点もない単一の直線路上に車両が整然と通行する状態であって、放置車両があれば一定時間あたり通過可能な車両台数が低下する。どの原発でも30㎞圏の主な道路は片側1車線が多い。さらに実際の避難時には燃料切れや心理的動揺に起因する事故による放置車両の発生が避けられない。路上駐車車両が道路容量に与える影響は、条件にもよるが国土交通省の資料によれば3〜4割の低下となる。

信頼性を欠く議論のベース

このように交通現象としての移動時間を試算することは可能であり、避難計画を策定する際の一つの参考としての意味はあるが、技術的には多くの不確定要素もある。

第1に、シミュレーションそのものに客観性がなく、選定モデルや担当者により様々な結果になりうる。政府・規制委員会・電力事業者もその妥当性について評価をしていない。

第2に、試算結果と実績の比較・検証がなされない、もしくは不可能である。通常この種のシミュレーションは道路計画等に用いられるので、例えば新規道路の開通の前後で試算と実績を比較・検証できる（実際は当たらないことが多い）が、原発避難のように地域の車両が一斉に動き出す状況は実績による検証ができず、本当にその事態が起こらないと実証しようがない。

第3に、変動要因が多すぎて、その組み合わせとして多数のケーススタディを実施したところで判断基準にならない。多くのシミュレーションでは「昼夜間」「季節や悪天候」「観光やイベント」「災害等による道路の制約」「段階的避難」等に加えて「陰の避難率（指示を待たずに動き出す率）」「自家用車の使用率」「自宅以外の場所（学校や職場）からの移動方法」等を組み合わせて数十ケースを試算し、最短から最長の所要時間の試算結果が示されているが、このような結果を示されても自治体の担当者は困惑するばかりであろう。
さらに交差点・分岐点があった場合にどの経路を選択するかについて、あたかも全ての車両の運転者が上空から俯瞰してあらかじめ完全な情報を知って安全（リスク最小）なルートを選択するかのような仮定で計算される。行き戻り（通れないことがわかって引き返す）等は考慮できない。前述の新潟県の地震に際しての通行止め箇所のように、あるいは２０１６年４月の熊本地震で県が防災計画で「緊急輸送道路」として指定していた主要な道路でさえ50カ所以上の通行支障が生じたように。

第４に、多くの避難時間シミュレーションでは自家用車のみを対象としており、自家用車を利用できない住民の移動は考慮されていない。バス避難を考慮しているシミュレーション（東通・女川等）もあるが、緊急事態が発生した時点で必要なバスがどこに存在しているのか、あらかじめ想定しておくことはできない。もともとバスの台数は十分でないし、多くのバス事業者は、一般公衆の被曝許容限度1ミリ・シーベルト（mSv/年）を超える放射線下では乗務員を派遣できないと表明している。

第５に、各々のシミュレーションはあくまで車両の移動時間であり、それ以前の避難準備時間や集合場所に参集する等の時間については、あくまで大雑把な想定が設けられているだけである。福島第一原発事故に際して平常時は10～15分程度の町内の移動に数時間を要した事例もある。スクリーニング（圏外に出る際の人や自動車の汚染チェックや除染）も考慮されていない。コンピュータによるシミュレーションであるから、条件を変えて計算すればいくらでも結果は得られるが、複数のケースに対していずれが相対的に時間短縮になるか程度の参考にはなるが、絶対値としての信頼性は乏しい。

真の問題は「どれだけ被曝を避けられるか」であるのだから、以上のように基準となる「時間」に信頼性がないのでは議論のベースにならない。

そもそも「30km」はどのように決まったか

もはやここまでの検討だけでも、過酷事故に際して住民が円滑に避難することはおよそ不可能と直観的にも推測できるが、多くの県の避難時間シミュレーションでは「30km圏外に離脱する時間」が評価の指標とされている。30km圏外に脱出すれば危険が回避できるかのような印象が形成されているようにも思われるが、そもそも30kmとはどのような経緯で決まったのだろうか。

５km圏・30km圏に初めて公式に言及されているのは前述の「指針」である。しかしその説明は国際原子力機関（IAEA）を引用し、「原子力施設から概ね30㎞を目安とする」と述べられているのみである。

また最大の問題は「緊急時には一般公衆の被曝許容限度（前述）を大きく超える『実効線量として7日間で100mSv』を許容する」という前提が設けられていることである。原発周辺に人口密集地が存在する日本の特性も反映されていない。国内の各々の原発に対する試算の内容は「放射性物質の拡散シミュレーションの試算結果について（原子力規制庁）注7」に記述されているが、各原発の気象条件に応じて周辺の被ばく量を推定し、7日間で100mSvに対応する距離が30㎞に収まっているかどうかという逆チェックをしたものである。

この計算にあたり、原子炉からいつ・どれだけの核種が環境に放出されるかの想定シナリオが必要となる。試算では、福島第一原発事故の進展を参考に(1)福島1〜3号機の推定放出量、(2)福島を基準に各サイトの出力に比例した放出量の2ケースを設定していた。このためサイトの総出力が国内最大の柏崎刈羽に関しては(2)の設定のため30㎞をはみ出している部分もある。いずれにしても、30㎞圏外に脱出すれば安全であるという根拠は全く説明されていない。

もともとこのような性格の指針であるが、現在までの改訂ごとに内容が後退している。指針制定時の試算は福島事故の推定放出量に基づいており、それは一つの根拠であるが、2014年5月の第3回改訂になると想定の放出量を桁ちがいに低く見直している。

今後稼働される原発は、新規制基準への適合性審査で「過酷事故（容器破損）に対してCs（セシウム）137の放出量が100テラ・ベクレル（TBq）を下回る」ことが条件となっていることに対応して変えたためである。この「Cs137で100TBq」は福島第一原発事故事故の推定放出量の約100分の1にあたるが、実証的な根拠ではなく「それに収まるように基準を決めたからそれを前提とする」としているだけである。その前提でUPZ（30㎞圏内）では屋内退避を原則とする方針に転換している。

さらに2015年4月の改訂で、避難が必要な区域の設定については拡散予測シミュレーション（SPEEDI等）を参考情報とせず、モニタリ

注7 https://www.nsr.go.jp/disclosure/committee/kisei/h24fy/20121024.html

ングを踏まえて判断するとした。その他にもいくつか変更の結果、要するに「できるだけ住民を動かさない」方針に転換している。

その背景として、先決的に30㎞と決めてしまった後に各原発について避難時間シミュレーションが実施され、30㎞圏の多数の住民の迅速な避難は困難という結果が続々と露呈したために、屋内退避を原則とせざるをえなくなったのではないだろうか。しかも変更の時点では対象を加圧水型原子炉（ＰＷＲ）に限定し、沸騰水型原子炉（ＢＷＲ）には言及がないところからみても、電力会社の再稼働スケジュールを忖度した逆試算との印象を受ける。

しかしこの改訂以後に前述の２０１６年４月に熊本地震が発生し、本震と思われたものが実は前震であったことなど、想定された「屋内退避」が家屋の倒壊等により機能しない可能性が指摘されている。自宅以外の代替避難施設に移動したとしても放射線防護の対応はなく、強い地震に引き続いて原子力緊急事態が起きる可能性が高いことを考慮すると、矛盾を抱えたままの指針となっている。

原子力安全行政との矛盾

もともと「災害対策基本法（災対法）」では、自治体に「住民の生命、身体及び財産の保護」に必要な措置を講ずる責務が課せられている。水害等に関して、市町村長による避難指示の適否をめぐって責任が問われる例があるのはこのためである。自然災害でも原子力災害でも保護の対象となる住民は同じであるから、災対法と並行して「原子力災害対策特別措置法（原災法）」が定められた。しかしこれまで自然災害を対象としてきた防災体系に、後から性格が異なる原子力災害が横入りしてきたため、自然災害対策と原子力災害対策の不整合が生じている。複合災害として原子力災害が発生した場合、災対法と原災法の双方に基づいて複数の命令系統が存在することになるため、現場担当者から混乱の不安が表明されている。

前述の「指針」でも、防災に関して自治体の責務に関わる内容を記述していながら、自治体の原子力防災計画や避難計画等の実効性等は、新規制基準に対する適合の要件とされていない。これに対して原子力規制委員長は、「指針」の趣旨は、原災法に基づき原子力事業者、自治体、その他の関係者が原子力災害対策を円滑に実施するためと説明しており、避難計画は県・市町村が作成するのであって規制委員会は指針を提供するものであるとの見解を表明している注8。

自治体は原子力防災に関する責務を負うにもかかわらず、安全性を評価する新規制基準に関しては関与の枠組みも手段もない。「災対法」「原災法」に定める「住民の生命、身体及び財産の保護」に必要な措置を講ずることができない。しかも原子力規制委員長は、新規性基準に基づく審査は基準に適合していることの確認であって安全の保証ではないと言明している注9。

さらに政府は、審査に合格した原発の再稼働は進めてゆくとしており、誰も安全に関して責任を負っていない。

政府と自治体の姿勢

2014年9月に安倍首相は、「川内地域の避難計画を含めた緊急時対応について『具体的かつ合理的なものとなっていること』を、県と関係市町、関係省庁が参加したワーキングチームで確認し、これを了承しました」と発言している注10。しかしどのような根拠を以て「具体的かつ合理的」と評価したのか全く明らかではない。

前述の原災法には、自治体は「原子力災害予防対策、緊急事態応急対策及び原子力災害事後対策の実施のために必要な措置を講ずること」が記述されている。すなわち自治体の原子力防災は「予防・応急・事後」の三側面にわたっているのであって、原子力緊急事態が発生してからの避難のみに責務を負っているわけではない。

すでに再稼働を容認した自治体はいかなる根拠でこの三要素をクリアできると判断したのか、明確な説明を聞いたことがない。一方で新潟県の米山知事は2017年1月に東京電力幹部と会談し「事故原因の検証、事故が健康と生活に及ぼした影響の検証、事故が起こった場合の安全な避難方法の検証がなされない限り再稼働の議論は始められない、命と暮らしが守られない現状において再稼働は認められない」と述べている注11。

これらは原災法にいう「予防・応急・事後」の三要素の措置を講ずるために必要な過程であり、その

注8 原子力規制委員長記者クラブ会見（2016年3月22日）https://www.nsr.go.jp/data/000145526.pdf

注9 原子力規制委員会・田中委員長記者会見（2014年7月16日）等

注10 首相官邸「原子力災害対策本部会議・原子力防災会議合同会議」2014年9月12日 http://www.kantei.go.jp/jp/96_abe/actions/201409/12gensai_goudou.html

注11 新潟県知事室ホームページ「東京電力(株)の数土会長と面談しました（平成29年1月5日）」http://www.pref.niigata.lg.jp/hisho/topics290115.html

確認ができるまで再稼働を認めないのは法律に則った正当な判断である。全ての自治体の長がこうした正当な判断を示すべきである。

上岡直見（かみおか・なおみ）
１９５３年東京都生まれ。１９７７年早稲田大学大学院理工学研究科修了。１９７７〜２０００年、民間企業に勤務、化学プラントの設計・安全性評価等に従事。現在、環境経済研究所代表。著書に『脱原発の市民戦略』（緑風出版）、『原発も温暖化もない未来を創る（共著）』（コモンズ）、『原発事故 避難計画の検証』（合同出版）他。

Column 1

原発訴訟

河合弘之（弁護士）

再稼働を直ちに止める

２０１１年３月11日、東京電力福島第一原発事故が起き、未曽有の被害が発生した。

私は、それまでも原発訴訟を担っていたが（事故以前は住民側の敗訴が極めて多かった）、その被害を目の当たりにし、このような被害を絶対起こさせない戦いをしようと決意し、訴訟戦略を練り直した。そして、全国の原発訴訟の情報を共有して互いに協力する目的で、２０１１年７月に「脱原発弁護団全国連絡会」を結成した。

最初の成果は、２０１４年５月21日に福井地裁で、大飯原発３、４号機の運転差止を命じる判決を勝ち取ったことである。しかし、判決には仮執行宣言がついていなかったために、直ちに運転差止へと追い込むことはできなかった。

そこで、原発の再稼働を直ちに止めるために、原発の運転差止（あるいは禁止）の仮処分という法的手段を採ることにした。仮処分とは、正式な裁判の判決が確定するまでの間に差し迫った危険や損害が発生し、申立人の損害が回復不能となることを避けるために、裁判所が仮の状態を定める手続きのことである。申立てを認める決定は、直ちに法的効力を生ずる。

人格権侵害と避難計画

私たちは、国が再稼働の手始めとした高浜原発３、４号機について、福井地裁、大津地裁に仮処分を申立てた。まず、福井地裁が、２０１５年４月14日に、高浜原発３、４号機の運転禁止決定を出した。これが全国で初めて仮処分で原発の運転を禁止した決定である。同決定は、「新規制基準は緩やかにすぎ」と断じ、原発事故の被害の甚大性を真摯に受け止め、同原発から２５０㎞圏内に居住する申立人らの人格権侵害の具体的な危険があることを認めた。なお、同決定は、残念ながら異議審で取り消された。

続けて、大津地裁が、２０１６年３月９日に高浜原発３、４号機の運転禁止決定を出した。同裁判所も、福島第一原発事故の被害を真摯に受け止め、電力会社は「新規制基準を満たせば十分とするだけでなく、その外延を構成する避難計画を含んだ安全確保対策にも意を払う必要があり、その点に不合理な点がないかを相当な根拠、資料に基づき主張及び疎明する必要がある」とした上で、避難計画等安全対策に不合理な点がないことの主張疎明が尽くされていないとした。

ところが、大阪高裁は、２０１７年３月28日に、大津地裁決定を取り消した。その内容は、福島第一原発事故の被害についてまともに認定せず、同事故などなかったかのような決定である。同決定は、避難計画を含む原子力災害対策は電力会社だけでなく国及び地方公共団体が連携・協力して実施されるべきものであるから、原子力災害対策を再稼働の際の審査対象としなかったことは不合理ではないと判断した。しかし、これでは、避難計画の実効性を確保することなく原発が稼働してしまう。

勝訴と敗訴が混在

また、他の原発に目を向けると、２０１６年４月６日に川内原発の運転差止仮処分申立てを棄却した福岡高裁宮崎支部は、「当該避難計画が合理性ないし実効性を欠くものであるとしても、その一事をもって直ちに、当該発電用原子炉施設が安全性に欠けるところがあるとはいえない」とした。これは、避難計画が形さえあれば、合理性や実効性を欠いても構わないという暴論である。

２０１７年３月30日に伊方原発の運転差止仮処分申立てを却下した広島地裁決定に至っては論理的に破綻しているとしかいえないものである。すなわち、同決定は、電力会社が住民らの人格権侵害の具体的危険が存在しないことを事実上主張、疎明しなければならない旨の規範を立てた。そして、随所で、電力会社が疎明を尽くしたとはいえない事実認定をした。しかし、結論としては電力会社が疎明できているとして、住民らの主張を排斥した。論理的に考えれば逆の結論となる。

このように、福島第一原発事故後は、勝訴と敗訴が混在する状況となった。裁判官も、上記の福井地裁決定や大津地裁決定のように、司法が原発事故を防ぐ抑止力になれなかったことを真摯に反省し、原発の安全性について正面から判断する裁判官が複数出てきた。

他方、住民側を敗訴させる決定は、福島第一原発事故の被害をあたかもないものかのようにしていたり、行政に追従して司法の職責を果たしていなかったり、論理破綻をするなど裁判の体をなしていないものばかりである。これらの決定内容をみると、住民側の主張は、福島第一原発事故の被害を真摯に踏まえて論理一貫した思考をすれば、勝訴の決定しか書けないところまで到達しているといえる。私たちは日本の全原発を停止させるまで戦いをやめない。

河合弘之（かわい・ひろゆき）
１９４４年旧満州生まれ。東大法学部卒。弁護士。原発差止訴訟の弁護団団長、共同代表などを歴任。映画監督として『日本と原発　私たちは原発で幸せですか』他、著書に『原発訴訟が社会を変える』（集英社新書）他。

帰還政策が奪う地域の未来

――福島県民に何が起きているのか?

山下 祐介
（社会学者／首都大学東京准教授）

原発事故から6年

２０１７年3月11日、東日本大震災・東京電力福島第一原発事故から丸6年を迎えた。

そして7年目に入った同3月31日から4月１日にかけて、一部の地域（帰還困難区域及び双葉町、大熊町）を除いて、これまで避難指示のあった地域（避難指示解除準備区域、居住制限区域）で避難指示が大幅に解除されている。この避難指示解除については、「いよいよ復興へ」といった形で前向きに報じられることが多いようだ。

たしかに「帰還できる」という選択肢が増えたのは望ましいことかもしれない。「帰りたい」という人の希望を叶えるという意味では、避難者たちの気持ちをふまえた適切な処置だと一応は言えるのだろう。

しかしながらまた、このところの報道でも明らかなように、肝心の事故プラントの廃炉の見通しは立っておらず、東京電力が公開した燃料デブリの映像は今後の工程の難しさを実感させるものだった。しかも未だに余震はつづいており、２０１６年11月22日に福島県沖で生じたM７・４の地震では、最大で１・４ｍもの津波が生じていたのは記憶に新しい。

これはなかなか帰ることのできる状況ではない。帰れないのは放射能が高いからだという話もあるが、それは理由のごく一部だ。そもそも事故はまだ終わっていない。再事故の可能性はたしかにある。廃炉が完了するまでは、あの地域では原発避難を覚悟し続けなくてはならない。一度事故を経験した人々が、「指示が終わりましたか、ああよかった」などと言って帰るはずがない。にもかかわらず、帰還政策だけが着実に進んでいく。その政策がこの避難指示の大幅解除で完了の一歩手前まで来た。これはいったい何が起きているのか。

避難指示解除と賠償切り

避難指示解除が進められたからといって、簡単に現地に戻ることなどできないということは、すでに指示解除が進められた地域に人々が未だに戻れていないことからもわかる。たとえば、2015年9月に解除した楢葉町や南相馬市でも、戻れているのは2割に満たない。その前に解除が行われた田村市や川内村では7割が戻っているというが、それでもなお3割近くが帰れていないということでもあり、また戻っているという人も実際は「通っている」人が多く、また通えるのは避難指示解除後も賠償や住宅支援でその暮らしが支えられているからに他ならない。

たしかに「あそこは戻れない地域だ」といえば、もはや現地復興はあり得ず、大切なふるさとが失われることになる。それはむろん回避しなければならない。しかしながら現地を守る方法が「今すぐの帰還」でしかないのかは十分に考えなくてはいけない。

今、現実にできることは――すでに避難指示解除が行われたところでもそうなっているように――「通い復興」である。通いながら時間をかけて帰る準備を整えていき、安全を確かめ、「帰れる」ようになった人から順に帰っていくことだ。長期待避・順次帰還 注1 が、現実にできる復興へのたしかな道のりになるはずだ。

そしてこれまでの政府の支援策によって（原発避難者特例法など）、こうした長期待避・順次帰還が実現できるようにもなっていた。だが、2017年3月末の大幅な避難指示解除は、これまでの支援の仕組みを一変させ、早期帰還を促す転換点になるだろう。

注1 日本学術会議社会学委員会東日本大震災の被害構造と日本社会の再建の道を探る分科会提言「東日本大震災からの復興政策の改善についての提言」
http://www.scj.go.jp/ja/info/kohyo/pdf/kohyo-22-t200-1.pdf

というのも、今度の避難指示解除は、賠償支払いの終了とセットになっているからである。今避難指示区域にかかった地域からの避難者たちには、精神的賠償として一人あたり月10万円が出ている。指示解除となった地域でも、実際にはなかなか帰れない現実をふまえてその支払いがつづいており、こうしたものが壊れたくらしの代わりになっていた。しかしながらその支払いも、この指示解除が完了すればいよいよあと1年までとなる。そもそも避難指示解除と賠償切りがなぜ結びついているのか、このこと自体がよくわからないのだが、既定の路線のようだ。

もし賠償支払いの終了が現実になるとすれば、避難者たちはそこで避難元に帰るか、帰らないかを決断しなければならないことになる。当分帰らないとすれば、別に家を持たなくてはならない。仕事も確保する必要がある。しかしそれを得るためにはそれなりの資金が必要であり、仕事が確保できなければ、これまでの賠償金で今後のくらしを賄わなくてはならない。逆に移住の準備が整わなければ現地にある家に戻って住むしかないが、こちらもまた補修などを含めて費用がかかるだけでなく、現地には廃炉に関わる仕事しかないばかりか、インフラの確保は行政で何とかしてくれたとしても（ただし長期的に大丈夫だという補償はない）、多くの人が帰れない状況でくらしを支える地域社会に再生の見通しは立っていない。

政府は帰還を急ぐあまり、帰れない人への対策を何も用意していない。すべてはこれまでの賠償金で何とかせよというもののようだ。他方で、多くの人が帰れない現実の中で、現地復旧もまだまだ先のことになる。過疎地となった避難元に戻って再事故の発生におびえながら廃炉ビジネスに身を投じるか。それともこれまでの賠償金を元に避難先でくらしを設計し、帰還をあきらめるのか。その決断が1年後に迫られたということになる。今回の避難指示にはそういう意味合いがある。

だとすれば、被災地の復興を実現するために行われるというこの避難指示解除は、その表向きの目的——復興の条件を整える——を実現するどころか、作動としてはあと1年で現地の復興をあきらめる条件を準備したということになるのではないか。これでも復興政策と言えるのか。

だが、ここまで考えてきて大変不思議なのは次のことなのだ。

いったいこの避難指示解除は誰が決めているのか。これはいったい誰の意志なのか。

このことが、いろいろな人々にいくらたずねても釈然としないのである。そしてこのことを突き詰めていくと、どうもそこには、これを読んでいるあなたも深く関係している日本社会全体の構造が浮かび上がってくるのである。それはどういうことか。

被害者としての避難者から社会的弱者へ

だがこの問いに答える前に、もう少し現状認識を深めておこう。

2017年3月末、もう一つの避難者政策の転換が行われた。それは自主避難者への住宅支援の打ち切りである。2万6000人いると言われる福島県からの自主避難者（津波による避難者も含む）に対し、これまで福島県は住宅支援を行ってきた。正確には支援対象を福島県が取りまとめ、国が財源を提供するというもので、要するに、避難指示区域外からの自主避難者に対しても、これまで政府はその避難の実状や必要性を理解し、一定程度の支援を行ってきたということになる。その自主避難者への支援が3月末をもって終了した。つまり自主避難者は、公的にはもう避難者ではなくなったというわけだ。

自主避難については誤解が多い。このところ首都圏を中心に福島からの避難者の子どもたちへのいじめが問題になっているが、そのいじめは「賠償をもらっているんだろう」という形で行われていたようだ。しかし自主避難には賠償は出ない。住宅の支援を受けているだけで、あとは避難先の自治体や民間の応援に頼りながら細々と暮らしており、ここにも国民の不理解から生じる暴力の一端が見られるが、ここではこの議論を展開するのはやめよう（「国民の不理解」という点については、拙著『人間なき復興』、ちくま文庫、を参照）。

ともかく、今まで述べた文脈からいえば、次のことが重要になってくるはずだ。

この避難指示解除が行われれば、これまでの避難指示地域からの強制避難者たちも自主避難者になる。そしてこの4月で現在の自主避難者たちの支援がなくなるのだから、これから強制避難者から自主避難者へと切り替わる人たちへの支援も行う道理はなくなっていく。強制避難者はこの1年後には、賠償も支援も切られるというわけだ。むろん政府も福島県も「見捨てたりはしない」と明言してはいる。しかしそれは、たとえば所得が低い人など生活困窮者は面倒を見るというものであり、要するに、賠償がなくなり支援もなくなって、その中で生活に困る社会的弱者が出てくれば、その対応は個別にしていきましょうというものだ。

つまりはこういうことになる。原発避難者は、2017年3月末の避難指示解除によって避難者ではなくなり、また原発事故の被害者からも卒業して、「ふつうの人」になる。ふつうの人の中には生活困窮者もいるだろうが、それは社会的弱者として政府が福祉の対象にし、面倒見ましょうということである。被害者（避難者）が、加害者（国）に保護される社会的弱者に転換する。それがこの4月以降に起きていることだ。

だが、ならば問題は次のことになっていくはずだ。これでは避難者たちは困るのではないか。そして、避難者たちが所属し、あるいは避難している自治体（市町村）も、さらには福島県や福島県民も、困るのではないか。絶対安全と言われていた原子力発電所でこんな過酷事故を起こされて、廃炉の見通しも立たないまま、6年で避難指示が解除され、7年で賠償や支援を打ち切られる。あとには事故プラントと汚染された土地が残され、再事故と被曝の危険はつづき、帰れない状態のまま大量の社会的弱者が生じて、その面倒は避難自治体や福島県、福島県民が見ることになる。しかも肝心の避難自治体も、避難指示解除で多くの住民が帰還をあきらめ、避難先に移ってしまえばその存続すら危ういだろう。そのために合併の検討が始まっているというが、すべての原因は経産省の管轄下で東京電力が起こした事故である。この避難指示解除は、そうした加害者の責任を回避することにつながるだけではないか。いったい誰がこれを決めているのか。

避難指示解除は誰が決めているのか

原子力関連の法律を見てみれば、原子力災害に関してはその責任は全て国と事業者に帰せられている。それはまた、原子力は一般の人々には扱うことはできない（扱うことは許されない）からでもあり、事故が生じた際の避難の指示は国が行うものとされている。避難指示は国がするのだから、その解除も国が行う。避難指示解除には、加害者である国の意向が強く反映されている。このことは間違いないことだ。逆に言えば国が指示解除を急がない限り、こうした帰還政策のようなスキームにはならない。賠償切りや支援切りがここに織り込まれているのは、国や東電が自らの責任を早期に解消するための画策である——まずはそういうふうに解釈することができる。実際、この避難指示解除については、そうした側面があることを、私たちは十分に読み取っておくことが必要だ。

だが物事はそう単純でもない。

避難指示を行い解除を行うといっても、国が住民に直接行うものではなく、地方自治体が国の意向を受けて実施するものだ。それゆえ国が「こうする」と言ったからといって、そのままの形で実行されるわけではない。そこには福島県や避難自治体の意向も働く。議会や首長の判断を通じて、避難指示解除の具体的な実施は決まる。指示解除は住民、県民の意志を反映したものでもあるわけだ。

そして実際に今回も、国による自治体への打診や説明、交渉があり、各市町村の議会の決定があり、首長たちの判断があって避難指示解除の実施枠組みは決まっている。そのあいだには住民への意向調査や説明会もあり、住民の考えも酌み取られている。そして何より指示解除の決定を了解する議会も首長も、各地域の住民が選挙を通じて選んだ人々であった。こうした民主的な制度のもとに避難指示やその解除は決定されてきた。だからこそ、その指示や解除の時期に自治体間に違いが出るのでもあった。今回の避難指示解除も、3月31日解除の浪江町、川俣町、飯舘村に対し、4月1日解除の富岡町となっている。国が一方的に決定しているのなら、こんなばらつきは起きない。ここには各町村の事情や意向が反映されていると見てよいわけだ。

だとすれば、問いはいよいよこうなるはずだ。

なぜ賠償切り、支援切りにつながるこんな決定に、福島県や避難自治体は従っているのか。自分の首を絞めるような決定を、なぜ自らの手で行っているのか。

そもそも避難指示解除と賠償がつながっていることを、被害者たちは理解しているのだろうか。このままでは自分たちが困るだけではないか。この決定では、事故の責任をすべて、被害者である当事者と福島県が引き受けなくてはならなくなる。このことを住民、県民は知っているのか。なぜこんな決定を人々は許しているのか。

　繰り返そう。東京電力福島第一原発事故はまだ終わっておらず、現に事故プラントは手つかずのまま残されており、現地は帰ってくらしができる状況にはない。なのにそこに被害者を放り出せば、生活困窮者が大量に生み出されるのは目に見えている。ここまでは賠償があり、公私による様々な支援もあって支えてこれたが、賠償と公的支援を切られれば多くの人が社会的弱者に陥るのは明らかだ。その人々の面倒を経済的自立を果たした人々で見なければならないが、本来の加害者である東電・国の責任はもはや回避されてしまっていて、これでは「もう被害はないね。じゃあ、あとは福島でよろしく」と言われているようなものだ。せいぜい付け加えれば、「お困りなら、支援しましょうか」と。この決定に福島県民は納得できるのか。

「賠償を払いたくない」がもたらしたもの

　おそらくこの先、1年後くらいにこの避難指示解除が持つ意味が明るみになった時に、福島県民は大きく騒ぎ出すだろう。だがその時にはもう遅い。自らが決定した以上、自分が蒔いた種だと言われるのが落ちだ。とはいえ、なぜこんな自分で責任をかぶるような決定を避難自治体や福島県がしてきたのかということについては、もう一つ大事な回路があることに私たちは気づいておく必要がありそうだ。

先ほど、この避難指示解除には政府の責任逃れの意図が入っているはずだと述べた。

　だが政府が責任を逃れようとして、そのことだけでこうしたスキームが出来上がっているというふうに私は思わない。

　先日、私は今村雅弘復興大臣（当時）にあるテレビ番組でお会いし、様々におたずねする機会があった。その時言われた印象的な言葉がこれである。「時間がない。急がなくてはならない。それは人々のこの事故への風化があるからだ」――私はこの言葉に100％同意できる。私もそう思う。そしてここで私が感じたのは次のことだ。

　本当に怖いのは政府ではない。その向こうにあるもの。それは世論だ。国民の声である。

　要するにどうも、この「復興政策が復興を阻んでいく」という矛盾したスキーム、それを導く「原発事故を早く終わらせたい」という妙な焦り、それは国民の声を強く反映したものものようなのだ。つまりはこれを読んでいる皆さんの声をまとめた結果が、今進んでいる「早期帰還政策」だということになる。政府はその国民の意見を代表して、この政策を取りまとめているだけだとも言うことができそうだ。「福島にこれ以上カネをかけたくない」――そういう世論を前にして、この1年でスキームと予算を決めてしまわなければならない。そういうある種の善意の働きの結果が帰還政策なのだと理解することができる（政策の良し悪しはどうあれ）。

私はこう分析する。すべてではないにしても、多くの人が福島に向けてこう思っているのは間違いないのではないか。「福島の人は賠償をもらっていい思いをしている」さらにはこんなふうにも考えていそうだ。「福島の人たちはこれまで原発の恩恵を受けていながら、事故にあって賠償を受けるなんておかしい。自業自得じゃないか」

そして近頃、こうした主張が目立ってきているのが私には大変気になるのである。「賠償の額が肥大化してきている。東電はそれを電気料金に上乗せしようとしているが、私たちはそんなものは認めない」と。

「私たちは賠償を払いたくない」「これは私たちが起こした事故ではない」だが、こうした論理がまさに、「早く帰還させ、賠償を早く打ち切るべきだ」という政府の政策の原動力になっているのではないか。

私はこう考える。これは国と東電が起こした事故である。これはみなが認めることだろう。だが、だとすれば、東電の電気を使っていた人はみな加害者なのである。そして国に責任があるということは、国民自身にも責任があるということだ。私たちはみな被曝し、被害者ではあるが、私たちは加害者なのでもある。太平洋戦争の責任が私たち国民すべてにあるというのと同じことだ。

加害者が被害者に賠償するのは当たり前のことである。電力会社の失敗が、電気料金に跳ね返るのは当たり前ではないか。私たちは電気料金を通じて賠償を支払い、また税負担を通じて被災地を支える責任がある。しかも最初はそれをみな当然と思っていた。だが事故から6年目にしてどうも「もう自分たちは支払いたくない。東電と国で責任をとれ」と、言い始めるようになってきている。そうした世論に敏感になれば当然、国と東電は賠償を切り、支援を切り、被災者を見捨てるしかなくなっていく。だが加害者が一方的に被害者に対して、「もう被害はないだろう。賠償は打ち切るよ」というのは、倫理的道義的にあってよいことだろうか。これは強者による弱者いじめではないか。そしてこうした論理が世論のうちに広がっているのを見て、子どもたちは福島からの避難者たちをいじめているのに違いない。大人たちがいじめているのだ、子どもたちで同じことが起きるのは当たり前なのだ。

私たち国民はおそらく、本当はこう認識し、言わねばならないのである。「東電は賠償をしっかり払え。国は支援をしっかり行え。国も東電も責任を放棄するな。必要な資金は電気料金と税負担で賄え」と。そしてだからこそ、こう言うこともできるのである。「もう二度とこんな事故は起こすな。国民にこれだけの負担をかけて何をやっているのだ。東電を支えているのは利用者だ。株主ではない。この国を支えているのは私たちだ。一部の声の大きな人たちではない。ふつうの国民が支えているのだ。きちんと私たちの声を聞いて、間違いのない適切な政治を行え」と。

もう二度と事故を起こさない、絶対に安全な原子力発電所を構築する責任が東電と国にはある。そしてもしそれが実現できないのなら、もうこんな危ない、コストのかかるものはやめるべきだ。賠償の額に際限はない。復興にかかる労力も計り知れない。ここでは何も生み出さない。「災い転じて」などと言うものもいるようだが嘘だ。地域崩壊と大量の社会的弱者を生み出す原子力はあまりにもリスクが大きく、コストがかかりすぎる。これをつづけられるかどうかは、今回の事故に対して適切な措置が施せるかどうかにかかっている。私の見立ては、はっきり言って今回の復興政策は失敗だ（「誰も語ろうとしない東日本大震災『復興政策』の大失敗――『やることはやった』で終わっていいのか」、「現代ビジネス」２０１６年7月8日号）。

そしてそもそもこのリスクやコストを隠す原子力経営の体質こそが、今回の原発事故の原因なのであり、私たちが何よりも反省し、変革しなければならないものなのである。そしてそこには、地域政策のあり方、会社経営のあり方、国会運営のあり方、そして何より政治家を選ぶ選挙の投票の仕方などが深くつながっており、この国に潜む何か根深い欠陥が関わっていることを私たちは自覚しなくてはならないようだ。「賠償を払いたくない」ではすまない話なのである。

このうち選挙については「ニッポンの難題「一票の格差」の落とし穴～是正は本当に必要ですか？――よく聞く論理の「矛盾」とは」（『現代ビジネス』２０１６年12月13日号）で少し分析もしてみた。地域政策については、地方創生という形で福島で展開したことが各地に応用され始めていることに注意を促してきた（拙著『地方消滅の罠』、ちくま新書、「多くの人が知らない「人口減少」と「東京一極集中」本当の意味――首都圏から見た地方創生」、「現代ビジネス」２０１７年2月19日号）。その他のことについては、今後論を広げていくつもりである。

（注）本稿は２０１７年3月29日付で「現代ビジネス」に「この国は『復興』を諦めたのか？　帰還政策が奪った『福島の未来』――原発避難指示大幅解除を前に」として掲載されたものである。解除にあわせて一部表現を修正した。なおその後、２０１７年4月に当時の今村雅弘復興大臣がその発言を問題にされ辞任した。この点については「現代ビジネス」２０１７年5月4日号の拙稿「『復興相辞任のウラにある本当の問題』～日本の危機に気づいているか――強まりつつある国家権力の恐怖」の分析も参照されたい。

山下祐介（やました・ゆうすけ）

１９６９年生まれ。首都大学東京准教授。九州大学大学院文学研究科社会学専攻博士課程中退。弘前大学准教授などを経て、現職。専攻は都市社会学、地域社会学、環境社会学。著書に、『「復興」が奪う地域の未来――東日本大震災・原発事故の検証と提言』（岩波書店）、『限界集落の真実』『東北発の震災論』『地方消滅の罠』（ちくま新書）。共著に『人間なき復興　原発避難と国民の「不理解」をめぐって』『「辺境」からはじまる』『「原発避難」論』（明石書店）他。

Column 2

風評被害をめぐる「福島の食」の分断

小松理虔（ライター）

風評被害。福島の食を語る時によく使われる言葉だ。その言葉が使われ始めた当初は、原発事故の報道によって福島県産品に対する消費者の不安が増大し「買い控えが起きて売上が下がる」こと、つまり「経済的被害」を意味していた。蒲鉾メーカーの広報時代、筆者も、その文脈を踏まえた上で「風評払拭ではなく本来のマーケティングの徹底と情報発信が必要だ」などと説いていたものだ。

しかし、ここ1、2年で、その言葉の持つ意味は大きく様変わりした。風評被害は差別を表す言葉になりつつある。つまりこういうことだ。これだけ精緻な放射性物質検査をし、他県より厳しい基準値をクリアした安全なものを出荷し、県や市のHPで品目ごとの数値を公開しているのに、福島の食品に対する謂れ無い忌避は差別であり偏見だと。これは心や感情の問題だ。額として算出できるものでもない。

確かに、福島の食を取り巻くイメージは、改善こそすれ全回復には至ってはいない。地元紙の新聞報道などを見ても、県内メーカーの不調や、県産品を忌避する消費者の意識調査などをたびたび目にする。福島県産品に対する謂れのないデマや妄言は当然責められるべきだろうし、差別されていると感じる人たちの心情もよくわかる。風評の被害者は食品メーカーだけではない。ごく普通に「福島に暮らす人」でもあるのだ。

しかし一方で、被曝を避けるための選択の自由は尊重はされるべきだし、放射能に対する不安感を拭えない人たちの存在も理解はできる。私たちは、これまで何一つとして「放射線防護学」や「原発事故のリスク」を学ぶ機会を与えられてこなかったし、マスコミだって、被害の酷さは報じても、被災地の改善状況や放射線の基礎知識を熱心に報じてくれるわけではない。突如として安全神話が崩壊し、真偽定かではない膨大な情報に晒されてきた人もまた被害者と言えるはずだ。

公害の責任企業がぬくぬくと温存されるなかで、福島の食を巡って被害者同士、消費者同士が分断されてしまっていると いうことに、大きな悔しさと怒りを感じずにいられない。生産者や市民の有志が、コミュニティの分断を埋め合わせるような地道な活動（サイエンスカフェのようなな）を行っていることは頼もしいが、しかしそれとて、本来は政府や関係省庁、東電が払うべきコミュニケーションコストを被害者である市民が肩代わりしているようなものだ。まして、日本は「血液型占い」や「水素水」が愛される国でもある。

突破口は、やはり「おいしさ」や「品質」の勝負ではないだろうか。人々の欲望に引っかかり、純粋に楽しんでもらえる商品作りを続けていくことが、二元論的な空間を突破しつつ、風評被害の閉塞感を打破するきっかけになるだろうと思っている。全国新酒鑑評会で5年連続金賞受賞蔵数日本一となった福島の地酒は、全国で圧倒的な人気を誇っている。そこには風評被害も分断もない。それと並行して、市場特性や流通を意識したコモディティ商品の拡充も必要だろう。消費者向けにせよ、流通・外食向けにせよ、「福島県産」を「なくてはならないもの」にするための方策を考えるべきだ。

もう一つ大事な論点はライフスタイルの承認だ。先ほど、日本は「血液型占い」や「水素水」が愛される国だと書いた。科学的に見れば根拠がなさそうに見えるものも、ある種のライフスタイルとして定着し、経済に貢献している。であれば、放射性物質を忌避することもまた「ライフスタイル」だと承認するのが高度消費社会のあり方だとも思う。共感も賛同も必要ないが、これ以上心の傷を深めないためにも、「それもありかも」と言う、ある種の「承認と割り切り」が必要なのではないだろうか。

また、情報発信についても、科学的な知見に基づく事実ベースに立ちつつ、硬軟織り交ぜた多様な伝え方を担保することが必要だろう。「科学的な正しさ」だけでなく、一旦は不安を受け止めつつ対話を重ねていくようなアプローチ、徹底して「おいしさ」や「楽しさ」にフォーカスするアプローチ、様々なチャンネルがあったほうが、最終的により多くの人たちに情報を届けられるはずだ。

改めて、原発事故がもたらした被害の大きさ、とりわけコミュニティの分断という被害の大きさについて考えずにはいられない。福島に生きるわたしたちは、それでもなお自力で日常を取り戻していくしかない。それはわかっている。しかしそれでもなお「原発事故さえなければ」と思うことが、事故から6年が経過した今も、無くなることはない。

小松理虔（こまつ・りけん）
1979年福島県いわき市生まれ。法政大学文学部卒。テレビ局の報道記者、雑誌編集者、かまぼこメーカー広報などを経、フリーランスのライター／広報。福島第一原発沖の海洋調査を行う「いわき海洋調べ隊うみラボ」を主催する傍ら、ライターとしても広く福島の情報発信に当たる。共著に『常磐線中心主義 ジョーバンセントリズム』(河出書房新社)他。

原発輸出

日本の原発輸出と核不拡散

鈴木 真奈美
（ジャーナリスト）

日本の原発輸出

本論考の主題は原発輸出である。日本では経済面から論じられることが多いが、このイシューの本質は核エネルギー利用をめぐる国際関係にあると、筆者は考えている注1。日本の場合、とくに米国との関係だ。もちろん経済の視角からの議論は重要であり、わけても海外原発事業が内包する経済的リスクについては、「東芝事件」などの実例に照らし、再検討される必要があるだろう。詳しくは後述する。

筆者は2014年に上梓した『日本はなぜ原発を輸出するのか』（平凡社新書）の中で、日本政府が「原子力産業の国際展開」を目指す理由とその政策的背景を考察するとともに、原発輸出計画の概要とリスクについて論じた。それから3年。輸出をめぐる状況は混迷し、その度合いはますます深まっているように見受けられる。予断は許されないものの、この傾向が短期間のうちに急転回するとは思われない。

日本は原子力機器・部品等の供給では実績があるが、今日までに原子力プラント一式を輸出した経験はない。日本政府がプラント一式の輸出に本腰を据えて取り組むようになったのは2005年以降である。そ

注1　本稿では原子力と核エネルギーを同じ意味で用いている。

のため比較的新しいイシューのように捉えられがちだが、世界に核エネルギー利用が広がったのはこの技術の輸出／輸入を通じてであり、すでに数十年の歴史がある。そこで本稿では、原発輸出の原点である1953年の国連総会におけるドワイト・アイゼンハワー米大統領の「アトムズ・フォア・ピース」（Atoms for Peace）演説注2に立ち戻り、米ソ主導による核不拡散（Nuclear Non-Perforation）体制の下で進められてきた原子力輸出／輸入のメカニズムを描き出すことから始めてみたい。この構造は今日も変わりはないとみなされうることから、現在進行中の輸出／輸入計画を考える一助となるだろう。次に、日本の原発輸出政策と米国との関係を、「ニュークリア・ルネサンス」（Nuclear Renaissance）や「東芝事件」などに触れながら見ていく。最後に、日本の原発輸出計画の現状を整理し、今後の議論に向けた問題提起としたい。

❶「アトムズ・フォア・ピース」と原発輸出／輸入

（1）「アトムズ・フォア・ピース」という国際システム

アイゼンハワーは国連総会での演説の中で、核エネルギーの「平和利用」（peaceful use）を促進するために各国と協力する用意があると述べた。広島・長崎への原爆投下後、米国は核爆弾製造のための技術と、その技術を使って製造された核物質を国の独占下に置き、それらの国外移転を国内法で禁止した。しかしソ連が、続いて英国が核爆発実験に成功。さらに両国は発電利用の実用化にも近づいていた。時代は冷戦に突入し、米ソは自陣営を拡大するための政治宣伝（プロパガンダ）を戦わせていた。ソ連は、米国の核開発の目的は「脅しのため」と非難する一方、自らのそれは「平和のため」だとして、この技術の開発と保有を正当化した注3。目的はどうあれ、そして自主開発か輸入かはともかく、他の国々も核技術を掌中に収めるのは時間の問題と見られていた。

そこで米国はそれまでの政策を翻し、同国が設計・製造した原子炉や核燃料を条件付きで他国に輸出することにした。その条件とは、米国から提供された技術等の軍事利用の禁止と第三国移転を規制する協定（いわゆる、原子力協定）の締結である。これにより新たな核兵器保有国の出現（＝核拡散）を阻むとともに、最先端の科学・技術となった原子力

注2 Atoms for Peaceはアイゼンハワーの演説タイトルではなく、同演説を報じた新聞の見出し。山崎正勝『日本の核開発：1939-1955——原爆から原子力へ』績文堂、2011年、P.148

注3 市川浩「ソ連版『平和のための原子力』の展開と東側諸国、そして中国」加藤哲郎・井川充雄編『原子力と冷戦：日本とアジアの原発導入』花伝社、2013年、PP.146-148

分野において世界の主導権を握ろうとしたのである。
この方針転換の〝一部〟を世界に向けて表明したのが、「アトムズ・フォア・ピース」演説である。米国は同演説から一年半ほどのうちに30カ国近くとの間で原子力協定に署名。そして同国の安全保障と外交戦略にとって重要な国々を皮切りに、研究用原子炉、核燃料、技術研修などを提供していった。米国から核エネルギー技術を導入した国々の多くは後年、米国が開発した商業発電用原子炉を輸入し、原子力発電に着手した。一方、ソ連にとっても核拡散の防止と、原子力協力を通じた自陣営及び世界への影響力拡大は有益であることから、米国と同じように原子炉等を戦略的に輸出していった。すでに原子力技術を保有していた英国やカナダなども同様である。

こうして米ソ主導の下で、「アトムズ・フォア・ピース」を旗頭に、核エネルギー技術を世界に普及させながら、その利用を規制・管理するという国際的なシステムが構築されていった。筆者はこれを「輸出して管理」と呼んでいる。その後、核拡散防止条約（NPT）が1970年に発効すると、このシステムを機能させる役割――最重要なミッションは核査察――は国際原子力機関（IAEA）が担うことになった。NPTにより、世界は核エネルギーの軍事利用も認められる「核兵器国」と、民生利用の権利だけを有する「非核兵器国」に二分された。しかしこのシステムでは核兵器保有を目指す国々の動きを完全に封じ込めることはできず、新たな危機に見舞われるたびに規範と措置が強化される、といったことが繰り返されている。

(2) 原発輸出／輸入の構図

原発輸出／輸入は国家間で行われる特殊な商取引である。それは原子力利用が核拡散と放射能放出事故という二つの深刻なリスクを伴うことによる。これらのリスクに対処するため、供給国（輸出側政府）は自国の原子力メーカーが輸入側の発電事業者と契約を交わす前に、受領国（輸入側政府）の国際条約等への加盟状況や、国内の法制度整備について確認する。**表1**は日本政府が掲げている確認事項である**注4**。原子力損害賠償制度の有無を確認するのは、この制度がメーカーの免責を定めていることによる。これは米国のメーカーが国内の発電事業者に商業用原子炉を供給するにあたり、同国政府に

注4 これらの条約への加盟や国内法制度整備の確認をどこまで徹底するかはケースバイケースである。たとえば米国やインドは包括的核実験禁止条約（CTBT）を批准していない。

表1　原発輸出／輸入に関係する規範や取決め

日本との二国間原子力協定の締結		
核不拡散	国際的核不拡散枠組みへの参加	核拡散防止条約(NPT)への加入
		IAEA保障措置協定
		IAEA追加議定書
		IAEA統合保障措置
		原子力供給国グループ(NSG)への参加
		核物質防護条約
		包括的核実験禁止条約(CTBT)
安全確保	安全性の確保	原子力安全条約
		放射性廃棄物等安全条約
	原子力損害賠償制度	
	原子力損害賠償責任に関する国際条約	ウィーン条約
		パリ条約
		原子力損害補完的補償条約(CSC)
	原子力緊急時条約	原子力事故早期通報条約
		原子力事故援助条約
廃棄物等の投棄による海洋汚染防止条約		

出所：総合資源エネルギー調査会電気事業分科会原子力部会国際戦略検討小委員会(2008年)の配布を基に筆者作成。
http://www.meti.go.jp/committee/materials2/downloadfiles/g81209c03j.pdf

法制化するよう求めたもので、日本は米国などから原子炉を輸入する際にこの制度を導入した。東京電力福島第一原発事故で原子炉供給者である米・ゼネラルエレクトリック（ＧＥ）が責任を問われなかったのは、この制度がそう定めているからである。

原発輸出／輸入のスキームは一般的に次のようになる。契約が成立すると、輸出側は自国のメーカーが原子炉等を供給する原発プロジェクトに公的金融を用いて長期融資を提供し、輸入側の発電事業者は電力消費者から徴収した電気料金をその返済に充てる。つまり輸出側と輸入側の電力消費者は国税と電力料金を通じて、世界の原子力産業（軍事目的も含む）を下支えする仕組みの中に、否応なしに組み込まれるのである。

「アトムズ・フォア・ピース」を柱とするＮＰＴという規範の下で、〝多数の国々〟の消費者が原子力発電を利用し続けることが、この産業の維持を可能にし、且つ正当化してきた。原子力産業には原子炉等のメーカーだけでなく、核燃料サイクル工程にかかわる企業も含まれる。ここで留意されたいのは、核燃料サイクル工程にかかわる施設を擁する国々は、日本などを除き、主に核兵器保有国であることだ。

❷ 日本の原発輸出政策と米国との関係

（１）日本の原発輸出政策と日米原子力協定の関係

日本は米国から原子炉や技術を導入し、国内に原子力産業を形成していった。原発輸出が国の原子力政策の中で明示されたのは、１９８２年が最初である。しかし、いくつかの事情から輸出計画はなかなか進展しなかった。最大の壁は、日米原子力協定による規制である。

同協定は米国起源の原子力技術や、その技術を使って製造した機器・核燃料の第三国移転は、供給国である米国の同意が必要と定めている。要するに、日本のメーカーが設計・製造した、いわゆる「日の丸」原子炉であっても、米国起源の技術が1カ所でも使用されていれば、米国政府及び議会の承認なしでは第三国へ輸出できないということだ。こうした状況を打開すべく、日本の研究機関、メーカー、電力会社は１９９０年代までに、自主設計ないし米国企業とのクロスライセンスの原子炉を開発したとされるが、関係省庁（とりわけ外務省）は米国の意向に配慮し、輸出の実現には及び腰だったという。米国の姿勢が変化するのは、今世紀に入ってからである。原発輸出は輸出相手国との原子力協定締結を大前提としている。協定事務を所掌するのは外務省だ。同省が協定締結に前向きにならない限り、輸出に向けた手続きを進めるのは難しい。

それでも１９８０年代までは、重電三社（三菱重工、東芝、日立）を中枢とする日本の原子力産業は、国内電力会社から新規建設をコンスタントに受注していたので、海外に進出しなくともビジネスは足りていた。ところが１９９０年代に入ると、着工基数ゼロの年が続くようになり、さらに原子炉の運転期間を従来の40年から60年へ延長することも可能になったことで、新規建設は長く低迷するものと見込まれた。そうなると産業側は人材と技術の維持が困難になる。それは政府も電力会社も望まない。そこで官民が一体となって打ち出したのが「原子力産業の国際展開」、すなわち原子力プラント輸出である。そして、それを決定づけたのが、米国発の「ニュークリア・ルネサンス」だった。

(2)「ニュークリア・ルネサンス」と日本の原発輸出計画との関係

時計の針を今世紀初めに戻そう。米国は１００基以上の原発を運転し、基数でも発電量でも世界トップの座を保ち続けていた。しかしそのほとんどが１９８０年代半ばまでに操業を開始しているので、運転期間を40年とすると２０２５年までに大半が、２０３５年までにほぼ全基が終了となる。運転期間を60年に延長しても、大勢は変わらない。世界に目を転じると、米国の規制が及ぶ原発はこれから続々と廃炉へ向かう。そうした中、ロシアは米国の世界戦略にとって重要な地域――インド、中東など――へ原発を輸出しようとしていた。この状況を「アトムズ・フォア・ピース」の考え方から読み解けば、米国は近い将来、核エネルギー利用と核拡散防止における世界のリーダーシップを失うことにもなりかねない。

こうした事態を迎えないよう、ジョージ・W・ブッシュは２０００年に大統領に就任するや、20年余りブランクとなっていた国内の原発新設を促す措置（たとえば新規原発に対する公的債務保証）や、原発輸出を後押しするための手続き（最重要なのは有望国との原子力協定締結や、インドや中国などへの輸出制限解除）を次々と具体化していった。この一連の動きが、いわゆる「ニュークリア・ルネサンス」（直訳すると「核の復活」）である。ところが米国の原子力産業は新規受注が長く途絶えていたため、原子炉製造ラインは機能しなくなっていた。さらに、原子炉とセットとなる濃縮ウラン燃料の供給能力も失いつつあった。そこで米国は日本（及びフランス）と協調し、国内の原発・原子力施設の新設と国際展開（すなわち輸出）を進めることで、自国の原子力産業を再建しようとしたのである。

これは日本のメーカーの眼前に、米国市場と海外市場という二つの輸出の道が開かれたことを意味した。そして関係省庁にとっては、原子力をめぐる日米関係の歴史的な転換でもあった。すなわち「先生」（米）と「生徒」（日）から、「同等のパートナー」となったというのである 注5 。以降、日本政府は原発輸出を後押しするための法制度整備（たとえば公的融資対象を米国など先進国にも拡大、ベトナムやトルコなどとの原子力協定締結）に着手し、東芝をはじめとするメーカーは米国（及びフランス）のメーカーと手を組んで原発輸出へと乗り出した。その後の展開については本書の読者は報道などを通じて把握していると思うので、以下では記憶に新しい「東芝事件」に関連し、一点だけ述べておきたい。

今回の「東芝事件」の発端は、同社が買収・子会社化したウエスチングハウス（ＷＨ）が米国で手掛けた原発建設プロジェクトで巨額の損失が発生したことである。幸い、と言うと語弊があるが、当該プロジェクトには日本の公的金融である国際協力銀行（ＪＢＩＣ）は融資していなかった。他方、現在進行中の原発輸出計画には、政府系金融による融資や貿易保険といった輸出信用（クレジット）が付与される可能性が高い。公的金融の原資は基本的に国税と国債であり、融資の焦げ付きは関係する民間企業の問題では済まなくなるかもしれない。「東芝事件」は同社のコーポレートガバナンスの問題として片づけてしまうのではなく、原発輸出リスクの視角からも検証される必要があると思われる。

❸ 日本の原発輸出計画の現状——今後の議論に向けて

本稿を締めくくる前に、日本の原発輸出計画の現状について触れておこう。表2 に、主要な原発輸出計画と、その現状（２０１７年5月末現在）をまとめた。メーカーに着目すると、東芝は海外原発事業から撤退（機器等の供給は継続）する方針であ

注5 高橋泰三「日米原子力協力の今後 対等のパートナー関係へ」『エネルギーレビュー』エネルギーレビューセンター、２００８年1月号、Vol. 324、PP.7-10

表2　主要な原発輸出計画とその現状（2017年5月末現在）

国名	原発輸出計画
インド	日立－GE連合、三菱重工－仏アレバ連合が輸出を計画中。 東芝子会社WHとの原子炉購入契約締結は延期。
カザフスタン	原発建設に向けて2015年、日本原子力発電と丸紅が協力で合意。
台湾	第四原発に東芝と日立が米・GEの下請けで原子炉を供給。 2014年、建設凍結。
トルコ	シノップ原発計画へ三菱重工－仏・アレバ連合参画。 2016年、実現可能性調査と基本設計調査を開始。
フィンランド	新規原発計画で日本を含む各国メーカーが競合。
ブルガリア	コズロドイ原発7号機の受注で2014年、東芝子会社WHが基本合意。
ベトナム	ニントゥアン第二原発計画で国際原子力開発（JINED）がパートナーに。 2016年、白紙撤回。
ポーランド	原発導入計画が進行中。日本を含む各国メーカーが競合。
リトアニア	ビサギナス原発計画へ日立－GE連合が参画で合意。2016年、計画凍結。
英国	日立が買収したホライズン社による原発計画が進行中。 日本政府は公的金融による支援を約束。 東芝は別の原発計画を進めていたが、見直し。
米国	三菱重工、日立－GE連合、東芝、東芝子会社WHが新規原発計画に参画。 計画撤回・保留も多い。東芝は2016年、日本初の原子力プラント輸出となるはずだったSTP原発計画から事実上撤退。2017年、WHが経営破たん。

出所：経済産業省の資料（http://www.meti.go.jp/committee/sougouenergy/denkijigyou/genshiryoku/pdf/007_04_00.pdf）、日本原子力研究開発機構の資料（https://www.jaea.go.jp/04/iscn/archive/nptrend/nptrend_01-04.pdf）、新聞報道などを基に筆者作成。

る。一方、日立と三菱はそれぞれのパートナーと輸出計画を進めている。各計画の詳細は別の機会にまわすとして、ここではアイゼンハワー演説を受けて始まったかつての原発輸出／輸入と、現在進行中の計画との相違を三つ指摘しておく。

第1に、原子力損害賠償制度について。トルコや英国の案件をはじめ近年の原発プロジェクトでは、原子炉等の供給にとどまらず、発電事業も請け負うことが契約条件となっている。相手側との取り決めにもよるが、事業の過程で深刻な放射能放出事故を引き起こしたなら、日本のメーカーは事業者として賠償責任を免れないだろう。また、インドの法律ではメーカーも賠償責任を負う。これらの原発プロジェクトで損害賠償が発生した場合、上述の「融資の焦げ付き」と同じ理屈で、民間企業の問題では済まされなくなると考えたほうがよい。

第2に、トランスナショナルな異議申し立てについて。最初の原発輸出／輸入ブームは１９６０年代半ばから70年代初めにかけてであり、当時は原子力発電の負の側面については、輸出側／輸入側のどちらの社会もその知識に限りがあった。それに対し、今日はさまざまな媒体を通じて、そうした知識と情報の共有が進んでいる。その結果、輸出／輸入計画に対し双方の社会で異議申し立てが起こり、それがトランスナショナルな動きへと発展している注6。たとえばベトナム政府が原発建設計画を白紙撤退した背景には、国内外のベトナム関係者が同国の官僚や政治家に福島第一原発事故に関する情報を伝えたり、国内外で反対署名を行ったり、といった越境的な働きかけも一因したと指摘されている注7。

第3に、コスト増大のスパイラルについて。上記とも関連するが、近年の原発建設は過酷事故防止のための安全強化や、反対運動の影響などによって工期が長引き、それがコストを増大させ、さらに遅延を招き……といったスパイラルに陥りやすいことが観察されている。たとえば「東芝事件」がそうだったし、フィンランド・オルキルオト原発計画（仏・アレバが輸出、大幅な遅延）、台湾・第四原発計画（東芝と日立が米・GEの下請けとして原子炉本体を供給、建設凍結）は、こうしたスパイラルから抜け出せなくなった事例である。台湾の事例では発注側が超過コストを負担したが、その逆となる契約が多いことを付記しておく。

相違は他にもあるが、割愛しよう。総じて言える

注6 ノーニュークス・アジアフォーラム編著『原発をとめるアジアの人びと ノーニュークス・アジア』創史社、２０１５年

注7 吉井美知子「ベトナム 原発計画はなぜ白紙撤回されたのか」『世界』岩波書店、２０１７年１月号、No890、pp.25-28

のは、かつての原発輸出／輸入に比べて輸出側が被るリスクが格段に大きくなっているということだ。もちろんリスクの大小にかかわらず、日本の原発輸出が国内的にも世界的にも有意義であるなら、輸出先の立地地元住民の暮らしや環境に十分に配慮した上で、リスク覚悟で進めるという選択肢もありうるかもしれない。ただし原発輸出について個別的・包括的な議論を、たとえば２０１２年に実施された「エネルギー・環境の選択肢に関する討論型世論調査」のように、より〝開かれた場〟で重ねていき、輸出推進で意見がまとまった場合での話だ[注8]。問題は、そうした議論がほとんどなされないまま、政府が輸出実現に向けてひた走っていることである。たとえばＮＰＴに加盟していないインドへの輸出を進めるにあたり、核不拡散に関する国際的な規範に与える影響について十分に討議したとは言い難い[注9]。

日本の原発輸出のスポンサーは、突き詰めていくと、将来世代を含む日本の電力消費者だ。そもそも、輸出用原子炉の開発費や輸出先の事前調査費用も電力料金と国税から捻出されている。政府が進める原発輸出計画に対し、電力消費者は意見を述べる権利があるだけでなく、その責任もあるのではないだろうか。

注8　http://www.cas.go.jp/jp/seisaku/npu/kokumingiron/dp/index.html

注9　日本の国会は２０１７年６月７日、日印原子力協定を可決・承認した。

鈴木真奈美（すずき・まなみ）
ジャーナリスト。原水爆禁止日本国民会議国際部、国際環境ＮＧＯグリーンピースの核問題リサーチャーなどを担当してきた。著書に『プルトニウム＝不良債権』（三一書房）、『核大国化する日本――平和利用と核武装論』（平凡社新書）、『日本はなぜ原発を輸出するのか』（平凡社新書）、共著に『脱原発の比較政治学』（法政大学出版局）、訳書に『核の軛』（七つ森書館）、共訳書に『放射線の人体への影響』（中央洋書出版部）他。

Column 3

不可解な「規制の虜」

黒川 清
（東京電力福島原子力発電所事故調査委員会委員長）

国会事故調とは、「国権の最高機関」である国会による「立法に根拠を持つ」東京電力福島第一原子力発電所事故についての調査委員会のことである。調査にあたる委員は国会議員ではなく民間の「行政府、あるいは東京電力など事故の関係者から独立した委員」となっている。このような調査委員会は、日本の憲政史上では初であるが、英米など欧米諸国では国政の重要案件について立法府が設置することが普通に行われる。事実、福島第一原発事故の起こった２０１１年３月から４カ月後の７月にノルウェイの政府中枢と避暑地で起こった多数の死傷者を出した爆破・乱射事件では、ただちに国会のもとに独立調査委員会が立ち上がり、12カ月後に調査報告書が提出された。振り返って日本において憲政史上初ということは、すなわち我が国の民主制度の「立法、行政、司法の三権分立」が十分に機能していなかったのだ、とも言える。

福島第一原発の大惨事は、ソ連邦時代のチェルノブイリに並ぶ歴史的な原発大事故である。ネット情報が急速に広がる21世紀にあって日本という国での福島第一原発事故と、当時のソ連邦という状況のチェルノブイリ原発事故を鑑みれば、日本で立法府による独立調査委員会として国会事故調が設置されたことは、今になって考えれば当然のことであった。

国会事故調は10人の委員から構成され、「国民、未来、世界」をキーワードとして、公開性、透明性を原則として運営された。20回の委員会と記者会見はすべて公開され、英語の同時通訳もつけてあり（第1回は除く）、その報告書、記者会見はWEB上で日英語とも（<naiic.org>から入れる）に公開され、その後徳間書店からも発行されている（日本語のみ）。この調査委員会は、その報告書で、事故の原因は「人災」であり、その背景にあるのは政産官学メディアなどを巻き込んだ「規制の虜（とりこ）」であると結論付け、国権の最高機関である国会に対して「７つの提言」を行った。

地球温暖化の急速な進行に対応する低炭素社会への有力なエネルギー源であるという背景から、いわゆる原子力発電ルネッサンスのさなかに、この福島原発事故は起きた。しかも科学技術、エンジアリングに卓越した先進国の一つである日本で起こったことから世界に大きなショックを与えた。事実、この大事故を受けて２０１１年のうちにドイツ、スイス、イタリアは脱原子力を決定し、さらにフランスも原子力減少へと舵を切った。この数年で太陽光と風力発電のコストの急激な価格低下とともに、世界の政情不安・テロなどから、安全対策コストの高騰などを受けて原子力発電は急速にその価格競争力を失っている。各国のエネルギー政策は基本的にグリッド形成（先進国のなかで日本だけがなぜか進んでいない）、分散型、再生可能エネ、電力消費の「見える化へ」などのイノベーションへ動いている。

この国会報告書は世界中の関係者にもよく読まれており、私も関係各機関等からの要請を受けて2013年だけで3回も世界一周の講演に回った。各国からの要人の来日時に面会の要請も受ける。また「規制の虜」に至った日本の「人災とその文化的背景」という国会事故調の分析を受けて、米国議会に設置されている行政監視機構（Government Accountability Office）やNational Research Council、さらにはIAEAによる報告書・会議などでも「国の文化と原子力安全文化」をテーマに議論、考察されている。それだけ国会事故調報告書は世界のこの業界にインパクトを与えた。実際当事者たちからもそのように聞いている。海外の国のトップ、大臣などから、国会事故調の提言についての国会の対応はどうなっているのか、と問われたことも複数回ある。

残念なことに、国内においては憲政史上初にもかかわらず、あるいは憲政史上初だからこそ、なのか、国会でのこの調査報告書の提言への対応は鈍い。衆議院で「提言1」にある委員会が設置され、事故調委員が参考人として招聘され質疑応答を受けたことが一度だけある。それだけである。参議院からは何も聞いていない。

規制委員会については国会事故調の「提言5」にあるが、田中委員長以下の委員はその独立性について努力されたが、スタッフは各省庁からの寄せ集めで、私たちが求めた「ノーリターン・ルール」などは役人の抵抗で排除できず、ずるずると経済産業省がコントロールし始めているように見える。

現在、「提言1」に対して衆議院でこのような委員会（「規制当局に対する国家の監視」）を再び立ち上げ、提言にあるように民間人の7人の顧問を招いている。この運営のすべては透明性、公開性、そしてこれだけの大事故だからこそ、課題は世界と共有、協力を仰ぎながら教訓を共有すべきだろう。このようなプロセスは国家の信用にかかわる事項なのだから日本政府が「(原子力規制委員会による新規制基準を)世界最高水準」と述べても、世界の識者は、その基準が十分でないことを知っている。

福島原発ほどの大事故でも政治も政策の方向も変わる兆しのない日本は、世界から見て依然として不可解。「規制の虜」、そして「日本人のマインドセット」は変われないようだ。

【参考文献】黒川 清『規制の虜：グループシンクが日本を滅ぼす』講談社、2016年／宇田 左近『なぜ、「異論」を言わない組織は間違うのか』PHP出版、2015年／わかりやすいプロジェクト 国会事故調 ウェッブサイト http://naiic.net/／国会事故調「報告書」http://warp.da.ndl.go.jp/info:ndljp/pid/3856371/naiic.go.jp/report/／助言機関 http://www.tokyo-np.co.jp/article/politics/list/201706/CK2017061302000111.html

黒川 清（くろかわ・きよし）
1936年生まれ。東大医学部卒。国会による東京電力福島原子力発電所事故調査委員会委員長。政策研究大学院大学名誉教授。東京大学名誉教授。

INTERVIEW 1

歴史に対して責任を果たしたい
――元新潟県知事・泉田裕彦氏に聞く

泉田 裕彦（元新潟県知事）× 聞き手・津田大介

知事就任前日に起きた新潟県中越地震

――今日はお忙しい中、ありがとうございます。

泉田　私でなにかお役に立てるなら嬉しいです。よろしくお願いいたします。

――泉田さんは、2004年、当時全国最年少の42歳で初当選されてから、2008年に再選、2012年に三選と、新潟県知事として活躍されてきました。また、2016年には四選を目指して立候補されるご意向を示されていましたが、約半年後に撤回されています。そのあたりのご事情や理由などものちほどじっくりお聞きしたいのですが、ともあれ、初就任は新潟県中越地震の後、三選目は東日本大震災の後と、非常に深刻なタイミングでの着任でしたから、繰り返し、さまざまなご経験をされてきたことと思います。

泉田　新潟県中越地震は2004年10月23日で、就任の前日だったんです。

――すごいタイミングですね。運命というか……。

泉田　そうなんです。私は得意を生かしてIT知事になるつもりだったんですが、就任当日から即、災害復興と防災専門知事に。

――泉田さんは、知事になる前は経済産業省の官僚でしたよね。経産省といえば原発の所管官庁ですが、現役時は原発問題とは距離があったんですよね。

泉田　そうですね。資源エネルギー庁に出向していたときは石炭・石油の担当でしたしね。ただ当時、東電のトラブル隠しが発覚したこともありましたし、総合エネルギー計画などには携わっていたので、おおよそ

Daisuke Tsuda

のところは知っていました。そもそも経産省に入る前年の1986年にチェルノブイリの事故、さらに言えば、1979年、多感な高校生のときにはスリーマイル島の事故があって、どちらも大きな衝撃を受けましたよ。

――なるほど。泉田さんの中には原発事故についてのご自身なりの認識があったと。就任時の新潟県中越地震の直後には、まずどう動かれたのでしょう。

泉田　東電に電話しましたね。とにもかくにも安全確保が重要だ、という意識がありましたから。なにより情報はちゃんと出してくださいよ、とお願いしました。いい情報も悪い情報も全部出してほしいと言った覚えがあります。

――そのときの東電の回答はどんなものでしたか？

泉田　「いや大丈夫です。問題ありません」というものでしたね。まあ幸いなことにこのときはその言葉通り、原発は無事故ですんだ。だから復興も早かったんですよ。避難者を10万人単位で出したのに、2カ月で避難所を閉鎖できて、みなさんに仮設住宅に移っていただけましたしね。全国から観光客もたくさん来てくれましたし。

東電柏崎刈羽原発の火災事故

――そうでしたね。その復興を経て、任期3年目の2007年7月に新潟県中越沖地震が起き、柏崎刈羽原子力発電所で火災事故が起きた。

泉田　ええ、中越地震のときとはわけが違いますね。原発がらみになってしまいましたから。

――火災事故直後からの経過を教えていただけますか。まず知事にどんなかたちで一報が入ったんでしょうか。

泉田　いやあ、一報はなかったんですよ（笑）。

――え、どういうことでしょうか。

泉田　「知事、大変です！」と担当者が飛び込んできた。「どうしました？」「テレビで、原発の火災が放映されています」「えっ!?」という感じです。

――テレビで知ったんですか。

泉田　ええ。日テレ系列のTeNY（テレビ新潟）が原発の状況を生中継していました。

Hirohiko Izumida

そもそも柏崎刈羽と県庁の間にホットラインがあるのに、住民避難に責任を持つ県になぜ連絡しなかったのか疑問でした。後日理由を尋ねたら、「地震で建物が歪んで、ホットラインの設置されている部屋のドアが開かなかった」ということでした。そりゃもうどうしようもない理由でしょう。さすがになんとかしろ、と強く要請したことで、ようやく災害のさいに対策本部を置くための建物「免震重要棟」が作られた。で、同じ東電の施設で免震重要棟が新潟だけにあるのはおかしいということで、福島にも作ることになったわけです。

――福島第一原発の免震重要棟が完成したのは、東日本大震災の8カ月前でしたね。もしこれが間に合っていなかったら、被害はさらに大きかったわけで、原子力防災という点で泉田さんの功績は本当に大きいと思いますね。

泉田　その後、福島の事故を教訓として2013年7月、原子力規制委員会による国内原発に対しての新規制基準が策定されたわけですが、その審査に通ったということで、2015年8月、九州電力が川内原発1号機を再稼働させました。この川内原発では当初、免震重要棟の建設が予定されていたのですが、同年の12月に撤回されましたね。

――解せないですね……。コストの問題でしょうか。

泉田　そもそも新規制基準では免震構造を義務付けられたわけではなく、各事業者判断に委ねられているわけですが、免震重要棟は構造が複雑なので工期も長くなりますし、コストの問題もあるかも知れませんね。

――話は戻りますが、そもそも柏崎刈羽原発の火災事故の原因というのはなんだったんでしょうか。

泉田　設計時の想定加速度を越えた地震動だったんですね。しかも原子炉建屋と変圧器が別の基盤の上に乗っているから、地震のさいの共振周波数がずれる。そして変圧器付近の不等沈下もあって、繋がっていたパイプが外れてしまい、そこから漏れた油に周りの金属から起きた火花が引火して起きた火災なんです。原子炉建屋と一体化すれば回避できると説明した東電がその後も同じ過ちを繰り返そうとしていたんです。

――どういうことですか。

泉田　福島原発事故後に、新規制基準の中に新たに設置を義務付けられた「フィルターベント」という装置があるのですが、ご存じですか。

――原発事故が起きたときに原子炉が壊れるのを防ぐために、炉内の蒸気を放出する装置のことですよね。かつ、それに排気中の放射性物質を除去するフィルターが備わっているという。

泉田　そうです。福島事故ののち設置が義務付けられたフィルターベントを、また別のところに作るというんです。そうしたら今度は、建屋とフィルターベントの接続パイプに破断リスクが生じるでしょう。なぜ全部を一体にできないのか。東北電力は2018年以降に再稼働させる女川原発について、これを一体化させる方針のようですが。

――東北電力にできて東電にはできない理由が見えてきませんね。ところで、柏崎刈羽の火災事故は、発生から消火まで2時間もかかっていますよね。消防車の配備にも問題があったと聞いています。

泉田　新潟県中越沖地震では、原発構内の地盤沈下によって消火用の配管が破断したんです。サイト内には、消防車もなく、消火栓からは水が出ないので、自衛消防は撤退しました。結局、地元の消防隊が消火したのですが、地震で段差ができている道路をやってくるわけだから、到着までに当然時間がかかるわけです。そもそも、原発事故と火災については別々の法体系になっていたんです。つまり、原発の許可については当時の経産省所管の「炉規法」でやるわけですが、同省には火災対応のノウハウがありません。だから柏崎刈羽原発での火災事故を受けて、消防庁との共管法、つまり自治省との共管法にしてくれ、と国にお願いしたんです。でも、共管法にするとなると、霞が関で調整して国会に出すまでにものすごく手間も時間もかかる。だから、機動的にするには共管ではなく、専管で、その代わりに消防庁から出向者を受け入れるかたちで、火災対応の仕組みを作ることになりました。加えて緊急時の消防車の配備について整える。そんなふうにして法制度の弱点を補うような仕組みができました。これが新潟県中越沖地震の教訓への対応でした。

――そのあたりはさすが、元官僚の面目躍如ですね。ところで、原発から煙が上がる風景が相次いでテレビなどで放映されたことで、あたかも放射能が漏れたかのような騒ぎになっていましたが、実際のところは。

泉田　運転中の全原発は自動的に緊急停止しましたから、原子炉からの放射性物質の流出はありませんでした。6号機、7号機の関連区域内で微量の放射性物質を含む水の漏洩はありましたが、その後IAEA（国際原子力機関）の調査を入れてもらい、被害は極めて小さいと報告されています。

――にもかかわらず、風評被害が大きかった。

泉田　そうですね、前の地震のときと違って、漁業、農業関連の買い控えや、観光客のキャンセルも相次ぎました。それに液状化も発生して、インフラ整備ひとつとっても、非常に困難を伴いました。

――震災に原発がからむことで大きく復興が遅れるという、象徴的な話ですね。そして復興に向けて尽力されているうちに、2011年の東日本大震災へと至るわけですが、3・11直後からのお話をお願いできますか。

3・11メルトダウンと福島派遣

泉田　まず、メルトダウンを早い段階から疑っていましたね。午後4時半頃に、技術系の職員が飛び込んできて、「知事大変です、津波で、福島の原発の二次冷却水ポンプが流された」と言うんです。「じゃあどうやって冷やすの？」と聞いたら、「緊急冷却装置があるので、彼ら、なんとかするんじゃないか」との答えはあったのもの、これはまずいことになるな、と直観的に思いました。

――そもそも泉田さんは原発の仕組みについて、非常にお詳しいですよね。どこで勉強されたんですか？

泉田　高校時代は物理部でしたから（笑）、原理はおおよそ理解しているんです。ただ、実際には、知事に就任して以来、原発についてさまざまな判断に迫られましたので、その度に議論を通じて理解していったということだと思います。

――官僚だったから制度や人事についても詳しい。

泉田　まあある程度はね。また、新潟県としても、2007年の新潟県中越沖地震のときに風評被害に苦しめられましたから、国に匹敵する測定機器を保有していました。結局、風評被害を払拭するには、正しい数値を的確に出し続けることが一番有効でした。

――僕らも最初に福島に入ったときは新潟経由でしたし、いろいろな意味で、新潟は福島を支える拠点だったと思います。しかし時間がたつにつれ、どんどんと事故の深刻さが増していきました。

泉田　福島県から11日当日の夜7時か8時頃、ＳＯＳが入ったんです。どういう話だったかというと、停電でモニタリングポストが落ちてしまって放射線量が測れない。だから新潟県から人と機材を貸してほしいということでした。しかし、線量がわからないところに職員に行かせるというのは、ある意味で被曝してこい、ということでしょう？

――状況がわからないわけですからね。

泉田　知事として、当然逡巡するわけです。なんの保障制度もないわけですから。だから組織に伝えたのは、決して強制するなと。そして内部被曝と外部被曝の違いがわかって、自分で放射線防護ができるというのが条件だと。食料と水は新潟から持って行く。そのうえで行ってもいいよという人がいたら、と。それから、期限をしっかり区切って、三日なら三日という交代制にしてくれ、と条件をつけました。それから、労災の問題があるから、事後的に出張命令をかけてくれと。そうは言ったものの、チェルノブイリ事故後に消防隊員が犠牲になった経緯が頭に去来しましたね。

――泉田さんももうその日に？

泉田　ええ。それでなんとか県境付近まで来たら、「新潟県さんの機材を汚しちゃいかんから帰ってください」という連絡が入って。

――ええ？

泉田　「せっかくの機材を汚しちゃいかんので、やっぱりけっこうです」と。「そんなこといいから、汚れてもいいから使ってちょうだい」と返したら、「いやあ、いろいろありまして……」というわけです。

――これまた解せない話ですね。誰がなにを指示していたのか。どういう指揮系統で、どういう意図で。

泉田　はっきりとはわかりませんね。職員と機材は福島へ到着したのですが、結局測定させてもらえませんでした。一方で、戻って来た職員の服からは、放射性物質が検出されましたので、被曝していたことになります。

――立地県で唯一、原発関連の職員を福島に派遣した

のは新潟県だけだったんですよね。

泉田　そうですね。

——それもまたのちのち泉田さんが煙たがられる原因のひとつになった？

泉田　そうかもしれませんね（笑）。

——11日の話だとすると、1号機爆発の前ですよね。

泉田　でもすでに漏れ始めているんですよ。メルトダウンはこの日の午後5時の段階ですでに始まっていたのが、のちにはっきりしたわけですから。

原発事故の本質は冷却材喪失事故

泉田　18日に、柏崎刈羽原発の技術者を呼んだんです。県民のみなさんの避難の必要性を判断するため、メルトダウンしているか否かを確認したかったんです。しかしそんなことはありませんと言って帰っていきました。ご存じのように、東電は、極めて早い段階でメルトダウンを認識しており、それはまったくの嘘だったということが昨年わかったわけです。住民の避難に影響する情報を隠蔽することは悪質です。東電は、立地県の知事に嘘をつくということも驚きでした。

——社内の調査ではっきりしたわけですからね。そして、東電から泉田知事に「18日にメルトダウンの事実を伝えなかったこと」「メルトダウンについて不十分で誤った説明をしたこと」について正式な謝罪があったのは震災から5年後、２０１６年になってからでした。

泉田　5年後に謝罪にこられてもね。

——当時の東電社長自らが、「メルトダウン、炉心溶融という言葉を使うな」と社内で指示していたことを認めたうえでの謝罪だったわけですからね。東電の隠蔽体質は本当に変わりませんね。そういう会社が今後も原発を動かすわけで……。

泉田　今となっては、実は11日の夕刻にはわかっていたんだとおっしゃっていますしね。あらためて信じがたいです。まあそもそも福島の場合は、原発自体のスクラム（緊急停止）は成功していたわけです。しかし、冷やすことで失敗すると自動的に閉じ込めに失敗して、結果、放射性物質をばらまいて大惨事になる。これが福島の原発事故からの一番の教訓のはずなんです。津波や地震というのはきっかけとか背景であって、事故の本質とは関係ない。原発事故の本質は冷却材喪失事故なんです。だからそれにどう対処していくのかと考えていかなければ、津波対策をしました、防潮堤を作りました、でも今度はこっちが壊れて冷却できませんでした、となりかねません。根本原因を理解して対策を取らないと同じようなことが起きるわけですよ。にもかかわらず、その議論はいっさいなされていないのが現状です。

——危機管理能力に疑問があると。

泉田　そうなんです。国の防災担当は、1〜2年で定期異動しますし、各府省のトップ大臣もよく交代があります。だから、深刻な災害や事故が起きてもノウハウがたまっていかないという側面があります。

なぜ、事故からなにも学べないのか

——3・11以降、泉田知事は、福島第一原発事故の検証が終わらないうちには柏崎刈羽原発の再稼働は絶対に認めないという立場を貫き続けてこられて、翌2012年に知事として三選されました。しかしその翌年の2013年7月、東電が新潟県に事前の説明なしで国に再稼働のための安全審査要請を決めたことが判明し、強く抗議なさいました。

泉田　福島第一原発事故の原因究明が不完全で、すでにわかっている課題も放置したままです。地元に対しては、これは再稼働のためでなく、東電だけでは安全性の確保に自信が持てないので、第三者の目を入れたいと説明しました。それが、ご存じの通り、いつの間にか再稼働を目指しています。また、嘘をつかれたという思いです。福島の教訓と住民の安全について、いったいどう考えているんだということですよ。しかも動かしてまたなにかあれば国民負担ということでしょう。

——しかしその2カ月後に、県との安全協定に基づく協議後に修正申請を行うこと、新たな設備の耐震性と避難計画との間に整合性を持たせること、今後、県の了解なく申請を行わないことという条件で安全申請を了解されました。これはある種の国に対する妥協でしょうか。

泉田　この条件は、東電の申請につけた条件ですが、規制委員会が不可能な対応を現場に求めているのでこれを修正してもらうためのものという性格を持っています。世界各国や米軍も使っている拡散予測を使ってはいけないとか、安定ヨウ素剤を44万人に数時間で配ることを求められたりです。内閣府の原子力防災担当は、ヨウ素剤は、放射性物質が来そうなところから配ればよいといいます。拡散予測を使ってはいけないのに。フィルターベントの使用と避難計画は表裏一体ですから、東電の審査の中で、規制委に修正を求めるつもりでした。

――なるほど……、つまり泉田さんのメッセージとしては「やるべきことをやらずに地方にリスクを押し付けたまま押し切るな」ということですね。

泉田　その通りです。津波に関しても、確かにマグニチュード9・0は予測できなかったけれど、14〜15メートルの津波は来る可能性があるっていうのは、実際のあの津波の2年半前にわかっていたわけですよ。にもかかわらず、なんの対応も取らなかった。リスクの押し付け、情報の隠蔽ということでは済まされないわけですよ。

地方との関係でいうと、使用済み核燃料についてもまた別の大きな問題がある。青森県の三村申吾知事は、大臣が代わる度に、当該の大臣の前で、一字一句間違わないように念書のようなものを読み上げるんですよ。「万が一核燃料サイクルが止まるようなことがあれば、今お預かりしているものをそれぞれの原発立地県にお返しする、ということでいいですね?」って。そうすると大臣は「必ずそうします」と約束する。

――もはや儀式化している。

泉田　全体としての整合性が取れていないため、その場その場を切り抜けることとしか考えられないということではないかと思います。いざとなったらどうするの、と思うわけです。たとえば避難計画ひとつとっても、新潟県には30キロ圏内に44万人の即時避難対象外の住民が住んでいるんです。チェルノブイリのときは42000人をバス1200台を投入して避難させた。新潟の場合はバスで同様な対応を取れば、1万数千人の運転手とバスが必要です。どこから連れてくるんですか、と。国交相の旅客運送法の制約はあるし、そもそも車の中というのは外とほとんど同じなんです。

――運転手も乗客も、被曝しますよね。

泉田　その通りです。そんな中でヨウ素剤をどう配るのかという問題だってある。チェルノブイリの場合は、独ソ戦のときと同じ対応をするという結論をすぐに出ましたからね。最初は消防士と警察官でしたけれど、これはもう軍人に任せるんだと。そして現場の作業は1日数分程度と決める。1分から数分で1年分の被曝限度ですから。かつ、なにかあった場合の医療費は全額保障するし、家族への保障もする。さらに、国家の英雄として顕彰する。もちろん避難者にも、光熱費、検診費、薬剤費、治療費ほか、さまざまな支援策があったわけです。日本の場合とはかなり異なりますよね。実際、たとえば現場の下請け作業員の給料なんてどうかしているような額になっていますよね。保障制度もなにもないし。そもそも財源いったいどうする、というレベルのままですから。以前、資源エネルギー庁にいたとき、炭鉱の閉山問題を担当したのですが、労働者一人あたりに退職金を100万円確保したはずなのに、途中でピンハネがあって、退職金が出る方がめずらしく、出た下請け会社でも最終的に本人の手にわたったのは20万円だったという話を聞きました。

――このあたりの構造は、原発労働者の下請け構造の問題と非常に似ていますね。

泉田　はい。多重下請けのピンハネ問題。欧米のマスコミからは疑問視されていますし。そもそも、ふるさとのため必死で働いている人が原発事故現場で働いていることを隠す傾向があるというのは悲しい限りです。誇りを持って働けるよう環境と待遇を見直すべきです。話を戻しますが、日本は、あれだけの事故が起きても、非常時について既存の規定をどうすべきなのかということも含め、やるべき制度の整備について、かなり大きな穴があいています。関係省庁が、自分の業務を限定解釈し、一方で全体として整合性ある仕組みを考える司令塔が不在です。そのため、行政経験が長いメンバーが多い知事会で改善要望をまとめた後どこに持っていくかで、なかなか意見が一致しませんでした。

――事故からなにひとつ学べていないということですね。3・11直後に、東電本社内に政府・東京電力統合対策室が作られましたが。

泉田　あれは、東京に本社がある東電だったら作れたのでしょうね。本社が東京にない、他電力の場合は、機能する仕組みになるのか疑問も感じます。

東電と「新潟日報」

――泉田さんは、全国知事会の危機管理・防災特別委員長として、政府に原子力防災の強化を要望するなどして、一貫して国の原発政策に厳しい態度を見せてこられました。県民の方からの信頼も厚く、２０１６年10月の知事選にも当初は立候補の意思を表明されていましたが、８月30日に突然、選挙戦から撤退されると発表なさいました。単刀直入にお伺いします。いわゆる原発推進派からの圧力があったのでしょうか。

泉田　圧力というより、このままだとメッセージが伝わらないという思いからですね。

――それは、例の地元の新聞メディアとの間の問題が大きいのですか。いわゆる〈フェリー購入問題〉、ロシアとの間を結ぶ新潟県の日本海横断航路計画で使う中古フェリー購入に関する契約トラブル問題で、『新潟日報』の報道との間にかなりの軋轢があったかと聞いています。たとえば、億単位の契約を、しかも性能に不備がある船を大急ぎで、かつ独断で泉田知事が決めたとか、知らない間に契約がまとまっていたなど……。

泉田　そうですね、県のホームページで具体的に指摘しましたが、事実と異なる記事がてんこ盛りでしたね。あのとき、そのまま知事選を続けて私が勝っても、争点がずれていますから、私が実感していた新潟県民の民意は伝わらなかったと思います。

――泉田さんとお話ししていると感じるのですが、泉田さんは単なる強硬な原発反対派ではありませんよね。賛成か反対かという二項対立ではなく、データを示しながら安全対策をしっかりしろとずっと言い続けているように思います。

泉田　二項対立でものごとを先鋭化させていくことが本当にプラスなのかどうかということを、まずはよくよく考えるべきだと思いますね。そのうえで、あらゆる問題点を整理して、是正していく、制度を見直していくという方向に行くべきだと私は思っています。そのためにも、前提となる事実は重要ですから、少なくとも見て見ぬ振りっていうのはいかんだろうと。そんな意識ですかね。まずいな、と思ったことには対応しないと。

――泉田さんが強く要請した免震重要棟がなかったら、

福島はさらに深刻なことになっていたはずだし、東京の人だって避難しなくてはならなかったかもしれない。そもそも原子力防災については慎重を期す、それは当たり前のことだと思います。なぜそういう泉田さんのスタンスやメッセージが伝わらないのでしょうか。

泉田 全体像について、体系的な報道がされないからではないでしょうか。

――原発問題はどうしても報道が断片的なものばかりになってしまいますしね……。住民が一番関心のあるのは安全性なんでしょうが、その話はあまりクローズアップされない。

泉田 そもそも各地の原発の再稼働について、全国ニュースでは大きく取り上げられることも少ないでしょう。

――そうやって地方を分断している気がしますね。話は戻りますが、泉田さんと「新潟日報」との間であそこまで大きな軋轢を生んだ〈フェリー問題〉に関して、大手の地方版も、地方の月刊誌などもいっさい突っ込めない。なにか理由があるんですか。

泉田 それはやはり、経済的な理由や地方ならではの事情があるのではないでしょうか。

――そういえば、福島事故後にいったん『新潟日報』から姿を消していた東電の広告が、2016年2月11日付紙面にカラー全15段で復活して、さすがに驚きました。

泉田 ええ、あれはびっくりしましたね。

――そういえば泉田さんは、出馬を撤回されたたあと、ツイッターで「原発防災に関する質問」を各候補者に送り、それを公開されていましたよね。

泉田 住民は、防災や安全に関しての候補者の考えを正しく知る権利がありますから。

――泉田さんがこの選挙に出馬していれば、必ず当選されていたというデータもありました。

泉田 このときの知事選は、地域のコップの中の争いの選挙じゃなかったんですよ。海外からも取材が来ていたし、結局、原子力発電所とどう向き合うか、そのことに関して大きな影響を与える選挙なんだというのが、このときの実態だったんです。でもその論点をあえてずらしていくようなことがいろいろと出てきたんですね。私が

出ない方が、そのことの本質が現れてくるのではないかとも思いました。いずれにしても、どれだけ話そうがなにも伝わらない。話せば話すほど、住民のみなさんに、実のところを伝えられない。今はそんな状況なんだ、ということがよくわかったのです。

――確かに、知事という立場を離れたほうが自由にものを言える、ストレートに伝えられるところがあるのかもしれませんね。しかし、事前の調査では、泉田さんには8割の支持があったわけで、この不出馬はやはり納得がいきません。

泉田 そう聞いていましたね。だから、ほかの候補者が県政批判したら、自分の首が絞まりますよね。

――そうですよね。後継指名はなさいませんでしたが、結果的に米山隆一さんが当選されて。

泉田 まあそうなりますよね。

――米山知事の県政についてはどのように考えられていますか。

泉田 まだ期間が短いですから、これから評価が固まっていくと思います。

日本が沈没するのを見たくない

――それにしても、知事を辞められてからも、ここまで原発政策に関して継続して発言し続けようとなさる一番のモチベーションはどこにあるのでしょうか。

泉田 それはね、小学校の先生に言われたんですよ。

――どういうことですか。

泉田 「みなさんいいですか、日本っていうのは資源もエネルギーもない国なんです。だから原材料を輸入して、製品を輸出しないと倒れてしまう自転車操業の国なんです。みなさんもしっかり勉強して、社会で活躍してくださいね」と。まあ今考えれば修正しないといけない点はあるけれども、その言葉が頭の中にずっと残っていて、自分が生きてる間に日本が沈没するのを見たくないなと思っていた。その思いが高じて、産業と通商関係がやりたいと思うようになって通産省に行ったんです。そうしたらある日、地元の市長さんから電話がきた。「泉田さんや、日本のこと考えるのもいいけど、地方を見てくれよ」と。このとき私は岐阜に出向していたんですが、そう言われてみると、子供たちの社交場だった駄菓子屋さん、プラモ屋さん、潰れてなくなってるんですよ。そして子供たちの社交場だったおもちゃ屋さんの跡にはベンチができて、長生きストリートと名前を変えている（笑）。いつの間にか町の工場もなくなって、ぺんぺん草が生えて、そのうちそこに特養施設が建っているんだ、このままだと、地方の町なんてなくなってしまうよ、と。東京にいると感じないかもしれないけれど、ふるさとや地方のことも考えてくれないか、と、そんなふうに言われたんですよ。そのとき久しぶりに、自分が通産省に入った理由を思い出したんです。

——日本どころか、すでに地方がボロボロだと。

泉田　そうです。しかも知事候補で誰も立候補する人がいないからって言われて。

——それぐらい新潟が難題を抱えてたっていうことなんでしょうか。

泉田　それはそうなのですが、いざ選挙に立候補したら、過去最高の激戦だったんです。奇跡的に一発で決まりましたけど（笑）。出馬にあたって、前の市長さんから水害復興だけはしっかりやってくれと頼まれました。私の母校が水没した水害で人ごとでありませんでした。そのとき、市長さんは県庁の態度も対応もけしからん、と非常に怒っていた。こんな事態なのに、国から来たオーダーをただ右から左へ流すだけ、冷房の効いた部屋からファックス流すだけ、現場で被災者と向き合ってる者たちがどれだけ苦労してるのか、まったくわかっていない。被災した住人のことなんてなにひとつ、わかっちゃいないんだ、と。それで初めての選挙戦でも、水害復興、防災はかなり訴えました。

——そこで腹を括られたわけですね。

泉田　そうですね、そもそも、知ったことについて口をつぐむというのは、歴史に対して責任回避してるっていうことになるだろうとずっと思っているんです。最初の選挙に出たときから、摩擦はあっても歴史に対しての責任を果たしたいということ、それがもうひとつの大きなモチベーションかもしれません。

——目の前の短期的な利益を優先して住民にとって不利益になる構造を放置すれば、それはのちのち悪い意味で永遠に語り継がれていくわけですからね。

泉田　そもそも新潟は、踏み台になってきた歴史がある

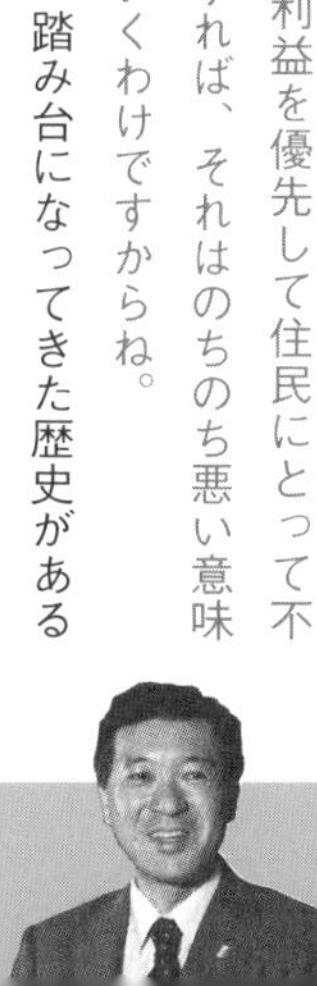

という意識があります。人を育てては東京に送り、米を作っては東京に送り、水もポンプアップして東京に送り、そして電気を作っては東京に送り。明治時代にいたっては、税収のうち地租が占める割合が圧倒的に高く、近代日本を形成した最大の納税県は新潟だったのではないでしょうか（笑）。

――消費地の責任もいい加減、問われるべきですね。しかし、新潟は福井とは少し事情が違う。新幹線と原発はバーターだとも聞きますし。

泉田　ええ。それで必要な安全確保もやらないで嘘をつき続けるのかと思うと暗澹たる気持ちになります。

――黙って長いものに巻かれていれば、とりあえず経済的には安心なんでしょう……。ところで、泉田さんは現在、どのように過ごされているのですか。

泉田　ただただ忙しくて。今までと同じようにお金が儲からない仕事をしています（笑）。プライベートに関しても、12年間なにもできていませんでしたから、気がついたら水漏れをしていて。

――それはなにかの比喩ではなくて、本当に水漏れなんですか。

泉田　ええ、ただの水漏れですよ（笑）。

――防災知事の家が水漏れですか（笑）。

泉田　家の修繕をして、それをきっかけに引っ越しして、ようやく今日になって電話が開通したところ。もう目いっぱいです。

――大変ですね。しかしいずれにせよ原発をはじめ、国のいろいろな問題について、今後もさまざまなかたちで問題提起はされていかれるわけですね。

泉田　まあそうならざるを得ませんね。

――最後にお聞きします。先ほど泉田さんは原発事故の問題の本質は冷却材の喪失だと喝破しました。一方で、これだけ安全性にも経済性にも疑問符が出ている原発を国が続けようとする一番の理由は安全保障の問題――潜在的核保有国でありたいからだと指摘する声もあります。実際にそうしたことを発言する政治家もいるくらいです。今後、原発問題に関して、国民が向き合わなければいけないことはなんだと思われますか。

泉田　答えるのに大変難しいところがありますが、原発問題を単なるエネルギー問題だけで捉えて、根本的なところを議論していない、そこのところではないかと思いますね。でも、前提として、原発問題をよそごと、他人ごととして捉えている限り、この議論は成立しないのではないかと思います。

――答えをはぐらかされた気もしますが（笑）。重要なご指摘だと思います。わが身に降りかかってこないと考えられない。これはもう、今、あらゆる課題の根源にある問題なんだと思いますね。あらためて、今後の泉田さんの発言や動向に注目していきたいと思います。今日は長い時間ありがとうございました。

泉田　こちらこそ、ありがとうございました。

（2017年5月23日　六本木にて）

長時間にわたってお話をお聞きしたこの日からほぼ1週間後の2017年6月1日、柏崎刈羽原発が立地する柏崎市の桜井雅浩市長は、東電に対し、現在原子力規制員会の審査を受けている同原発6、7号機の再稼働を認める条件として、2年以内に1～5号機の廃炉計画を提示するよう求める考えを示した。理由として、免震重要棟の耐震性不足の問題、北朝鮮の脅威の増す中、7基の集中立地というリスクの高さなどを挙げ、また、早期廃炉により柏崎の廃炉ビジネスを促進したいとも述べた。桜井市長の発言について、米山知事は「立場は同じではないが、地元自治体のご意見として真摯に受け止め、対応を検討したい」とコメントを出した。この後さまざまな状況の変化はあるだろうが、泉田さんは今、なにを思われているだろうか。〈津田大介〉

泉田裕彦（いずみだ・ひろひこ）
1962年新潟県生まれ。京都大学法学部卒。1987年通商産業省（現・経済産業省）入省。ブリティッシュコロンビア大学客員研究員や資源エネルギー庁への出向を経て、1998年6月より通商産業省大臣官房秘書課長補佐。2001年、国土交通省へ出向し貨物流通システム高度化推進調整官を務める。2003年からは岐阜県庁へ出向し、知事公室参与や新産業労働局長を務めた後、退官。2004年10月より2016年10月まで新潟県知事（民選第17・18・19代）。著書に『知識国家論序説――新たな政策過程のパラダイム――』（東洋経済新報社）、『みんなの命を救う――災害と情報アクセシビリティ』（いずれも共著、NTT出版）、『今日も新潟日和』（新潟日報事業社）他。

第Ⅱ章
原発を考えるための4つのポイント

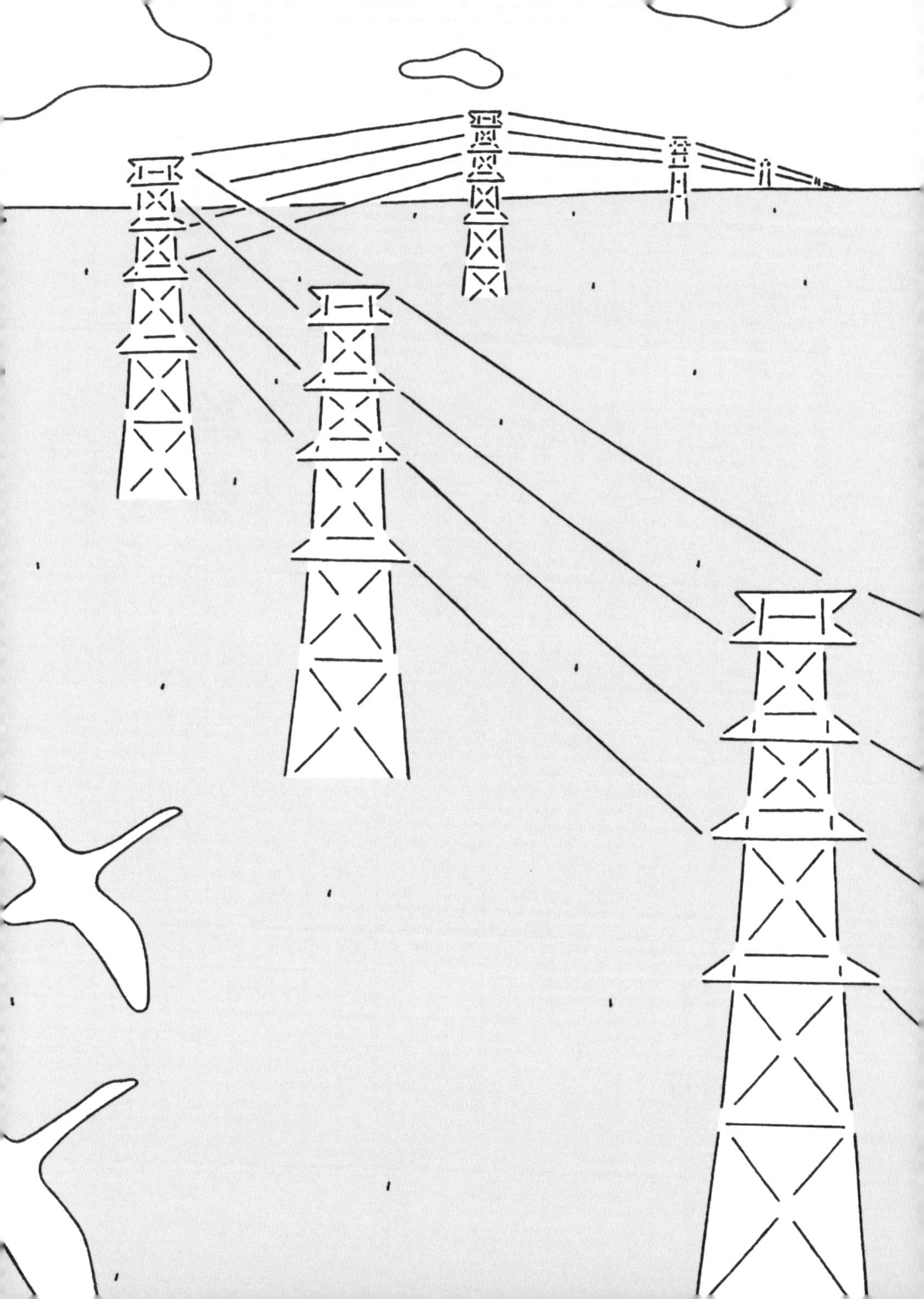

第Ⅱ章

原発を考えるための4つのポイント

論点整理

原発・エネルギー政策を評価する上で非常に重要な「3E＋S」という概念がある。

3E＋Sとは、エネルギーの「供給安定性（Energy Security）」、「環境性（Environment）」、「経済性（Economic Efficiency）」、「安全性（Safety）」の頭文字をとった概念で、それぞれが日本のエネルギー政策にとって重要な要素である。

1つめの「供給安定性」は、エネルギー確保の安定性を意味する。エネルギー資源が乏しく、多くを輸入に頼っている日本にとって、エネルギーの確保は死活問題だ。2つめの「環境性」は、発電による環境への影響を指す。主に地球温暖化対策に関連し、化石燃料の燃焼に伴うCO_2の排出などが問題になる。3つめの「経済性」は、発電コストを意味する。経済性の高い安価な電源ほど、消費者の負担は小さくなる。そして最後の「安全性」は、その名の通り、発電の安全性だ。かつては主に3Eを重視したエネルギー政策が進められてきたが、東京電力福島第一原発事故を受けて「S」を加え、「3E＋S」となった。

では、原発はどのように評価されてきたのか。原発の燃料であるウランは比較的情勢の安定した国から輸入されており、さらに核燃料サイクルが実現すれば無尽蔵にエネルギーを生み出せることから、供給安定性の高いエネルギーだと考えられてきた。また、発電時にCO_2を排出せず、化石燃料に比べ発電原価が安いため、環境性、経済性ともに高いとされてきた。

しかし、ひとたび大事故が起きると、こうした3Eの優位性は灰燼に帰してしまう。福島第一原発事故によって、放射性物質が拡散し、全国の原発が停止し、賠償など多額のコストがいまだ増大し続けているのだ。「絶対に安全だ」と言われてきた原発が、未曾有の大事故を起こしてしまった――大前提とするべき「安全性」が大きく揺らいでいる今、あらためて「3E＋S」の観点から原発を見直す必要がある。

本章では、「3E＋S」それぞれの要素について、各分野の専門家に解説をお願いした。

エネルギー安全保障を専門とする**秋山信将氏**には、供給安定性の観点から原発を評価していただいた。原発の存在は他のエネルギー源の供給安定性や経済性にも影響する要素であり、エネルギー安全保障全体に影響を与える原発の存在意義についての指摘は示唆に富んでいる。

国際法・環境法が専門の**高村ゆかり氏**には、原発の環境性についての評価を依頼した。原発の推進には地球温暖化対策としての側面が強調されてきたが、その一方でほとんどCO_2を排出しない再生可能エネルギー技術の発展も著しく、世界的に導入が拡大し続けている。現在の再生可能エネルギーと比較してなお、原発の優位性は維持されるのか。

電力システム改革に関する審議会の委員を務める**高橋洋氏**には、原発の経済性を評価していただいた。高橋氏は原発の必要性は市場原理にもとづいて電力会社が決定すべきと考えるが、立地自治体への交付金や放射性廃棄物の処分、事故処理にかかる費用など潜在的なコストが軽視されている現状に警鐘を鳴らす。原子力コンサルタントの**佐藤暁氏**には、原発の安全性について執筆いただいた。過去の原発事故の教訓を取り入れた新型炉は安全性の向上の代償として建設費は高騰し、原発の利点であった経済性が損なわれている。さらに佐藤氏は、「絶対に安全な原発」は存在し得ないと強調する。

そして本章の最後には、**小泉純一郎元総理大臣**の講演を収録した。首相時代に原発を推進してきた小泉氏が、なぜ脱原発の立場へと転向したのか。その変遷が語られる。

本章を読み進めていくうちに、「3E＋S」はそれぞれの要素が独立しているわけではなく、密接に関連し、時にはトレードオフの関係にあることが想像できるはずだ。そして、「原発の3E＋S」のどれか1つだけでは、あるいは「原発の3E＋S」だけでは、「原発の必要性」に答えを出せないということも理解できるのではないかと思う。

供給安定性

エネルギー安全保障から見た原子力

秋山 信将
（一橋大学大学院教授）

エネルギー安全保障とは何か

原子力発電を推進する議論の一つに「エネルギー安全保障」問題がある。エネルギー安全保障とは、２０１１年版エネルギー白書によれば、「国民生活、経済・社会活動、国防等に必要な量のエネルギーを受容可能な価格で確保すること」と定義されている。別の言い方をすれば、日本という国家の生存と存続に必要なエネルギーの供給を、量と価格の両面において持続可能な形で担保することである。

２０１２年の一次エネルギー[注1]自給率が６％と、国内で消費するエネルギーの供給のほとんどを海外に依存してきた日本にとって、持続可能なエネルギー供給をどのように確保していくかは、安定的な国民生活を維持していく上で極めて重要な政策課題である。日本にとってエネルギー安全保障がいかに重要であるかは、１９７０年代の石油危機は言うに及ばず、太平洋戦争の重要な原因の一つに資源獲得をめぐる戦略的角逐があったことを見ればよく理解できよう。

70年代の石油危機以降、日本政府はエネルギー源の多様化や資源調達先の多角化、戦略備蓄、それに

注1 一次エネルギーとは、自然にそのままの形で存在するエネルギーで、石油、石炭、天然ガス等の化石燃料、太陽光・地熱などの再生可能エネルギー、水力、原子力が該当する。

産業活動と国民生活における省エネなどを通じた資源利用の効率化など、様々な施策を組み合わせながらエネルギーの安定供給確保に努めてきた。その中で、核燃料サイクル注2を含む原子力は、電源の多様化の一環としてその利用の拡大が進められるとともに、「準国産エネルギー」として自給率の向上に資する電源としても位置づけられ、エネルギー安全保障政策の一端を担うものとされてきた。

石油危機以降、OPECの高価格政策に主導され高値が続いた石油市場であったが、1990年代以降、需要の世界的な減退や、非OPEC諸国の生産拡大により需給が緩和して石油価格が低迷するなど、資源供給途絶へのリスク感が薄まった。市場メカニズムが十分に機能し、需要者にとって不利な状況が想定しにくくなったことから、もはや石油など化石燃料は戦略物資ではなく一般商品であり特別な戦略は必要ないといったような極端な見方も生まれるまでになった。

2000年代になると、中国やインドをはじめとする新興国の経済成長に伴ってエネルギー需給構造に変化が生じ、石油価格は上昇したが、その一方で原子力発電は、核燃料サイクル計画の遅延がある一方で着実にシェアを伸ばし、東京電力福島第一原発事故前の2010年には、電源構成比で28・6%を占めるに至った。電源構成の多様化の一翼を担い、化石燃料依存度を低下させたという面で、原子力はエネルギー供給に係る懸念の払しょくに貢献したという意味でエネルギー安全保障に資するものであったということが言えるであろう。

言うまでもなく、多様なエネルギー源(電源)がある中で、どのような電源構成を選択するかは、経済性、環境負荷、資源調達におけるリスク(エネルギー安全保障)など、様々な要素を総合的に勘案して決定するものであって、どれか特定の要素のみによって決定するわけではない。また、「安全保障」とは、極めて主観的な概念であり、また相対的なものであることに留意すべきであろう。すなわち、安全が「十分に」担保されたかどうかについて定量的な基準を設定することは難しく、周囲の政治や経済環境、さらには社会規範の変化によっても要件は変動しうる。したがって、本稿のエネルギー安全保障に係る議論のみをもって原子力政策の是非そのものを論じるべきではないことはあらかじめ述べておきたい。

注2 原子力発電では、使用するウラン鉱石を発掘し、ウランを濃縮加工後に核燃料集合体に仕立てて発電に使用、使用済み燃料は貯蔵・分別・再処理した上で、取り出したプルトニウム(とウラン)を再び燃料として利用し、最終的には放射性廃棄物として処分する。その一連の流れ、仕組みのことを核燃料サイクルという。

3・11後のエネルギー供給動向の変化と地政学的リスク

まずは、いくつかのデータから見てみたい（左頁）。東日本大震災前、一次エネルギーに占める原子力の割合は11・3％、電力の電源構成比でいえば、28・6％であった（ともに2010年度）。

それに対し、石炭、石油、天然ガスを合わせた化石燃料の一次エネルギーに占める割合は81・8％、電源構成比では61・7％（このうち、国内炭は0・4％）であった。その中でも、天然ガスの利用が29％を超え、次いで石炭が約25％、石油は7・5％ほどとなっている。なお、水力、再生可能エネルギーが電源構成において占める割合は、それぞれ8・5％、1・1％であった。それが、2013年度（大飯原発が稼働していたことに留意）には、電源構成における火力発電の割合は88・3％と過去最高を記録している。その後も、80％台中盤から後半と高い割合が続いている 図1。

また、一次エネルギー自給率で言えば 図2、国際エネルギー機関（IEA）の定義に従って原子力を自給率に算入すれば、震災前の2010年、日本のエネルギー自給率は19・9％であったが、震災後に原発がすべて停止したことによって2012年には6％にまで低下している。

海外依存度がエネルギーの安定供給に与える影響としては、十分な量が供給され得るのか、という点と、持続可能な価格で調達が可能かどうか、という点が重要である。後者の点について言えば、あるエネルギー源の発電コストにおいて燃料費が大きければ大きいほど、脆弱性は高くなる。火力発電の場合、発電コストに占める燃料費の割合は、それこそ価格や為替の変動に左右されるが、おおむね60％から80％で推移してきた（原油価格が高騰した2008年度は78％になっている。「財団法人日本エネルギー経済研究所『有価証券報告書を用いた火力・原子力発電のコスト評価』」、2011年9月13日第35回原子力委員会資料第3-1号）。

また、2013年度の推計では、LNG 注3 火力の場合、1kWhあたり12・5円かかっているところ、燃料費は10・3円と、その82・4％を占めている。現在、LNG火力は、電源構成の約49％を占める。また、天然ガスの全供給量（発電以外に都市ガスなどにも使用される）に占める輸入の

注3 液化天然ガス（Liquefied Natural Gas）のこと。

図1　電源別発電電力量構成比（単位・億kWh）

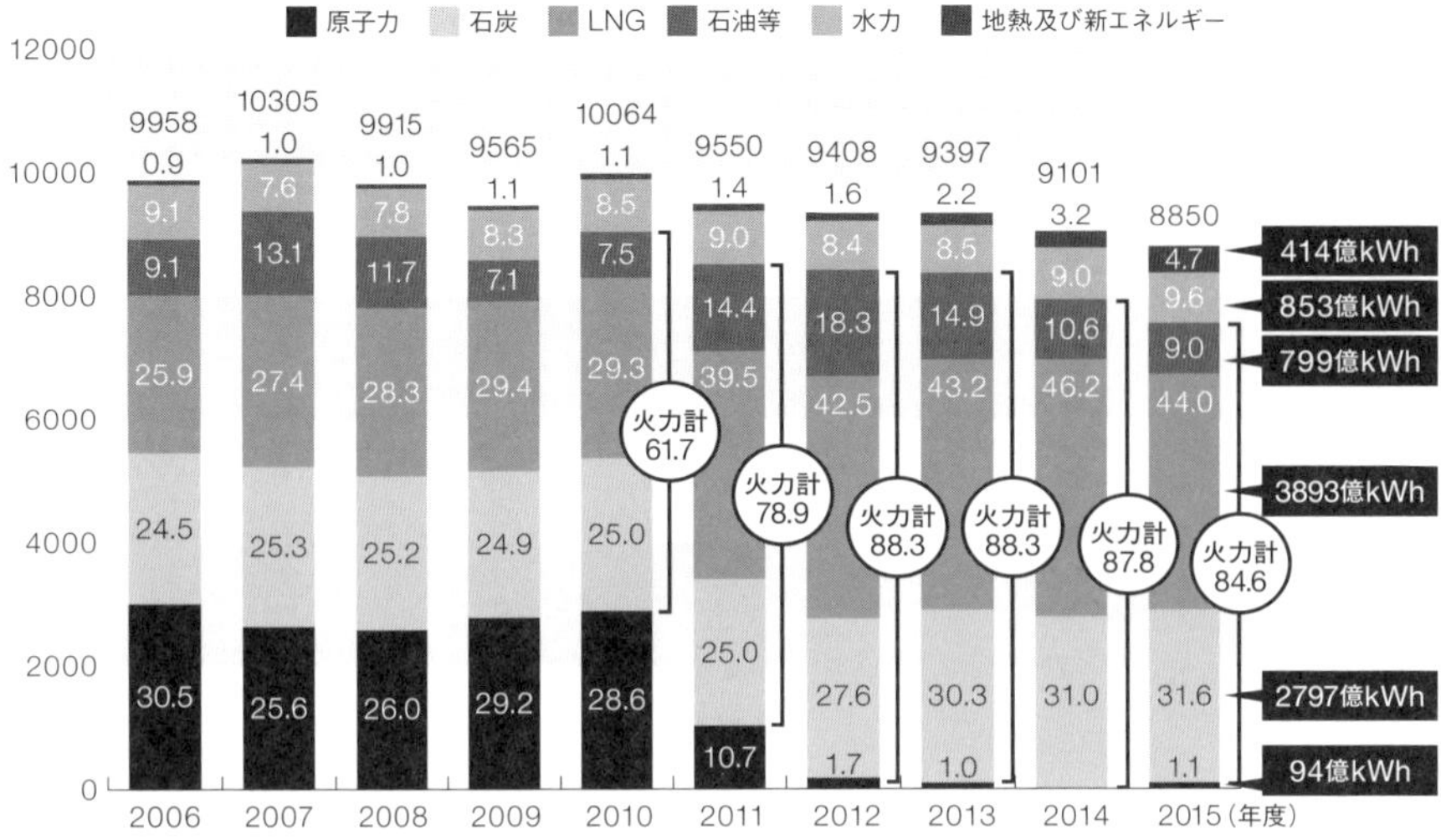

※10電力会社による発電量の実績。他社間で融通した電力量を含む。石油等にはLPG、その他ガスを含む。
グラフ内の数値は構成比（%）。四捨五入の関係により構成比の合計が100%にならない場合がある。

出典：電気事業連合会会長定例記者会見資料（2016年5月）を基に作成

図2　日本の一次エネルギー自給率の近年の推移

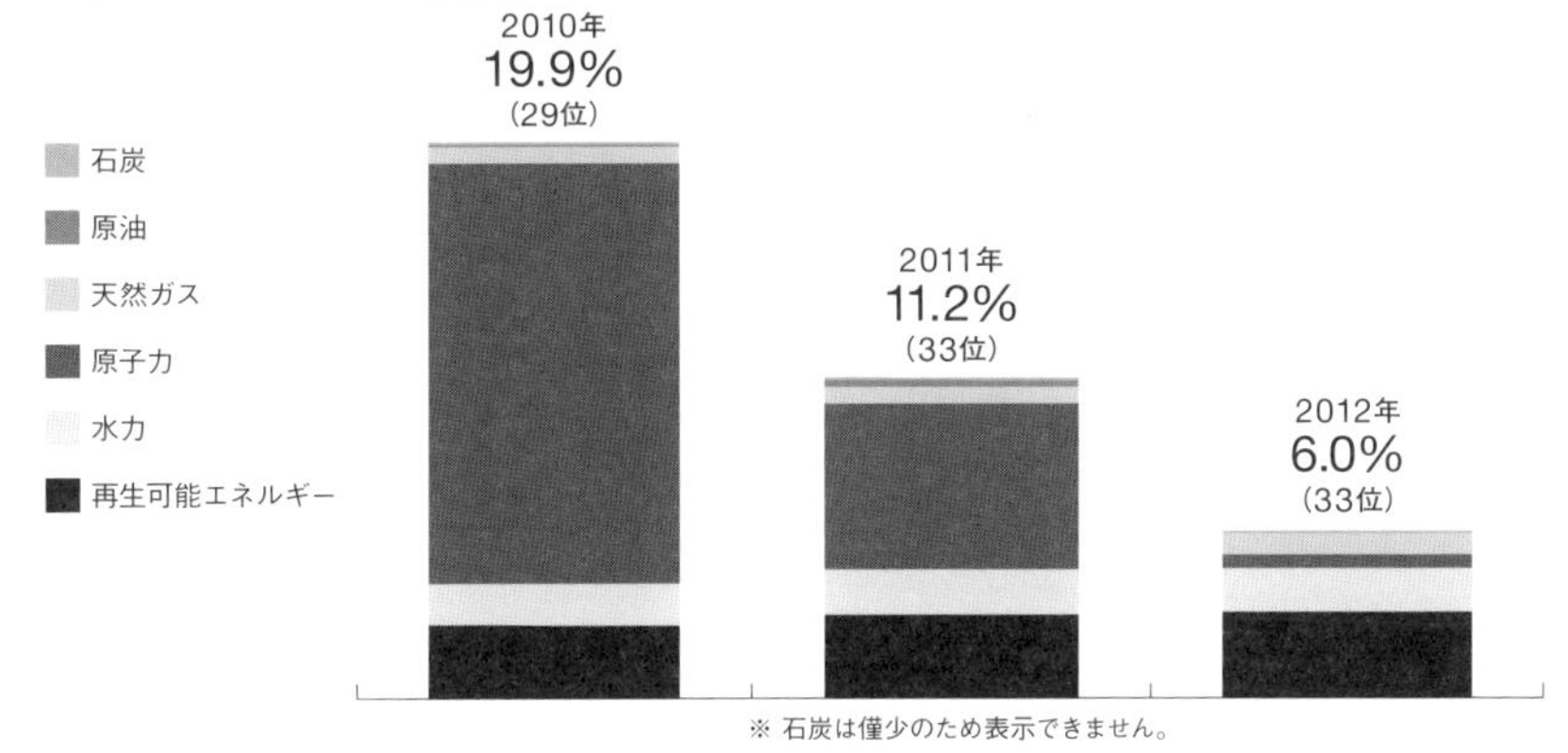

※ 石炭は僅少のため表示できません。

出典：IEA「Energy Balance of OECD Countries 2013」を基に経済産業省が作成したグラフより。
（　）内はOECD諸国34カ国中の一次エネルギー自給率順位。

図3　日本の天然ガスの主要調達先（2013年）

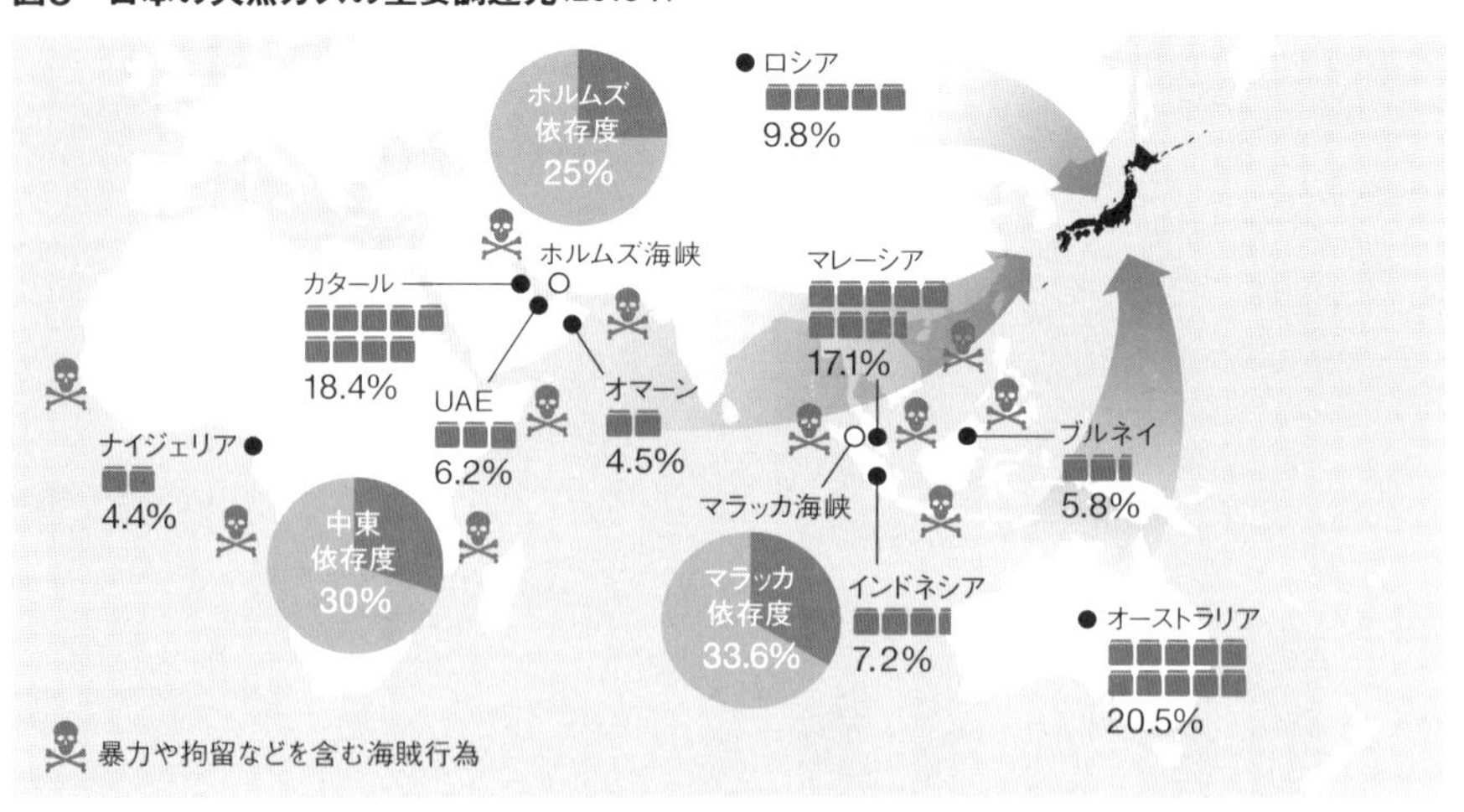

出典：財務省「貿易統計」等より経済産業省が作成した図より。マラッカ依存度は、マラッカ海峡以西の輸出主要国の率の積み上げ

割合は、97・5％である。

このように輸入依存率が高く、発電コストに占める燃料費の割合が高いLNG火力を活用するとなれば、自ずと、供給量を左右する地政学的なリスクについて考慮するべきであろう（図3）。

2013年の天然ガス輸入相手国上位10カ国のうち、トップのオーストラリア、3位マレーシア、5位インドネシアなどアジア大洋州への依存度は51・6％となっており、中東への依存度は、2位のカタール、6位のアラブ首長国連邦（UAE）、9位のオマーンを合わせて29・2％と、石油の場合の83・3％（2013年）に比べれば比較的小さい。供給元の多角化が進んでいることで、中東の特定の供給国からの供給途絶のシナリオや、ホルムズ海峡封鎖のように中東地域全体からの供給に影響を及ぼすシナリオに対しても他の地域からの供給によって代替することで対処することは不可能ではない。

また、長期的に見ると、現在新規の天然ガス開発は、東アフリカやアジア、シェールガスなどの北米、それにロシアが主であり（すでにロシアは第4位の天然ガス供給国である）、今後ますます中東への依存度が低下することが見込まれる。これらの要因を勘案すれば、天然ガスは相対的にではあるが地政学的なリスクの影響を受けにくいと言えよう。

なお、参考までに石炭の場合、オーストラリアからの輸入が全体の約6割を占めており、それに続くのがインドネシアの20％と、一国依存の状況にあり、ある意味では極めて脆弱性が高い構造になってはいるが、オーストラリアという国の特性を考えれば、地政学上、供給途絶のリスクは極めて低いと考えられる。また価格も低位で安定している。（資源エネルギー庁総合資源エネルギー調査会基本問題委員会第13回資料「火力発電について」、２０１２年２月）。

ただし、二酸化炭素排出量の多さなどを考えると、単純な石炭火力の導入は容易ではなく、温室効果ガス排出量を大幅に抑制するために、石炭ガス化複合発電（ＩＧＣＣ）といった技術や、二酸化炭素を地中に貯蔵するための二酸化炭素貯留（ＣＣＳ）技術の導入や低コスト化を進めていくことが必要となろう。それらの技術は、石炭の利用に道を開くが、ここでは中短期的な視点から、エネルギー安全保障について論じるため、これらの技術を検討の対象には含めないこととする。

話を石油、天然ガスに戻すと、しかし物事はそう単純ではない。二つの点について考えてみる必要がある。**第1**は、供給途絶に対する短期的な対応としての戦略備蓄である。

１９７０年代の石油危機以降、日本は資源の供給途絶に対して短期的なショックアブソーバー（衝撃吸収装置）として、戦略備蓄を拡大してきた。石油の場合、２０１６年３月末現在、製品換算にして国家備蓄で約４７３４万kℓの原油および石油製品が貯蔵されており、民間備蓄で約３１３０万kℓの原油および石油製品が備蓄されている。合計約７８６４万kℓの石油は、日数に換算すると約２０３日分となっている。注意が必要なのは、そのうち製品の形で備蓄されているのは約2割強の22・1％で、それ以外は原油としての備蓄なのでそれを消費に回すには、精製し、製品を貯蔵し、流通させる能力が求められることである。それでも、これだけの量が備蓄されていることで、日本国内における地政学的理由による石油供給途絶のリスクは、少なくとも短期的には小さいと言えよう。

しかし天然ガスの場合、事情は異なる。２０１

6年3月時点で、天然ガスの国内備蓄は、国家備蓄が115万トン（約41日分）、民間備蓄が173・8万トン（約62日分）、合計で約288・8万トンとなっている。しかし、問題は備蓄量よりも、この備蓄された天然ガスの流通と地域間の融通である。日本各地には天然ガスの備蓄基地があるが、それぞれを結ぶパイプラインがないために、地域間の融通が極めて難しい。また、天然ガスの売買契約においては、LNGの受け渡しを契約で定められた場所以外ではできない仕向地制限条項が課されている場合が多い注4。

したがって、ある地域で天然ガスが不足した場合でも柔軟に荷卸しの場所を変更できず、危機の場合に即応が難しい可能性もある。となると、日本全体で備蓄量が足りていたとしても、局地的な供給の途絶が起こる可能性もあり得る。もちろん、これは理屈の上でのことであり、また現在、経産省を中心にこの仕向地条項を撤廃し、商慣行を柔軟にしていくための努力も払われていることは付言しておくべきであろう注5（EUは、競争法上この仕向地制限条項を違法と判断しており、2017年のG7エネルギー大臣会合においてもこの仕向地制限条項の緩和の必要性について話し合われた）。

第2に、天然ガスの価格メカニズムである。業界の中長期的な見通しとして、現在の設備投資の状況を見ると今後世界的には天然ガスは供給が増える傾向にあるという。欧州における天然ガスの消費の減少やアメリカにおけるシェールガス生産の増加などを考えると天然ガスの需給がだぶつき気味になるとの予測もある。他方で、このような恩恵を日本が享受するためには、地域ごとに区切られた天然ガス市場の構造的特性をクリアしなければならない。

ほぼグローバルな商品となった石油と違い、天然ガスの場合、アメリカ、ヨーロッパ、アジアなど市場がコンパートメンタライズ（特殊化・専門化）されており、各市場で価格が大きく異なる。福島原発事故前、アジア向けスポット天然ガスの（指標価格は$10MMBtuで注6）イギリスとの価格差は、約2ドルであった（アメリカ市場では、4ドル程度）。ところが、原発事故後、原発が次々に稼働停止すると、アジアのスポット価格は上昇し、2011年末には、日英市場の差は8ドルにまで開いた。電力各社は、長期契約だけでは需要をまかなうことができないとの判断から、割高なこのス

注4 天然ガスの売買契約に盛り込まれた仕向地制限条項は、売り手が買い手に対して輸入する場所を固定し、転売を制限する。これによってスポット市場に出回る天然ガスの量を制限する。そのため、需給バランスへの柔軟な対応の妨げになっているとされている。

注5 一般財団法人日本エネルギー経済研究所『平成27年度石油産業体制等調査研究（LNGの国際マーケティングに関する調査）』http://www.meti.go.jp/meti_lib/report/2016fy/000101.pdf

注6 British thermal unit＝英国熱量単位。標準気圧下で質量1ポンドの水を60・5°Fから61・5°Fまで上昇させるために必要な熱量を指す。天然ガスには一般に100万Btuが用いられる。

ポット契約によって天然ガスを調達することになってしまった（なお、長期契約の方が常に割安とは限らない。それは、市場の動向にもよる。天然ガスの価格が常に上昇を続けている場合には長期契約が有利になるが、最近のように資源の価格が下落傾向にあれば、将来高値が予想されていた時点で結ばれた長期契約の方が割高になることは想定される。また、アジアにおける天然ガスの価格は原油価格に連動しているので、原油価格の動向の影響を受けることにも留意）。

さらに、アジア市場は中国やインドという資源消費大国を抱え、今後の天然ガス消費の増大が予想されている。また、アジア内で輸出国であったマレーシアは輸入国に転じ、またインドネシアも2020年ごろまでには輸入国に転じるのではないかと見られている。ロシアや中央アジアの天然ガス生産国が、消費が頭打ちになったヨーロッパ市場からアジア市場に目を向け、またオーストラリアなどでの開発が進むことが見込まれ（2020年までにはオーストラリアはカタール、アメリカを抑え最大の生産国になる見通し）、今後数年のLNG需給は緩和の見込みとされているが、長期的に見れば需要増の要因もあり、アジアの天然ガス市場をめぐる動きがより一層活発になっていくことが見込まれる。

このことは、天然ガスを代替するエネルギー源へのアクセスがないことが、価格面でより不利な契約へと結びつくことがないように、積極的な資源外交、国際的な資源市場の制度整備、そしてその他のバーゲニングカード（交渉カード）を用意しておくことの重要性を示唆する。

エネルギー安全保障上の財政的リスク

もう一つ、化石燃料の輸入増に伴うリスクとして、財政的なリスクについて考えてみたい。あらかじめ言っておくと、以下に述べるようなシナリオの蓋然性は、少なくとも短期的にはそれほど高くないと筆者は考えている。しかし、それが資源の輸入増によるものか否かに関わらず、経常収支の悪化の問題については、今後の日本社会の人口動態の変化を含む社会経済環境の変化を考えた場合、楽観的に見過ごすことはできないであろう。まして、それがエネルギー選択と関わってくるとすれば、本稿で触れておくべき事柄であると考える。

震災後、すべての原発が停止し、それに伴って火力発電所の燃料となる化石燃料の輸入が増加した。経産省の「総合資源エネルギー調査会基本政策分科会第2回資料」、（2013年8月）によると、2012年度の実績で、原発の停止を火力発電によって代替した発電量は、石炭153億kWh、石油1206億kWh、LNG1234億kWhの合計2592億kWh、それに伴う燃料費増加の総額が3・1兆円ということになっている（2013年度には、2655億kWh、3・6兆円となっている。「総合資源エネルギー調査会原子力小委員会第3回会合参考資料1」、2014年7月）。この数字を見れば、次のようなシナリオも論理的には考えられよう。

2013年度の天然ガスの輸入額は7兆3428億円に上るが、これは2010年度の3兆5492億円に比べ、2倍以上増加したことになり、もし消費量がそれほど増加していないのであれば日本経済にとってその負担増は小さくない（税関統計）。

この数年、日本の貿易収支は急速に悪化し、赤字幅が増大してきた。貿易収支だけならば、問題ではないが、経常収支の黒字幅の減少も顕著で、経常収支の赤字が恒常化した場合の財政に与える影響は深刻だとの懸念も聞かれる。

日本の公債残高は2016年度末で838兆円にも上る注7。政府はプライマリー・バランスを2020年ごろまでに達成するとしているが、その見通しは明るくない。経常収支が直ちに日本経済に悪影響を及ぼすわけではなく、アメリカやオーストラリアのように、経常赤字でも高い経済成長を維持している国もある。しかし、経常収支が赤字になって、現在の財政状況が続けば、財政赤字と共に「双子の赤字」を抱えることになる。現在日本の国債は9割程度が日銀を含む国内の金融機関によって保有されている。

長期的には国内の貯蓄額が減少していくことはほぼ確実な状況の中で、海外の投資家による国債の保有の増加を期待する必要が出てくるかもしれない。その場合、「双子の赤字」は、海外投資家に対する日本の国債の商品としての魅力度の低下を招き、長期金利の上昇や、リスクヘッジの観点から、国内の機関投資家からも国債の保有を忌避する動きが出ないとも限らない。こうした傾向が続けば、極端な場

注7 https://www.mof.go.jp/budget/budger_workflow/budget/fy2016/seifuan28/04.pdf

合、日本市場からのキャピタル・フライト（資本逃避）が発生し、日本経済全体へのリスクとなって跳ね返る可能性がある――あくまで可能性の話ではあるが。

「原発停止→貿易赤字拡大→日本経済危機」説に対しては、異論もある。例えば、自民党の河野太郎衆議院議員が異議を唱えている。河野議員は、「節電や省エネなどによって火力発電の焚き増しは１８２７億ｋＷｈ、輸入額の増加は２・１兆円にとどまる」としている（河野太郎「経産省の嘘」、『ごまめの歯ぎしり』、２０１３年11月20日）。

確かに河野議員の論には一理ある。２・１兆円がそれほど少ない額かどうかは別として、貿易収支の悪化の原因を原発の停止だけに押し付けるべきではない、という主張は間違いない。河野議員はまた、「輸入額の増加（貿易収支悪化の要因）は、天然ガスなどの資源の輸入量にあるのではなく為替や価格の変動による要因が大きい」、「２０１３年の輸入量は２０１１年に比べ５％の増加なのに対し、輸入金額は36％の伸びを示している」と説明する（河野太郎「貿易赤字の裏側」）。

ただ、もし市場における価格や為替の変動によって不安定な状況に陥る可能性があるのならば、市場での価格変動の大きい資源に依存し続けることは、持続的に受容可能な額で資源の供給を受けるというエネルギー安全保障の視点からは望ましい選択ではないということになる。

リスクヘッジとしての原子力

それでは、このような天然ガスを中心とした化石燃料依存へのエネルギー安全保障上のリスクに対し、原子力の活用は有効なヘッジとなるのであろうか。

政府が２０１４年２月に原案を公表した「エネルギー基本計画」では、原子力をベースロード電源と位置づけている。ベースロード電源とは、昼夜を問わず一定出力で安定的に電力を供給できる電源のことで、政府はこの基本計画の記述において、さらに「安価で」との説明をつけ加えている。

太陽光発電、風力発電、地熱発電のような再生可能エネルギーは、燃料費が全くかからず、海外への依存度がない（太陽光パネルなど製品の輸入は別として）という点では、エネルギー安全保障の地政学的リスクからは無縁である。しかし、ベースロード電源としての信頼性は高いとは言えない。天候や昼夜、季節による発電量の差は、安定的な電力の供給を目指す場合、克服すべき技術的、経済的な課題である。今後、太陽光で発電された電力を夜間などにも利用可能にするような大規模かつ高効率の蓄電のためのバッテリーが実用化されることになるまで、ベースロード電源として活用することはリスクが高いと言わざるを得ない。となると、火力に対するオルタナティブとしては、原子力に優位性があると言えよう（ただし、「ベースロード電源」という概念自体不要であるという立場に立てば、このような議論は無用であるとの結論になろう。また、電力の「地産地消」的な考え方に立てば、太陽光発電の活用が進むであろう）。

原子力発電の場合、火力と大きく異なるのは、発電コストにおける燃料費の占める割合が、10～12％程度と極めて低いことである。このことは、天然ウラン価格の価格変動や為替のリスクの影響を受けにくい電源であるということを意味する。長期的に見れば、世界の原子力利用の動向次第ではあるが、2020年代にはウランの需給が逆転し、ウラン価格の上昇が見込まれているが**図4**、少なくとも大幅な価格上昇がない限りは電力価格への影響はそれほど大きくないと言える。ただし、ウランの埋蔵量も有限であり、資源の枯渇を考えれば使用済み燃料の再処理を通じたプルトニウムの回収（そして、ウランの回収）などへのニーズも高まってくるかもしれない。

また、いったん燃料を原子炉に装荷すれば、トラブルが発生しない限り次の定期点検まで1年ほど燃料を交換せずに運転し続けることができる。燃料の備蓄に関しても、2006年末時点で、国内の濃縮ウラン1327トン・ウラン（tU）、天然ウラン514tUが存在していることを踏まえ、国内に100万kW級の原発が50基存在し（現状ではこの想定は現実的ではないが）、100万kW級の原発の年間所要量を濃縮ウランで20・5tU、天然ウラン換算で177・5tUとして潜在備蓄を算出すると、2・35年分の備蓄があることになるという（「原子力発電・核燃料サイクル技術等検討小委員会〈第8回〉資料第2号 政策選択肢の重要課題：エネルギー安全保障について」）。

また、日本が確保する天然ウランの原産国は、オーストラリア、カナダがそれぞれ約20％ずつ、

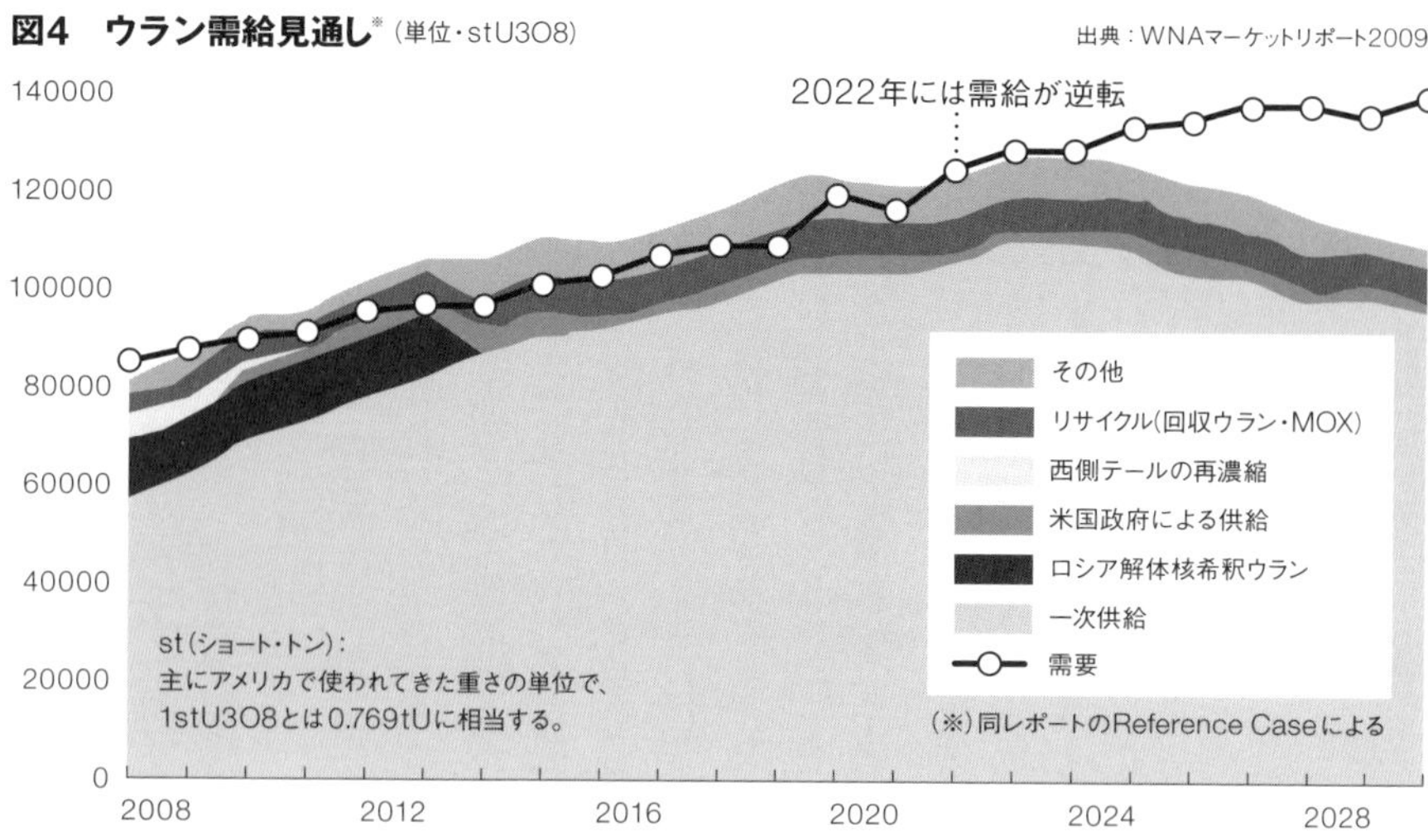

「政策選択肢の重要課題 エネルギー安全保障について」（内閣府原子力政策担当室）より

他に、カザフスタン、ニジェール、ナミビア、ウズベキスタン、アメリカ、南アフリカなどが続き、購入した天然ウランを燃料製造に利用するための濃縮役務の委託先としては、アメリカが圧倒的なシェアを占め、次いでフランス、イギリスとなっている。つまり、全体として原子力は、短期的な地政学的リスクの影響を受けにくいということが言えよう。

原発事故に伴うリスクを考えなければ、原子力発電は、エネルギー安全保障上の地政学的リスクへの備えとしては有効な選択肢であると言えよう。

どうなる？ 核燃料サイクル

それでは、長期的に見た場合にはどうであろうか。原子力の燃料となるウランも、化石燃料と同じく将来の枯渇が見込まれている。現在の見通しでは、2050年ごろまではウランの供給は可能であるとされているが、中国やインドなど新興国での原子力利用の伸び次第によってはこの需給見通しは変化するであろう（2017年3月現在、世界各地で60基の原発が建設中で、その多くがアジアにある）。

もし、需要の伸びが著しいようであれば、ウラン資源枯渇、あるいは価格の高騰までのリードタイムは短くなる。もし、ウラン資源が枯渇に向かうようであれば、その時には、再生可能エネルギーなど他のエネルギーの動向次第では、高速増殖炉サイクルへのニーズが高まるかもしれない。

そもそも、日本が原子力発電の導入を本格化した１９６０年代には、核燃料サイクルの導入は当時の国際的な風潮の中ではある意味では当然のものとされていた。１９７０年代になって石油危機を経験した日本は、海外への資源依存への危機感を高め、すでに導入を決めていた核燃料サイクル路線を一層推進するようになった。高速増殖炉が実用化されれば、原子炉の燃料に利用可能なプルトニウムを自ら生産することが可能になり、準国産のエネルギーを獲得することができるからである。自らの意思で需給を管理できる資源は、いわゆる「ベースロード」電源として電力供給の安定化と、他の資源を海外から調達する上での交渉のカード、という二つの側面からエネルギー安全保障に貢献すると考えられた。

他方で、１９７０年代に入って、インドの核実験（１９７４年）などにより核拡散の懸念が顕在化する中、アメリカは核不拡散という安全保障上の要請から核燃料サイクル技術の拡散を制限する方向へと政策のかじを切った。日本の核燃料サイクル政策をめぐって、日米の間に軋轢が生じはじめたのは、ちょうどこのころであった。１９７７年、アメリカのカーター政権は、茨城県東海村に建設された再処理工場の稼働を、その直前になり、二国間協定の事前同意権を使って止めようとした。最終的には、交渉の末、いくつかの条件付きで稼働が認められた。さらにその後、80年代の日米原子力協定の改定交渉では、日本側はアメリカから「包括同意」を得て、濃縮、再処理、高速増殖炉の計画を含む核燃料サイクル事業においてもより広い裁量権を獲得した。

アメリカは、日本の核燃料サイクル事業については経済性の観点から疑問を持ち、また核不拡散の観点からも多少の懸念を持ちながらも、日本側のエネルギー安全保障への取り組みという説明を容認し、また同盟国としての日本への信頼や国際原子力機関（ＩＡＥＡ）の保障措置への取り組みなど核不拡散措置をしっかりと実施してきている実績から、それを認めているというのが実態である。

使用済み燃料の再処理がどの程度ウラン利用効率の向上に貢献するかは、様々な前提やどの程度の期間を想定するかによって異なる。ある試算によれば、天然ウランの利用効率は、軽水炉においてワンスルー（再処理を行わない）で利用した場合には0・5%、プルサーマルの場合には、0・75%、高速増殖炉では60%程度になるとされる（鈴木篤之編著『プルトニウム』、ERC出版、1994年）。別の見積もりによれば、使用済み燃料から分離したプルトニウムをウランと混合させたMOX燃料を原子炉で燃焼させた場合、ウラン資源節約効果は軽水炉のワンスルーに比べ30%程度増加する（ウラン利用効率は0・6%から0・8%へ向上する）と見積もられている（「平成16年新大綱策定会議〈7回〉資料第1号」、前出「原子力発電・核燃料サイクル技術等検討小委員会〈第8回〉資料第2号」に引用）。

一般的に言って、高速増殖炉計画がとん挫すれば、再処理事業のエネルギー安全保障への貢献度は低下するであろう。再処理のエネルギー安全保障への貢献度が低下すれば、日本の核燃料サイクル事業に対する圧力も高まることも予想される。それでも、分離したプルトニウムをMOX燃料で燃焼させることは、ウランの利用効率が30%上昇するとの見方もできる。

誰が何を決めるのか

冒頭述べたように、エネルギー選択にあたって考慮すべき要素は多様である。エネルギーの選択は、経済性のみならず、地球温暖化など環境への負荷の問題をどのように考えるのか、資源に恵まれない日本が海外への依存度を高めるリスクとの付き合い方、また、それぞれのエネルギー源に固有のリスク（例えば原発事故による環境汚染のリスク、石炭の場合の気候変動や環境汚染、落盤事故などのリスク、油田による環境汚染リスクなど）をどう受け止めるのかなど、日本という社会全体のライフスタイルの選択でもある。

しかし、現在のエネルギー政策をめぐる議論は、電源構成比率における原子力の割合がどうなるかという点にあまりにもスポットライトが当てられすぎているように見える。ある意味で、エネルギー安全保障の議論というのは、短期的な経済性の議論にはなじまない、外部費用への価値を認めろという議論である。電力市場が自由化される中、また中国やインドをはじめ海外での資源需要が高まる中、民間のエネルギー関連企業にとって、このような外部費用の負担を政府に求める傾向は強くなるかもしれない。電源構成比が、たとえそれが目標値であったとしても、政府からのトップダウンで決定されるのであれば、その目標値が独り歩きし、最初に構成比ありきのリスク管理計画や資源調達計画が策定されるようになるかもしれない。

そもそも、エネルギー需給に占める電力の割合は、約4分の1であり、エネルギー安全保障全体を考えた場合、電力を中心にした発想では不十分だろう。また、これから電力市場が自由化されていく中で、電源構成比率という枠で縛りをかけると、原子力や天然ガス、石炭、再生可能エネルギーなどそれぞれの電源のセグメントごとの最適解が追求され、それらの総和が電力事業、ひいてはエネルギー政策全体の最適解とはならない、というガルブレイス注8の言う「合成の誤謬」注9が起きる可能性も出てくる。むしろ、例えば電力会社に対しては、火力、原子力、水力、再生可能エネルギーなどそれぞれの資源が抱える固有のリスクへの対処の基準を設け（備蓄の要求、安全基準、環境負荷など）、それらを満たすことを条件としてポートフォリオの組み合わせや設備投資等における意思決定を各企業にゆだねる柔軟性が、市場自由化後の電力会社の経営の健全化を促す上で必要なのではないだろうか。もっと言えば、究極的には、このようなエネルギー企業や電力企業の自己決定能力の向上が、各社の自律性とレジリエンス（抵抗復元力、自発治癒力）を高め、結果としてエネルギー安全保障上の危機管理能力を高めることにつながるのではないか（ただし、そうした柔軟な対処能力や意思を電力各社が持っているかどうかは明らかではないし、電力各社からしても政府による方針が示された方が投資計画などを立てやすくなるということで、電源構成比が明確になることを待望する声も大きいが）。もちろん、電力の供給という極めて公共性が高い事業を自由化し、市場にゆだねることによる弊害は、多く指摘されるところである。しかし、公共性を政府と企業の「共依存」関係――これは時としてリスクに対する責任の不在にもつながりかねない――維持の言い訳にしてはならない。

さらに言えば、この最適解をどの時間軸で求めるのかによっても、答えは異なってこよう。10年を

注8　John Kenneth Galbraith（1908年10月15日～2006年4月29日）は、カナダ出身の制度派経済学者。第二次世界大戦中、アメリカのインフレ抑止に貢献。1943年から5年間にわたり世界最大の英文経済誌「Fortune」の編集に携わり、のちにハーバード大学経済学部教授に就任。

注9　ミクロレベルには合理的な行動であっても、マクロレベルでは合理的ではなくなること。

めどにするのか、30年にするのか、あるいは50年、100年先まで視野に入れるのか。エネルギー政策の「持続可能性」とはどのような状態を指すのだろうか。あまり遠い将来のリスクや可能性を視野に入れて現在の電源構成比を論じることは不確実性の高さゆえに政策論にはなじまないであろう。しかし同時に、50年先の生活を視野に入れるのであるならば、その時に必要な技術選択ができるよう、技術開発や安全性向上への投資だけはすべきで、この点においては、政策的なインセンティブが必要であることは明らかである。

秋山 信将（あきやま・のぶまさ）

1967年静岡県生まれ。専門は、核軍縮・不拡散、安全保障。広島市立大学広島平和研究所主任研究員、一橋大学大学院法学研究科教授（国際政治学）などを経て、現在、在ウィーン国際機関日本政府代表部公使。NPT（核不拡散条約）運用検討会議政府代表団アドバイザー、福島原発事故独立検証委員会（民間事故調）ワーキンググループ共同リーダー、原子力規制委員会「核セキュリティに関する検討会」委員などを務める。主な著書に、『核不拡散をめぐる国際政治―規範の遵守、秩序の変容』（有信堂）、『NPT――核のグローバル・ガバナンス』（編著、岩波書店、近刊）、『エネルギー新時代におけるベストミックスのあり方一橋大学からの提言』（共著、第一法規）他。

※現在、在ウィーン国際機関日本政府代表部に出向中。本稿は、筆者が一橋大学在職中に執筆したものであり、出版にあたっては最小限の修正およびデータの更新を行っている。本稿の見解は、筆者の所属する機関を代表するものではない。

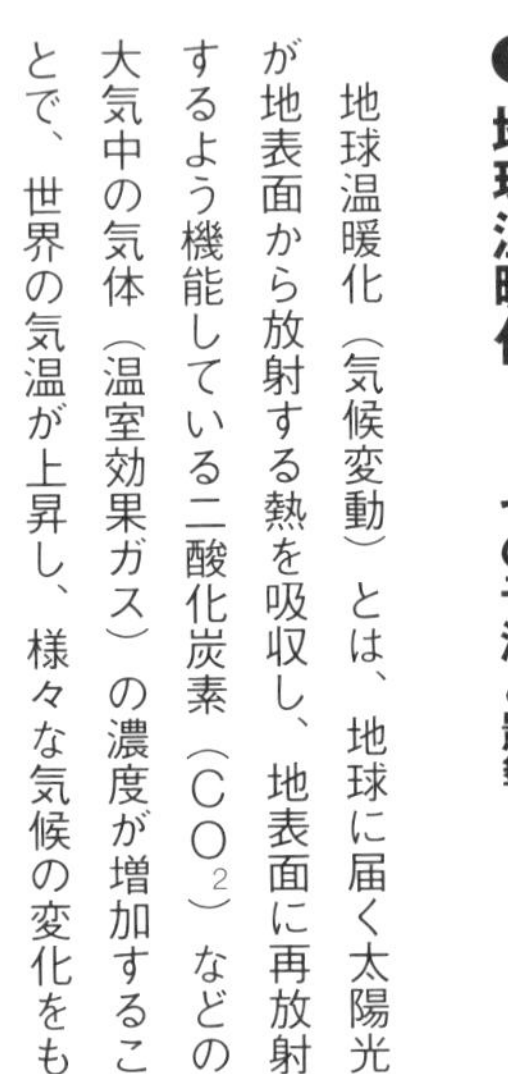

環境性

地球温暖化対策と原子力発電

高村ゆかり
（名古屋大学教授）

❶ 地球温暖化――その予測と影響

地球温暖化（気候変動）とは、地球に届く太陽光が地表面から放射する熱を吸収し、地表面に再放射するよう機能している二酸化炭素（CO_2）などの大気中の気体（温室効果ガス）の濃度が増加することで、世界の気温が上昇し、様々な気候の変化をもたらす問題である。

気候変動に関する政府間パネル（ＩＰＣＣ）の最新の第５次評価報告書（２０１４年）注1によると、１８８０年から２０１２年の間に、世界の平均地上気温は０・８５℃上昇し、海面の上昇、グリーンランドや南極の氷床、北極の海氷面積の減少も観測されている。大気中のCO_2、メタン、一酸化二窒素の濃度は、過去80万年間で前例のない水準まで増加し、CO_2濃度は、化石燃料の燃焼や森林減少等による排出により、工業化以前より40%増加している。１７５０年以降のCO_2の大気中濃度の増加が温暖化の最大の要因で、20世紀半ば以降に観測された温暖化の主な要因は人間活動である可能性が極めて高い。

とりうる限りの温暖化対策を導入して気温上昇をできる限り抑制しても、今世紀末にはさらに０・

注1　ＩＰＣＣ第５次評価報告書はＩＰＣＣのウェッブサイトから入手できる。https://www.ipcc.ch/report/ar5/（２０１７年６月30日閲覧。以下特にことわりのない場合、同日に閲覧したことを示す）

3〜1・7℃上昇すると予測されている。気候システムのさらなる温暖化と深刻な変化をもたらし、海面上昇、高潮や洪水による被害、熱波による死亡や疾病など私たちの生活・社会に深刻な影響を及ぼすと予測されている。

気候変動を抑制するには、温室効果ガスの排出量の大幅かつ持続的な削減が必要となる。工業化前に比べて気温上昇を2℃未満に抑えられる可能性の高いシナリオ（2℃シナリオ）では、温室効果ガス排出量は2010年に比べて2050年に40〜70%削減、2100年にほぼゼロまたはマイナスになるような水準での削減が必要となる。その場合、世界全体でエネルギー効率のより急速な改善とエネルギー部門の低炭素化が求められる。

再生可能エネルギー（再エネ）、原子力など低炭素エネルギーによる電力供給の割合は、2010年の約30%から2050年までに80%以上に増加し、2100年までに炭素回収貯留技術（CCS）なしの火力発電はほぼ完全に廃止することが想定される。IPCCの第5次評価報告書は、原子力について、ベースロードを担う成熟した低排出の電源であるとしつつ、世界の発電量に占める割合は1993年以降減少していること、稼働上のリスクに加え、放射性廃棄物問題、核兵器拡散への懸念、世論の反対をはじめとする様々な障壁とリスクがある、としている。

このように、温暖化問題はエネルギー問題であり、その解決は、化石燃料に依存する現在のエネルギーシステムを低炭素なシステムに転換できるかにかかっている。それをどのようなエネルギー源を用いてどう実現するのかが、私たちが直面する課題である。

❷パリ協定がめざす社会・経済の脱炭素化

これまで、国際社会は、1992年に採択された〈気候変動枠組条約〉、その下で採択された1997年の〈京都議定書〉を基に温暖化対策を進めてきた。進行する温暖化の脅威、京都議定書からの米国の離脱や2000年代に入ってからの中国、インドなど新興国の排出量の急増を背景に、すべての国が国際的に削減を約束する国際制度の構築がめざされ、2015年12月12日、気候変動枠組条約の締約国会議（COP21）で、京都議定書採択以来18年ぶりの法的拘束力のある温暖化防止の国際条約として、

〈パリ協定〉が採択された。パリ協定は、世界的な多数国間条約としては異例の1年足らずという速さで、2016年11月4日に発効し、2017年6月30日時点で、日本を含め、世界の温室効果ガス排出量の84%超に相当する151カ国とEUが批准している。

パリ協定の眼目は、工業化前と比して世界の平均気温の上昇を、2℃を十分に下回る水準に抑制し、1・5℃以内に抑えるよう努力するという長期目標である。この目標の達成のために、できるだけ速やかに世界の排出量を頭打ちにし、その後、「今世紀後半に温室効果ガスの人為的排出と人為的吸収を均衡させる」ように急速に削減することをめざす。現在実用化された技術では、人為的な吸収を格段に拡大することは難しいことから、この目標は、今世紀後半に「排出を実質ゼロ」にすることを意味する。

1・5℃目標はもちろん2℃目標も決して容易な目標ではないが、島嶼国や後発開発途上国など最も深刻な影響をうけるであろう国々とそこに住む人々が直面する温暖化のリスクを考慮して、容易でないけれどもそれだけの排出削減を行うこと、そのために抜本的な社会変革を行うことに合意したものである。

COP21に先駆けて、国際社会のほぼすべての国が2020年以降の目標を提出したが、2℃目標を達成できるだけの削減量との間に大きなギャップがある。国際エネルギー機関（IEA）は、これらの目標達成で気温を約1℃引き下げるものの、2100年までに約2・7℃上昇すると推計する。パリ協定は、全体の進捗評価をふまえて各国が目標を5年ごとに見直し、引き上げる仕組みを運用することで、各国が脱炭素化に向けて着実に歩みを進めることを促し、長期目標の達成をめざす。

❸パリ協定後の世界の温暖化対策
——再生可能エネルギーを軸としたエネルギー転換

パリ協定がめざす今世紀後半の排出ゼロ、脱炭素化に向けて、各国はいかに対応しているのだろうか。各国が提出した温暖化目標を見ると、欧米ともに2030年から2040年には石炭火力を大きく減らし、ガスへの転換と再エネ拡大に政策のかじを切る（図表1）。

EUは、1990年比で少なくとも40%削減という2030年目標の前提として、最終エネルギー消費の少なくとも27%、総発電量の少なくとも45%

図表1　主要先進国の再エネ目標

国／地域	2030年及びそれを超える再エネ目標
EU	2030年に最終エネルギー消費の少なくとも27%、総発電量の少なくとも45% (2030 Climate and Energy Policy Framework)
英国	2030年に総発電量の約45～55% (2030年温暖化目標［1990年比57%削減］策定のための気候変動委員会の分析)
フランス	2030年に最終エネルギー消費の32%、総発電量の40%(2015年エネルギー転換法)
ドイツ	2050年に最終エネルギー消費の60%、総発電量の80%。 その達成のための指示的目標として、2025年までに発電量の40～45%、 2035年までに発電量の55～60%(再生可能エネルギー法2014)
米国	カリフォルニア州：2030年に総小売電力量の50%　ニューヨーク州：2030年に総発電量の50% (州の2015年エネルギー計画)　ハワイ州：2030年に総小売電力量の40%、2045年に100%
日本	2030年に最終エネルギー消費の13～14%、総発電量の22～24%(2030年エネルギーミックス)

を再エネにすることをめざす。トランプ米大統領はパリ協定からの離脱を表明したが、米国のエネルギー政策は州が主導しており、約30の州が再エネ目標を設定する。例えば、2030年に、カリフォルニア州は総小売電力量の50%、ニューヨーク州は総発電量の50%、ハワイ州は総小売電力量の40%を再エネにする。中国も一次エネルギー消費の非化石燃料比率を現状の約10%から約20%にすること、インドも総電力設備容量の40%を非化石燃料起源とすることを30年目標とする。エネルギー需要が増加しつづけている両国にとっていずれも相当な速度と規模でエネルギー部門の脱炭素化を進めるもので、その軸を担うのが再エネである。例えば、インドは2022年までに太陽光を100GW、風力を60GW導入することをめざす。インドネシアは、パリ協定採択直後、新規の原発建設計画を中止し、現在5%の再エネを2025年に23%に拡大する方針を示した注2。

なお、日本の温暖化目標(2013年比26%削減)の基礎となっている2030年のエネルギー需給見通しにおいて、2030年の再エネ目標は、総発電量の22～24%、最終エネルギー消費の13～14%である。

他方、石炭火力発電所へのCO_2排出規制も広がる。

注2 "Indonesia Vows No Nuclear Power Until 2050", Jakarta Globe, 12 December 2015. http://jakartaglobe.beritasatu.com/economy/indonesia-vows-no-nuclear-power-2050/

英国、オーストリアは2025年までに国内の石炭火力の廃止を打ち出した。フィンランドも2030年までに石炭火力を廃止する。中国は、2015年に電力の約70%を石炭火力が供給しているが、対策を進め、2011年比では約10%減少した。なお、2014年、中国の石炭の消費量は前年より2・9%減少し、2015年も前年比3・4%減少した。世界全体でも、2015年の石炭の需要は2・6%減少し、ここ45年間で例のない大幅な減少である注3。

シェールガス、大気汚染問題など各国が温暖化対策を進める動機や事情は様々だが、技術革新と大量導入による再エネのコストの低下が、再エネを軸とした温暖化対策、エネルギー大転換を大きく後押ししている。国際再生可能エネルギー機関（IRENA）によると、2010年から2014年の5年間に世界の太陽光のコストは半分になり、火力発電のコストと競争的な水準になってきた注4。高いとされてきた洋上風力も、2016年には、欧州最大の石油会社シェルがオランダの洋上風力を5・45ユーロセント／kWh、エネルギー会社Vattenfallがデンマークの洋上風力を4・99ユーロセント／kWhという1ユーロ＝130円で換算すると約6〜7円／kWh台の安値で応札した。これは、東京電力福島第一原子力発電所事故後、安全対策などで発電コストが上昇する原子力と対照的だ。英国のヒンクリーポイントC原発の発電コストは、1MWhあたり85〜125ポンドと想定され、政府が卸電力市場価格より相当に高い92・50ポンド（1ポンド＝140円換算で約13・0円／kWh）で35年間の価格保証を行う予定だ。2016年7月の英国会計検査院の報告書は、2025年には陸上風力と大規模太陽光のコストは50〜75ポンドとそれを大きく下回るとする英国エネルギー省の予測を紹介している注5。

再エネ、特に立地制約がなく、大規模な送電網の建設を必要としない太陽光のコスト低下により、途上国には、経済発展に伴い拡大するエネルギー需要をまかなうという当面の国内の要請に応えつつ脱炭素に向かう経済合理的な選択肢がもたらされることとなる。

こうしたエネルギー大転換のインパクトは、エネルギー部門からの排出傾向に現れている。2013年以降、2014年、2015年、2016年の世界のエネルギー起源のCO_2排出量は、この3年間で毎年3%以上世界経済が成長したにもかかわらず横ばいである。IEAによると、この40年間

注3 International Energy Agency, Medium-Term Coal Market Report 2015 (2015); International Energy Agency, Medium-Term Coal Market Report 2016 (2016).

注4 International Renewable Energy Agency, Renewable Power Generation Costs in 2014(2015).

注5 National Audit Office, Nuclear power in the UK, Report by the Comptroller and Auditor General (2016).

で排出量が増えなかったのは、石油ショック、ソ連崩壊、リーマンショックといった経済の停滞期に限られていた。その理由を再エネの導入拡大と分析する。2015年の新規の発電設備からの発電量の実に90%以上が再エネ（50%が風力）であった注6。パリ協定の実施を織り込んだBloomberg New Energy Financeの2040年予測では、太陽光と風力の発電量は、2022年頃には原子力の発電量を抜き、2040年にその発電量は34%のシェアまで大幅に拡大する図表2注7。

再エネを軸としたエネルギー転換を世界的に加速させることで脱炭素社会に向かうことが、パリ協定後の温暖化対策の共通の課題となった。2030年までに世界の再エネの割合を大きく拡大するという国連の持続可能な発展目標（SDGs）で掲げる課題とも符合する。ただし、再エネのコスト低下が自動的にエネルギー転換を実現するわけではない。再エネのコスト低下は、化石燃料の需要を押し下げ、供給過剰と価格低下の一因となり、東南アジアや中東では化石燃料の消費が増え、CO_2の排出を増やしている。重要なのは、脱炭素化に向かう明確な目標とビジョンを示し、エネルギー転換を促す「政策」の導入である。

図表2　パリ協定をふまえた2040年の発電量見通し

太陽光（12%）＋風力（5%）は2040年に発電量の34%に大幅に拡大

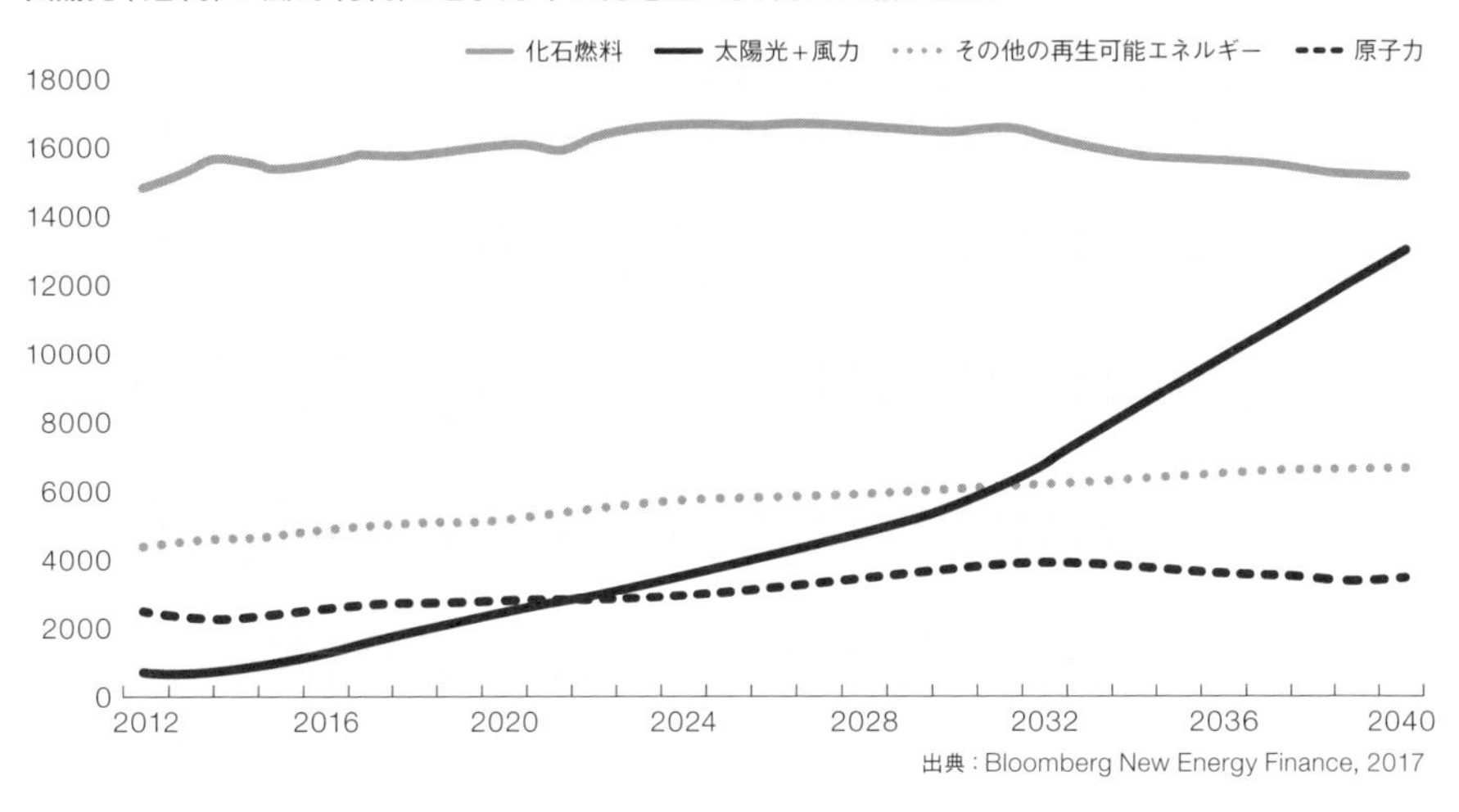

出典：Bloomberg New Energy Finance, 2017

注6　International Energy Agency, Decoupling of global emissions and economic growth confirmed, Press Release, 16 March 2016.

注7　Bloomberg New Energy Finance, New Energy Outlook 2017, Executive Summary, June 2017 (2017).

❹ 日本の温暖化対策と原子力発電

(1) 日本の温暖化対策における原子力発電

原子力発電の推進は、ここ20年にわたって、日本の温暖化対策の柱の一つとして位置づけられてきた。日本京都議定書の下での日本の削減目標（2008〜2012年平均で1990年比6%削減）を達成するための「京都議定書目標達成計画」では、「発電過程で二酸化炭素を排出しない原子力発電については、地球温暖化対策の推進の上で極めて重要な位置を占めるものである。今後も安全確保を大前提に、原子力発電の一層の活用を図るとともに、基幹電源として官民相協力して着実に推進する」とする。

2009年、民主党（当時）の鳩山首相が、2020年目標として1990年比25%削減を宣言し、それを受けて2010年6月に閣議決定されたエネルギー基本計画では、「2020年までに、9基の原子力発電所の新増設を行うとともに、設備利用率約85%をめざす。さらに、2030年までに、少なくとも14基以上の原子力発電所の新増設を行うとともに、設備利用率約90%をめざしていく」とした。福島第一原発事故後の2012年9月にまとめられた革新的エネルギー・環境戦略において「2030年代に原発ゼロを可能とするよう、あらゆる政策資源を投入する」とされた以外は、原子力なしの温暖化対策は想定されてこなかった。

COP21に先だって日本が提出した（パリ協定締結により正式にパリ協定の下での国際目標となった）2030年の削減目標の基礎となった2030年のエネルギー需給見通しにおいても、原子力については、「安全性の確保を大前提としつつ、エネルギー自給率の改善、電力コストの低減及び欧米に遜色ない温室効果ガス削減の設定といった政策目標を同時に達成する中で、徹底した省エネ、再生可能エネルギーの最大限の拡大、火力の高効率化等により可能な限り依存度を低減することを見込む」とし、温暖化対策は、2030年の電源構成の原子力の割合（20〜22%）を根拠づける理由の一つとなっている。

(2) 温暖化対策にとっての原発の今後の役割

パリ協定採択を受けて2016年5月に閣議決定された現行の地球温暖化推進計画では、2050年80%削減を長期目標として記載している。2

017年3月に中央環境審議会（環境省）の小委員会がとりまとめた長期低炭素ビジョンでは、2050年に電力の90％以上が低炭素電源となる絵姿を描く。果たして原子力は温暖化対策において今後いかなる役割を果たしうるのだろうか。

大前提として、日本の温室効果ガスの排出量の約85％をエネルギー起源のCO_2排出量が占めるが、電力は日本のエネルギー需要の約25％をまかなうに過ぎない。残りの75％は、熱、ガス、ガソリンなどがまかなう。電気自動車の増加など電力の需要は今後増えると見込まれるものの、原子力が温室効果ガスの排出削減に貢献できるのはあくまでその一部だ。

これまで原子力は温暖化対策に貢献してきたのか。1990年以降20基の原発が運転を開始し、原子力の発電量は増加したが、1995年以降福島第一原発事故までの間、原子力は総発電量の30％前後のシェアを占めていたにもかかわらず、発電からの日本のCO_2排出量は、リーマンショックの影響を受けた2008年から2010年を除き、1990年代以降増加している。特に石炭火力からの排出量は一貫して増え続けている 図表3。他方、福島第一原発事故後、エネルギー起源のCO_2排出量は2013年をピークに2014年前年比2・5％、2015年前年比2・9％減少した。2013年と2015年の原子力発電の割合は総発電量の1％、2014年は0％であったにもかかわらずである。2013年以降の排出量の減少は、省エネ等による電力消費量の減少や再エネの導入拡大等による電力の排出原単位の改善に伴う電力由来のCO_2排出量の減少による。

2030年の電源構成比で原子力発電20〜22％は、相当に「野心的」な見通しで、廃炉となった原発以外の原発の大半が稼働し、相当数の法定40年をこえる稼働を想定する水準である。稼働には厳格な安全基準の審査と地元の同意が条件であるとると考えるとその見通しは不透明だ。加えて、着実な低炭素化という観点から見ると、原子力は不安定な電源である。高度な技術を利用した電源であるがゆえに、機器のトラブルなどで稼働が停止すると停止が長期化する傾向にある。想定通り原発が稼働しない場合、化石燃料を焚き増すしか方策がないならば、福島第一原発事故後に生じたように、CO_2の排出増を招いてしまう。

温暖化対策としての原子力のもう一つの大きな課題は、その高いコストである。その詳細は高橋洋氏

図表3　1990年以降の発電からの二酸化炭素排出量（自家発電を含む）（単位・百万tCO_2）

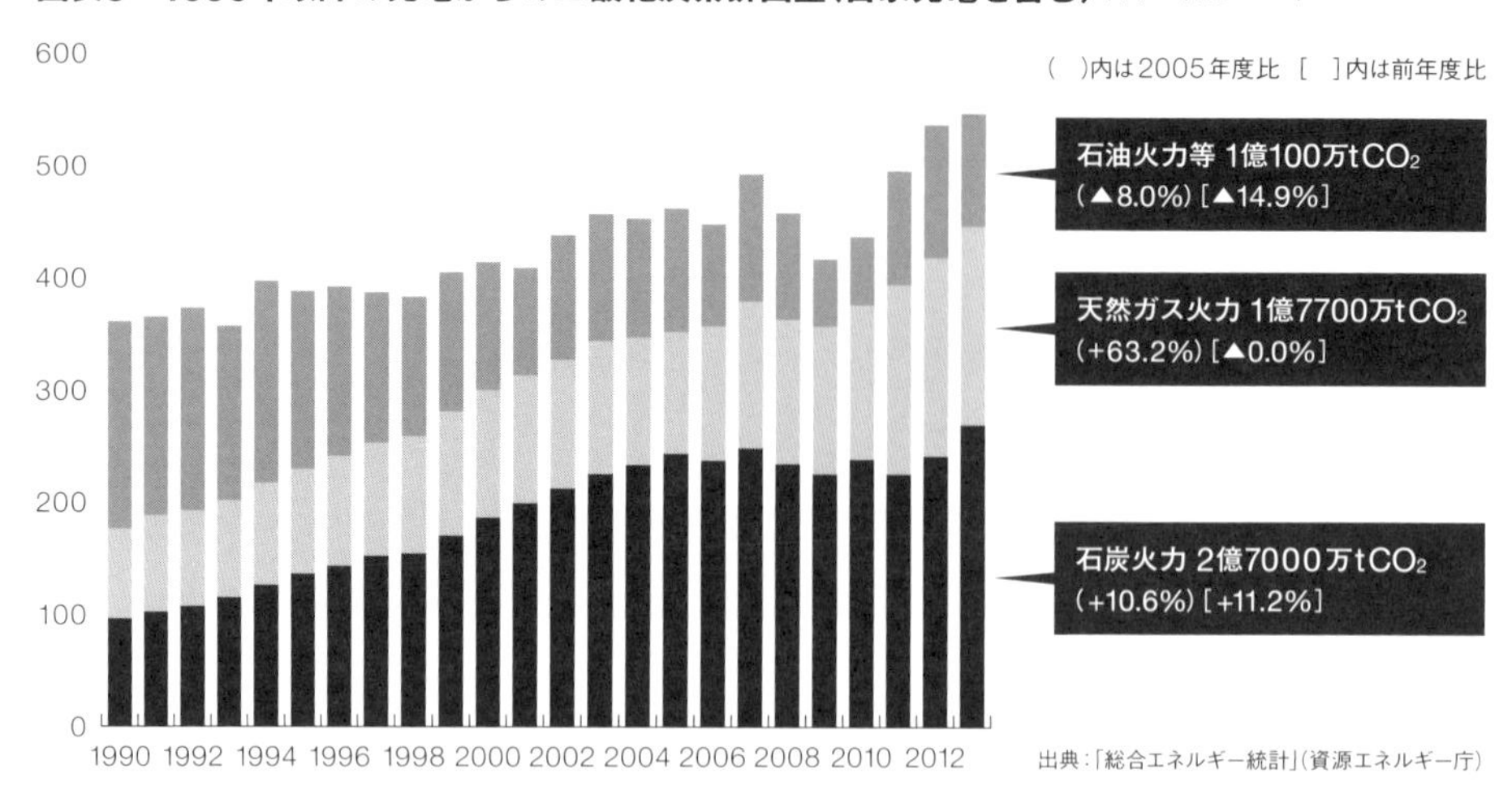

出典：「総合エネルギー統計」（資源エネルギー庁）

の執筆項目（141ページ〜）に譲るが、前述のように安全性やバックエンドのリスクを伴わない再エネのコストの低下によって、温暖化対策の選択肢としての原発はそのコスト優位性を失うこととなろう。

結局のところ、エネルギー効率の改善（省エネ）を進めつつ、再エネの導入を強力に促進し、化石燃料から転換を図るのが温暖化対策の本道であり、世界的な潮流である。現在エネルギー源の9割を輸入化石燃料に依存する日本にとって、これらの対策の推進は、日本のエネルギー安全保障（自給率向上）にも、燃料費負担の抑制にも貢献することにもなる。

高村ゆかり（たかむら・ゆかり）

1964年島根県生まれ。名古屋大学大学院環境学研究科教授。京都大学法学部卒業。一橋大学大学院法学研究科博士課程単位修得退学。龍谷大学法学部教授などを経て現職。専門は国際法、環境法。気候変動に関する法政策、環境リスクと予防原則をはじめとする多数国間環境条約に関わる法的問題に関する研究やエネルギー法政策などを主要な研究テーマとする。近著として、「京都議定書とパリ協定──その国際制度と実施のための国内制度」（『論究ジュリスト』Number 19、2016年）、「パリ協定の早期発効は何を意味するか──再エネを軸に脱炭素社会に向かう世界」（『世界』2016 November, no.888、2016年）、『気候変動政策のダイナミズム』（新澤秀則との共編著、岩波書店、2015年）他。

経済性

原子力発電事業のリスクとコスト
——持続可能性を検証する

高橋 洋
（都留文科大学教授）

はじめに

「原発は必要か？　再稼働すべきか？」との質問を受けることがある。筆者は、「それは電力会社が決めること」と答えるようにしている。究極的には原子力発電は民間企業の事業である。一定の事業環境や政策条件の下で、それが採算に合うのか、長期的に企業価値にプラスになるのかは、その企業しかわからないのであり、経営者が責任を持って判断すべきことだろう。

しかしながら、２０１１年3月の東京電力福島第一原子力発電所事故（以後、福島原発事故）以降、日本における原発を巡る議論では、安定供給のため、国富流出を防ぐためと、一見もっともだが必ずしも正確でない議論が繰り返されてきた。国家のためという公共的な考えを持つことは賞賛されるべきかもしれないが、まずは民間企業として合理的に経営判断することが肝要であろう。もし事業として持続可能でないとすれば、それを政策的に維持するには、また別の判断が必要になる。

本章は、このような認識に基づき、リスクとコストの観点から原発事業の持続可能性について検証する。**第1**に、2011年以降に展開された原発必要論の変遷を振り返る。**第2**に、原発が抱える本質的な脆弱性としてその事業リスクを検証する。それは高まる一方であり、だからこそ**第3**に高コストとなり、様々な支援措置が不可欠になっている現実を指摘する。**第4**に、新たな理屈として登場したベースロード電源という概念の妥当性を考察する。**第5**に、不安定で頼れないとされる再生可能エネルギー（以後、再エネ）の現状に触れ、原発に置き換わる可能性について考える。以上を踏まえれば、原発事業は少なくとも長期的には持続可能でないとの結論に達する。

❶ 原発必要論の変遷

安定供給論から国富流出論へ

福島原発事故の直後に反原発的な世論が高まる中で、まず展開された原発（の再稼働）必要論は、安定供給のためという理屈だった。全国の原発が運転停止した後、旧来の安全基準のままで再稼働ができない中で、電力の需給ひっ迫が深刻化した。停電を回避し、経済社会を維持するには、原発を動かすしか選択肢がない。これは、人命にも関わる極めて強力な論拠である。

その結果、2012年夏に当時の民主党政権は、関西電力の大飯原発2基の再稼働を許可した。しかし結果的に見れば、想定以上に節電が進み、また地域間の電力融通の拡大もあり、原発ゼロでも安定供給に支障はなかった。その後も節電は定着しており図表1 図表2、2013年以降には原発が（ほぼ）停止したままでも、需給ひっ迫は問題とされなくなった。確かに老朽火力発電に頼り続けるには限度があるものの、合理的な節電を促す仕組み（デマンドレスポンス）や広域運用の重要性も再認識された。

その後、原発必要論は**第2**の国富流出の防止に移った。原発ゼロでも電気が足りているのは、余っていた火力発電所を動かしているからに他ならない。その追加的な燃料費が4兆円を超え図表1、貿易赤字という形で日本経済の足を引っ張っている。その結果、電力会社は電気料金を値上げせざるを得ない状況に追い込まれ、企業や消費者を苦しめている。このような主張が、貿易赤字が明らかになった2012年頃からなされるようになった。

原発は限界費用注1が低いため、これを稼働さ

注1 限界費用とは、単位当たりの追加発電に必要な費用を指し、ほぼ燃料費に該当する。例えば原子力とガス火力の既存の発電所を比較すれば、初期投資の費用は所与と考え、1kWhを発電するに必要な燃料費（ウラン）の安い原子力をまず稼働させた方が経済合理的である。このような考え方に基づけば、メリットオーダーと呼ばれる給電順位となる。

図表1　福島原発事故後の原発事業を巡る状況

（単位・億kWh）

(億kWh)	2010年度	2011年度	2012年度	2013年度	2014年度	2015年度	2016年度
総電力需要	9,064	8,598	8,516	8,485	8,230	7,971	7,838
総発電電力量	8,220	7,768	7,423	7,437	7,123	6,797	6,556
火力発電電力量	4,854	6,107	6,668	6,730	6,492	6,038	5,769
原子力発電電力量	2,713	1,007	159	93	0	94	173
燃料費(兆円)	3.66	5.95	7.08	7.73	7.29	4.52	–

出所：資源エネルギー庁・電力調査統計、電気事業連合会・電力統計情報を基に、筆者作成。

図表2　日本の電源構成と二酸化炭素排出量の推移（旧一般電気事業者 10社計）

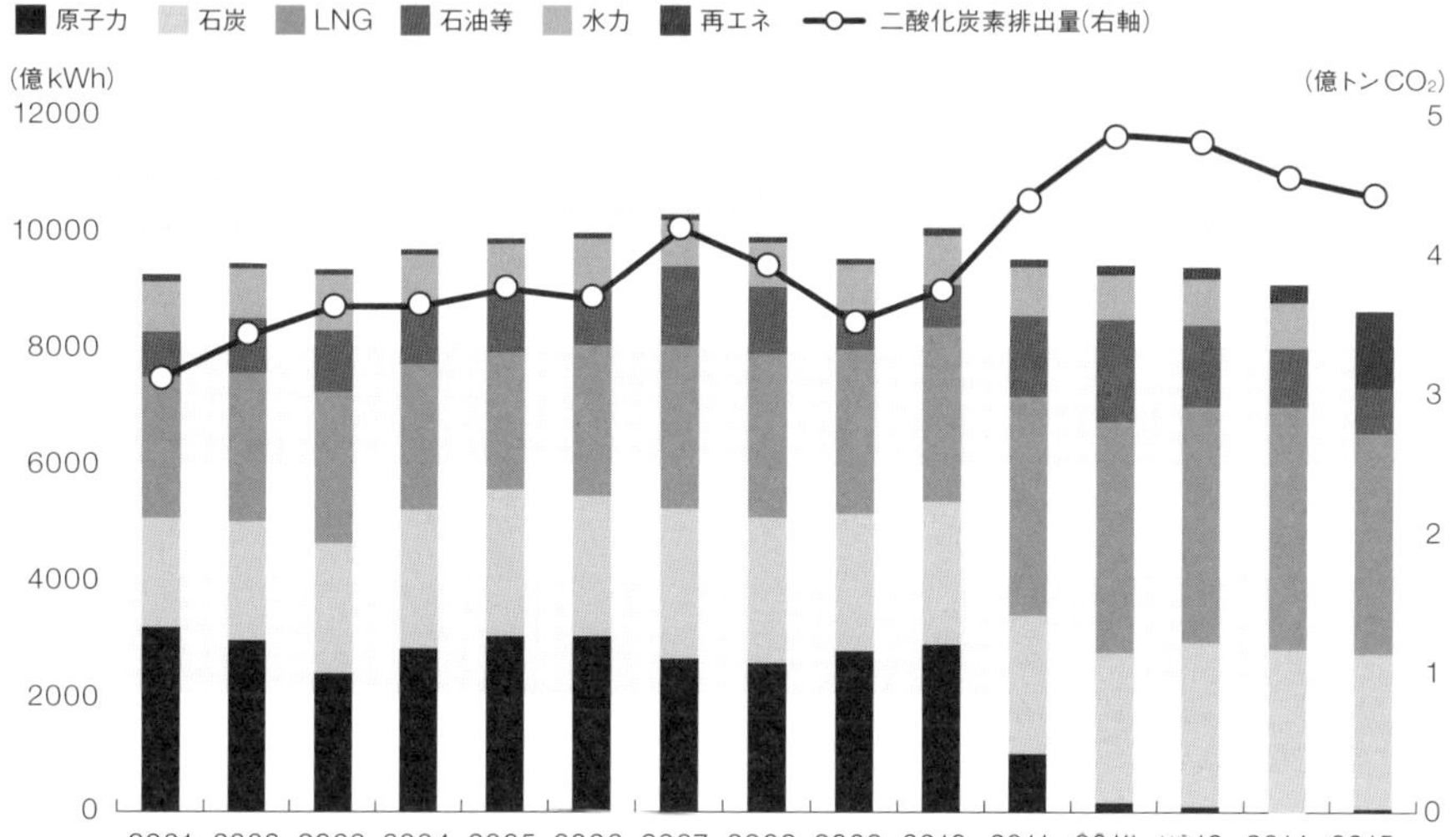

出典：環境省「2015年度温室効果ガス排出量（確報値）について」。2015年度の再エネは水力を含む。
2015年度の数値は、電気事業低炭素協議会会員事業者計。

せることで、確かに火力発電の燃料費を抑制できる。ただしこの数値には、注意が必要である。この間、円安や資源高の影響を受け、そもそも燃料単価が上昇しているからだ。例えば2010年度と2013年度を比べれば、液化天然ガスは66%、原油は53%（貿易調査統計）上昇しており、これだけで燃料費総額を1・6兆円以上押し上げている。そして2015年度には、燃料単価の下落により燃料費は大幅に下がり、電力会社の業績も上向いた。原発の運転停止の影響は小さくないものの、化石燃料の高騰リスクこそ本質的問題とも考えられる。

エネルギー自給と気候変動問題への対応

それでも燃料費は安いに越したことはないし、何よりもエネルギー自給上の危機であることは間違いない。これが、「ホルムズ海峡危機」などと呼ばれた、**第3**の原発必要論である。確かに、電源の90%を化石燃料に依存しているのは図表2、国家の存立にとって深刻な状況である。万が一中東からの化石燃料の輸入が止まれば停電が起こりかねず注2、これを短期的に解決する手段は、原発の再稼働しかないかもしれない。

しかし、長期的な解決策となれば話が変わってくる。エネルギー自給上最も優秀なのは、純国産の再エネである。国際情勢に左右されず、枯渇の心配もない。上記の化石燃料費の変動リスクからも解放される。現段階ではコストが高いとしても、機器の大量生産などにより継続的なコスト低減が進んでいる。2015年に策定された長期エネルギー需給見通しでは、再エネが22～24%とされたが、これはドイツやスペインが既に達成している水準であり、控え目と言わざるを得ない。その代わりに、原子力（20～22%）が必要だというのであろう。

第4の理屈が、気候変動問題である。確かに、発電電力量の90%を火力に依存するようになった結果、2011年度以降二酸化炭素排出量が増えた図表2。今後パリ協定の下でゼロエミッション電源を増やしていくには、原発は欠かせないことになる。こうして原発は、3E（経済効率性、エネルギー安全保障、環境適合性）の観点から理想的な電源との、旧来の結論に行き着く。

しかし二酸化炭素排出の問題についても、少なくとも長期的には再エネにより対応可能である。こち

注2 ただし電源について言えば、中東への依存度が高いのは石油であり、その電源構成は10%程度に止まる。最大の電源である天然ガスの中東依存度は相対的に低く、影響も限定的である。

らに最大限取り組まずに原発ありきというのは、国際的潮流からかけ離れていると言わざるを得ない（後述）。また**図表2**によれば、2012年度以降は少しずつ排出量が減っており、再エネの増加と節電が効いていると考えられる。

ここまでの議論をまとめれば、原発再稼働により短期的には、燃料費削減やエネルギー自給率向上、気候変動対策に一定の効果が期待できるかもしれない。しかしこれらに対しては、合理的な節電などの手段もあり、原発再稼働による便益は、国民全体よりも原発事業者の収益にとっての方が大きそうである。そして長期的には、原発事業の必要性は再エネで十分に補えるし、その方が事業者の利益にとってもプラスと考えられる。その背景には、原発事業の高リスクによる持続可能性の低さがある。

❷ 原発事業の高リスク：事故費用、運転停止

過酷事故で露呈した原発事業の脆弱性

原発事業については、福島原発事故以前からリスクが指摘されていた。まずは安全性への懸念であり、次に放射性廃棄物の最終処分の困難さである。核燃料サイクルも行き詰まっており、数年後には使用済み核燃料プールが満杯になるとも指摘されてきた。それでも政府や原発事業者は、安全性や核燃料サイクルの実現を前提として運転を続けてきた。

しかし福島原発事故によって、事業リスクに起因する本質的問題が噴出した。**第1**に過酷事故は、地域住民の平穏な生活はもとより原発事業者の経営を直撃した。安全神話を前提にした原子力損害賠償制度は、1200億円と全く足りず、東京電力は債務超過の危機に瀕したため、政府は原子力損害賠償支援機構を設置し**注3**、事故事業者を無制限に資金援助することにした**注4**。その後、除染や廃炉などの事故費用も膨らむ中で、政府は2012年に東京電力に資本注入し、実質国有化した。これらは、汚染者負担の原則**注5**に反し、原発事業者にモラルハザードを生む恐れがある。

第2に、安定供給の要と言われてきた原発が、大規模な運転停止により需給ひっ迫という危機をもたらした。その本質的な原因は、原発が集中型電源であることによる。原発は1基当たりの供給力が100万kWなどと莫大で、1カ所に4基、5基と集中立地している。災害や事故により1つの発電

注3 2014年に廃炉関連の業務も追加し、原子力損害賠償・廃炉等支援機構と改称した。廃炉費用が莫大になり、支援が必要なことが、事後的に判明したからであろう。

注4 2017年5月24日までの資金交付は計64回、総額7.1兆円に達している。

注5 汚染者負担の原則とは、公害のような負の外部性に係る費用は原因者が負担すべきとする、環境政策の原則の1つ。これにより外部費用が内部化され、効率的な資源配分が実現される。

所が停止すれば、500万kWといった電源が一瞬にして失われかねない。大規模な電源脱落が生じれば、需給ひっ迫を招くのは当然である。

このようなリスクは、1000年に1度の想定外の自然災害の時にのみ顕在化するのではない。例えば2007年の中越沖地震により、東京電力は7基・821万kWに及ぶ柏崎刈羽原発の長期間停止を余儀なくされ、深刻な供給力不足に直面した。この際には、他地域からの電力融通などにより夏のピーク需要を乗り切ったが、化石燃料費の負担などで東京電力は最終赤字に陥った注6。

要するに、前述の❶(142ページ~)で紹介した様々な問題は、集中型電源で過酷事故を起こしかねないという、原発特有の脆弱性に起因する。火力発電がどんな爆発事故を起こしても、その損害額は売上高6兆円の電力会社が自力で負担できる範囲内であろうし、再エネは分散型であるため大きな電源脱落は生じ得ない。そうすると、原発に起因する問題の解決策が原発の再稼働だという主張は、論理が倒錯していると言わざるを得ない。その本質的問題を取り除かなければ、また同様の危機が発生するだろう。

原発の社会的受容性の低下

そして原発のリスクは事故後も高まり、再稼働は思うように進んでいない。新しい安全規制の下での追加対策の費用は、3・3兆円に及んでいるとされ注7、相対的に割高になる老朽原発の廃炉を促している。また、2016年3月には、一旦再稼働した高浜原発が、反対派市民による運転差し止め訴訟によって、地裁により仮処分の決定が下された。2017年3月に改めて高裁が関西電力の不服申し立てを認め、仮処分は覆され、運転再開したものの、原発は社会的受容性を低下させ、訴訟リスクまで抱えることが顕在化したのである。

このように、原発は事業として本質的に高リスクであり、持続可能とは言い難い。過酷事故の直接的被害だけが問題なのではない。放射性廃棄物の最終処分の問題も含めて最終的な費用がいくらになるか、順調に運転し続けられるか、過酷事故が起きたらどうなるか、当事者にも分からない点に、事業の致命的な欠陥がある。それを裏付けるように、に原子炉メーカーGEのイメルト会長は、原発事業は「商業的には成り立たない」と本音を吐露している注8。

注6 2006年度の最終利益が2981億円だったのに対し、2007年度の最終損益は1501億円の赤字。2007年度の燃料費は前年度比約7000億円増加した。

注7 『朝日新聞』2016年7月30日。

注8 『日本経済新聞』2013年10月10日。

❸原発事業の高コスト：支援策の必要性

原発のコスト論

それでも原発のコストは低いとの主張がある。長らく原子力の発電コストは圧倒的に低いとされてきた。しかし、立地交付金といった特別な支援策や事故対応費は、これまで勘案されてこなかったのであり、これらも入れれば低くはないとの指摘が、特に福島原発事故後になされるようになった注9。

そこで民主党政権は、２０１１年にコスト等検証委員会を設け、資本費や燃料費といった電力会社の会計上のコストだけでなく、「環境対策費用」や「事故リスク対応費用」、「政策経費」といった社会的費用も含める形で、各電源のコストを検証した。その結果、２０３０年時点のモデルプラントの発電コスト注10として、原発は下限値を8・9円／kWhとし、見積もりが困難であった損害賠償等の費用が1兆円増すごとに発電コストも０・１円／kWh増という結論を出した。これに対して、石炭火力は10・３円／kWh、ガス火力は10・９円／kWh、陸上風力は8・8~17・３円／kWh、住宅用太陽光は9・9~20円／kWhとされた。

その後自民党政権は、２０１５年に改めて発電コスト検証ワーキンググループを設け、同様の試算をした結果、原発は10・１円／kWhとなった。これも下限値であるものの、引き続き原発のコストが最も低くなったのである。

しかしこれに対していくつかの疑問を提示できる。**第1**に、資本費は1基当たり４４００億円と前提を置いたが、これは旧来の原子炉の平均的な費用である。近年は安全基準の厳格化に伴い、建設期間が長期化するなどした結果、新設の原子炉は1兆円以上かかる事例が相次いでいる。日本という地震大国において、「世界最高水準」の安全規制に則って２０３０年に新設すれば、４４００億円で済むとは思われない。この費用が例えば2倍になれば、３・１円／kWhの上昇要因となる。

第2に、前回の２０１１年と比べて追加的安全対策を講じた結果、事故発生確率が下がると仮定した。即ち、40年に1回を80年に1回とし、これを受けて事故リスク対応費用を、損害賠償等が1兆円増すごとに０・０４円／kWh増と、０・１円／kWhから半分以下に下げたのである。しかし、前回の40年に1回というのも科学的な根拠があっ

注9　例えば、大島（2011、文末［参考文献］参照）。

注10　この発電コストの概念は、前述の限界費用だけでなく、初期投資から廃炉までの全費用が対象となっている、「均等化発電原価」であることに留意されたい。

たわけではなく、この頻度が半分になるというのも説得的とは言えない。にもかかわらず今後実際の損害賠償額が増加しても、その影響は軽微になってしまった。これは、２０１６年末に現実のものとなる（後述）。

第３に、設備利用率は70％を想定しているが、これは福島原発事故前の標準的な値である。社会的受容性が下がり、再稼働すら進まない日本の現状を考えれば、70％は楽観的と言うべきだろう。前述の訴訟リスクや安全基準の強化が続くとすれば、より低い設備利用率を想定するのが現実的だろう。

現実のコスト増

そしてこのようなシミュレーションとは異なり、現実に福島原発事故後の日本では、様々なレベルで原発のコスト増が顕在化している。コスト試算の確実性が低いこと自体が原発事業のリスクなのであり、それは着実に高コストをもたらしている。

第１に、過酷事故による東京電力の実質破綻が、その象徴であろう。日本最大の電力会社が耐えられないほどの負債を生み、その負担が国民に転嫁されている。例えば、原子力損害賠償支援機構の特別資金援助の原資は、交付国債である。東京電力から長期的に返還されるとのことだが、制度上は無償供与（特別利益）であり、交付国債の利払いは国費で賄われている。また、１兆円の資本注入も交付国債による。政府は今後東京電力の企業価値を高め、４兆円の株式売却益を後述の除染費用に充てるとしているが、現時点で約束されたものではなく、もし実現しなければ、そのコストは国民に転嫁される可能性が高い。

第２に、東京電力が負担すべき事故費用も増加の一途を辿っている。２０１１年の当初見積もりは、損害賠償と廃炉で5・8兆円だったが、２０１３年には除染なども加えて11兆円とされ、さらに各項目が増加して21・5兆円に達することが、２０１６年末に政府より発表された。東京電力が全てを負担するのは困難であるため、その一部を国費や電気料金で賄うことが決定された。

この21・5兆円という金額自体は驚くに当たらないし、50～70兆円に達するとの試算もある（日本経済研究センター、２０１７）。驚かされたのは、その消費者負担の理屈である。賠償費用の内２・４兆円は、（安過ぎた）原発の電気の「過去分」の料金ということで、原発を持たない新電力の顧客も含む全消費者の電気料金に転嫁される。規制料金とはいえど、過去の取引に係る事業者に起因する追加費用を、事後的に消費者から徴収するというのである。

第3に、他の原発事業者も福島原発事故の影響を受け、高コストが顕在化している。運転停止に伴う設備利用率の低下、化石燃料費の高騰、それを受けた電気料金値上げは、わかりやすい例であろう。結局原発は、想定通り運転できれば（少なくとも限界費用は）低いのかもしれないが、運転できないようであれば、維持管理費もかさむばかりで、10・1円／kWhに収まるとは思えない。

新たな支援策としてのCfD

このままでは、原発は事業として持続可能でない。それを最も認識しているのは、原発事業者であろう。だからこそ「新たな国策民営」のあり方が求められ、政府は2014年6月から原子力小委員会の場で原発の支援策の議論を行った。その具体案は、廃炉時に資産償却を特別損失として一括計上せずに、その後10年間にわたって繰り延べること、事業者の無過失・無限となっている現行の損害賠償制度の責任範囲を見直すこと、イギリスの差額決済契約制度（CfD）を導入すること、などである。

この中でもCfDが審議会の場で紹介されたことは、極めて興味深い。これは、事前に基準価格（strike price）注11を公定し、市場で売電した際の収入を保証するものであり、再エネの固定価格買取制度と同様の効果がある。政府は、価格変動の影響を受ける売電収入を平準化するのが目的であり、特段原発への補助ではない（従って、原発は高くない）と説明する。確かに基準価格を市場価格程度に設定すれば、平準化のみが目的となるが、その程度のものなら必要ないはずだ。

実際にイギリスのヒンクリーポイント原発の基準価格は、大規模太陽光よりは低いが、陸上風力よりも高い図表3。その上、原発の保証期間は再エネの2倍以上であるため、その優遇内容は太陽光よりも大きくなる注12。筆者は、このCfDが適用されるイギリスの原発事業者にヒアリングをしたことがあるが、原発は高コスト・高リスクであるため、これ以上の基準価格を保証してくれなければ、事業に取り組めないと言っていた。福島原発事故後もゼロエ

注11 原発の発電コストの試算に基づき、基準価格を決める。事業者は売電価格との差額を得られる（売電価格が基準価格を上回る場合には差額を支払うこともある）ため、費用回収が保証される。

注12 太陽光の15年という保証期間が終了すれば、その後は自由市場での売電のみになるため、収入は平均的に5〜10円／kWh程度になるだろう。

図表3　イギリスの低炭素電源に対する差額決済契約制度（CfD）の基準価格

電源	基準価格（18/19年度）	保証期間
水力	15円/kWh	15年間
陸上風力	13.5円/kWh	15年間
洋上風力	21円/kWh	15年間
大規模太陽光	15円/kWh	15年間
地熱	21円/kWh	15年間
原子力	13.9円/kWh（23/24年度）	35年間

出所：英エネルギー気候変動省“Investing in renewable technologies” December 2013.を基に作成。£1＝150円で換算。

ミッションといった原発の価値を評価する国はある。しかし、原発が安いという指摘は、少なくとも先進国では、フランスを除いて筆者は聞いたことがない。

そのフランスでも、原発の高リスク・高コストが問題となっている。国営の原子炉メーカーであるアレバが、5期連続で最終赤字を計上した結果[注13]、国営電力会社のEDFに救済されることになった。この一因となったのが、フィンランドのオルキルオト原発3号機の建設プロジェクトである[注14]。延期を重ねた結果、建設費用は当初の32億ユーロから85億ユーロに膨れ上がり、責任問題に発展している。仏政府主導の救済策に対しては、原発事業に強みのあるEDFからも反対の声があったが、原子炉機器設計・製造部門をEDFに実質的に売却し、アレバは核燃料サイクル事業に特化することになった[注15]。

日本におけるCfDの導入については、2017年6月現在で決定されたものではない。一方で、政府は今年度中にエネルギー基本計画の改定の議論を始める予定であり、原発の新増設を盛り込むとの報道もある[注16]。その際には、原発に対してCfDを導入することもセットとなる可能性がある。そのような支援策がなければ新増設できないと

注13　アレバのウェブサイトによれば、最終純喪失額は、2011年度に24億ユーロ、14年度に48億ユーロ、15年度に20億ユーロなど。

注14　フランスのフラマンビル3号機の建設でも、同様の事態に陥っている。

注15　三菱重工や日本原子力燃料がアレバに出資する予定。

注16　「日本経済新聞」2017年6月9日。ただし、直後に世耕経済産業大臣はこれを否定した。

して、原発事業者が要求しているのではないか。

❹ベースロード電源という古くて新しい神話

ベースロード電源とは何か

こうして安全神話が否定され、「安価神話」も揺らいだ結果、政府は原発を推進するための新たな理屈を必要とした。それが、「ベースロード電源」である。ベースロード電源という概念自体は以前からあったが、これが２０１４年のエネルギー基本計画では、原発を正当化する重要な役割を果たすようになる。

この中で政府は、ベースロード電源を、「発電（運転）コストが、低廉で、安定的に発電することができ、昼夜を問わず継続的に稼働できる電源」と定義し、原子力を「重要なベースロード電源」と位置付けた。その上で、２０１５年の電源構成の議論において、安定供給のためにはベースロード電源が60％は必要と主張した。日本のベースロード電源の内、水力や地熱は現状の10％から大きく増やすことが難しく、石炭も二酸化炭素の制約から30％が限度であるため、引き算で原子力が20％は必要になる。ここから、２０３０年の目標値として原

図表4　需要曲線とベースロード電源（縦軸は電力・kW）

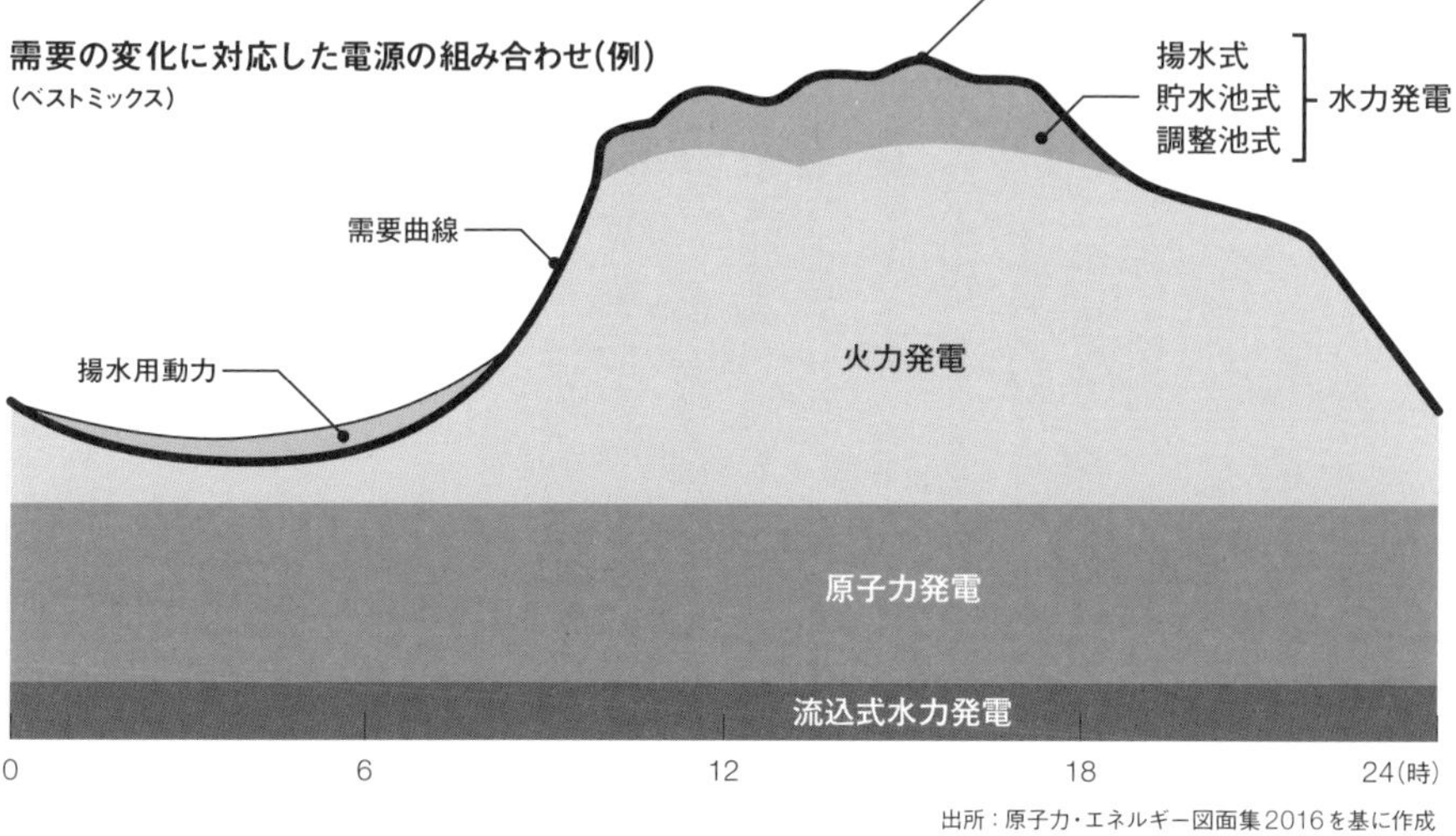

出所：原子力・エネルギー図面集2016を基に作成

発20～22％という数値が導き出された。

本来ベースロードとは需要のことで、需要曲線の下層（前頁**図表4**流込式水力＋原子力＋火力の一部に該当）に位置する、24時間続く最低限の部分を指す。確かにこれまでは、限界費用が低い原子力や石炭火力をベースロード電源として優先的に稼働させ、次にガス火力がミドルロード、石油火力や揚水がピークロードに対応してきた。

ベースロード電源は時代遅れ

しかし、原子力がベースロード電源で、これを一定割合以上維持しなければ安定供給が保てないというのは、国際的には時代遅れの考え方である。（水力を除けば）再エネがわずかであった時代には、**図表4**のような給電順位が一般的だったが、再エネが30％を超える時代には、ベースロード電源という概念そのものが崩壊しつつある。

なぜならば、まず風力、太陽光、そして旧来の水力といった再エネこそ燃料費ゼロで、原子力以上に限界費用の低い、従って優先的に給電すべき電源だからである。次にその結果、原子力や石炭火力の給電順位が劣後し、出力調整運転が生じている。元々ベースロードに対応するかどうかは、燃料費で決まる。水力が多いノルウェーでは水力がこの役割を全面的に果たしてきたし、石炭価格が低ければ石炭火力が担ってくれる。それだけのことであり、原発だけに安定供給（給電順位）上の特別な価値があるといった主張は、正しくない。

これに対して第5回長期エネルギー需給見通し小委員会（2015年3月30日）では、ベースロード電源の重要性に関して時間が費やされた。諸外国は、政府が定義するベースロード電源の比率が60～90％なのに対し、日本も福島原発事故前は60％以上あったが、事故後は40％に下がっており、「国際的にも遜色ない水準で確保することが重要」としている。そこから、前述の原子力22％が出てきたわけである。

しかし、諸外国の状況はあくまで現在の話であり、2030年の目標値ではない。例えばドイツでは、2030年に再エネ50％を目標にしており、2015年時点で31％に達している。その内ベースロード電源の水力や地熱は合わせて3％強に過ぎず、2030年時点でも5％を大きく超えることはない。その時点で原子力は0％になっているため、石炭火力などのベースロード電源は30％

程度にしかならない。またイタリアやスペインは、現時点でベースロード電源が50%を下回っており、今後さらに風力や太陽光を増やすため、ベースロード電源の割合はドイツ並みに下がるだろう。

このように、原発は安定供給の必要条件ではない。そして今後再エネの割合が増えるにつれ、「安定神話」はさらに揺らぐだろう。限界費用に劣り、出力調整運転が苦手で、集中型電源として大規模電源脱落という脆弱性を抱えているからである。

❺ 再生可能エネルギーの可能性

再エネの大量導入とコスト低減

それでは、今後何がベースロードに対応する電源になるのかといえば、再エネである。実際に欧州ではそうなりつつある。その理由は、再エネの燃料費がゼロだからである。しかし、原発必要論の背景の1つが、再エネには頼れないということだろう。それは、**第1**に再エネは高コストと指摘されてきたからだが、現実にはどうなのだろうか。

1990年代以降欧米先進国は、エネルギー自給や気候変動対策の観点から、政策的な支援により再エネを積極的に導入してきた 図表5 図表6 。その結果、ドイツの電気料金が2倍になる弊害も出ているが 注17 実際に太陽光パネルの価格は、2000年代初頭と比べて5分の1程度に下落している。そして、ドイツの家庭用電気料金の25%を占めるようになった再エネ賦課金は、制度開始から20年が経つ2020年以降に徐々に減っていくと予想されている。これとは対照的に、原発のコストが今後下がるとは考え難い。

注17 この主因には、2000年代の化石燃料の高騰、付加価値税などの増税もある。

再エネのコストが急速に下がっていることは、導入先が発展途上国へ拡大していることからもわかる。今や世界最大の再エネ導入国は中国であり 図表5 図表6 、インドやブラジルなども続いている。砂漠という特殊な環境であるものの、モロッコやUAEでは3~4円/kWhという驚異的な価格で風力や太陽光が、電力入札を勝ち取っている。再エネは市場ベースで導入が進む段階に入りつつある。

再エネの「不安定性」とその対策

第2の再エネの短所は、「不安定性」にあると思われる。天候に左右され24時間運転できないことが、原子力と異なり安定供給を阻害すると言われる。そ

図表5　主要国の風力発電の累積設備容量（単位・GW）

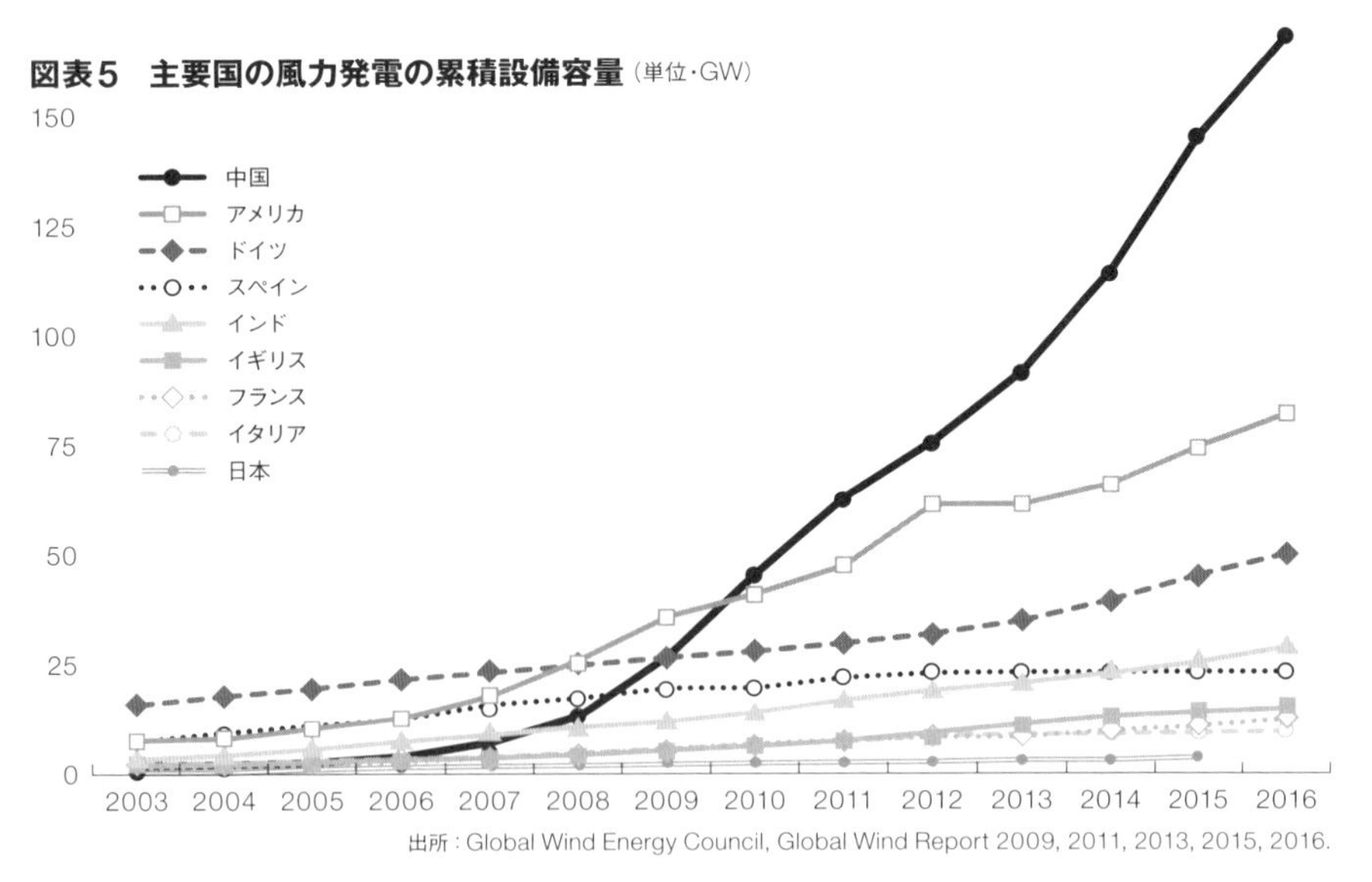

出所：Global Wind Energy Council, Global Wind Report 2009, 2011, 2013, 2015, 2016.

図表6　主要国の太陽光発電の累積設備容量（単位・GW）

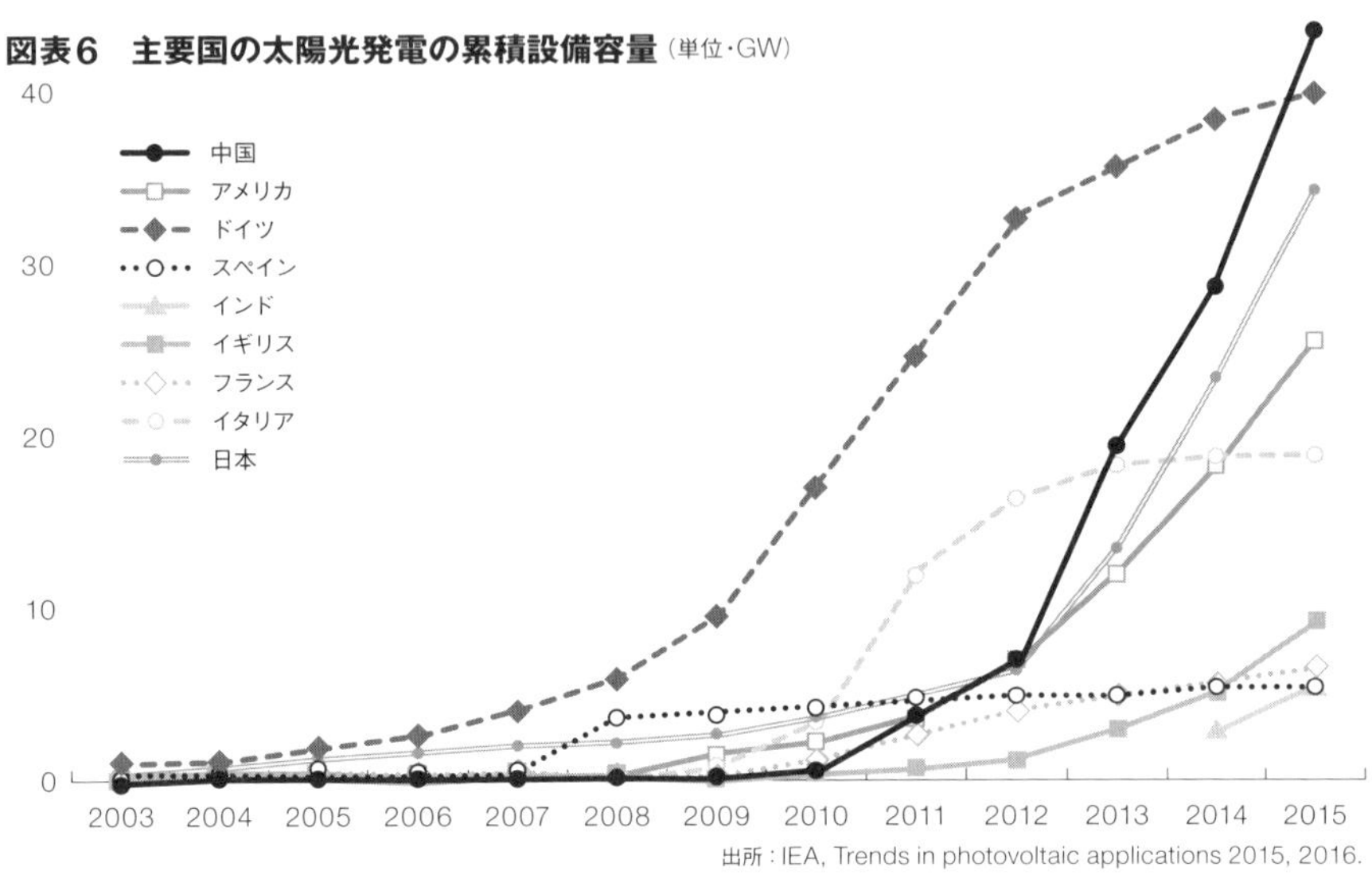

出所：IEA, Trends in photovoltaic applications 2015, 2016.

の意図が、前述の「昼夜を問わず継続的に稼働」というベースロード電源の定義にも現れている。では、本当に再エネは不安定なのだろうか。

欧州では、再エネが不安定だとは言わない。出力が変動する電源であり、それに対応した柔軟な系統運用に改革するというのが、基本的な対策である。例えば、旧来のベースロード電源である石炭火力や原子力も出力調整運転する、需要家のサイトに立地しているバイオマス・コジェネ（熱電併給）も調整運転する、国内で供給過剰な場合には隣国へ送電する（広域運用）、それでも過剰な場合には再エネも出力抑制する、また需要側のデマンドレスポンスも活用する、といった具合である。今後さらに風力が増えれば夜間に大量の余剰電力が生まれるため、これをガス化して貯蔵するPower to Gasの実証実験も行われている。要するに、ベースロード、ピークロードといったこれまでの固定的な役割を改め、多様な手段の中から経済合理的なものを順に採用していくということだ。

残念ながら、日本ではこのような取り組みは殆どなされておらず、技術開発も進んでいない。経済合理的な対応策を検討する前に、再エネの「接続可能量」という独自の上限を設けて系統接続を制限し、出力抑制を無補償で行ってもよいルールになっている。あるいは、蓄電池[注18]を各風力発電所が用意すべきとの一方的な要求までなされる。その背景には、電力自由化の遅れにより、欧州では当たり前の独立した送電会社が存在しないという[注19]、電力自由化の遅れという要因もある。要するに日本は、世界の最先端の潮流に逆行し、懸命に原発を維持し、そのために再エネを抑えようとしているかのように見える。

おわりに

本章の結論として、原発事業は高リスク・高コストであり、長期的に持続可能でない。短期的には、即ち既設の再稼働という意味では、エネルギー自給や気候変動上の問題の緩和策になるかもしれない。しかしそれは、再エネの割合が30～40％に達するまでの10～20年間の話であり、限られた数の（安全性の高い、真のコストの低い）原子炉を再稼働させるという話に止まる。莫大な損失を生む可能性が高い新増設の必要性は全くない。

原発事業が少なくとも長期的には持続可能でない

注18　蓄電池を使えば、再エネの発電過剰時に蓄電し、過少時に放電することで、需給調整が可能である。しかし各再エネ発電所に蓄電池を設置する方法は、現時点では高コストであり、欧州ではほとんど採用されていない。

注19　東京電力のみ2016年4月に法的分離を行い、送電子会社が誕生した。

図表7　主要先進国の原子力発電の設備容量の推移（%：2000年＝100%）

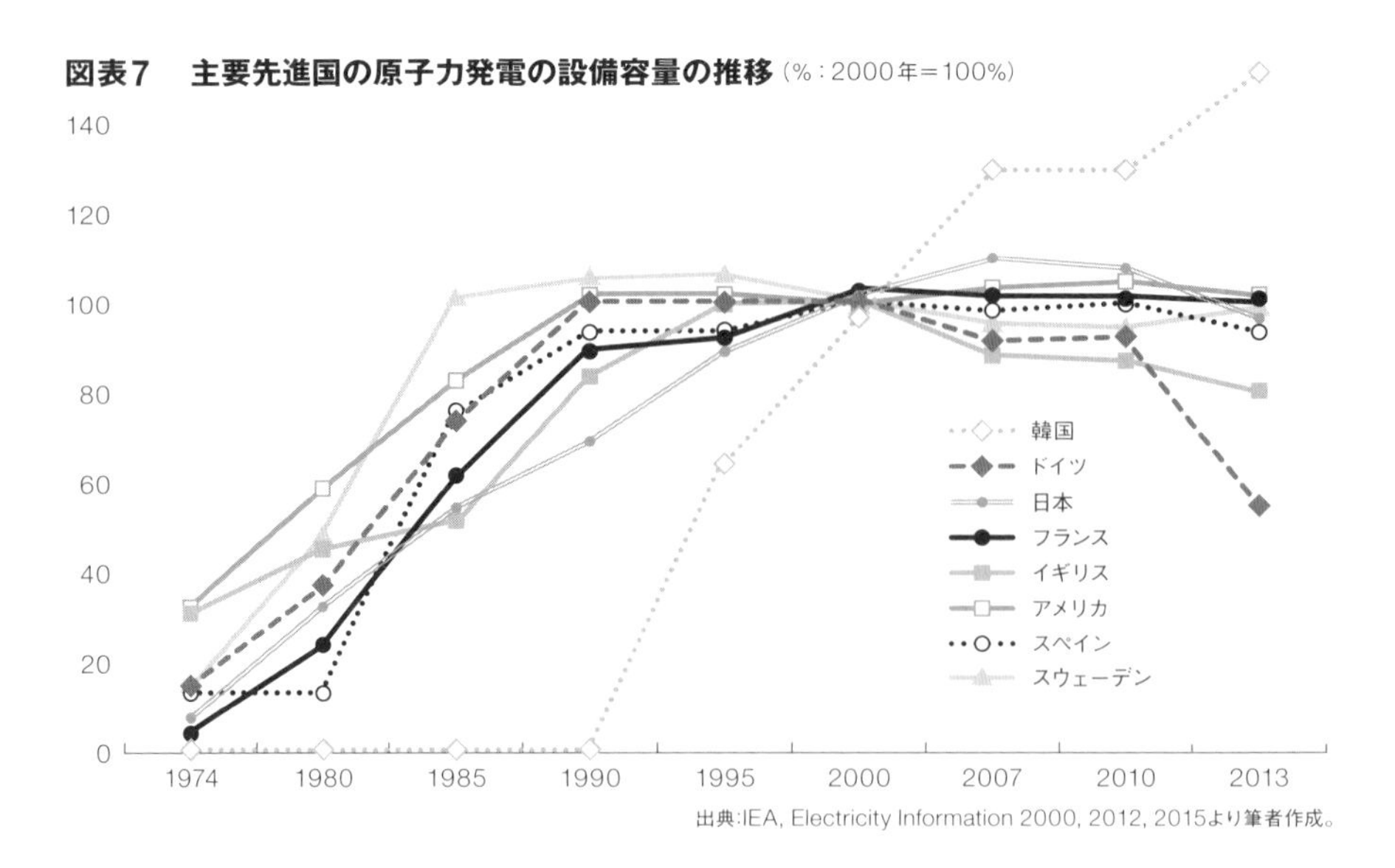

出典:IEA, Electricity Information 2000, 2012, 2015より筆者作成。

という認識は、欧米先進国では一般的なものとなりつつある。その大きな契機となったのは、1990年代から始まった電力自由化である。それまで各国とも法定独占の下での「国策」だったからこそ、原発のリスクを甘受することができた。しかし市場競争下で原発が生き延びることは難しい注20。ドイツのような政治的脱原発は未だ少数派だが、その高リスク・高コストが嫌われて、新増設はほぼ止まったのである図表7。同時期に気候変動問題という追い風が吹いたにも関わらず、原子力ルネサンスは幻におわった。

　このような筆者の主張はかねてより変わっていないが、この1年間で確信が強まっている。その第1の理由が前述の21・5兆円問題であり、第2は東芝の巨額損失問題である。突如として7000億円の負債が発生するような事業は、誰の目から見ても持続可能ではないだろう。東芝やウェスチングハウスの経営能力の問題を差し引いても、それは原発事業特有のリスクに起因する高コストなのである。

　それでも原発を維持するとすれば、その論拠は最早外交や軍事といったものしか残っていないと思われる。それは電気事業の、そしてエネルギー政策の

注20　拙稿（2014）を参照のこと（文末［参考文献］参照）。

範疇を超え、採算を度外視した政府による公共財の供給に近いものになるだろう。これまで政府は、少なくとも公式にはそのような観点から原発事業のあり方を検討したことはないが、一部にある原発国有化論はこのような考え方に近い。政府が全てのリスクを負い、コストを払って、国家のために原発事業を維持するのである。

筆者はそれを妨げるものではないが、そのような場合にも不可欠なのは、国民の同意であり、原発に対する社会的受容性だろう。これらを獲得するには、第1に原発の安全性を高め続けることであり、第2にその状況について国民と真摯に対話することであろう。〈エネルギー基本計画2014〉でも、「安全性の確保を全てに優先」といった接頭語は記されているが、このような取り組みが進んでいるようには見えない注21。国民や消費者から失った信頼を取り戻さなければ、原発の再稼働は進まないし、国有化も実現しないだろう。2016年の小売り全面自由化後は尚更である。この最も重要な点での努力が十分に見られない以上、原発事業の未来は明るいとは言えない。

［参考文献］　エネルギー・環境会議コスト等検証委員会「コスト等検証委員会報告書」、2011年12月9日／大島堅一『原発のコスト―エネルギー転換への視点』、岩波書店、2011年／高橋洋「電力自由化は原子力政策を阻害するか？：国策と競争の狭間で」、『公共政策研究』日本公共政策学会編、2014年／日本経済研究センター「福島第一原発事故の国民負担　事故処理費用は50兆～70兆円になる恐れ」2017年3月7日。／発電コスト検証ワーキンググループ「長期エネルギー需給見通し小委員会に対する発電コスト等の検証に関する報告(案)」2015年4月。

＊本稿の執筆に際して、大島堅一龍谷大学教授より貴重なご意見を賜った。心より御礼申し上げたい。

高橋　洋（たかはし・ひろし）

1993年東京大学法学部政治コース卒。1999年タフツ大学フレッチャー大学院修了（法律外交修士）。2000年内閣官房IT担当室主幹。2007年 東京大学大学院工学系研究科博士課程修了（学術博士）。同年東京大学先端科学技術研究センター特任助教。2009年富士通総研経済研究所主任研究員。2015年より都留文科大学社会学科教授。経済産業省総合資源エネルギー調査会基本問題委員会委員、同電力システム改革専門委員会委員、大阪府市特別参与（エネルギー戦略会議委員）、内閣府本府参与、農林水産省 今後の農山漁村における再生可能エネルギー導入のあり方に関する検討会委員などを歴任。専門は公共政策論、エネルギー政策論。著書に『地域分散型エネルギーシステム』（共編著、日本評論社）、『電力自由化――発送電分離から始まる日本の再生』（日本経済新聞出版社）、『イノベーションと政治学 情報通信革命〈日本の遅れ〉の政治過程』（勁草書房）他。近著に『エネルギー政策論』（岩波書店）。

注21　例えば、柏崎刈羽原発の審査において、東京電力が免震重要棟の性能不足を隠していたことが、2017年2月に判明した。

Column 4

原発に関する安全安心

神里達博（千葉大学教授）

近年、「安全安心」という言葉をよく耳にするようになった。原子力発電に関する議論でも、それは例外ではないだろう。一般に「安全」は、科学的で客観的な概念であり、「安心」は個人的で主観的な概念であると理解されている。その上で、「安全」と「安心」を対比させつつ、「安全安心」と四字熟語のように語ることも多い。しかしそこには、いくつかの誤解があるのではないか。

安全の基準とは

まず「安全」は純粋に科学的な概念といえるのか、検討してみたい。できるだけ先入観を持たないで済むように、ここでは原子力以外の具体例で考えることにしよう。

例えば「自動車」。このテクノロジーは非常に便利であり、あらゆる点で私たちの生活の基盤を支えている。だが同時に、無視できないリスクを伴う。排気ガスなどの環境負荷もあるが、何よりも自動車事故の危険性が大きい。最近はかなり減ったとはいえ、いまだに年間数千人の犠牲者が出ている。改めて考えてみれば、自動車はいまだに、かなり危険な機械であるといえる。

一方、「エレベーター」というテクノロジーも、自動車同様、非常に普及している「ヒトやモノを運ぶ機械」だ。しかし少なくとも自動車に比べれば、人命を損なうリスクはかなり低い。まれに事故が起こることもあるが、自動車と比べると何桁も安全だ。もし不幸にして犠牲者が出れば、大きなニュースになるほどだ。

以上のことから、自動車とエレベーターを比べると、私たちの社会が期待している安全性は、相当に差があるということがわかる。そんなのは当たり前だ、と思われるかもしれないが、安全性がまるで違う技術が、まさに「当然のこと」としてこの社会に幅広く受け入れられているということは、安全性の基準が単に、科学や技術で決まるものではないことの証左であろう。「どこまで安全ならば、安全と見なすか」は、科学や技術以外に、社会的・経済的・歴史的な要因などが、複雑に関わって決まるものなのである。

安心できないのは何故か

では「安心」はどうだろうか。専門家

は時折「十分に安全であることを説明しているのに、一般の人はそれを理解せず、過度に安心を求めることが多い。これは不合理だ」と不満を語ることがある。時にはそれを「ゼロリスク症候群」などと呼び、一般市民を批判するケースもあるようだ。だがこれも、論点がかみ合っていないことで生じる誤解ではないだろうか。

実は多くの場合、一般人が専門家などに対して「安心できない」と主張する時、その背後には、「あなた方のことが信頼できない」という本音が隠れていることが多いのだ。これは学術的な調査によっても一部、裏付けられている。

従って、「原子力について安心できない」というのも、結局のところ、この技術を担う専門家や行政などが信頼できない、ということの表明なのだ。過去に安全だと繰り返し説明がされながら、大事故が起きたという事実、また、その事故が結局のところ誰の責任で起きたのかも、いまだにはっきりしていない実態、さらに収束の目途が立ったとはいえないという現状を考えれば、そのような技術は信頼したくてもできない、というのが人々の本音であろう。

しかし一般の人たちが、そのことを「プロ」に対して真っ正面から語るのは難しい。そんな時、「安心できない」という言葉が使われるのである。このことは、決して不合理とはいえない。当然ながら、信頼とは、過去の言葉と実績との関係によって決まるものだからだ。

信頼の回復のために

このように考えていくと、私たちの社会における「安全安心」という言葉の使われ方がやや表層的であり、問題の本質に届いていない可能性があることに気づかされるだろう。

それでは、原子力という技術が信頼を回復するために、専門家はどうすべきなのか。これはなかなかの難問であるが、少なくとも「心配し過ぎる一般の人々に、事実を伝えることで啓蒙すべし」といった姿勢では、道のりは険しいだろう。そのような非対称な関係ではなく、共に学び、共に問題に向き合う時間を積み重ねていくこと。それこそが、今、何よりも求められている。

神里達博（かみさと・たつひろ）
1967年生まれ。千葉大学教授、大阪大学客員教授、朝日新聞客員論説委員。専攻は科学史・科学技術社会論。博士（工学）。東京大学大学院博士課程単位取得満期退学。三菱化学生命科学研究所、科学技術振興機構、東京大学、大阪大学などを経て現職。2014年より、朝日新聞オピニオン面にて「月刊安心新聞」を連載。著書に『食品リスク――BSEとモダニティ』（弘文堂）、『文明探偵の冒険――今は時代の節目なのか』（講談社現代新書）など。

安全性

どこまで安全であれば十分安全か？

佐藤 暁
（原子力コンサルタント）

❶ 絶対に安全な原子炉が絶対に作れない理由

断定に窮した人が、「世の中に『絶対』はないのだから」と言い逃れをする場面がしばしばあるが、実際はそうとも限らない。私達が日常生活において100℃の氷で火傷をすることも、数人で街を歩いていて突如自分だけが酸素のない空気を吸って気を失うことも、絶対にないと言って構わないだろう。では、完全にリスクを排除した絶対に安全な発電用原子炉設備が将来発明される可能性はどうだろうか。これも絶対にないと言って構わないと私は思っている。

原子核が、核力と呼ばれる強力な引力によって陽子と中性子が集合させられたものであることは、周知の通りである。その場合、陽子の個数（A）と中性子の個数（N）の関係には、原子核が安定であるための一定の条件がある。Aが比較的小さい数のときには、NはAとほぼ同じ数のときにそのような条件を満たすが、Aがさらに大きな数の原子核の場合、NはAをかなり上回ることで安定化する。

そのため、大きな原子核の代表であるウラン（U

−235）の場合（A＝92、N＝143）、核分裂によって新たに2個の原子核ができた際、それぞれの原子核のAとNの関係を見てみると、それらが安定であるためには、Aに対してNが大きすぎ、安定な状態に変化しようとする。そのような安定化のための具体的な変化は、ある中性子が陽子に変化することで起こる。つまり、それによってAがA+1、NがN-1となることでより安定な状態に近付く。もし、依然と中性子が多すぎて不安定であるときには、さらに何段階かこの変化が繰り返され、（A+2, N-2）、（A+3, N-3）、（A+4, N-4）となっていくことで、最終的に安定状態に落ち着く。

これがβ崩壊で、このとき放射線（β線、γ線）が放射され、放射線が物質と相互作用することで熱が発生する。原子炉事故の元凶である放射線と熱が、このような原子核物理のメカニズムに由来するものであることを考えれば、〈原子力＝核分裂エネルギー、熱＋放射線〉は本質的に不可分なセットであることが分かる。固体から液体、気体へと様態を変化させても、化学薬品を添加しても、どんな未来のテクノロジーを駆使しても、抗うことのできない深淵の物理的性質である。

よって、完全な排除が不可能な原子炉事故のリスクには、防護で対処するしかない。他方、そのような原子炉事故のリスクには、さまざまな起因事象と助長要因がある。したがって、原子炉事故が実際に起こるか否かは、それら両陣営の攻防のバランスで決することになる。原子炉事故を防ぐためには防護が圧倒的でなければならず、そのための深層防護が強化されてきた。しかし、実はこれに欠陥があったり、そのような防護をも打ち負かしてしまう強力な事象が発生したり、新種の脅威が出現したりと、油断ができない。

❷ 過去の原子炉事故

福島第一を除く過去に発生した原子炉事故と言えば、スリー・マイル・アイランド（TMI）2号機、チェルノブイリ4号機を誰もが挙げるわけだが、実は、これら以外にも多くが発生している 表1。米国やソ連だけでなくドイツもフランスも、日本や米国にもあるタイプの加圧水型炉（PWR）や沸騰水型炉（BWR）だけでなく、カナダの重水炉も英国のガス炉も。ロサンゼルスから50㎞離れたところにあ

表1　炉心損傷事故一覧（※）

発生年	国	施設名	炉型	事故内容
1952	カナダ	チョーク・リバー NRX	重水減速冷却	炉心溶融
1954	米国	BORAX-I	BWR	出力暴走実験
1955	米国	EBR-1	高速増殖炉	部分的炉心溶融
1957	英国	ウィンズケール	黒鉛減速空気冷却	原子炉火災
1958	カナダ	チョーク・リバー NRU	重水減速冷却	燃料火災
1959	米国	サンタ・スザンナ SRE	ナトリウム冷却	炉心の1/3 溶融
1961	米国	SL-1	BWR	水蒸気爆発
1964	米国	サンタ・スザンナ SNAP8ER	ナトリウム冷却	燃料80% 損傷
1966	米国	フェルミ 1号機	ナトリウム冷却	燃料破損、融着
1967	ソ連	レーニン号(砕氷船)	PWR	部分的炉心溶融
1967	英国	チャペルクロス	黒鉛減速ガス冷却	部分的炉心溶融
1969	米国	サンタ・スザンナ SNAP8DR	ナトリウム冷却	燃料 1/3 損傷
1969	フランス	セント・ローレント A-1	黒鉛減速ガス冷却	部分的炉心溶融
1969	スイス	ルーセンス	重水減速ガス冷却	部分的炉心溶融
1975	ドイツ	グライフスヴァルト 1号機	PWR	部分的炉心溶融
1977	チェコスロバキア	ボフニチェ A-1	重水減速ガス冷却	燃料破損
1979	米国	TMI 2号機	PWR	大規模炉心溶融
1980	フランス	セント・ローレント A-2	黒鉛減速ガス冷却	部分的炉心溶融
1986	ソ連	チェルノブイリ 4号機	黒鉛減速軽水冷却	大規模炉心溶融
1989	ドイツ	グライフスヴァルト 1号機	PWR	部分的炉心溶融
2011	日本	福島第一 1、2、3号機	BWR	大規模炉心溶融

（※）ソ連では、多数の原子力潜水艦の原子炉事故が発生しているが、本一覧には含めない。

るサンタ・スザンナ野外実験場では、10基中4基のナトリウム冷却炉が事故を繰り返し、天才物理学者の名を冠した高速増殖炉フェルミ1号機が炉心損傷を起こした事故については、『もう少しでデトロイトを失うところだった（We Almost Lost Detroit）』との表題の書籍が出版されたものである。

❸ 原子炉事故の特殊性

重大な原子炉事故によっては、しばしば、とても衝撃的なこと、後味の悪いことが起こる。

実は、原子炉事故ではないが、東海村ＪＣＯ臨界事故（１９９９年9月30日）の報道にもそのような内容があった。たとえば、「チェレンコフ効果」とは、強い放射線（γ線、β線）が水中を通過する際、水分子に分極の生成と消滅を起こさせ、青白い発光を生じさせる現象なのであるが、何と、被災者の眼球の水晶体でこれが発生し、その光を見たというのである。また、臨界した容器からは全方位に中性子が放射されたが、これを受けた住民の被曝線量を評価するのに、所持品の硬貨や血中ナトリウムの放射化が測定された。放射線にとって私達の体は、摂氏37度の単なる物体なのだと当時恐ろしく感じたのを、今も憶えている。

米国アイダホ州で発生したＳＬ-１事故（発生１９６１年１月３日）では、作業手順の違反により、設計出力３０００ｋＷの原子炉が、瞬時に２０００万ｋＷに暴走（即発臨界）したことで水蒸気爆発が起こり、作業中の３人が死亡した。救出隊が捜索するも、３人目の姿が見当たらない。漸く発見されたのは、天井に勢いよく叩きつけられたところを、爆発で放擲された遮蔽プラグによって、昆虫標本のようにそのまま天井に突き刺された遺体だった。現場の環境は5Sv／hを超え、２０１５年4月に測定された福島第一原発1号機の格納容器の環境（4・1～9・7Sv／h）にも匹敵したが、そこに10人が突入し、65秒の回収作業で搬出した。３人の遺体は、鉛が内張りされた棺に納められ、コンクリートを流し込んで遮蔽してから埋葬された。ただし、特に放射線量率の高い一部が切り取られ、「放射性廃棄物」としてアイダホの砂漠に埋設されたという。葬儀もなく、何という最期だろうか。

チェルノブイリ原発事故（発生１９８６年４月26日）では、29人が急性被曝で死去したが、そのうちの何人かは、自分が確実に死ぬことを知りつつ身を奉じている。2回の水蒸気爆発で大破していた原子炉に、何が何でも冷却水を送らねばと、2人の運転員が現場に急行した。致死量を大幅に超える被曝による吐き気をこらえ、汚染水に膝まで没しながら弁の操作を続けた。炉心溶融物の下階への崩落が避けられない事態になったとき、原子炉真下のバブラー・プール（BWRにおけるサプレッション・プールに相当）が水蒸気爆発するのではないかと恐れられた。そのとき、3人の潜水士が志願して暗黒の高汚染水プールに潜り、手探りでゲート弁を開いて水を抜いた。しかし、冷却水を送った2人の運転員による決死の行動は、下階に大量の汚染水を貯め、後でこれを抜き取る作業を行った消防士の命を奪うことになり、英雄的な潜水士3人によるバブラー・プールの水抜きも、逆に炉心溶融物の固化を遅らせることになったかもしれない。（本エピソードには異説もあり）。自らの命を捧げた行動が無駄になり、よりによって仲間の命を奪うことにさえなる。

東京電力福島第一原発事故においては、無謀な行動を慎んだという理由もあるが、幸い急性被曝による死者は一人も発生していない。しかし住民側においては、2016年9月30日時点で「原発関連死」が2086人に上り（復興庁の集計では「震災関連死」とされているが、福島県に限り、その実態は「原発関連死」とでも呼ばれるべきだ）、同県の人口低下（特に若い女性と子供人口）も著しい。また、事故直後、放射性物質のフォールアウトは首都圏にも及び、特に東京23区においては東側一帯の江戸川区、葛飾区、墨田区、江東区、足立区、大田区のレベルが高かった。元々100ベクレル（Bq/kg）だった放射性物質の濃度に対するクリアランス・レベル（放射性廃棄物と定義する閾値）を国が8000Bq/kgに引き上げたことで、ほとんどの国民が気付いていないことではあるが、これが尾を引いていて、これらの区内から回収される廃棄物の焼却炉からは、かつてのクリアランス・レベルを超える濃度の飛灰（排煙に含まれ、バグ・フィルターで捕集される微粒子の灰）が今も検出され続けている。この現象に対して科学的分析を試みた文献を目にしたことはないが、6年以上前のフォールアウトの再浮遊が、極々低レベルで今も続いていると仮定すれば説明がつく。この仮定に「環境半減期」を導入した私の大雑把な試算によれば、江戸川清掃工場の焼却炉の飛灰が元のクリアランス・レベルまで低下するのは2023年末である。福島事故の爪跡は、国民の多くが思っているよりもかなり深く広い。

❹ 安全性の向上＝欠陥の弥縫

前述の福島県の原発関連死には、さまざまな理由による多数の自殺者も含まれているのであるが、2086人という数だけからでは、故郷を奪われ、職を奪われ、自分の属していたコミュニティや地域文化が滅び、友人と家族の間に離別を強いられ、新地で差別を受ける心理的、精神的痛手の全容を知ることはできない。原子力防災計画や損害賠償制度が完璧に機能したとしても、このような問題に対する解決策はない。

経済的損失が20兆円を超えるということだけでも十分すぎる理由だが、前述のような残酷性、人権や幸福追求への重大な妨害は、現代社会においては容認できない。だから、原子炉事故は絶対に起こってはならない事故なのであるが、そのような「絶対に起こらない」を求めても、返されるのは「空手形」に過ぎない。

そこで一歩後退を余儀なくされ、人と原子力との共存は、安全対策との妥協を拠り所とせざるを得ないのであるが、これが、最終形の見えない永遠に未完成な抽象であるために、原子力にはいつまでも不安定感が付きまとう。原子力安全の未完成っぷりは、その改善（と言うより、弥縫（びぼう））の歴史の裏返しであり、具体的には、たとえば以下にも表れていると言えるだろう。

4-1 永遠に未完成の規制インフラ整備

米国の場合、原子力規制機関（1975年以前は原子力委員会〔AEC〕、同年以降は原子力規制委員会〔NRC〕）は、さまざまな規制要件や規格・基準、指針などを含む規制体系の整備によって安全確保と向上に努めてきたが、最上位の規制要件（10CFR）だけでも相当詳細な条項が少なくないのに、その下に次々と規制指針（RG）を制定し、今日その数は、動力炉に関して220件を超え、環境・立地に関しても25件に達している。標準審査指針（SRP）についても同様で、第1章から第19章までの中で規定されている要件が、数百項目に及んでいる。

それらは絶えず改訂され、福島第一原発事故の後だけで、動力炉のRGが61件、環境・立地のRGが6件、SRPについては約100項目に変更や追加内容が反映されている。これらは、必ずしも数に比例というわけではないが、過去を基準とすればその後の安全性の向上に寄与すると見ることができる反面、現在を基準とすれば、過去に見落とされていた不完全さを意味する。具体的には、電源系統や緊急炉心冷却系の信頼性、火災防護の不備、金属材料劣化などに関連した設計と運用の問題を多く含む。

米国では、規制や規制指針などによる審査段階で行き届かない実務レベルの問題への対応を、NRCが通達によって補填する場合も多い。そのような通達の中には、共通性のある問題についての周知と注意喚起を目的としたもの（IN＝Information Notice）、現状把握と是正の要求を目的としたもの（GL＝Generic LetterとBulletin）、既存の規制や新たに発効した新規制の趣旨を解説したもの（RIS＝Regulatory Issue Summary）があるが、1970年代から約3000件が発行されている 表2 。この事実も、基準を現在とすれば、過

表2　米国NRC（1975年より以前はAEC）による通達発行件数

期間	IN（1979年～）	GL（1977年～）	Bulletin（1971年～）	RIS（1999年～）
1971～1975	-	-	36	-
1976～1980	81	233	83	-
1981～1985	374	169	21	-
1986～1990	448	85	22	-
1991～1995	422	50	11	-
1996～2000	264	20	6	31
2001～2005	131	2	10	117
2006～2010	151	5	1	113
2011～2016	110	2	2	90
合計件数	1981	566	192	351

去に見落とされていた不完全さ、これを外挿した未来を基準にすれば、現在の潜在的な不完全さを意味する。

規制インフラの対象は、さまざまな出来事をきっかけに、以前は思いもしなかった領域へと拡大した。2001年の米国同時多発テロ事件をきっかけに、セキュリティ対策の規制が強化され、のちにサイバー・セキュリティについても追加された。安全上の重要な職務を担う者が、怠惰であったり不祥事を働いたり、薬物・アルコールの中毒だったり、長時間労働で疲れきっていたりとの問題も発生し、対策が講じられた。重大な問題があっても漫然と見過ごす緊張感の欠落した職場、逆にそのような問題の提起を黙らせようとする職場は、その不健全な安全文化によって、より深刻な問題を発生させるおそれがある。実際にそのような事態が発生したことで、根本的な改革に当たったNRCは、安全文化の方針声明を発表した。

ただし、このような新種の問題が、これまでに全て出尽くしたわけではない。今は気付いていないだけで、まだ掘り起こしていない問題があるかもしれない……。

4-2 マニュアル

どの原子力発電所においても、商用運転を開始してから今日まで、プラントの運転操作や試験・メンテナンスなどに関するマニュアルは、年々凄い勢いで増え続け、今やプラント職員も幹部も、担当者以外、それらの内容はもちろん、存在すら全く知らないというものさえ多くある。特に運転員の場合、保安規定にある運転条件に通暁し、通常時の運転、異常時や設計事故への対応に加え、さまざまな過酷事故の兆候に応じた手順にも習熟していなければならない。加えて、短時間で状況を判断し、社内の関係部署、規制機関、地元自治体に通報しなければならない。

しかし、そのような汗牛充棟なマニュアルは、果たして好ましいことなのか。新入りのプラント運転当直員が当直長になるまでの道のりが、年々長くなっているように思われる。その上、一挙手一投足に一々あれやこれやと七面倒な手順が規定されなければ安全が守れないということであるならば、それは逆に脆弱性を意味していることになるのではないのか。

4-3　福島第一原発事故の教訓

福島第一原発事故の原因は、技術的には、①自然現象に対する設計基準の設定が甘かったことでその超過を許してしまい、②そのような超過に対して余裕がなかったことでたちまち原子炉事故へと転落させ（クリフ・エッジ効果）、③一旦原子炉事故に転落してしまうとその後の備えがなく為す術がなかったためと評価されている。また、より深層的、横断的な原因としては、原子力関係者の自己満足(Complacency）だったと批判されている。

これらを反省点とした場合の対策はどうあるべきか。欧州では次のように考えた。

まず、容易に超過することのない設計基準として、年超過確率1万分の1に相当する規模をそれぞれの自然現象に対して設定する。しかし、敢えてその超過もあり得ることを考慮して、その先にも十分な余裕があることを「ストレス・テスト」によって確認する。そして最後に、設計基準事故を超過する事態に至った場合にあっても炉心損傷への転落を防止し、炉心損傷への転落に至った場合にあっても事態のさらなる悪化を緩和する過酷事故対策を強化するため、さまざまな追加設備と手順書を整備した。

日本においてはどうだろうか。

これまで何度も超過を許してきた設計基準地震動が引き上げられた。だが、今度こそ大丈夫だと納得するには、幾つもの疑念がある。ストレス・テストは行った。だが、設計基準地震動の引き上げ前に行っており、順序があべこべだった。後回しになっている設備もあるが、とりあえずの過酷事故対策の設備は揃ったとの認識らしい。だが、それらを運搬し、接続し、運転して事故対応するのは、全てプラント職員である。自己満足に陥ることを恐れよと世界は警告している。だが、日本は世界最高だと豪語し、国民のプライドに訴えてこれを受け入れさせようとしている。

TMI事故があり、その教訓が示されてもチェルノブイリ事故が起こり、その教訓が追加されても福島第一原発事故が続いた。今またその教訓も示されたわけだが、当事国の日本でさえ、その弥縫策の実践には上述のような不完全さがあるのだから、結局私達は、いつまでも原子炉事故の不安を払拭することができない。

❺ 安全目標

　永遠に到着できないゴールは、事業者の追求を虚しくし、安全性の判断をさまざまな異なる意見を持った国民の主観の前に曖昧なまま放置することになる。したがって、原子力安全について一定レベルの目標を設定すること、つまり、どこまで安全であれば十分安全と言えるか「How safe is safe enough?」を数値化することは、原子力の安全性に関する議論を、主観的論争から客観的判定へとシフトさせ、よりすっきりさせる。

表3　米国における発電用商用炉に対する安全目標

	炉心損傷頻度(CDF)	大規模早期放出頻度(LERF)
既設炉	10^{-4}/炉年	10^{-5}/炉年
新型炉	10^{-5}/炉年	10^{-6}/炉年

　そのような安全目標の設定に関する議論は、米国において、TMI事故の後から活発になり、チェルノブイリ事故のあった1986年に、NRCの方針声明という形で初めて公式に定められた。以来、これが国際的に普及した**表3**。

　同方針声明には、CDF＝10^{-4}/炉年について、「100基が100年間運転（1万炉年）した場合に炉心損傷事故が1回起こる頻度」と説明されているが、これを私達はつい「100基が100年間運転するまでは炉心損傷事故が起こらない」と同義であると誤解してしまうことがある。また、各原子炉に対して個別に考えた場合、1年間の運転の間、炉心損傷事故を免れる信頼度が99・99％であると理解し、これほどならば、とつい心を許してしまう。

　確かに、CDF＝10^{-4}/炉年は、個別のリスクとしては申し分ないように思える。しかし、世界にある約450基が40年間運転をするとなると、その間（1万8000炉年）に全基が炉心損傷事故ゼロで運転寿命を全うすることの方が難しく、16・5％の確率が期待されるだけとなる。むしろ、事故発生回数1、2回の場合の確率の方が高く（それぞれ29・8％と26・8％）、3回の場合でさえ16・1％もある**表4**。すると、10^{-4}/炉年という安全目標で、果たして十分なのかという疑問が湧いてくる。

　TMI事故で、メディアと米国民に適確な情報を発信し、カーター大統領の信頼も厚かった当時NRCの原子炉規制局長だったハロルド・デントン氏（1936〜2017年）が、福島第一原発事故後、居ても立っていられず、2011年4月4日付で、ドイツ、スペイン、韓国、米国、スウェーデン、インド、ウクライナ、フィンランド、ロシア、フランス、リトアニアの15人の同志と連名の共同声明文を発表した。その表題が、「『これが最後』を原子力安全の確たる目標に（NEVER AGAIN: An Essential Goal for Nuclear Safety）」だった。しかし、その「確たる目標」のNEVER AGAINに整合するための安全目標として、従来の既設炉に対するCDF＝10^{-4}／炉年、では不十分だったのである。

❻ 運転認可更新

日本においても、40年の設計寿命を超える原子炉に対する運転延長（延長認可）が、当たり前のように認められ始めている。これがルーチン化していくことを懸念する人々の間では、しばしば「老朽化」をその理由として掲げられているが、実際のところこの指摘はあまり適確とは言えない。原子力発電設備として使用されている個々の機器は、それほど早くは劣化が訪れないか、サービス寿命の短い機器にあっても、当該機器を交換すれば良いだけのことだからである。

機器の劣化の兆候は、個々に対する検査や試験によっても診断できるが、統計的には、故障発生率の推移から把握することもできる。したがって、現時点においてそのような故障率の増加傾向がないこと、将来の適正な管理計画を示すことによって、運転延長を正当化することができる。

とは言え、この正当化の論理には、幾つかのポイントが欠落しており、以下、その一つについて指摘をしておきたい。

原子力発電所は、端的に言えば機器の集合体であるのだが、多くの機器によってまずは系統が構成され、多くの系統によってプラント機能が構成され、それらを適切に配置、連絡して作られている。交換によって、機器そのものに対しては、新しい状態を維持し回復させることができるかもしれないが、40年以上も前に設計された系統やプラント機能としての旧さ、配置設計の旧さは如何ともし難く、それが安全性の本質的な制約や短所となっていることがある。そのため、一般的に言えば、たとえいずれも一定の安全水準を満たしているとは言え、旧い世代が新しい世代の安全性に劣ることは否めない。

問題は、運転延長により、そのような旧い原子力発電所がいつまでも現役として残り、一新されないことである。仮に、世界の450基の原子炉全てに対してそのような認可が与えられ、40年から60年に運転寿命が引き延ばされた場合、全体の事故リスクは、顕著に高くなる。無事故を期待するのはかなり悲観的となり、むしろ1~5回の事故の発生を覚悟しなければならない**表4**。電力事業者が自プラントにとっての小欲に執着することで、世界のどこかで原子炉事故が散発し、20兆円、40兆円、60兆円と大損が発生するのを許すことは、極めて非倫理的である。

したがって、どうしても認可更新が必要だとするならば、私は、それらの原子炉に対しては、新型炉に対する安全目標であるCDF＝10^{-5}／炉年が適用されるべきだと思う。これが全基に適用されて初めて、デントン氏のNEVER AGAINが担保される**表4**。

ただし、そのようなことが、果たして日本の既設の原子力発電所に対して可能なのだろうか。それを裏付けるためには、設計基準地震動をさらに大幅に

表4　450基の原子炉を40年間、または60年間運転した場合の事故発生確率（単位・%）

CDF・運転期間 ＼ 事故発生回数		0 無事故	1	2	3	4	5	6	7	8以上
10^{-4}/炉年（既設炉）	40年	16.5	29.8	26.8	16.1（※）	7.2	2.6	1.0		
	60年	6.7	18.1	24.5	22.0	14.9	8.0	3.6	1.4	0.7
10^{-5}/炉年（新型炉）	40年	83.5	15.0	1.4	0.1					
	60年	76.3	20.6	2.8	0.3					

（※）たとえば、450基の既設炉（炉心損傷発生頻度10^{-4}/炉年）が40年間運転する場合で、事故が3回発生する確率は、$0.9999^{17997} \times 0.0001^3 \times {}_{18000}C_3 = 0.161$ と計算される。

引き上げて耐震評価と対策工事を行うか、まずは今の設計基準地震動を基準にストレス・テストを行わなければならない。仮にこのような要求を取り入れた場合には、認可更新は、自ずとかなりハードルの高いプロセスとなってしまう。

❼ 新型炉、小型炉、次世代炉

前述の表3に示されるように、NRCは、新型炉に対する安全目標として、当時（1986年）にして既設炉よりも一桁厳しい設定にすべきとの考え方をしていた。既設炉の安全水準が、未来にわたっても十分なものであるとは考えなかったということであるが、これについては、前述の事故頻度の計算結果を理由に、私も同意したい。

さらにNRCは、その考え方を示した方針声明の文書において、そのように、より高度な安全目標を達成するために具備すべき設計上の特徴として、パッシブ性を掲げている。すなわち、安全設備を駆動するメカニズムとして動力や人力、起動や停止のロジックとして人による思考や判断に頼らない、重力落下、煙突効果、自然対流などの自然の原理を利用する。

そのようなパッシブ性を取り入れた新型炉の設計は1990年代から着手されていたが、実機としての建設には、エネルギー、環境、経済の事情を含むさまざまな時局との同期が必要であり、なかなかそのようなタイミングは到来しなかった。2000年代に入り、ついにそのときが来たかに思えた。いわゆる「原子力ルネッサンス」である。

ところが、原子力にとっては運悪く、ちょうどその頃、フラッキングと呼ばれるシェール・ガスの新しい採取法が開発されて天然ガスの生産量が急激に伸び、発電コストが下がり、その一方で、久々の建設が期待された新型炉の建設コストは著しく高騰し、結局、ルネッサンスは開花することなく、短い期間の空騒ぎの末に落蕾した。

そのような新型炉の多くは、原子炉1基当たりの発電出力が大きな大型軽水炉で、その方が、発電単価が安くなると考えられたのだが、反面、建設コストの総額が増し、建設スケジュールが長くなることで、電力事業者のニーズと合致していなかった。そこで、逆転の発想として、小型モジュール式原子炉の設計が提案された。ほとんどを工場で製作した小型モジュールの原子炉を現地で組み立て、短期間で建設を終えて発電を開始する。出力は小さいがすぐにお金を稼ぐ。それを元手にして次のモジュールを作り、そのようにしてプラントを徐々に大きくしていく。米国では、大型軽水炉の営業戦略の失敗をこれで挽回しようと、小型モジュール式原子炉の設計が、たちまち百花繚乱となったのだが、電力事業者の反応はまたしても冷淡だった。

軽水炉以外の次世代（第4世代）炉の開発も、それほど興味をそそるものではない。古くはすでに1950年代に考案されたものなどの復古版で、新奇性はないのだが、そもそも審査する側の規制インフラがほとんど軽水炉一辺倒で構築されており、すぐには多様な設計の審査に対応できないことも手続き上の障害としてある。しかし、60年前、最もシンプルで最も経済的と有望視された軽水炉に対してさえ、さまざまな予想外の問題に後の技術者は手を焼き、表2に示した膨大な数の通達が発行されなければならなかったのである。不発の第3世代よりもさらに日の目を見るチャンスがないだろう。

❽ 斜陽化

実際のところ、昨今の原子力には、第3世代、第4世代だのと、未来を語れるほどの余裕はない。新設炉の建設はおろか、既設炉の維持さえかなり苦しいのが現状である。

原子力発電には、規制上の追加対応が要求されることで発生する毎年の資本支出が、燃料費と同じかそれ以上に発生しており、特に自国のシェール・ガスの生産が順調な米国の場合、ついに原子力の発電コストよりも電気料金が安くなり、自社の原子炉を運転して電気を売るより、いっそ、他社の安い電気を買い取って売った方が利益になるというケースも珍しくなくなっている。

そのため、せっかく運転認可更新の許可を得たにもかかわらず、経営の重荷になった原子力発電所を他に安く売り渡したり、それもできないときには廃炉を決定したりする電力事業者が急に多くなり、そのような発表や風聞が、連日メディアに報道されている。雇用を失うことを恐れる地元が、慌てて事業者に思い留まるよう訴えても、ならば一緒に州政府を説得して補助金をもらえるよう交渉してくれと言う始末。世論は辟易し、原子力発電に対する支持率調査の結果は、2016年、とうとう反対が賛成を上回ってしまった。(54%対44%)

今さらスペックダウンをするわけにもいかない原子力発電の斜陽化は、自助努力ではどうにも立て直しのできない時代となってしまった。その辛酸を舐めさせられたのは、東芝とウェスチングハウスだけではない。彼らを打ち負かして巨利を得た同業のライバル社があったわけではない。ライバル社を含む原子力産業界全体が、時代の波に揺さぶられている。私達は、波に飲み込まれないためには波より速く泳がなければならず、風に吹き飛ばされないためには風より速く走らなければならない。しかし、原子力産業の巨体は動きが鈍く、皆が波に揺さぶられ、中に溺れる者が出てしまうのである。

❾ 核融合

核エネルギーは、理論的には、鉄(Fe-56)よりも重い原子核を核分裂させ、鉄よりも軽い原子核を核融合させることで生み出すことができる。このことも、水素の核融合エネルギーがウランの核分裂エネルギーをはるかに凌ぐことも、すでにマンハッタン計画の頃にはわかっていた。それ故に、1945年7月16日、ニュー・メキシコ州で行われた世界初の原爆実験に立会った際、オッペンハイマー(原爆の父)が、サンスクリット語で書かれた聖典の一節にある「死の支配者、世界の破壊者」という言葉が思い浮かんだと述懐したのに対し、後に「水爆の父」と呼ばれるエドワード・テラー(1908~2003年)は、「何だ、この程度か」と内心思ったのだという。3週間後、広島に投下される「リトル・ボーイ」を上回る爆発だったこの実験結果がちっぽけすぎて、物足りなかったのである。

後に公開される1946年8月14日付のエドワード・テラーを含む3人の物理学者が作成した「原子爆弾による空気の発火」と題する秘密文書には、仮に1000㎥もある超巨大な水爆を爆発させたとしても、そのエネルギーによって大気中の窒素が連鎖的に核融合を起こし、地球を丸ごと火の玉にすることはないという淡々とした裏付けの計算が載っている。そして、6年後の1952年11月1日、ついに自らが設計した世界初の水爆が、マーシャル諸島のエニウェトク環礁で、リトル・ボーイの600~800倍の威力で炸裂した。後にイグ・ノーベル賞が与えられるテラー博士は、原子力の重鎮中の重鎮としての地位に君臨し続けるが、1964年の映画『ドクター・ストレンジラブ』に登場するマッド・サイエンティストのモデルだとも噂された。

ともあれ、原爆という核分裂によって発生するエネルギーに対する平和利用が可能ならば、水爆という核融合によって発生するエネルギーに対する平和利用も可能なはず……。このような科学者の願望を実現させるための研究が、水爆の登場した1950年代から始まっていた。「実用化まで30~50年」と言うのをドイツの関係者は、「核融合定数」と呼んで自嘲しているらしい。何年経っても、50年が過ぎた2000年になっても、相変わらず「後50年」のままだからである。

核融合には、理論的にはさまざまな原子核の組み合せがあり得るが、最も容易なのが二重水素(H-2)と三重水素(H-3)の融合である。しかしこれだと三重水素の原料であるリチウムの資源がボトル・ネックになる。そこで、仮に数々の難問をクリアして、二重水素同士の核融合が可能になれば、原料は海水からでも分離して、一説では、1兆5000億年間、実質、無尽蔵に得られる。

核融合の研究が続くのは、このような夢に惹かれてなのかもしれないが、同時に、まだその現実を描くことができない遠い夢の段階だからなのではないだろうか。したがって、たぶん未熟な夢の段階である限り、核融合の研究は続いていく。アインシュタイン(1879~1955年)のように神秘を説明する理論を発見するだけでは飽き足らず、それを応用したものを作り、実際に働かせてみないと面白くないという点では、マンハッタン計画に水爆開発が採用されずふて腐れていたエドワード・テラーと同じなのではないかとも思うのだが。

佐藤 暁(さとう・さとし)
1957年山形県生まれ。山形大学理学部卒。1984年から2002年まで米国ゼネラル・エレクトリック社の原子力事業部に所属。その間、運転プラントの検査、改造、修理、新設プラントの建設、試運転など、100以上のプロジェクトに関与。その後、原子力コンサルタントとして活動しながら現在に至る。

Column 5

核融合発電の可能性

小嶋裕一（「ポリタス」編集部・原発担当記者／映画作家／本書編者）

核融合発電の安全性

２０１７年3月7日に岐阜県土岐市の核融合科学研究所で、核融合発電の実現に向けた「重水素実験」が始まった。

単語の語感が似ているため、原子力発電と核融合発電は同じようなものと思っている人も多いかもしれない。だが、実は両者は真逆の仕組みでエネルギーを生み出す方法だ。今普及している原発は、ウランなど重い原子の原子核が分裂して別の軽い原子核になる時に発生する核分裂エネルギーを利用する。それに対し核融合発電は、水素など軽い原子の原子核同士がくっついて別の重い原子核になる時に発生する核融合エネルギーを利用する発電方法だ。

核融合発電は、実現すれば携帯電話の電池1個に含まれる０・３グラムのリチウムと、3リットルの水に含まれる０・１グラムの重水素（原子核が陽子1つと中性子1つから構成される水素の安定同位体）を燃料として、日本人1人が使う1年分の電力を生み出す。発電時に二酸化炭素を出さず、燃料は海水からほぼ無尽蔵に取り出せるため、「夢のエネルギー」と呼ばれる。この夢の技術をモチーフにしたＳＦやアニメも数多く存在する。

核融合を起こすには、燃料を高温・高密度のプラズマ状態（固体、液体、気体に次ぐ物質の第4の形態。自然現象では太陽やオーロラ、雷などがそう）に保つ必要がある。核融合研は水素を使った実験で、すでに９４００万度を達成しており、今回新たに重水素を使うことで発電に必要な1億２０００万度を目指す。

東京電力福島第一原発事故の後、核融合研には問い合わせが急増した。実験では重水素の一部が核融合反応を起こし、放射線（中性子）と放射性物質の三重水素（原子核が陽子1つと中性子2つから構成される水素の放射性同位体。トリチウムとも呼ばれる）が発生するため、周辺住民からも不安や反対の声が上がっている。「核」という言葉からどうしても危険なイメージを連想させるようだ。

筆者は２０１６年9月に核融合研を取材で訪れており、実験装置や制御室などを見学した。核融合発電は電力や燃料の供給が断たれると反応が自然に止まってしまうため、原発のように電源喪失後も核分裂反応が続き、暴走するおそれはない。しかも原発と違い、核融合発電で取り扱う放射性物質はトリチウムだけで、量も非常に少ない。将来敷地内で保有するトリチウムは、将来の発電段階でも5kg程度で、仮にすべて放出しても周辺住民が避難する必要がないレベルに留まる。ただし中性子が装置や建物にぶつかるとそれらの一部を放射化するため、低レベル放射性廃棄物は発生する。これらは放射能レベルが落ちるまで数十年保管し、炉材料として再利用する計画だ。核融合研は住民の不安の声に対し、厚さ2mのコンクリート製の壁により中性子の外部への漏れを防ぎ、除去装置でトリチウムの95%以上を回収すると説明している。核融合と核分裂の違いを理解できれば、核分裂を利用した原子力発電のような大きな事故は核融合発電では起こり得ないことがわかるというわけだ。他方、実現性についてはどうか。

コストと課題

核融合発電が市場に導入され、家庭に電気を届ける「商業炉」として実用化されるまでには、技術的実現性を確かめる「実験炉」、発電を実証する「原型炉」というステップが必要となる。日米欧など7カ国と地域が共同で研究を進める国際熱核融合実験炉（ITER）は、現在フランスで建設が進んでいる。

当初2018年に予定していた運転開始は、資金面や技術面の問題により延期を繰り返し、現時点で2025年と7年も遅れをとっている。建設費も最初の見積もりの7000億～8000億円から約2兆3000億円まで膨らんでおり、日本の負担は2300億円ほどになる見込みだ。さらに現在の試算では、原発1基分にあたる100万kW級の「原型炉」の建設に1兆円以上かかる。火力発電や核分裂反応を利用した既存原子力発電と競争力を持つには、「商業炉」の段階で建設費を5000億円程度に抑える必要があり、道程は険しい。さらに近年大きく価格が下がってきている再生可能エネルギーとの競争も視野に入れると、コストの低減は大きな課題だ。

核融合エネルギーの開発が始まって50年以上が過ぎた。今後の研究が順調に進んだとしても実用化は今世紀後半となる。

（リスクの大きい核分裂反応を利用する前提だが）理論上は発電しながら消費した以上の燃料を生み出すという特徴を持つ「夢の原子炉」――高速増殖炉の原型炉もんじゅは、数々のトラブルを重ねた結果、十分な成果を得ることなく昨年廃炉が決定した。

もんじゅの二の舞にならないか。今後、核融合発電にも国民の厳しい目が向けられることは確実だ。技術的な課題の解決だけでなく、安全性やコスト、放射性廃棄物の問題などに対し国民の理解が得られるかが実現への鍵を握る。

［講演］

夢からさめたこの国は、これからどこに向かうのか

小泉 純一郎（元内閣総理大臣）

なぜ政府は原発を認めるのか

今日はお招きいただき、ありがとうございます。時間もかぎられていますから、いま思うところを率直にお話していきたいと思いますので、どうぞよろしくお願いいいたします。

みなさんもご存知のように、昨年、２０１６年にですね、九電（九州電力）が東京電力福島第一原発事故後の新しい基準、非常に厳しい基準に沿って安全対策をしましたから再稼働を認めてください、という申請を原子力規制委員会に提出しました。そうしたら、原子力規制委員会の委員長は「はい、新しい基準には合格しました。しかし……私は安全とは申し上げません」と言いました。おかしなことですよね。規制委員会から合格の判断が出たら、ふつうは安全だと思うでしょう？　でもね、「安全です」と言ってるのは政府だけなんです。「規制委員

会に合格したから再稼働認めます。日本の原発は新しい基準に、世界で一番厳しい安全基準に合格しました」と。

もしそれほどまでに世界で一番厳しい基準なんだというなら、アメリカの場合とぜひ比較していただきたいです。アメリカでは、スリーマイル事故以降、全原発に対して避難計画が義務化され、NRC（アメリカ合衆国原子力規制委員会）が審査することになりました。日本の場合はどうでしょうか。いまだ原子力規制委員会は、避難計画に関する審査などしていません。

そして、事故から6年経っても、除染でできた土や草木などの除染廃棄物は処理できていない。そもそも日本には一つも処分場がないわけですよ。考えてみれば、たとえばビルの解体などで出た廃棄物、あるいは家電製品、自動車とか冷蔵庫とかもそうですが、そういった産業廃棄物を処理する産廃業者の会社を作りたいと考えたとしますよね。しかし、自らその廃棄物の処分場を見つけて作らないかぎり、都道府県知事は許可を下ろしてはいけないことになっています。産廃業者だって、自分で処分場を作らなきゃいけないんです。もちろん、海に捨てたり野山に捨てたりしてもいけませんよ、環境破壊になりますからね。いっぽう、原発会社はどこも処分場を見つけていない。なのになぜ政府は原発を認めるのか。産業廃棄物どころの比じゃないんですよ。メルトダウンを起こした燃料棒の近くにいたら、数分足らずで人間は死ぬんです。

「夢の原子炉」から「幻の原子炉」へ

現在、専門家に言わせれば、福島第一原発の廃炉までに40年ぐらいかかるんだと。しかしたとえば今もっとも廃炉作業が進んでいると言われているのはイギリスですが、事故を起こした原発を廃炉にするには90年かかるというんです。放射線レベルが下がってから作業に取りかかるからだというわけです。この差はなんでしょうか。そもそも日本は、なんでも最初は小さめに言う傾向がありますね。費用は小さく、期間は短く、そして安全性は十分だと。

福島のメルトダウンの状況は、6年かかってもまったくわからないんです。なのに、40年で廃炉って、本当に大丈夫なのかと思います。原発会社は、事故を起こした場合、無限責任になっています。損害賠償も除染も廃炉も全部自分の金でやりなさい、と。しかしいざ事故が起こったら「金がかかりすぎる。自分の会社だけで賠償も除染もできません。電力は大事なインフラだから、政府が支援してください」と言い出した。そうしたら、「やっぱり電力は大事。停電が起こったら大変。あらゆる会社も電力がなかったらやっていけないから、仕方がない」ということで、政府はあの事故後、東電の要請に加えて上限の5兆円を支援しているわけです。しかもその後2年経ってから、「5兆円じゃ足りません。9兆円必要です」と言い出し、「じゃあ9兆円までやろう」と政府が応じた。そうしたら昨年「まだ足りません。追加支援してください」と言ってきた。最初は小さく言って、あとでどんどん要求額が上がる。

「もんじゅ」はいい例ですよね。30年前、ふつうの原子炉で残したゴミを、さらにもんじゅで活用すれば、このゴミがまた燃料に使えるということで、夢の原子炉という謳い文句で1985年に建設を始めて、10年後にようやく完成したと思ったら、数カ月後にナトリウム漏れによるまさかの火災事故。点検に関しては、怠慢ばかりが見つかった。そして、建設から30年経ってようやく「もんじゅはダメだった」と認識し始めたんです。すでに30年間で1兆1000億費やしているんですよ。夢の原子炉どころか、単なる幻の原子炉です。

原発は、なぜ事故を起こしちゃいけない産業なのか

みなさんもご存知のように、今までで大きな事故は、スリーマイル、チェルノブイリ、そして福島。その間50年近く、点検ミスなどの人為的なミス、それから機械の故障などから、数え上げればキリがないほどのさまざまな事故を起こしています。最近私はある人から、「小泉さん、どんな技術だって事故は起こりますよ」と言われたことがあります。「事故が起きた場合のリスクと、その機械や技術から受けている恩恵、これを勘案してやらなきゃ科学技術の進歩はありませんよ」と。確かにその側面もあるでしょう。

しかし原発というのは、福島を見たって、チェルノブイリを見たって、スリーマイルを見たって、一度事故が起きれば「故郷」がなくなってしまう。取り返しがつかないんです。20年から30年は、少なくとも帰れなくなる。故郷で仕事していた20代の人の場合、20年か30年ぐらい故郷の外に出ていれば、その先で仕事ができるようになりますよね。そうしたら、戻ろうとはしないでしょ

う。40歳代や50歳代の人なら、そうしているうちに死んでしまいます。知り合いで、神奈川県の小田原でかまぼこ屋をやっている方がいます。福島の事故後、その人から聞きました。「ことによると、小田原にも放射能は来る。で、避難しなきゃならない、となったら、どうやっていいかまぼこを作れるのか。箱根からくるきれいな清水があるから今までやれていたんじゃないか。こんないい場所はほかにはないんだ」と。だからどこかに避難しろと言われたら、自分の仕事はなくなってしまう、というわけです。彼は商工会議所の会頭もやっているので、自分たちは原発の電気を使わずに自然エネルギーでやろう、という運動を起こしたんだ、と言っていました。

先ほども言いましたが、事故があれば、20年から30年は故郷に戻って来れない。ずっと避難していなきゃいけない。だから、原発というのは事故を起こしちゃいけない産業なんです。とくに日本は世界で一番地震の多い国なんですから。ほかにも、火山の噴火もあるし、津波の危険性だってあります。そして、これからますます安全対策のコスト負担が国民にかかってくるでしょう。原発会社は、福島の事故前までは、独占体制によってあらゆるコストに利益を上乗せした電気料金を国民に請求していた。原発会社に必ず利益が出るようになっているんです。それに、推進派の方々が言うように、原発の本当のコストがほかの何より一番安いんだったら、事故後、なぜ政府にじわじわと増額の支援を求めるようなことをするのでしょうか。

すべての電気を自然エネルギーで賄える時代へ

いずれ原発をゼロにしなきゃならない時は来ます。遅かれ早かれ。みなさんの記憶にもあると思いますが、福島第一原発事故後、原発がゼロでも可能であることが証明されてもいます。原発より自然エネルギーのほうがどう考えてもが安全だし、コストもはるかに少ない。立地自治体だって、さらに多額の交付金を与えないかぎり、今後の了解はないでしょう。交付金は国民の税金ですよ。廃炉にお金がかかることも、先ほどお話しした通りです。これだって税金です。つまり、国民の税金を使わないかぎり、原発産業は成り立たない。しかも、それは今生きている人たちが負担するだけじゃない。これから生まれてくる人も、何百年、何千年と、核の危険と隣あわせの中でゴミの処理を負担し続けなければならないんです。

全部、嘘だった

少し時間を巻き戻した話をしておきたいと思います。

みなさんご存知のように、私は総理在任中、原発は必要なんだ、とずっと言ってきました。しかし、福島第一原発事故のあと、さまざまなメディア報道を見ていくうちに、「原発は絶対安全だ。他の電源に比べればコストが一番安い。CO_2を出さないクリーンエネルギーだ」と、原発必要論者のこの3つの主張が本当だったのだろうか、と疑問を持つようになりました。

私は２００６年に総理を辞め、２００９年には衆議院議員を引退しました。そのあとは時間が十分にあるわけです。ですから、疑問を持ったのち、原発の本を片っ端から読み始めました。日本に原発を導入した経緯や世界の現状をはじめとして、あの事故の前から「原発は危険である。やめるべきだ」と言っていた学者らの著作と、推進論者の著作など、かなりの量の本を読みました。結局私が理解したのは、原発は「安全」「コストが安い」「クリーン」これが全部嘘だったということです。

もちろんだまされるほうだって悪いわけですから、このまま黙っていようかとも思ったこともあったのですが、なぜ頭のいいはずの人たちがここまでの嘘を展開しているのかと、あまりにも納得がいかなかったのです。

「日本は大丈夫です」と言ってたじゃないか

スリーマイルやチェルノブイリの事故のあと、「日本は大丈夫か？」という話が出ていましたよね。しかし、多くの専門家たちは「日本はスリーマイルやチェルノブイリの場合とは違う。日本の原発は絶対安全です。多重防護体制を敷いています。メルトダウンが起こっても、それに対するいくつもの防護体制があります。電源が喪失しても大丈夫なんです」「チェルノブイリ級の事故が起こっても安全です」「日本人は広島、長崎の原爆の被害に遭っている。非常に放射能に神経質だ。日本人は規律正しい、そして技術者も高度のレベルにある。だから日本は大丈夫、問題ない」と、言っていた。当時の科学技術庁の原子力局長までが「日本は大丈夫です。仮に事故が起こっても、放射能なんか外に漏らしません。近くの住民も避難する必要はない。そういう防護体制を持っているのが日本の原発であり、多重防護体制なんです」。

大手マスコミの科学部担当記者は、「原発が安全どうか、そんなことを議論するのは本質的な問題じゃない。『原発は絶対なにがあっても安全だ』という考え方が重要である」と言っていたのです。ところが、福島の事故の報道を連日見ていると、おかしいじゃないか、とさすがに思うわけです。今振り返ると、それまで自分はよくもこういうものを信じていたな、と、我ながら驚かざるを得ません。

そして事故のあとの民主党政権時代に、国会、政府が閣議決定して、事故の検証調査委員会ができましたが、この委員会の委員長の畑村洋太郎さんという方がこう言ったんです。「事故というものは、可能性が低くても、起こりうるというものは起こる。起こりえないと思うことも起こる」と。その後、今度は黒川清さんが委員長になって、「国会事故調査委員会」が作られましたが、その結果報告というのは、福島のメルトダウン事故は人災であった、と。津波、地震、これによって引き起こされたというのはわかるけれども、結論は人災だった。つまり、安全対策が十分ではなかったのだ、という結論です。じつにお粗末な話です。

「安全」の根拠はどこにあるのか

福島の事故が起こる前に「安全に関してはまだ十分じゃない」という議論があったんです。ところが、東電は「多重防護してるし、絶対安全です。十分な安全対策をしています」と言い張った。言い換えれば、「これ以上したら採算がとれない。経済性がない」ということです。その挙句があの事故です。もしも4号機目の核燃料プールが倒壊していたら、福島から半径250㎞圏内の住民は避難しなきゃいけないという想定がされていたんです。250㎞圏内だから、福島から東京、神奈川が入ります。つまり、5000万人の人が避難しなきゃならない。1億1000万人の中の5000万人ですよ。いったいどこに避難するんですか。避難なんてできっこありません。このどこがいったい安全だと言えるのでしょうか。

そもそも、「原発会社はいかなる事情があっても、安全、これを最優先しなければならない」という規定がある。当たり前のことですが、それを軽視したんですね。考えてみれば、最優先したのは安全性じゃなかった。経済性や採算など、経営第一、利益第一、収益第一だということがわかった。6年経って、いまだにメルトダウンした状況をわかってないんですよ。さっきもお話ししましたが、人がその近くに立ったら数分もしないうちに死んでしまうという核燃料棒がどこに落ちているのかさえ、いまだにわからない。最新科学技術の粋を凝らして、作業用ロボットも作ってみました。しかし、入れたとたんに故障した。

それから、汚染された地下水が海に流れていかないような体制も作らなくてはならない。海側の土を凍らせて壁を作るという最新式の技術を考えて、本当は去年、完成しているはずだったけれども、いまだに凍らない部分がある。そもそも汚染水だって、1トンタンクにすでに1000本近くあるわけです。

ましてや、核燃料を取り出すといったって、いったいどうするのか。チェルノブイリだってそんなことやっていない。日本が初めてやろうとしているわけです。しかも何百本もある。取り出すのはいいけど、1本1本どこに置くつもりなんでしょうか。途中で落としたら大変なことになりますよね。

現在も、毎日6000人くらいが作業しています。その中で使われた防護服は、一度作業で使ったら、そのあと使い回しができません。東電は、敷地内で汚染された防護服を焼いても放射性物質が漏れないような焼却場を検討しているといいますが、どうなんでしょう。

「原発ゼロは無理」だと言うが

そもそも、核廃棄物の最終処分場を作っているのは、世界では唯一、私も3年前に視察に行ったフィンランドのオンカロだけです（本書233ページ）。私が最終的に大きく考えを変えたのは、このオンカロに関する衝撃的なドキュメンタリー『100,000年後の安全』（本書262ページ）を観て、じっさいにこの場所に行った時からなのです。

ここでは原発の使用済み核燃料を10万年もの間、地中深くに保管して毒性を抜くというんです。10万年後ですよ、みなさん、イメージできますか。ここにいる誰一人、生きていませんよね。私の「原発ゼロ」への思いはここではっきりしたわけです。

その後、私がオンカロから帰ってきたら、「毎日新聞」の記者が「話を聞かせてくれ」とやってきた。そして、「小泉元首相、原発ゼロ」という見出しでコラムを書いた。そうしたら「総理の時に推進してた小泉が今度はゼロって言い始めたよ」とすごい反響でした。「総理の時にブレないと言っていたけど、ブレたな」「必要だったのが、なんでゼロになるんだよ」と。推進論者は「小泉さん、ただちにゼロなんて無理ですよ。2〜3カ月ならともかく、寒い冬や暑い夏が来たらエアコンは必要でしょ」「今まで原発が全電源の30％を供給してたんですよ。それを太陽、風力？　地熱？　そんなのやったって2％がせいぜいでしょ」「30％を原発が担っていたんです。そんなの無理です」と言ってたんです。ところが、2011年3月に事故が起こった。その日から2013年9月まで動いていた原発は、たった2基。2013年9月から2015年9月までの丸2年は原発ゼロ。それでもやっていけたのが証明されたんです。2015年9月から2017年4月現在までに3基が再稼働している。でも今すでに、太陽光発電だけで、ピーク時の原発10基分以上の電力を供給している。しかも省エネだってだいぶ定着しましたしね。たまに停電するのは、台風で電線が壊れたとか、そういう時くらい。電力不足は1日も起こっていないんです。

ドイツに関して言えば、あの福島の事故以来、与党も野党も足並みそろえて脱原発へと向かいました。でもまだ原発が何基か動いていて、「ドイツはいいよ」「フランスが原発の国だから。フランスから買えるから」ともよく言われています。ドイツのシュレーダー元首相が来た時にその話をしたら笑っていました。「よく聞かれるけれど、とんでもない」と。「ドイツは今、脱原発宣言をして、フランスなど近隣諸国から電気を安く買っているけれど、ほかの国に輸出もしている。すでに原発以外の自然エネルギーで、30％の電力を供給しているんだ」「電力の輸入より輸出のほうが多いのだから、そんな嘘を言わないでほしい」と言われました。現にドイツもフランスもスペインも、自然エネルギーをどんどんやっていて、デンマークでも、すべて自然エネルギーでいっちゃおうということになっている。日本だって、最終的には100年、200年かからないです。今、原発に金を与えていた政府が、自然エネルギーに切り替えることを奨励し、支援をしたら、10年か20年で原発が供給していた30％程度のエネルギーは、自然エネルギーで十分賄えるようになるはずなんです。

ピンチをチャンスに変えてきた日本

私はもう政治家ではありませんし、首相であった当時は推進派でありながら、福島事故後に考えを変えた、ブレたじゃないか、と非難されることもあります。それでも機会があれば、こうしていろいろな方に、自分が学んだことをいろいろなかたちでお話ししていくべきだと考えているんです。

最後になりますが、政治家の中でこの人以上の政治家は今後出ないだろうと私が思っている人のことを紹介したいと思います。それは尾崎行雄さん。みなさんもご存知かと思いますが、「憲政の神様」と言われた人です。

尾崎氏は昭和26年に亡くなりました。その後、国会の近くにこの憲政の神様の偉業を称えて、尾崎記念館という政治資料館が作られました。今は名前を変えて、憲法の「憲」、政治の「政」で「憲政記念館」になっています。そこの憲政記念館の玄関に、石碑で尾崎氏の揮毫が刻まれている。「人生の本舞台は常に将来に在り」と。

尾崎行雄氏は明治23年、33歳のときに、第1回帝国議会選挙で当選して、明治、大正、昭和、大選挙区、中選挙区制、小選挙区制と、制度が変わっても連続当選していき、合わせて25回も当選した人物です。そして、昭和26年、94歳で亡くなりました。94歳の亡くなる年に、「人生の本舞台は常に将来に在り」という言葉を残してるんです。90歳を過ぎれば、ふつうもうこの先のことなんてどうでもいいと考える人は多いものです。しかし94歳という歳になっても、常に将来のことを考えろ、と言っていた。いつ自分の働ける場所がまた現れるかは、わからない。いつ自分が役に立てる場所が来るのかわからない。いつ自分の考えが変わるかもわからない。そのためには、将来に備えて常に向上心を持って学んでいかなければならない。努力していかなければならない。そういう言葉だと、私は受け止めているんです。

ここにいるみなさんも、これから、ＩＴなど最先端の技術や時代の変化に挑戦していこうという方ばかりだと思います。これからどんな時代になるのか。大転換期ですよ。これからの変化にどう対応していくのか。常に改革、挑戦の精神を持って、みなさん、がんばっておられる。勉強しようとしている。ぜひ、いくつになっても向上心を忘れずにやっていきましょう。

日本はいつだって、ピンチをチャンスに変えてきました。第2次大戦敗戦後も屈することはなかった。2ドル前後の油が10ドル前後、50ドル、100ドル前後になっても屈しなかった。あのピンチのおかげで環境先進国にもなった。最大の敵だったアメリカを最大の味方にして、経済成長を遂げてきた。ピンチをチャンスに変えてきた国なんです。あの原発の事故を二度と起こしてはいけない。ピンチをチャンスに変えるような国づくりをしていかなければならない。自然界に無限にあるエネルギーを活用して経済発展できる国。これは原発に頼る時代よりもはるかにいい国だと私は確信しております。

みなさんのご健康、ご活躍を心から祈念申し上げまして、お話を終わりたいと思います。ご清聴ありがとうございました。

＊本稿は、2017年4月7日に行われた「新経済サミット2017」（新経済連盟主催）でのスピーチの書き起こし（「ログミー」http://logmi.jp/211087 および http://logmi.jp/211089）をもとに、一部修正、補足のうえで、再構成したものです。

小泉純一郎（こいずみ・じゅんいちろう）

1942年神奈川県生まれ。慶應義塾大学経済学部卒。衆議院議員福田赳夫の秘書を経て、衆議院議員（12期）、厚生大臣（第69・70・81代）、郵政大臣（第55代）、内閣総理大臣（第87・88・89代）、自由民主党総裁（第20代）などを歴任。著作に『黙って寝てはいられない』（扶桑社）他。

第 III 章

「核」か「原子力」か

「核」か「原子力」か

論点整理

第Ⅱ章では、原発が他のエネルギー源と比べて優位性を失いつつある現状を見てきた。再生可能エネルギーが十分に普及すれば、原発は必要とされなくなるはずだ。では、エネルギー源としての原子力が必要とされなくなったとしても、原発を維持し続ければならない理由とは何なのか、本章で明らかにしていく。

原発はもともと、軍事技術であった核の「平和利用」というふれこみで始まった。英語では「原子力」も「核」も同じ“Nuclear”という言葉で表される。しかし、世界唯一の被爆国である日本は、「核」に対する拒絶反応が極めて強い。そこで、平和利用の場合には「原子力」、軍事利用の場合には「核」という言葉で使い分けてきた。

そして日本は核保有国以外で唯一、核兵器の開発に転用可能な「再処理」技術を保有している。この再処理技術は、使用済み核燃料の再利用を可能にする核燃料サイクルの実現のために日本に導入された。かつては多くの国が核燃料サイクルの実現を目指していたが、コストが見合わず、ほとんどの国が撤退した。にもかかわらず、なぜ日本は核燃料サイクル政策をやめられないのか。核の問題を追い続けているジャーナリストの**太田昌克氏**には核武装との関係から解き明かしていただいた。また、日本独力での核武装の実現可能性について、アジアの安全保障を専門とする防衛大学校教授の**武田康裕氏**による現実的な分析を掲載させていただいた。

再処理は、核武装の機微技術として厳格に国際管理されている。現在に至るまで、日本が再処理を許されている根拠は、２０１８年に更新期限を迎える日米原子力協定にある。日本の原発政策、軍事政策をうらなう日米原子力協定の今後について、**〈新外交イニシアティブ日米原子力エネルギープロジェクトチーム〉**に解説していただいた。

再処理工場をはじめとする核燃料サイクル施設は、青森県六ヶ所村に集中して立地している。２０１８年の稼働を目指す六ヶ所再処理工場には、すでに日本各地の原発から集められた使用済み燃料が大量に保管されている。なぜ核燃料サイクル施設は六ヶ所村に集中したのか、仮に再処理が中止されれば、それら使用済み燃料はどうなるのか。日本の原発政策のアキレス腱である六ヶ所村について、環境社会学が専門の**長谷川公一氏**に執筆いただいた。

第Ⅲ章の後半では、原発が生み出す「核のゴミ」＝高レベル放射性廃棄物の問題を取り扱う。たとえ原発を今すぐ止めたとしても、日本はすでに大量の放射性廃棄物を抱えている現状がある。

まず、日本における高レベル放射性廃棄物の最終処分の状況と問題点について、放射性廃棄物ワーキンググループの委員を務める**伴英幸氏**に整理していただいた。次に本書の編者・**小嶋裕一**がフィンランドで建設中の核のゴミの最終処分場「オンカロ」の取材レポートを執筆した。世界で唯一建設が進む最終処分場「オンカロ」に日本の核のゴミの解決策のヒントを探る。

核のゴミの問題を考えるうえで押さえておくべきなのが、日本学術会議が２０１５年４月に取りまとめた「高レベル放射性廃棄物の処分に関する政策提言」だ。そこで提言を取りまとめた委員会の委員長を務めた**今田高俊氏**に、提言の内容をわかりやすく解説していただいた。

本章の最後には、「オンカロ」を描いたドキュメンタリー映画『１００，０００年後の安全』の監督、**マイケル・マドセン氏**に津田大介がインタビューした模様を収録した。高レベル放射性廃棄物の放射線量がウラン鉱石と同じレベルに下がるまでの10万年もの間、地中深くに隔離する必要がある。10万年という途方もない時間を、我々はどう捉えればよいのだろうか。

核武装

核燃料サイクルと独自核武装の〝幻影〟

太田 昌克
（共同通信編集委員／早稲田大学客員教授／長崎大学核兵器廃絶研究センター客員教授）

はじめに――「核のパワー」、その二面性

「核のパワー」が内在する二面性、つまり核兵器としての「軍事利用」と、発電など民生用としてのいわゆる「平和利用」という両義性に思いを巡らせば、後者を手にした者（国家や組織集団）が安全保障上の理由から、前者の「禁じられた領域」へと足を忍ばせることは決して想定外のストーリーではない。核の世界における軍事と民生の間には、他の多くの先端技術同様、絶対的な敷居が存在しないからだ。

そして「民」から「軍」への敷居をまたぐ蓋然性は、核兵器を保有せずとも、自前の核燃料サイクルに必要なウラン濃縮と使用済み燃料再処理という「機微技術」を兼ね備えた国家主体について俄然高まる。なぜなら、核爆弾を製造する工程で最も困難な作業は、核分裂性物質である高濃縮ウランとプルトニウムを製造することであり、それを実現する原子力機微技術を獲得できれば、独自核武装への視界は一気に開けるからだ。

世界広しといえども、そんな技術を兼ね備えた国は限られている。核拡散防止条約（ＮＰＴ）上の核保有国である米国、ロシア、中国、英国、フラ

ンス、そしてNPT枠外の核保有国インド、パキスタン、さらにイスラエル。NPTからの脱退を2003年に宣言した北朝鮮もウラン濃縮と再処理という両方の機微技術を既に手にしている。では核保有国以外で、この虎の子の技術を今この時点で保持している国はどこか。その答えは日本、「世界唯一の被曝国」である。

東京電力福島第一原発事故という四度目の「国民的被曝」を体験し、その未曽有の惨劇に今なお苦しむ人が大勢いる中、日本の政府と電力業界はまたぞろ、核燃料サイクル路線（以下「核燃サイクル」と表現する）にまい進し続けている。その中核は、早ければ2018年春に完工、そして操業が見込まれる日本原燃の再処理工場（青森県六ヶ所村）だ。年間最大800トンの使用済み燃料が再処理できる、この一大核コンプレックスが本格稼働すれば、毎年数トン単位で新たなプルトニウムが抽出されることになる。再処理路線堅持の方針は、核燃サイクルのもう一つの中核的な施設である高速増殖炉原型炉「もんじゅ」の廃炉が決まっても不動のままだ。

日本の「原子力ムラ」は長い間、「発熱体であり、放射線源であり、爆発力が不確かで、技術的に不安定で信頼が置けない原子炉級プルトニウムの核兵器を、敢えて製造し、保有するメリットを誰が認めるか[注1]」などと主張し、原発から出る原子炉級プルトニウムは兵器として使い物にならないと言いつのってきた。

だが、筆者がインタビューした米政府内の核兵器研究者を含め、ムラの言い分に反駁する専門家は少なくない。最近でも2017年5月、フォード、カーター両政権で米原子力規制委員会（NRC）の委員を務めたビクター・ジリンスキー（Victor Gilinsky）らが、英字紙ジャパンタイムズに次のように寄稿している。

「原子炉級プルトニウムは、兵器化のための効果的な核爆発性物質として使える。それは単純で原始的な核兵器ではなく、主要な核保有国の持つ洗練された実践的な核兵器と遜色ない近代的な核兵器のことを指す[注2]」

核爆弾の原料となるプルトニウムを約48トン保有し[注3]、潜在的な核保有能力をも有する被爆国日本。その原子力政策の底流にある核燃サイクルとい

注1 原子燃料政策研究会「原子炉級プルトニウムと兵器級プルトニウム調査報告書」2001年5月、http://www.cnfc.or.jp/j/proposal/reports/（2017年6月7日アクセス）。

注2 Victor Gilinsky, Bruce Goodwin, Henry Sokolski, "Commercial plutonium a bomb-material," Japan Times, May 31, 2017, http://www.japantimes.co.jp/opinion/2017/05/31/commentary/world-commentary/commercial-plutonium-bomb-material/ (accessed on June 7, 2017).

注3 内閣府原子力政策担当室「我が国のプルトニウム管理状況」（2016年7月27日）、http://www.aec.go.jp/jicst/NC/iinkai/teirei/siryo2016/siryo24/siryo1.pdf（2017年6月7日アクセス）。

う「巨大国策」の源流を以下、歴史的にたどりながら、現代日本の政策領域にも影を延ばす独自核武装の〝幻影〟について考えてみたい。

❶ 根底に資源論

米国中西部の大都市シカゴを出発し、大陸横断鉄道に揺られること3日2晩。どこまでも続くトウモロコシ畑を抜けて無人の砂漠地帯を走り抜けると、広大な敷地の中にある原子力研究施設にたどり着いた。砂漠の中には、50キロ四方もある〝空き地〟があった。こっちにぽつんと試験炉、向こうにぽつんと別の形の試験炉、小さな再処理工場もあった。けた外れの広さだった――注4。

1955年2月に渡米し、シカゴ郊外にあるアルゴンヌ国立研究所傘下の「アルゴンヌ原子核科学工学学校」で約半年間、原子力技術を学んだ伊原義徳（1924生まれ）は筆者とのインタビューで、同年夏に西部アイダホ・フォールズにある原子力研究施設を訪れた時のことを右のように回想している注5。

伊原は、米大統領ドワイト・アイゼンハワー（Dwight D. Eisenhower）が1953年12月に表明した「アトムズ・フォー・ピース」の一環として米政府に招かれた初代の「原子力留学生」の一人だ。終戦2年後に商工省入りし、工業技術院調査課に在籍していた1954年には日本初となる「2億3500万円」の原子力予算計上にも深く関与した高級官僚の伊原。後に科学技術事務次官や原子力委員会委員長代理も歴任する日本の原子力行政の草分け的存在であり、この国の原子力史の「生き字引」でもある注6。

そんな伊原が、アイダホ・フォールズで目の当たりにした小さな再処理工場。伊原はアルゴンヌで習得した机上の学問だけでなく、原子炉で燃焼した使用済みウラン燃料を再処理し、プルトニウムを抽出する化学工程のプロセスを自身の眼に焼き付けた。そして、資源に乏しい敗戦国が戦後復興と経済発展を遂げるには、核物質を有効活用する核燃サイクルが必要との意を強くしたようだ。伊原はインタビューで次のように振り返っている。

「日本はエネルギー資源のない国。4％しか自給力がないわけだから、何らかのエネルギーを外

注4 共同通信社編『岐路から未来へ』（柘植書房、2015年）10ページ。筆者は東京電力福島第一原発事故の発生以降、日本の原子力政策の黎明期からその決定過程に関与してきた伊原義徳氏に対して継続的なインタビューを行ってきた。この件もインタビューの内容を踏まえている。

注5 伊原氏の証言を収録した文部科学省研究開発局原子力計画課『島村原子力政策研究会資料』も参照した。

注6 太田昌克『日米〈核〉同盟』（岩波新書、2014年）135〜141ページ。

国から入れないといけない。何がいいかと検討したら、原子力発電は有効な手段だと。（中略）再処理する必要があるというのは最初から知られていた。再処理しないで使用済み燃料を捨ててしまうと、ウランのポテンシャル・エネルギーのせいぜい1％くらいしか使えない。あとは捨ててしまうことになる（中略）。日本でもちゃんとした再処理施設をつくって、ポテンシャル・エネルギー、潜在エネルギーをできるだけ引き出すことをやろうと、一生懸命勉強した[注7]」

伊原はインタビューの中でよく口にする言葉があった。「資源論」――。

資源エネルギーを求めてアジア各国を侵略した挙げ句、米国の制裁により一層資源に困窮する帰結を招き、じり貧となって対米開戦に至った約80年前の国策の誤り。先の戦争の苦い経験が骨身に染みている伊原は、この過ちを繰り返すまいと、戦後復興を支える若手官僚として、自前の資源確保を重視する「資源論」の重要性を説き続けた。

その伊原が半年間の米国での原子力留学の末、確信した結論は「原子力は有効な手段」。さらに使用済み燃料から燃え残ったウランを回収し、生成されたプルトニウムを抽出して再活用を図る核燃サイクルが、自らが力説する「資源論」に不可欠な戦略的ピースだと考えた。

伊原は留学から戻った１９５５年秋、日本初の総合的な原子力政策指針「原子力開発利用長期計画（五六長計）」の立案に携わる。そして、上司や同僚とも相談しながら策定した「五六長計」には、次の一文が明記された。

「将来わが国の実情に応じた燃料サイクルを確立するため、増殖炉、燃料要素再処理等の技術の向上を図る[注8]」

ここに、使用済み燃料の再処理と高速増殖炉を基軸とした核燃サイクルという「国策の原型」が模られた。以降、米英両国からの原発輸入、茨城県東海村での再処理施設の建設・稼働、高速増殖実験炉「常陽」、同原型炉「もんじゅ」の建造・稼働が進められ、第2次世界大戦末に核攻撃の犠牲となった被爆国日本は「平和利用」の名の下、軍事転用可能な核の機微技術を着実にマスターしていった。

注7 伊原義徳氏へのインタビュー（２０１３年11月8日）。

注8 原子力委員会「原子力の研究、開発及び利用に関する長期計画」、同委員会ウェブサイト http://www.aec.go.jp/jicst/NC/tyoki/tyoki1956/chokei.html（２０１７年6月9日アクセス）。

なお、日本の原子力政策の軌道を敷いた伊原本人に幾度か、核燃サイクルを通じて獲得した機微技術を軍事利用する「核オプション」は念頭になかったのか、との質問をぶつけたが、いつも答えは同じだった。そんな考えは毛頭なかった——と。中曽根康弘や正力松太郎ら原発を導入した保守系政治家の真の思惑はともかく、日本の原子力政策の「黎明期」をけん引した霞が関の経済系官僚たちの頭の中には、「民」から「軍」へと敷居をまたぐ選択肢はなかったと見られる。

❷ 独自核武装研究 注9

1950年代半ばに日本へ原子力技術が導入されて以降、漸進的ながらも着実に、核燃サイクルは戦後の「一大国策」として押し進められていった。それと並行して、日本周辺の安全保障環境に変化が観察され、核保有国の増大化を阻止すべくNPTが成立に向かう1960年代に佐藤栄作政権が登場すると、日本の政府内ではいくつかの独自核武装研究が行われた。いずれの研究も、民生用核技術から生成される核分裂性物質プルトニウム239の存在に着目しており、その結論は、科学的見地だけに立つなら日本にも核開発は十分可能だが、経済的、政治的、社会的コストを勘案すると、それは非現実的との内容だった。

1964年に中国が初の核実験に成功したことを念頭に「核兵器を持つのは日本にとって全くの常識 注10」との持論を駐日米大使に披瀝したこともある佐藤栄作が同年11月に政権の座に就くと、政府内では知られているだけでも三つの核武装研究が実施された。

まず1960年代後半、国防会議事務局長の海原治が中心の私的グループ「安全保障調査会」が主宰した研究がある。私的グループとはいえ、防衛庁出身の海原のほか、防衛研修所の戦略家で後に中曽根康弘防衛庁長官のブレーンとなる桃井真が参画し、読売新聞の安保専門家、堂場肇と海原が相談の上、国防会議事務局の委託研究として遂行された。

海原らは❶茨城県東海村の黒鉛減速炉「東海炉」を使えば年間20発分の原爆用プルトニウムが生産可能❷運搬手段は狭隘で人口密度が高い国土を考えると潜水艦発射弾道ミサイル（SLBM）が適切——と分析したが、費用が膨大な上、「軍国日本の再来」

注9 本項と次項の記述は主に太田昌克『日米「核密約」の全貌』（筑摩選書、2013年）第3章第4節「独自核武装研究」（242〜248ページ）の内容に依拠している。またこの分野の先駆的研究である杉田弘毅『検証　非核の選択』（岩波書店、2005年）も参照した。

注10 Memorandum for the President from Secretary Rusk, "Your Meeting with Prime Minister Sato," January 9, 1965, Secret, Central Foreign Policy Files, Politics Japan, 1964-66, Box2376, RG59, National Archives in College Park.

としてアジア諸国に無用な恐怖心を与えるなどとして米国の「核の傘」への依存が「最も賢明」と結論付けた注11。

　次に行われたのは、1967年夏に始まった内閣官房内閣調査室の研究だ。政府予算が支出され、内閣調査室の外郭団体を通じた共同研究の形が取られた。同室調査官、志垣民郎が企画し、研究チームには国際政治学者の蠟山道雄や永井陽之助、後の国際原子力機関（IAEA）事務次長、垣花秀武らが加わった。2年近い議論を経てまとめた報告書（2部で構成）は、東海炉の存在などを根拠に「プルトニウム原爆を少数製造することは可能であり、また比較的容易」とする一方、その実現には「多くの困難が横たわっている」と論じた。具体的な「困難」として、❶東海炉はIAEA管理下にある上、まだ再処理工場がない❷「小規模高性能核戦力」の整備に10年間で年平均2016億円の予算が必要で財政的に厳しい❸核ミサイルに必要な慣性誘導装置を開発する技術者の不足——などを挙げた注12。

　さらに（1）中途半端な核武装は「核能力を破壊される前に使ってしまいたい」との意図を惹起し抑止失敗につながる恐れがある（2）日本は人口密度が高く東海道エリアに居住人口や主要産業が集中しており核攻撃に脆弱（3）日本の核武装は中国に警戒心を、米ソに猜疑心を抱かせ外交的孤立を招く（4）地下核実験を行える場所がない——の理由から、「日本の安全保障が核武装によって高まるという結論は出てこない」と断じてみせた注13。

❸「技術抑止」

　右記二つの核武装研究に加え、1970年1月に発足した第3次佐藤内閣で防衛庁長官に就任した中曽根康弘も、官僚や学者らに研究を行わせた。その事実は中曽根本人が回顧録で認めている注14ほか、この研究に参加した元防衛研修所研究部長の桃井真がこう筆者に証言している。

「〔中曽根主宰の〕勉強会は学者や科学技術庁の審議官らが参加して月1回のペースで行われた。核については2年ほど研究した。まず潜水艦だが、技術的に国産化は無理との結論が出た。次に戦闘機を研究したが、国内に練習場がないから無理ということになった。また第二撃〔筆者註 相手の先制核攻撃

注11 研究の結果は安全保障調査会『日本の安全保障——1970年への展望——1968年版』（朝雲新聞社、1968年）に収録されている。

注12 「日本の核政策に関する基礎的研究（その1）—独立核戦力創設の技術的・組織的・財政的可能性—」（1968年9月）。

注13 「日本の核政策に関する基礎的研究（その2）—独立核戦力の戦略的・外交的・政治的諸問題—」（1970年1月）。

注14 中曽根康弘『自省録—歴史法廷の被告として』（新潮社、2004年）224～225ページ。

を受けた後の報復核攻撃」をやると言っても、レーダーがないから第一撃を探知できない。結局、日米安保が一番安上がりということになった。科技庁の審議官は『日航機を使えばいい』などと発言していた。核爆弾は4トンですむから[注15]」

中曽根も回顧録の中で、海外に核実験場を持つフランスと違って日本には核実験場がない点を核武装できない理由に挙げている[注16]。こうして見ると、佐藤政権下で行われた一連の核武装研究はいずれも否定的な結論だったことが分かる。国土狭隘な地理的制約や財政上の問題、核武装後の外交的孤立への恐れ、さらに世論への反発がその主たる要因だった。

こうやって秘密のベールにくるまれながら核武装研究が安保関係者を中心に進められた後景で、外務省内でも核武装の選択肢を温存する「核オプション」を巡る議論が人知れず行われていた。その背景には、1968年に署名開放され1970年に発効するNPTを礎とした国際的な核不拡散体制の構築があった。端的に言うなら、自民党内の強硬保守派の中に「核オプション」堅持を求める声が根強く残る中、外務省内では核燃サイクルを模索する日本のNPT加盟の可否について闊達な議論が行われていたのである。

例えば1968年11月20日、外務省内で開かれた会合では「『不拡散条約後』の日本の安全保障と科学技術」と題した報告書が参集した幹部に配布されたことが開示外交文書から明らかになっている。執筆者は科学課長の矢田部厚彦で、NPT体制の欠陥や日本の条約加盟に伴う問題点を論じるたたき台として用意された。報告書には「核兵器に対して特殊な拒絶反応を有する現在の国民心理を考慮して（中略）原子力平和利用が軍事利用と紙一重であるということは、日本の原子力界にとっては禁句になっている」との記述のほか、「NPTの寿命は10年ないし15年」「日本は1985年ごろまでには核武装しているだろう」といった非常に刺激的な内容も見られる[注17]。

さらに報告書をベースにした実際の議論では、次のような意見表明が幹部職員らからなされた[注18]。

「日米安保条約は永久に続くわけではない。条約がなくなったら国民感情も変わるかもしれない。その時に脱退して核を作れと国民が言えば作った

注15 桃井真氏へのインタビュー（2001年7月3日）。

注16 中曽根『自省録』224～225ページ。

注17 「『不拡散条約後』の日本の安全保障と科学技術」（1968年11月、外務省開示文書）。太田昌克『日本はなぜ核を手放せないのか――「非核」の死角』（岩波書店、2015年）121～122ページも参照。

注18 「第480回外交政策企画委員会記録」（外務省開示文書）／太田『日本はなぜ核を手放せないのか』122～123ページ。

らいい」（仙石敬軍縮室長）

「高速増殖炉などの面で、すぐ核武装できるポジションを持ちながら平和利用を進めていくことになるが、これは異議のないところだろう」（鈴木孝国際資料部長）

「爆弾1個作るには恐らく半年ないし1年半ぐらいあればいいと言われている」（矢田部科学課長）

また1969年に入ると、外務省内にはアドホックな政策論議の場として「外交政策企画委員会」が設けられ、中長期的な外交政策について省内の意見が戦わされた。その結果は必ずしも外務省の正式な政策として全てが採用されたわけではないが、意見集約した秘密文書「わが国の外交政策大綱」には日本の「核オプション」に関して次の記述が登場する。

「当面核兵器は保有しない政策をとるが、核兵器製造の経済的・技術的ポテンシャルは常に保持するとともにこれに対する掣肘をうけないよう配慮する。又核兵器の一般についての政策は国際政治・経済的な利害得失の計算に基づくものであるとの趣旨を国民に啓発する……注19」

当面はNPTと「非核三原則」を堅持して核武装路線は取らず、日米安保体制下で「核の傘」の庇護を受けるが、その信頼性が万が一崩れた場合に備えて核開発可能な財政力や技術的能力だけは保持しておく――。秘密文書の底流には、こんな「技術抑止注20」の戦略的思考がのぞく。そしてその「技術抑止」を下支えしたのが、日本が1950年代から探求してきた核燃サイクル、つまり再処理事業と高速増殖炉を基軸とした核の機微技術だった。

おわりに――彷徨(さまよ)う〝幻影〟

世論の目を盗んでひそかに進められた核武装研究、さらに外務省内の政策論議を経て、日本は1970年にNPTに署名、1976年には批准手続きを行い、非核保有国としてNPTに加盟した。

一方で、1970年代から1990年代にかけて、「資源論」すなわちエネルギー安全保障の論理に立脚しながら、❶東海再処理施設の完工と操業

注19 外務省外交政策企画委員会「わが国の外交政策大綱」（外務省開示文書）67〜68ページ。「外務省『核兵器製造能力を』」『毎日新聞』1994年8月1日朝刊も参照。

注20 「技術抑止」の定義を巡っては、杉田『検証 非核の選択』76ページを参照した。杉田は「技術抑止」を「政治判断さえすれば短期間で保有できる事実上の核保有国とも言える状態にしておき、国際的に攻撃や挑発を受けないようにする」ことと説明している。

❷青森県六ヶ所村での商業規模の再処理工場建設❸高速増殖原型炉「もんじゅ」の稼働❹使用済み燃料を英仏に移送して行う海外再処理事業――の主要パーツからなる独自の核燃サイクル体制の構築・整備に血眼となってきた。

そして２０１１年3月11日、広島、長崎、ビキニに続く「国民的被爆／被曝体験」である東京電力福島第一原発事故が発生。数万人が今なお故郷を追われ避難生活を強いられる未曽有の国難となった。しかしながら16年のもんじゅ廃炉決定後も、六ヶ所村での再処理事業を背骨としながら、プルトニウムを混合酸化物（ＭＯＸ）燃料に加工して軽水炉で再利用し、フランスとの技術協力次第では新たに高速炉を建造する核燃サイクル路線は、当初の姿を変えたとはいえ、依然「不動の国策」として鎮座し続けている。

その根底にあるのは、初代原子力留学生の伊原が唱えた「資源論」であり、自前のものを含むエネルギー供給源の多様化であり、地球温暖化対策であり、経済利益増大を至上命令とするアベノミクスの成長戦略であり、原子力分野における国際的な技術競争力の維持であり、核のごみの減容化対策である。そこにもうひとつ、北朝鮮の核戦力増強や中国の軍事大国化を念頭に「核オプション」の温存という、隠れた原子力アジェンダが加わる。

もちろん、民生用原子力の未来をいまだ信じる「原子力ムラ」の中において、「核オプション」を支持する声は決してメインストリームではなく、ごくごく限られた人間が頭の片隅で描いているだけと類推される。

それでも「３・11」後の今もなお、核燃サイクル堅持の理由の一つを、有事の核武装に備える「核オプション」に求める保守系政治家や安保系官僚は確かに実在する。以下の発言は、筆者が直接インタビューや取材で耳にした、そんな彼らの肉声である[注21]。

「北朝鮮が核開発をやめました、中国もやめました、ロシアも米国もやめでござると。そうなら話は別だが、誰もそんなこと言ってない……技術抑止の必要性は高まりこそすれ、低くなることはない……〔核燃サイクルは〕回し続けなければならないでしょうね」（元防衛相で自民党衆議院議員の石破茂、２０１１年10月6日のインタビュー）

注21　太田『日米〈核〉同盟』２３１〜２３５ページ。

「日本は原爆を2発落とされた被爆の国ですから、〔核兵器を〕持つ必要はもう少し慎重になって考えないといけないかもしれないが、今の国際状況を見たら、あんまりあなたたち（筆者註　中国や北朝鮮、米国や欧州、ロシアのこと）が無理無体を言うのだったら、日本が〔核兵器を〕持つようなことになるかもしれないよ、というブラフくらいはかけてもいいと思う」（元経済産業相として核燃サイクルを進めた自民党衆議院議員の平沼赳夫、2014年1月22日のインタビュー）

「〔米国が〕核燃サイクルを認めているのは欧州原子力共同体（ユーラトム）を除いて日本だけ。〔米側にも最近〕核燃は日本の最高の利益でvital（死活的）だと説明した。中国がこういう状況で、日本にはこれが必要だと。潜在的な核能力、もちろん日本はつくらないが、その能力を持っていることが中国、北朝鮮との関係で非常に重要だと〔米側に〕説明した」（安倍晋三首相にも近い政府高官の一人、2014年6月11日＝匿名を条件とした取材）

「軍事利用」と「民生利用」という二つの顔を持つ「核のパワー」の両義性。そこには絶対的な敷居は存在せず、軍民のギャップは、再処理やウラン濃縮、高速増殖炉といった核燃サイクルの重要技術をもってして埋められる。核燃サイクルという「巨大国策」の背後で、「核オプション」の“幻影”が今も彷徨い続けている。

太田昌克（おおた・まさかつ）
1968年富山県生まれ。現在、共同通信編集委員（論説委員兼務）。早稲田大学政治経済学部卒、政策研究大学院大学で博士号（政策研究）。広島支局、外信部、政治部、ワシントン支局などを経て現職。戦後日米史や日米核密約などの調査報道でボーン・上田記念国際記者賞、平和・協同ジャーナリスト基金賞。主著に『日米〈核〉同盟』（岩波新書）、『日本はなぜ核を手放せないのか』（岩波書店）『日米「核密約」の全貌』（筑摩選書）。早稲田大学客員教授、長崎大学核兵器廃絶研究センター客員教授も務める。

Column 6

独自核戦力のコストと核武装の代償

武田康裕（防衛大学校教授）

❶ 独自核戦力のコスト

米国の核の傘に代わる最小限の核抑止力を日本が保持しようとする場合、その地勢的条件から残存性を期待できる戦略核戦力は、原子力潜水艦（ＳＳＢＮ）をプラットフォームとする潜水艦発射弾道ミサイル（ＳＬＢＭ）に限定される。アジア大陸の縁辺で南北に細長く伸びた日本にとって、地上発射の大陸間弾道ミサイル（ＩＣＢＭ）や長距離爆撃機は、敵の攻撃に極めて脆弱なためである。

日本の核武装の経済コストを推定するうえで参考になるのは、ＳＬＢＭ／ＳＳＢＮを唯一のプラットフォームとする英国である。２０１１年現在、英国は4隻の原子力潜水艦を保有し、１隻当たり16基のトライデント・ミサイルⅡ（D５）と48発の核弾頭を搭載させている。この4隻をローテーションさせる態勢は、「継続的海上抑止」と呼ばれ、１隻を通常3カ月程度のパトロール任務につけ、２隻を港や近海で訓練を行い、１隻をドックで保守点検に充てるものである。英国は、この核戦力に06年価格で総額１４５億ポンド（約3兆円）を投入してきた。10年度の運用コストは、34億ドル（約３０００億円）と推定される。

これは、日本の２０１２年度防衛予算の約7％に相当する。１隻１１５５億円の護衛艦３隻分の建造予算を下回る経費で核戦力を運用できれば、安上がりに見えるかもしれない。しかし、防衛予算の約４％を占める接受国支援（１８６７億円）の１・６倍に相当する。接受国支援等により、「核の傘」だけでなく米軍の前方展開や弾道ミサイル防衛協力を含む拡大抑止の恩恵を得ていると考えると、核武装は決して安価ではない。

英国は、２０２０年代初頭に退役予定の４隻のバンガード級原子力潜水艦とトライデント・システムを更新する計画である。その額は約４００億ドル（３・４兆円）と推定されている。ただし、英国は独自の核弾頭とＳＳＢＮを保有し、米国とＳＬＢＭを共有し共同運用している。日本が独自に核弾頭とＳＬＢＭを開発・製造しようとすれば、多くの時間と費用が必要となる。ちなみに、06年に政府が検討したとされる「核兵器の国産可能性について」では、小型弾頭に最低でも3～5年、２０００億～３０００億円の予算が必要で、核実験をすればさらに時間と費用がかかる。

❷ 核武装の代償

NPT加盟国である日本が、国際原子力機関（IAEA）の厳しい査察を受けながら秘密裏に核兵器開発を行うことは到底不可能である。したがって核兵器開発に先立ち、日本はNPTを脱退しなければならない。

その結果、原子力の平和利用に対する国際支援が得られず、福島原発事故まで総電力量の約3割を占めてきた原子力発電が止まる。また、日米原子力協定の下で、非核兵器国として例外的に認められている核物質の濃縮と再処理は困難となり、プルトニウムを製造可能な核燃料サイクルは維持できなくなる。

さらに、唯一の被爆国として軍縮分野で積み上げてきた日本の国際的評判は失墜し、外交的に孤立する。何より、核武装は、非核政策以上に安全保障水準を低下させる事態を招くことになる。

第1に、核戦力の開発から配備までの間、日本は核兵器国による消極的安全保障を喪失する。世界で第5位の人口密度を持ち、3大都市圏に総人口の半数以上が集中する日本が、こうした脆弱性を抱えつつ核脅威に対する抑止力をほとんど持たない状況に置かれる。特に、非核政策の転換により、中国やロシアが明確に日本を標的とした核戦略をとる可能性がある。

第2に、NPT違反は、国際社会からの非難を招き、国連安全保障理事会による制裁措置の対象となろう。石油と食糧の大半を海外からの輸入に依存する日本にとって、経済制裁は日本の経済・食糧安全保障に大きな打撃を与えることとなる。

第3に、同盟解体後の日本が、米国の友好国にとどまることは可能であるが、核武装した日本は、米国から敵性国家と見なされる可能性がある。日米関係の悪化は、核備品等の調達と兵器システムの運用を困難にし、通常兵器による自主防衛の達成に莫大な時間と経費を課すことになる。第4に、日本の核武装は北東アジアにおける軍拡競争を刺激することになる。特に、過去に核開発に着手した経験を持つ韓国や台湾などの核保有を促し、日本周辺の安全保障環境は悪化する。

以上の代償を考慮すると、日本の核武装は、その費用対効果という点で、核の傘を代替する現実的な選択肢とはなりえない。

＊本稿は『コストを試算！日米同盟解体——国を守るのに、いくらかかるのか』（武田康裕／武藤功・著、2012年、毎日新聞社）所収の同名論考より転載させていただきました。

武田康裕（たけだ・やすひろ）
1956年生まれ。防衛大学校教授。専門はアジア安全保障、比較政治、国際政治学。北海道大学法学部卒。早稲田大学大学院政治学研究科修士課程国際政治学専攻修了。東京大学大学院総合文化研究科修士課程国際関係論専攻修了。同博士課程国際関係論専攻中退（学術博士）。著書に『民主化の比較政治——東アジア諸国の体制変動過程』（ミネルヴァ書房）、共編著『最新版・安全保障学入門』（亜紀書房）他。

日米原子力協定

――日本の再処理とプルトニウム保有への米国の懸念

新外交イニシアティブ 日米原子力エネルギープロジェクトチーム
（猿田佐世・平野あつき・久保木太一・西原和俊）

２０１８年を前に日米原子力協定と包括事前同意方式

日米原子力協定は、日米の原子力分野における協力の枠組みを定めるものであると同時に、米国が供給する核燃料や原子力資機材に対して、核不拡散の観点から米国が規制をかけるものである。日本は原発の主要燃料である濃縮ウランを米国からの輸入に頼ってきており、日米原子力協定は日本の原発を維持する上で死活的役割を果たしてきた。

１９８８年に締結された現行の日米原子力協定は、２０１８年7月に満期を迎える。

現行協定がその第一の特徴とし、満期が迫るにつれ再び注目を集めているのは、いわゆる「包括事前同意方式」である。

「包括事前同意方式」とは、予め日米両国が合意した一定の日本の使用済み核燃料の再処理や第三国移転等に関しては、米国は個別に同意権を行使せず、協定締結時に前もって包括的な形で同意を与えるというものである。

現在、日本が再処理を行うことができるのは、現行協定で米国から包括事前同意が与えられているからである。米国は多くの国と原子力協定を締結しているが、日本とEURATOM（欧州原子力共同体）加盟国だけに再処理の包括事前同意を与えてきた。協定満期を迎えた後に包括事前同意方式が継続されないとすれば、日本は再処理政策の見直し、ひいては原発政策全体の見直しを迫られることになる。したがって、協定が包括事前同意方式を維持した形で2018年以降も続くかどうかというのが、目下の注目の対象となっている（「2018年問題」）。

現行協定締結の経緯

1977年4月、カーター大統領は、米国自身が行う商業用の使用済み核燃料再処理を無期延期すると発表した。再処理の経済性への懸念、そして、何よりも、核兵器の原料となるプルトニウムを取り出すことによる核拡散への懸念による決定であった。

現行協定以前に日米間で結ばれていたいわゆる「1968年協定」では、日本の行う再処理について実質的には米国に拒否権があった。そのため東海再処理工場の運転開始に対し米国が待ったをかけるという出来事が起き、日本は「1968年協定」の改定を強く望むようになる。

改定のチャンスは、米国の政権交代により訪れ、1982年6月、レーガン政権が、包括事前同意方式を導入するための取り決めを提案するとした。しかし、現行協定の内容が日米両国間で実質合意に至った後も、米国内の手続きで慎重意見が相次ぎ、議会の承認手続きも難航した。

議会審議で問題となったのはプルトニウムの輸送問題、および、核不拡散政策への影響であった。上下院の公聴会においても、30年もの長期間にわたって包括的事前同意を日本に与えるこの協定は、核不拡散法上の要件を満たしていないとして、批判的な意見が相次いだ。上院外交委員会は、圧倒的な賛成票で、協定の再交渉等を求める書簡の発出や本協定を大統領に差し戻す旨の決議を上院本会議に求めた。下院外交委員会の有志も、同内容の書簡を大統領宛に提出するなど、反対の動きが相次いだ。

このような厳しい状況の中で、米国内の協定賛成派や日本からの必死の働きかけが奏功し、1988年3月22日、米上院本会議で、協定不承認決議が否決され、その後米議会における審議期間が終了したことで決着に至った。

外交交渉から米国内の手続きまで、苦労の末、日本が手に入れたこの現行協定は、日本外交における金字塔とも評価されている。

野田政権の「2030年代原発ゼロ」政策のとん挫と「米国」の声

日本の各政策は米国の影響を強く受けていること が多く、原発政策も例外ではない。

2011年3月の福島第一原発事故発生後、日本国内では原発ゼロに向けた世論が高まり、2012年9月、当時の民主党政権では「2030年代に原発ゼロ」を目指す閣議決定が模索された。

しかし、これに対し、当時の日本のメディアは、数多くのアメリカからの声を報じた。

2012年9月13日の日経新聞は、米国のシンクタンク「戦略国際問題研究所（Center for Strategic and International Studies, CSIS)」のジョン・ハムレ所長による寄稿を「日本、原発ゼロ再考を」という見出しで掲載した。他、シンクタンク「新アメリカ安全保障センター（Center for a New American Security, CNAS)」のパトリック・クローニン上級顧問の「具体的な行程もなく、目標時期を示す政策は危うい」といった発言や、パネッタ国防長官（当時）が閣議決定案について日本に説明を要請したといった事実が報道されるなど、米国からの「原発ゼロ」に反対する多くの声が日本のメディアに並んだ。

最終的に閣議決定された文章は「今後のエネルギー・環境政策については『革新的エネルギー・環境戦略』を踏まえて、関係自治体や国際社会等と責任ある議論を行い、国民の理解を得つつ柔軟性を持って不断の検証と見直しを行いながら遂行する」との表現にとどまるものとなった。

同月22日の東京新聞では、「閣議決定回避　米が要求／原発ゼロ『変更余地残せ』」という記事が一面トップを飾り、野田内閣が閣議決定の是非を判断する直前、米政府側が閣議決定を見送るよう要求していたと報道された。

再処理とプルトニウム保有に対する米国の声

もっとも、この時、本当に米国は単純に原発賛成という立場のみから日本の閣議決定に異議を唱えていたのだろうか。

米国からの日本の原子力政策に向けた声について正確に理解するためには、まず、使用済み核燃料の再処理に対する米国の声について理解する必要がある。

米国では、使用済み核燃料の再処理とプルトニウムの蓄積は、核不拡散政策に反するとして、安全保障の観点から問題視されてきた（なお、日本では原発と核兵器が別のものとして議論されることが多いが、英語ではnuclear power plantとnuclear weaponとして、同じ「核（nuclear）」に関するものとして認識されており、原子力政策も安全保障の問題として捉えられることが多い）。

日本は現在約48トンものプルトニウムを保有しているが、日本の再処理やプルトニウム大量保有についても、米国の多くの専門家が繰り返し懸念を表明してきている。

日本にプルトニウム保有を認めるとすると、他国にも再処理やプルトニウム保有のインセンティブを与え核不拡散の方針に反するし、中国・韓国といった日本の潜在的抑止力を脅威と捉えかねない国々との緊張関係も生じうる。テロの手にプルトニウムが渡る危険も含めた核セキュリティ上の懸念を持つ専門家も多い。また米国では原発と再処理は別問題として認識され、原発を支持する人であっても、その大半は再処理に反対している。

日本への懸念を示した代表的な例を挙げれば、例えば、ジョン・ホルドレン米大統領補佐官（科学技術担当）は、朝日新聞に対し、六ヶ所再処理工場の運転開始計画に関し「日本には既に相当量のプルトニウムの備蓄があり、これ以上増えないことが望ましい」「分離済みプルトニウムは核兵器に使うことができ、我々の基本的考え方は世界における再処理は多いよりは少ない方が良いというものだ」と述べている（2015年10月12日付）。また、2016年3月17日、上院外交委員会の公聴会でトーマス・カントリーマン米国務次官補は「我々は、（再処理には）本質的な経済性という問題があると考えており、米国とアジアのパートナー諸国が、経済面および核不拡散面の重要な問題について共通の理解を持つことが重要だ——例えば日本との原子力協定の更新について決定をする前に」と述べ、「すべての国がプルトニウム再処理の事業から撤退してくれれば非常にうれしい」と述べている。

2012年9月に模索された民主党政権の「2030年代原発ゼロ」の閣議決定案は、同時に六ヶ所村における再処理は継続するという方針を伴うものとされていた。したがって、日本のメディアが「原発ゼロ」に反対する米国の声を強調していた際も、米国の少なくない専門家が「原発ゼロとしながら再処理を続ける」政策について、プルトニウムをため込むだけの結果となり問題がある、との懸念を強く示していたのである。しかし、後者の声については日本で報道されることは少なかった。

日本の原子力エネルギー政策に影響を与える米国のグループ

なぜ日本の再処理・プルトニウム蓄積を懸念する米国の声は、日本に届かないのか。

日本の原子力政策に対して発言する米国の専門家には、大きく分けて、①原子力産業等のグループ、②「知日派」グループ、および、③核不拡散派のグループが存在する。①の専門家は原発推進の立場が明確なグループである。②「知日派」のグループに属するのは日本の政策を研究している人々であり、③「核不拡散派」とは、米国が外交政策の柱として掲げる核不拡散政策全体を専門とする人々のグループである。

米国における従来の対日原子力政策においては、①原発産業や原発関連のグループは人々が日本の産業界とのつながりを通じて日本に多大な影響を及ぼし、また、②「知日派」のグループが通常の日米外交関係や人的つながり、米シンクタンクなどへの日本からの資金援助といった過程を通じて、日本に大きな影響力を与えてきた。

②の顕著な例が『アーミテージ・ナイ報告書』だ。日本の安全保障政策を形作る、とまで言われるこの報告書は、元国務副長官のリチャード・アーミテージ氏、元国防次官補のジョセフ・ナイ氏を代表執筆者として、これまで3回にわたって出版されてきたが、2012年8月に発表された第3弾においてはエネルギーの章が冒頭に設けられ、「原発の再稼働なしには、2020年までに二酸化炭素（CO_2）の排出量を25%カットする意欲的な目標は成し遂げることはできない」、「エネルギーコストの高騰と円高による、エネルギー依存の高い産業の国外流出を食い止めるためには原子力発電の再開が賢明である」と日本に原発の再稼働を求めている。

②「知日派」はほとんどの場合、原子力エネル

ギーの専門家ではないが、米国の「専門家」の声として彼らの声は日本で影響力を持って拡散されていく。「知日派」にも再処理に賛成でない人々も少なくないが、その多くはこの点について日本政府や財界の望まぬ発言は行わない傾向にある。

他方、③「核不拡散派」のグループの専門家たちは、日本の再処理政策やプルトニウムの蓄積に強い懸念を有しているが、特に日本とのパイプを有していない。彼らは通常の日米外交のルートに近い存在でもなく、日米関係において個別の人間関係を広く深く有しているわけでもない。したがって、米国から日本に声を運ぶチャンネルを十分に持っておらず、その声は日本に十分に届かない。

そもそも、米国において原発産業が斜陽産業とも言われる状況であるといった情報も米国から日本に届いていない。米国では、1979年のスリーマイル島事故以後、新規申請・建設された原発はほとんどないのが現状である。私たち新外交イニシアティブのインタビュー調査で、原発反対の専門家にインタビューを行った際に「今後の作戦は？」と聞くと、「私たちの仕事は終わった」との回答であった。しかし、米国内の原発に慎重な議員・専門家や市民の声も、日本にはほとんど届いていないのが現状である。

満期を迎える日米原子力協定

日米原子力協定は、その第16条の規定により、施行から30年後の2018年に満期を迎える。それに際し、日米両国には次の4つの選択肢がある。

① 改定交渉などを行わず、協定を自動延長させる。ただし自動延長の場合には、その後いつでも日米いずれかが6カ月前に文書によって通告することによって、協定は終了する。

② 現行協定をそのまま相当期間（例えば20年から30年）延長させる法律手続きをとる。

③ 現行協定を改定し、新協定を締結する。日米両国の議会による承認を必要とする。

④ 現行協定を第16条（6カ月前に日米いずれかが文書によって通告）に従って終了させ、新協定がないまま無協定状態になる。

2016年、電力自由化などによる競争激化の中でも再処理を進められるようにすることを目的とした再処理等拠出金法を成立させたことからも、今後も再処理を継続していくという日本政府の意思は明らかである。すなわち、日本政府は、包括事前同意が認められている現行協定下の状況を継続したいとの立場にある。

日本政府にとっては、④はもちろんのこと、今後常に不安定な状態に置かれる①自動延長よりも本来は②③が望ましい。もっとも、②③においては、米議会の判断を仰ぐこととなることから、現行協定締結時の状況やこの間の米国と他国の原子力協定の審議状況からも、万が一にも包括事前同意が損なわれる可能性のある米議会の審議は避けたいと考えている。したがって、日本政府は、本協定について①自動延長を前提にしているとみられている。

では、米政府は協定改定を日本に求めるだろうか。「核不拡散」が国是とも言える米国の立場からすれば、日本が用途のないプルトニウムをこれ以上蓄積しないよう、米国側から協定の改定交渉を求めるのが論理的な流れである。

しかし、新外交イニシアティブによる米国における調査では、米側からも改定交渉を求めず、協定は自動延長となるだろうというのが米専門家の大方の意見であった（２０１７年2月現在）。

インタビューした米専門家らは、その理由として米政府の認識を次のように説明した。

○米政府にとって日本は特別な同盟国であり、親しいビジネスパートナーである。

○残念ながら再処理は既に日本に認めてしまった権利である。

○中国が米国にとって大きな懸念材料となっている現在、日本が極めて重視する再処理政策を問題視して良好な日米関係にヒビを入れるのはよくない。

多くの米国の専門家にインタビューを繰り返す中で特に強く感じたのは、「日本政府は再処理推進の立場を絶対に変えることはないので、日本が受け入れないことについて米国が日本に強く求めるのは適切ではない」との共通したトーンであった。

このような状況のもとで、協定は自動延長となるだろうとの見方が米国においても強いのである。

つまり、外交上の観点から米国が日本に対して「遠慮」するだろうというのが、つい先日までホワイトハウスの高官であった人々も含めた米国専門家の見方であった。これは「米国の言うことには日本はすぐに従う」という多くの日本人の認識に反する興味深い現象である。

なお、米国の核不拡散派の中には、協定改定は難しいために自動延長となったとしても、プルトニウムのバランスを日本に保証させるべきとの意見も存在する。例えば、米国のシンクタンク「カーネギー国際平和財団」のジェームズ・アクトン上級研究員は、2015年9月に発表した報告書「日本のプルトニウム問題の解決に向けた現実的アプローチ」において、「協定の再交渉はおそらく難航し、米国議会が協定発効を妨害する可能性が生じるだろう。そのため、日本政府は現協定の延長を希望する可能性が高い」と推測した上で、日本はプルトニウムの需要と供給のバランスを保つべきであり、それを守らせるための付帯決議を日米で結ぶべきであると提言している。

日本社会はいかなるスタンスで「2018年問題」に臨むのか

「日本外交の最高の勝利」によって包括事前同意方式を手に入れた1988年と現在とでは、再処理を巡る国内外の事情は大きく異なっている。わずかだとみられていたウランの埋蔵量は、当初の予測よりはるかに多いことが分かっている。また、核燃料サイクル構想には致命的な技術的・経済的な欠陥があることが分かり、2016年にはついに高速増殖炉もんじゅの廃炉が決定された。多くのプルサーマル炉の稼働停止が相次いだことも重なり、日本は約48トンという膨大なプルトニウム在庫を抱えこんでいる。

再処理の非経済性についてはここでは詳細は触れないが、再度、日本のプルトニウム保有が東アジアの安全保障において悪影響を与えることについての一つの発言を取り上げて本稿を結びたい。

元米国防総省核不拡散政策担当のヘンリー・ソコルスキー氏は2015年11月、東京での新外交イニシアティブ主催のシンポジウムにおいて、「誰も核爆弾を作りたいのではないかもしれない。しかし、もし日本がこのまま再処理を進めて核兵器に使えるようなプルトニウムの保有量を増やすのであれば、中国もまた自分たちの保有量を増やしたいとなる。そして、韓国もまた同じように主張する。日本と同じような権利を持ちたいという。そうなると、大量の核兵器に使用できるプルトニウムが東アジアに蓄積されることになる」と述べ、さらに「日本は核兵器を持ちたいとは思っていないかもしれない。しかし六ヶ所（再処理工場）を運転させれば近隣諸国はそうはみない。日本がどう思っているのかは国際関係において意味のないことだ。プルトニウムの増加は、韓国と中国から懸念を持ってみられる」と指摘した。

果たして何の変化もないまま、このまま自動延長によって2018年問題を決着させてよいのか。この機会に、原発専門家のみならず安全保障の専門家や広く市民社会をも巻き込んだ、日本の再処理政策についてのオープンな議論が行われねばならないのではないか。今後の活発な議論が期待される。

※本稿の詳細は、『アメリカは日本の原子力政策をどうみているか』（鈴木達治郎・猿田佐世編、岩波ブックレット、岩波書店）参照。

新外交イニシアティブ
（ND／The New Diplomacy Initiative）
日米原子力エネルギー・プロジェクトチーム

日米および東アジア各国において、外交・政治に新たに多様な声を吹き込むシンクタンク（NGO）。在日米軍基地問題、TPP（Trans-Pacific Partnership）、エネルギー問題（自然エネルギー・原発等）、日中関係などを主なテーマとして取り扱う。本稿執筆を担った久保木太一（くぼき・たいち、弁護士）、西原和俊（にしはら・かずとし、弁護士）、平野あつき（ひらの・あつき）は、同シンクタンク内「日米原子力エネルギー・プロジェクト」研究員。監修者の猿田佐世（さるた・さよ）は、同団体の事務局長と同プロジェクトリーダーを務める。早稲田大学法学部卒。弁護士、立教大学講師、沖縄国際大学研究員。著作に『新しい日米外交を切り拓く 沖縄・安保・原発・TPP、多様な声をワシントンへ』（集英社）、『アメリカは日本の原子力政策をどうみているか』（岩波ブックレット）、『自発的対米従属 知られざる「ワシントン拡声器」』（角川新書）他。

核燃料サイクルと「六ヶ所村」

長谷川 公一
（日本学術会議「高レベル放射性廃棄物の処分に関する
フォローアップ検討委員会」委員）

コンセントの向こう側に六ヶ所村がある

東京電力福島第一原発事故（以下、福島原発事故）は、電気はどこから来ているのか、という問いを提起した。一方、原子力発電から出る放射性廃棄物はどう処理するのか、というもう一つの難題も忘れてはならない。コンセントの向こう側に原発があるとともに、コンセントのもう一つの向こう側に、原発のあと始末の場所として、六ヶ所村がある。「トイレなきマンション」と揶揄されるように、原子力発電を抱えるどの国も放射性廃棄物処理問題に難渋している。日本では、各原子力発電所の冷却プールで冷やしたあと、放射性廃棄物は青森県六ヶ所村に運ばれる。

青森県六ヶ所村には、図表1のように、ウラン濃縮工場、ＭＯＸ燃料加工工場（建設工事中）とともに、放射性廃棄物にかかわる三つの施設が集中的に立地している。世界でももっとも大量に放射性廃棄物と放射性物質が集中する場所だ。しかも施設付近には約15㎞の長さの活断層の存在が指摘され、六ヶ所村沖４・３㎞の地点からは、北に約百㎞の長さの大陸棚外縁断層が伸びている図表2。２０１１年３月

図表1　核燃料サイクル施設概要　　出典：日本原燃株式会社広報資料

施設		規模	操業開始	建設費	所要人数
再処理工場	本体	年間800t・ウラン	未定	約2兆9500億円	操業時：約2000人
	使用済燃料貯蔵プール	3000t・ウラン	2000年		
高レベル放射性廃棄物貯蔵管理センター		ガラス固化体 2880本	1995年	約1250億円	
ウラン濃縮工場		年間150tSWUで操業開始（現在の施設規模年間1050SWU）	1992年3月	約2500億円（年間1500tSWU規模）	工事最盛期：約1000人 操業時：約300人
低レベル放射性廃棄物埋設センター		埋設規模 約8万㎥（200ℓドラム缶約4万本相当）最終規模約60万㎥（同約300万本相当）	1992年12月	約1600億円（ドラム缶100万本規模）	工事最盛期：約700人 操業時：約200人
MOX燃料加工工場		年間130t	2019年竣工予定	約2100億円	操業時：約300人

図表2　下北半島の原子力施設

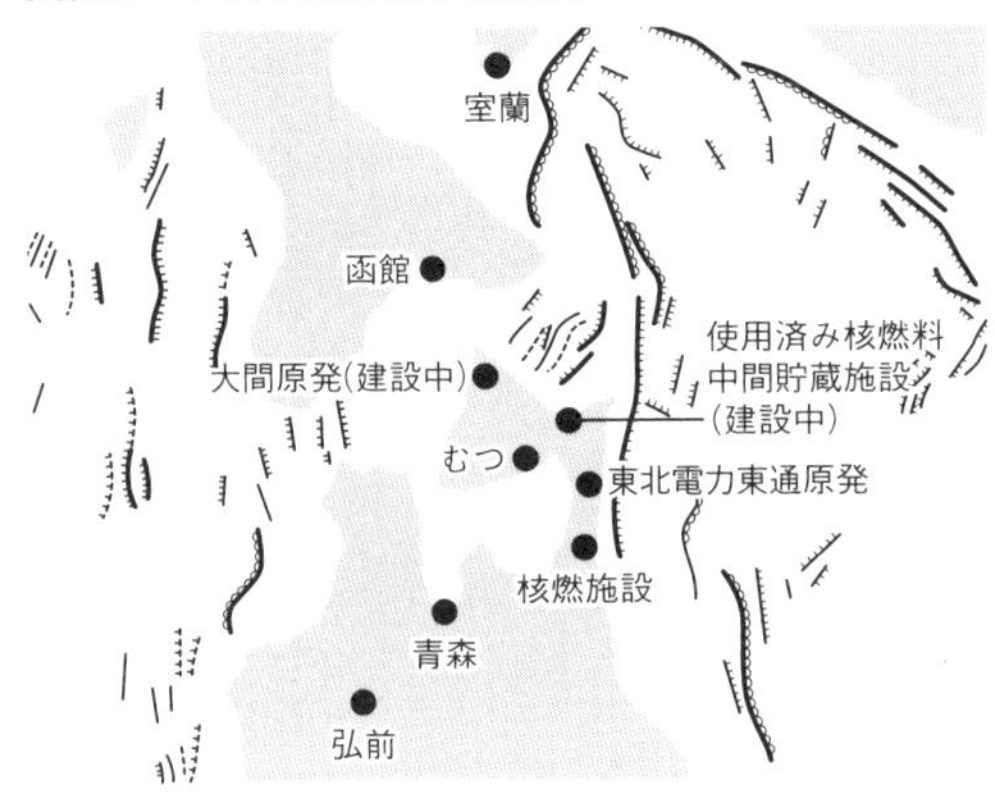

崖高　>200m　<200m

縦ずれ活断層

推定縦ずれ活断層

活撓曲

推定活撓曲

活背斜軸

活向斜軸

出典：舩橋晴俊、長谷川公一、飯島伸子『核燃料サイクル施設の社会学』(2012)
※ただし、大間原発、中間貯蔵施設、東通原発の位置を書き加えた

11日の大地震で動いた茨城県沖から岩手県沖までの約500㎞の震源域の北西に、この大陸棚外縁断層がある。ただし日本原燃株式会社（以下、日本原燃）は直下の活断層の存在を否定し、大陸棚外縁断層も耐震指針の評価対象外としている。

再処理工場は当初1997年12月完成予定だったが、大小さまざまのトラブルが発生し、これまで計23回工事完成予定時期を延期し、2017年7月末現在、営業運転開始の目途は立っていない。工事費も当初の7600億円から2兆1400億円へ、震災直前の2011年2月時点で2兆1930億円へと3倍近くに膨れあがった。東日本大震災と原子力規制委員会の新規制基準を受けた改修などで、その後大幅に工事費は増大し、2017年7月、新規制基準への対応などで約7500億円増え、当初見込みの4倍近い約2兆9500億円に上ると発表された。

バックエンド対策には、日本やフランスのように使用済み核燃料を再処理してプルトニウムを取り出す再処理と、再処理せずに地中深くに埋めてしまう直接処分の二つがある。コスト高であること、プルトニウムの使い途がないことから、近年になるほど再処理路線の国は減る一方だ。ドイツも後述のように再処理から撤退し、2005年7月1日以降は再処理を全面的に禁止している。

しかし日本は、1960年代初頭から約40年以上にわたって、この二つの選択肢の得失を一切検討することなく、両者のコスト比較もタブー視して、再処理一辺倒路線に固執してきた。1994年に行われた再処理が4倍高いというコスト試算の結果は、通産省・経産省内で2004年7月まで秘匿されてきた。

津波や地震に脆弱な場所に、「札束」の力で、もっとも危険な施設が集中的に立地している。しかも運営する日本原燃は9電力会社の寄り合い所帯で、基本的な経営能力・管理能力すら疑われてきた。「原子力ムラ」は代替的な選択肢を封殺し、硬直的に既定路線を突き進んできた。もたれ合いと不作為が絡みあった、日本の原子力問題の縮図のような場所が六ヶ所村である。

「巨大開発」から放射性廃棄物半島へ

ではなぜ六ヶ所村に、放射性廃棄物が集中することになったのか。1969年の新全国総合開発計画のもとで、鹿島コンビナートの4倍の規模の大規模工業基地が構想され、用地買収がすすめられたことが発端である（船橋晴俊・長谷川公一・飯島伸子、2012年、文末［参考文献］参照。以下同）。戦後開拓の入植者などを追い立てて、県主導で強引に用地買収をすすめたものの、工場立地はすすまず、利用の目途の立たない約5200haの広大な原野と国策会社のむつ小川原開発株式会社の約1400億円の膨大な累積赤字が残った（1983年末段階）。その救済策として、青森県当局が積極的に誘致したのが、核燃料サイクル計画である。

本州最北端の下北半島には、図表3のように原子力施設が集中している。1967年11月にむつ市が「原子力船むつ」の母港受け入れを表明して以来、原子力施設の立地を開発の起爆剤にしようとしてきたのが、青森県の「地域開発」の歴史である。六ヶ所村は、北隣の東通村と核燃料サイクル施設の誘致をめぐって競い合った。安全性やリスク、「開発効果」の現実性などを冷静に吟味・検討することなく、「隣町に乗り遅れるな」とばかりに、競い合わされたのである。「地域振興」という歴代県知事のかけ

図表3　下北半島の原子力施設

施設		所有企業	現状	規模	炉型など	操業開始（予定）
大間原子力発電所		電源開発（株）	建設中	138.3万kW	改良型沸騰水型炉・フルモックス炉	（未定）
リサイクル燃料備蓄センター		リサイクル燃料貯蔵（株）	建設中	5000t（当初は3000t）	乾式貯蔵方式	2018
東通原子力発電所	1号機	東北電力（株）	停止中（※1）	110万kW	沸騰水型炉	2005.12
東通原子力発電所	2号機	東北電力（株）	計画中	138.5万kW	改良型沸騰水型炉	（未定）
東通原子力発電所	1号機	東京電力（株）	建設中（※2）	138.5万kW	改良型沸騰水型炉	（未定）
東通原子力発電所	2号機	東京電力（株）	計画中（※3）	138.5万kW	改良型沸騰水型炉	（未定）
核燃料サイクル施設		日本原燃（株）	表1を参照			

（※1）東日本大震災により停止中　（※2・3）福島第一原発事故の影響で中止の見通し

声のもとで、ドミノ倒しのように、原子力船むつに始まる原子力施設誘致が次々と後続の施設誘致の引き金となって、なだれを打って、原子力施設立地に突きすすんできた。

福井県の若狭地方が原発半島であるのに対して、下北半島は放射性廃棄物半島化している。北海道の苫小牧東地区、鹿児島県志布志湾地区でも、巨大地域開発は構想倒れに終わったが、放射性物質と放射性廃棄物の集中という結果を招いたのは、むつ小川原開発のみである。

放射性廃棄物の受け入れと引き替えに、青森県が固執してきた東北新幹線の新青森駅乗り入れがようやく実現したのは、２０１０年12月。１９８２年の東北新幹線開業の28年後、八戸駅開業からも8年後である。歴代の青森県知事は「国策」への協力を強調してきたが、とくに青森県が見返り的に優遇された政策があるわけではない。青森県は多くの指標で全国47都道府県の最下位近くに低迷している。平均寿命は男女とも一番短く、賃金水準も全国最下位だ。

大間原発は２００８年5月に着工、工事進捗率37・6%という段階で、東日本大震災・福島原発事故により実質的に工事は中断している。電源開発株式会社の初めての原発であり、ＭＯＸ燃料を全炉心に装荷できる世界初の原発である。ウラン燃料にプルトニウムを混ぜたＭＯＸ燃料を使う理由は、六ヶ所村の再処理工場が稼働すれば、大量のプルトニウムが余るからである。沖合は一本釣りで有名な大間マグロの漁場だ。遮蔽物のない対岸、約20キロ北には人口26万人の函館市がある。２０１０年7月、大間町の住民や函館市の住民団体などが建設中止を求めて提訴中であり、自治体としての函館市も、建設中止を求めて２０１４年4月に提訴している。

原子力船むつの母港だったむつ市関根浜には、「リサイクル燃料備蓄センター」という名の使用済み核燃料の乾式中間貯蔵施設が建設され、２０１３年8月に完成した。ウラン換算で３０００トン分の容量があり、２０１２年7月から操業開始の予定だったが、新しい規制基準にもとづき原子力規制委員会が審査中である。

東通村には原発20基分の広大な敷地がある。いつか役立つはずだ、という松永安左エ門の指示で、東電と東北電力が半分ずつ費用を負担して買収した。

松永は、今日の9電力体制を築いた「電力の鬼」と呼ばれる財界人である。福島第一原発事故の影響で、東電東通原発の1・2号機は建設中止になる公算が高い。東北電力東通原発の2号機以降も難しいだろう。利用のあてがなくなったこの土地には、むつ市関根浜だけでは足りない中間貯蔵施設が今後立地される可能性がある。

地震と地盤への懸念は残るが、電力会社が保有するだけに、使用済み核燃料の最終処分場の潜在的な有力候補地でもある。青森県知事は、歴代の経産相に、青森県を最終処分地にしない確約を求めてきたが、全国に数少ない「原子力に理解のある」県だけに、最終処分地の潜在的な「頼みの綱」であることは否定できない。実際、２００６年末、東通村村長が、地元紙に対して、最終処分場誘致に積極的な見解を述べ波紋を呼んだことがある。

再処理をめぐるジレンマ

原子力発電所を動かすと、使用済み核燃料が生まれる。使用済み核燃料は、各原子力発電所のプールで冷やされるが、古い原発ほど燃料プールは満杯に近い。柏崎刈羽原発は再稼働が始まれば３・１年分の余裕しかない。東海第二・大飯・高浜・浜岡原発も4サイクル（約5年間）稼働した場合、貯蔵容量は90％を超える。青森県六ヶ所村の再処理工場内には、使用前のウラン換算で３０００トン分の使用済み核燃料の貯蔵プールがあるが、既に98・8％にあたる約２９６４トン分が運びこまれている。原発を順調に動かし続けるためには、使用済み核燃料の「安全な」貯蔵場所の確保が不可欠である。しかも再処理工場の営業運転開始の見通しは立っていない。

日本は使用済み核燃料の全量再処理という原則と、余剰プルトニウムを持たないことをバックエンド対策の基本としてきたが、仮に再処理工場が順調に運転を開始すると、余剰プルトニウムが生じてしまうという難題がある。

日本は核武装の潜在的可能性がもっとも高い国のひとつであり、国際原子力機関（ＩＡＥＡ）から余剰プルトニウムの核兵器への転用をもっとも警戒されている国である。そのため１９９１年8月以来、日本政府は余剰プルトニウムを持たないことを国際公約としてきた。世界１４３カ国で

IAEAは査察を行っているが、福島原発事故前は全査察業務量のうち24％は日本一国のものだった。再処理工場が運転を開始すれば、全査察業務量の30％が日本に対するものとなると予想されていた（伴英幸、２００６）。

イギリスとフランスも再処理を行ってきたが、両国は核兵器保有国のため、余剰プルトニウムの存在は問題視されていない。非核保有国で、核武装できるだけの技術力、資金力を備えているがゆえに、日本の余剰プルトニウムは警戒されるのである。

日本は、２０１５年末現在４７・９４７トンのプルトニウムを保有している。そのうち３７・１１５トンはイギリスとフランスの再処理工場で保管されている（原子力委員会資料）。六ヶ所村の再処理工場で予定どおり年間８００トンの使用済み核燃料が再処理されれば、毎年８トンのプルトニウムが抽出される。しかし軽水炉でMOX燃料を燃やすプルサーマル以外に、このプルトニウム消費の目途は立っていない。

原発を運転し続けている限り、「原発震災」というリスクとともに、使用済み核燃料をどう処理するのか、という難題に直面し続けなければならない（長谷川公一、２０１７）。再処理をすれば余剰プルトニウム問題に突き当たり、再処理をしなければ使用済み核燃料が溢れてしまう。日本の原子力政策は、大きなジレンマを抱えている。

再処理工場の稼働開始が遅れているために、余剰プルトニウム問題が表面化しないですんでいるという「幸運」が続いている。つまり、余剰プルトニウムを生じさせないためには再処理そのものを中止して、使用済み核燃料はむつ市関根浜の中間貯蔵施設などで、空冷式で乾式中間貯蔵することにするのが賢明だ。

使用済み核燃料を再処理するにせよ、再処理せずに直接処分するにせよ、３００ｍから７００ｍの地中深くに埋設する最終処分場をどこにつくるのか、という究極の難題が待ち構えている。最終処分場の建設場所が確定したのは、世界中で、フィンランドとスウェーデンの2カ国のみである。少なくとも10万年程度、生活圏から隔離しなければならない。

日本に使用済み核燃料の最終処分場の適地は存在するのか。国は、２０１７年7月、①安定した岩盤で、②地下水・火山活動や断層活動・隆起や侵食などの影響を受けにくい、③自然災害が少なく、④

港から近いなどの条件を満たす好ましい地域は、国土の3割に上るとする「科学的特性マップ」を発表した。

核燃料サイクルはなぜ止まらないのか

このように合理性を欠き、大きなリスクと難題を抱えているのにもかかわらず、日本政府はなぜ核燃料サイクルに固執してきたのだろうか。福島原発事故前までの理由については、長谷川（2012）で論じた。ここでは、その後の動きを中心に論じたい。

第1の理由は、使用済み核燃料の行き場の確保という意義である。日本の電力会社は、原発立地自治体に対して使用済み核燃料はできるだけ速やかに運び出し、原発敷地内に長く保管することはしないと説明してきた。六ヶ所村の再処理工場は、使用済み核燃料の保管場所としての意義を持っていた。いわば原発立地自治体対策としての再処理である。

しかし使用済み核燃料の行き場の確保のためであれば、必ずしも再処理をするには及ばない。前述のように、むつ市に建設したような中間貯蔵施設を新設し、貯蔵するという選択肢がある。またドイツですすめているように、原発敷地内やその近くでのサイト内貯蔵・サイト近傍での貯蔵をすすめるという方策がある。使用済み核燃料も極力移動させない方がリスクは少ない。

しかも前述のように、六ヶ所村の貯蔵プールそのものがほぼ満杯で、再処理工場の稼働が見通せないという状況では、この意義は大幅に薄れている。

第2の理由は、原発再稼働への悪影響の懸念である。政府や電力会社には、再処理の中止は原発反対運動を勢いづかせ、少しずつすすみつつある原発再稼働の動きを抑制しかねないという危惧があるだろう。

青森県および六ヶ所村との信頼維持のための再処理

第3の理由は、青森県および六ヶ所村との信頼関係維持のための再処理という側面である。青森県当局は、1985年に核燃料サイクル施設の受け入れを決めたときから、「原子力発電のごみ捨て場」となるという批判に対して、ウラン濃縮「工場」と再処理「工場」を理由に、「地域振興」や「産業構造の高度化」に役立つとしてきた。

仮に再処理が中止になれば、核燃料サイクル計画は崩壊し、六ヶ所村は、名実ともに「原子力発電のごみ捨て場」化する。いわば青森県および六ヶ所村と政府・電力会社との信頼関係を維持するための再処理という側面である。後述のように、青森県と六ヶ所村は、再処理問題のもっとも重要な利害関係者であり、拒否権を持っている。

核武装の潜在能力を担保する——再処理の隠れた動機

第4の理由であり、核燃料サイクルに関する見直し論議がさかんだった2004年当時、青森県の反対とともに、「政策変更コスト」として浮かび上がってきたのが、これまでは表面化してこなかった、将来軍事転用可能な、核にかかわる国際的な権益を確保しておきたいという思惑である。原子力関係者から、「国家戦略」という視点を強調し、日本が非核兵器保有国で唯一再処理を国際的に認められていることは、「国際的に認められた貴重な既得権とも言うべきものであり」、「このステータスというものを放棄していいのか」「一度失えば二度と戻らない権利」であるという主張がなされた（長谷川、2012、335ページ）。

1955年に日米原子力研究協定が結ばれ、「原子力の平和利用」のための研究が本格的に始まったが、1988年に再改定された日米原子力協定でようやく認められたのが「包括同意方式」と呼ばれる、一定の枠内であれば、事前にアメリカ政府が個別に規制権を行使せずに、一括して再処理等に承認を与える方法である（2018年まで認められている）。六ヶ所村の再処理工場がいよいよ運転開始となった段階で、アメリカ政府から「待った」がかかるようなことはなくなった（遠藤哲也、2010）。現在でも、韓国は包括同意を認められておらず、韓米原子力協定の改定交渉における大きな課題となってきた。

しかしこれは、将来軍事転用可能な、核にかかわる国際的な権益を確保しておきたいという思惑でもある。エネルギー政策やエネルギー安全保障にとどまらない、安全保障政策として核燃料サイクルを位置づける見方である。ドイツが撤退したために、非核保有国で、ウラン濃縮、再処理、高速増殖炉などの技術の保有を認められているのは日本のみである。その権益保持のためには、六ヶ所村の再処理工場は「たとえ形だけでも試運転し続ける必要がある」とする見方がある（吉岡斉、2011、41ページ）。

「核兵器については、NPT（核不拡散条約――引用者）に参加すると否とにかかわらず、当面核兵器は保有しない方針をとるが、核兵器製造の経済的・技術的ポテンシャルは常に保持するとともに、これに対する掣肘をうけないように配慮する」。2010年11月29日に外務省が公開した1969年9月29日付の極秘文書「わが国の外交政策大綱」は核兵器についてこのように記している 注1 。余剰プルトニウムを持たないことへの配慮をはじめ、日本の再処理路線はこの文章ときわめて整合的である。歴代の内閣も、核兵器について「自衛のための必要最小限度の（中略）範囲内にとどまるものであれば、憲法上はその保有を禁じるものでない」という解釈をとってきた。日本が核兵器を持たない国内法的な根拠は、原子力基本法と国会決議した非核三原則であり、国際法的な根拠は、核不拡散条約への加盟とアメリカなどウラン輸出国との間での原子力協定である。

読売新聞社説（2011年8月10日付）は、菅首相（当時）が国会で述べた「核燃料サイクル見直し論」を批判する中で、核燃料サイクルによるプルトニウムの商業利用は「潜在的な核抑止力としても機能している」と安全保障上の意義があることを明言した。読売新聞の社説が核燃料サイクル計画のもつ「潜在的な核抑止力」としての機能に言及したのは、このときがはじめてである 注2 。

ドイツが再処理路線を最終的に破棄したのは2000年6月の「脱原子力合意」の折だが、1989年6月のヴァッカースドルフ再処理工場の建設中止決定以降、1989年11月のベルリンの壁崩壊、1990年10月の東西ドイツ再統一、1991年3月のカルカー高速増殖炉の閉鎖の決定（1986年7月から建設が中断していた）、1994年5月の原子力法の改正による再処理義務の解除、1995年12月のMOX燃料加工場の閉鎖決定など、再処理・プルトニウム利用路線からの転換が、ヨーロッパにおける冷戦終焉の進展とともに進行していた。

経済性を超えたところで、またエネルギー政策以外の観点から、核燃料サイクル計画、再処理の意義

注1 「わが国の外交政策大綱」が機密解除された経緯および策定の経緯については、長谷川公一（2012年、p.347-348）を参照。

注2 読売新聞社説が核燃料サイクル施設をどのように論じてきたのかについては、長谷川公一（2012年、p.348）を参照。

を評価しようとすれば、それは軍事上の観点からということになる。

仮に止めたとしたら

再処理工場は、どうしたら止まるのだろうか？関係者の間でささやかれてきたのは、営業運転開始は果たしたうえで、初期トラブルや軽微な事故を口実に、早期に「もんじゅ化（安楽死＝廃炉化）」させることである。東海村の再処理工場の実績からも、高い稼働率での運転は困難だろうから、プルトニウムはコスト的に高いものにならざるをえない。関係者の多くが納得する形で再処理を早期に断念する方法としては、営業運転開始後の事故やトラブルを待つしかないのではないか、と言われてきた。

しかし事故やトラブルが起きなければ止められないというのは、理性的な判断の放棄であり、福島原発事故から何も学んでいないということであり、知的な退廃の極みである。1945年8月15日にポツダム宣言を受諾するまで、太平洋戦争を止められなかったという日本の歴史とあたかもパラレルである。

では仮に止めたとしたらどうなるのだろうか？六ヶ所村の再処理工場の資産価値がなくなる結果、日本原燃株式会社の破綻処理は避けがたい。2016年秋に廃炉が決定した高速増殖炉もんじゅを保有し運営しているのは国立研究開発法人の日本原子力研究開発機構である。日本原燃株式会社は国策会社ではあるが、9電力が出資する民間会社である。この点がもんじゅとの大きな相違点である。

福島原発事故後、当時の民主党政権は、国家戦略担当大臣を議長とする「エネルギー・環境会議」という関係閣僚会議を新たに設置し、この会議に原子力政策の実質的な決定権を持たせることにした。エネルギー政策の見直しを経済産業省資源エネルギー庁から切り離して省庁横断的に行おうとしたのである。2012年9月に発表された、「2030年代に原発稼働ゼロを可能とするよう、あらゆる政策資源を投入する」とした「革新的エネルギー・環境戦略」は、この会議が決定したものである。

この決定に先立って、2012年9月6日民主党エネルギー・環境調査会が「核燃サイクルを一から見直す」と政府へ提言したが、日本原燃の画策もあり[注3]、六ヶ所村議会、三村申吾青森県知事

注3　2013年2月2日付毎日新聞記事。

が猛反発した。エネルギー・環境会議は、青森県等に対する根回しを欠いていたこともあり、腰砕けに終わり、２０１２年９月14日「再処理継続」を決定した。２００４年に争点化した際に続き、この２０１２年９月は、再処理を中止する２度目の好機だったが、青森県知事と六ヶ所村議会が立ちはだかった。その主張の根拠は、１９９８年７月29日付で、電事連会長が立会人となり、青森県知事・六ヶ所村長・日本原燃社長の３者で交わされた「覚書」である。そこには、「記　再処理事業の確実な見通しが著しく困難となった場合には、青森県、六ヶ所村及び日本原燃株式会社が協議のうえ、日本原燃株式会社は、使用済み燃料の施設外への搬出を含め、（下線部大き目の傍点に。以下同）速やかに必要かつ適切な措置を講ずるものとする」と記されている。日本原燃に促された六ヶ所村議会は９月７日、政府が再処理事業から撤退するなら、**(1)** 使用済み燃料を搬出、**(2)** 英仏から返還される放射性廃棄物を受け入れない、**(3)** 国に損害賠償を求めるなどとする意見書を可決した。

しかしこの覚書には法的な拘束力があるわけではない。「使用済み燃料の施設外への搬出を含め」と記しているのみで、各原発への搬出を明確に約束しているわけではない。「各原発への搬出」は、青森県知事による一種の脅しである。

電力自由化論に立つ経済学者の八田達夫は２００４年７月に、青森県に巨額の違約金を補助金というかたちで国が払ってでも、ウラン試験を強行して再処理施設を放射能で汚染してしまう前に、再処理を中止すべきだと述べたことがある（『信濃毎日新聞』２００４年７月６日付「使用済み核燃料施設 政府責任で稼働中止を」）。

再処理中止決定の際には、核燃料税の大幅引き上げや実質的に違約金的な意味合いをもつ補助金の新設などによって、青森県および六ヶ所村に対して、金銭的な解決案を提示すべきである。政権基盤が脆弱で内閣支持率の低迷に苦しんだ民主党政権のもとでは、再処理政策の転換は困難だっただろう。小泉純一郎元首相が強調するように、支持率の高い自民党政権のもとでこそ、原子力政策の転換は可能である。原子力政策の転換にあたって、まず優先すべきは再処理の中止である。

六ヶ所村の地域づくり
——「普通」の東北の農村に

では、仮に核燃料サイクルを止めた場合、六ヶ所村はどういう地域づくりを目指すべきだろうか。

再処理工場が営業運転を開始しないことによって、トリチウムやクリプトンなどの放射性物質が環境に放出されることがなくなり、海洋汚染の可能性がなくなる。青森県産の農産物や三陸沖の海産物が風評被害を受けることもなくなる。

寒冷な気候は長いも・ごぼう・にんじん・じゃがいもなどの畑作や酪農に適している。

青森ひばなど、森林資源の活用も図るべきである。三沢市・東北町・横浜町・野辺地町など、周囲の市や町の人々は畑作や酪農などで堅実に生計を営んできた。

1997年12月に完成予定だった再処理工場は、20年にわたって完成が遅れている。地元はいわば宙づり状態に置かれてきた。六ヶ所村も、青森県も賛成派と反対派に二分され、膨大な人的なエネルギーがいたずらに浪費されてきた。

再処理工場の稼働中止決定でもっとも大きな痛手を被るのは、関連する大小の公共事業や土木事業に依存してきた地元の建設業者である。六ヶ所村周辺は日本有数の風力発電の適地でもある。建設業者は、風力発電などの再生可能エネルギー施設の建設へと転換を図るべきである。仮に2020年頃までに再処理工場が本格稼働したとしても、再処理事業に経済的な合理性がない以上、遅くとも2030年頃までには、再処理工場の廃止が決定されることだろう。六ヶ所村の経済や財政が、いつまでも核燃料サイクルに依存し続けられるわけではないことを冷静に銘記すべきである。

国や青森県は、再処理工場に代わる従業員の雇用先として、相対的に交通アクセスの良い三沢市や八戸市への工場誘致に努めるべきであり、電気事業連合会や財界もそのために積極的に協力すべきである。

結局、再処理工場の稼働中止決定によって、六ヶ所村も地味だが落ち着いた「普通」の東北の農村に戻るのである。何か起死回生の「魔法の杖」のような出口戦略があるわけではない。福島原発事故のような過酷事故が起こり、広範な地域が放射能に汚染される前に、「普通」の東北の農村に軟着陸してほしい。そのためにこそ、私達は智恵を振り絞り、力を尽くすべきである。

［文献］ 長谷川公一 2012「日本の原子力政策と核燃料サイクル施設」舩橋ほか（2012、317〜349）／長谷川公一 2017（高レベル放射性廃棄物問題と「現世代の責任」）『環境と公害』46巻4号、15〜20）／舩橋晴俊・長谷川公一・飯島伸子 2012『核燃料サイクル施設の社会学――青森県六ヶ所村』有斐閣／伴英幸 2006『原子力政策大綱批判――策定会議の現場から』七つ森書館／吉岡斉 2011『原発と日本の未来――原子力は温暖化対策の切り札か』岩波書店。

長谷川公一（はせがわ・こういち）

1954年山形県生まれ。東北大学大学院文学研究科教授。主な著書に『脱原子力社会へ』（岩波新書（英語版・韓国語版も））、『脱原子力社会の選択』（新曜社）、『環境運動と新しい公共圏』（有斐閣）他。編著著に『岐路に立つ震災復興』（東京大学出版会）、『気候変動政策の社会学』（昭和堂）他。東京大学文学部卒業、同大学大学院博士課程単位取得退学。東北大学教養部助教授などを経て、1997年から現職。現在、国際社会学会「環境と社会」研究分科会会長。日本社会学会常務理事、日本学術会議「高レベル放射性廃棄物の処分に関するフォローアップ検討委員会」委員などを務める。

日本における高レベル放射性廃棄物の最終処分の状況と問題点

伴 英幸
（原子力資料情報室・共同代表）

❶ 高レベル放射性廃棄物とは何か

高レベル放射性廃棄物は日本では放射性物質をガラスに閉じ込めたガラス固化体を指す。この形状になるのは、日本が原発の使用済み核燃料に生成されているプルトニウムを再利用する再処理政策を維持しているためで、原発の使用済み核燃料を化学処理する過程で排出される核分裂生成物を、ガラスに閉じ込めて固めるからである。再処理しない多くの国々では使用済み核燃料そのものが高レベル放射性廃棄物となる。

高レベル放射性廃棄物は放射能レベルが極めて高い。ガラス固化体は製造時の表面線量が１５００シーベルト毎時（Ｓｖ／ｈ）もあり、仮に人間が側にいれば数十秒で致死線量を浴びることになる。それだけでなく、放射能の寿命の極めて長いものが含まれている。原子力発電の燃料に必要なウラン鉱石がもつ放射能レベルにまで減衰するのに数万年が必要とされている。しかし、それほど長期にわたって閉じ込めておくことはできない。

❷なぜ地層処分という方法が選ばれたのか

この厄介な廃棄物を処分する方法として、かつては「国土が狭隘で、地震のある我が国では最も可能性がある最終処分方式としては深海投棄であろう」[注1]と海洋投棄を日本の政策としていた。しかし、1975年に、陸上発生廃棄物の海洋投棄や洋上での焼却処分などを規制したロンドン条約が発効し、日本が1980年にこれを批准したことから、地層処分へと政策を変更することとなった。

陸地ならどの国でも良いわけではなく、日本で発生した廃棄物は日本国内で処分することを政策としている。4つのプレートがぶつかり、重なり合っている日本国内での処分は最適ではないかもしれないが、国際条約上の制約から地層処分が選択された。この他にも南極の氷塊の下とか宇宙などが検討されたようだが、前者は条約により禁止、後者は技術的な面で安全性が確保されないなどの理由で避けられている。他方、広くは地層処分に位置づけられるが、超深孔処分（地下数キロメートルの地層に処分）という方法が研究されている。

どの処分法も、廃棄物を長期にわたって人間環境から隔離することを求めたものである。地層処分では、処分容器や方法など工学的に対応できるところは対応し、地下環境が長期に安定であることが推定できる処分地を選定することで、これを保証する。前者の工学的対応による隔離を人工バリア、後者を天然バリアと呼んでいる。この2つの組み合わせで、廃棄物から漏洩した放射性物質による被ばくの影響を容認できる程度に少なくしようというのである。前述したように日本列島は変動帯にあることから、むしろ人工バリアに重点を置いた技術開発が行われている。具体的には、ガラス固化体を厚さ19㎝の鉄製の円筒で包み（オーバーパックという）、さらに厚さ70㎝のベントナイト（粘土）とケイ砂で包む方法である。これによって、処分に適した場所が国内に広く存在すると評価されてきた。

数万年も先の人間の世界は予想できないので、現在の基準に基づき遠い将来を考えるというのが原子力産業界の考えだ。しかし、そんな先まで原子力の時代は続かないと考えるのが適切で、現世代の負の遺産による将来世代の被ばくはゼロにすべきと筆者は考えている。

注1　原子力委員会廃棄物専門部会中間報告（1962年）

注2　正式な法律名は「特定放射性廃棄物の最終処分に関する法律」である。この法律が対象とする特定放射性廃棄物はガラス固化体であるが、07年に法改正が行われ、これに加えて地層処分相当のTRU廃棄物が加えられた。TRUはTRans Uranic wasteの略で、ウランよりも原子番号の大きい元素を含む放射性廃棄物。例えばフィルターに吸着されたものなど再処理工程上で排出される廃棄物。半減期1600万年のヨウ素129もこれに含まれる。前者を第一種特定放射性廃棄物、後者を第二種特定放射性廃棄物とした。

❸新しい選定方法とは（科学的有望地論）

最終処分に関する法律注2が２０００年に施行されて、地層処分が法的にも定まった。ガラス固化体は３００ｍより深い地層に処分される。法律では処分地選定に対して段階的な手続きを定めており、文献調査から概要調査そして精密調査を経て処分地が決定される。そして段階ごとに評価報告書を縦覧、自治体の首長の意見を尊重することが明記されている。

首長が反対であれば次の段階へは進まない。ただし、次の段階へ進まないことが、処分地選定対象から外すことを必ずしも意味しないことから、原子力政策への信頼が失われている状況では、推進首長へとすげ替えるのではないかとの疑念が拭えていない。

この法律に基づいて認可法人として原子力発電環境整備機構（ＮＵＭＯ）が設立された。ＮＵＭＯは２００２年から全国の自治体に対して公募を開始した。応募段階で必ずしも知事の同意は必要なく、市町村長が独断で応募できるシステムとなっている。２００７年に高知県東洋町が応募しようと応募書類をＮＵＭＯに提出したが、地元では強い反対の声が上がり、高知県知事も反対の意見を表明し、町長リコール運動から辞任、出直し選挙で、誘致反対の新町長が誕生、提出を取り下げた。正式に応募まで行った初のケースで、これ以前も以後も応募はない。

この出来事をきっかけとして同年に、放射性廃棄物小委員会注3が公募に加えて政府による文献調査の申し入れも処分地選定の方法とする報告書をまとめた。そして、２０１１年春には複数地域への申し入れが計画されたが、福島第一原発事故原発事故が起きたため、政府による申し入れは実現しなかった。

政府が申し入れるには、その自治体を選んだ理由がきちんと説明できなければならない。そこで、２０１３年12月に最終処分関係閣僚会議注4が「高レベル放射性廃棄物の最終処分に向けた新たなプロセス」を決め注5、「科学的有望地」を提示し、これに基づく集中的な理解活動を実施し、自治体に文献調査を申し入れるという政府の取り組みを示した。

科学的有望地はマップの形で公表される。公表は予定の２０１６年から半年以上遅れ、２０１７年7月28日にようやく公開された。延期の公式理由は、有望地という言葉が「自治体に結局押しつけようとしているのではないか」といった誤解があることから、「正確かつ適切に情報が伝わるよう」に表現を

注3 経済産業大臣の諮問機関である総合エネルギー調査会電力ガス事業分科会原子力部会放射性廃棄物小委員会で、現在は同分科会原子力小委員会放射性廃棄物ワーキンググループに整理されている。

注4 閣僚で構成され、高レベル放射性廃棄物の地層処分に係る取り組みと使用済み核燃料に係る取り組みについて審議している。
http:// www.cas.go.jp/jp/seisaku/saisyu_syobun_kaigi/

注5 http://www.cas.go.jp/jp/seisaku/saisyu_syobun_kaigi/dai1/siryou.pdf

見直すというものだった注6。

❹ 科学的有望地の要件・基準

科学的有望地の要件・基準は、地球科学的観点からと社会科学的観点から設定することになり、前者は地層処分技術ワーキンググループで審議され、後者は放射性廃棄物ワーキンググループで審議された。その結果に基づき、政府の責任においてマップが公表される。ただし、社会科学的な観点からの要件・基準はマップ提示段階では考慮しないことになった。人口や地権者数など予め基準を決めることが難しいとの理由である。

マップは大きく三つに区分される。適性の低い地域、適性のある地域、より適性の高い地域である。そしてより適性の高い地域を科学的有望地と定義していた。表現の見直しの結果、「好ましくない特性があると推定される」地域、これは地下深部の長期安定性などの観点と資源などによる将来の掘削可能性の視点からさらに2区分される。「好ましい特性が確認できる可能性が相対的に高い」地域、そして、「輸送面でも好ましい」地域という区分になった。

好ましくない特性がある地域の要件・基準は、以下の六つの要件のどれか一つでも該当している地域である。

①火山から15kmの範囲（15kmを超えるカルデラの場合はその範囲）
②活断層とその長さの１００分の１の幅の範囲
③将来10万年間で隆起と海水準低下による侵食量が３００ｍを超える可能性が高いと考えられる範囲
④地温勾配が１００ｍあたり15℃を超える範囲
⑤地下水特性としてｐＨ４・８未満の強い酸性、あるいは炭酸化学種濃度が1リットルあたり０・５モル以上の強いアルカリ性を示す水質の範囲
⑥鉱業法で定められた47種の鉱物資源で採掘可能で大きな鉱量の範囲など。

以上が排除の要件である。
また、処分場の建設操業時の要件・基準として３００ｍ以深まで軟弱な地層でないこと、具体的には78万年前以降（更新世中期以降）の地層は避ける、1万年前以降の火砕流堆積物・火山岩・火山岩屑の分布範囲も避ける。

これらの要件・基準のすべてに当てはまらない地域を好ましい特性が確認できる可能性が相対的に高

注6 第29回放射性廃棄物ＷＧ資料４より

い地域となる。そして、最後に、輸送の安全性の観点から好ましい範囲として海岸から20㎞程度内、標高1500m以下が提示された。この「輸送面でも好ましい」地域が科学的有望地であった。

科学的有望地提示は処分地選定を大きく進める「新たなプロセス」であったが、上記の見直し経た今、「長い道のりの一歩として冷静に受け止められ、その後の国民の関心や理解の深まりに資するもの」[注7]という位置づけに変わっている。

NUMOは科学的特性マップが提示された後には、その地域を中心に理解活動を展開していくとしている。

❺地層処分の安全性はどのように確保されるのか、課題はあるか

科学的特性マップは全国規模の文献・データあるいは、代替のデータも相当のもので示される。個別地点の詳細なデータは使用されていないし、地下深部の詳細は調査をしてみなければ分からないのが実情だ。

詳細調査により地下水の流れが予想していた以上に早かったらどうするか？　例えば岐阜県の瑞浪超深地層研究所では、研究所での掘削が始まった90年代後半から毎日700～1000トンの地下水を汲み上げている。「わが国における高レベル放射性廃棄物地層処分の技術的信頼性」（第2次とりまとめ1999年）によれば、一般論として掘削時に地下水の噴出があっても短い時間で収まるとしている。しかし瑞浪では汲めども尽きずに地下水が出てきている。仮にこのようなところに処分すれば、廃棄体からの放射能の漏えいが速まり被ばく線量が大きくなる可能性は高い。もっとも、瑞浪は自治体との協定上ここが地層処分地になることはない。

文献調査に入れる地域が複数あればよりマシな地域が選択されていくだろうが、一つしかなければ、適性がなくても工学的対応で処分地とされてしまう恐れがある。段階的な調査の途中で引き返す具体的条件が定められていないからだ。

いったん文献調査に入れば、結局はその場所が最終処分場にされてしまうのではないかとの疑念が拭えないのである。

❻地層処分の安全性あるいは不確実性

安全評価では理想的なケースで将来の漏えいによ

[注7] 第31回放射性廃棄物WG資料3より

る住民の被ばく線量が1年あたり0・005マイクロ・シーベルト（μSv）である。しかしこれが確実に保証されているわけではない。

確認されている活断層を避けたとしても、2000年に起きた鳥取県西部地震のように新たな断層が出現する恐れがある。地層処分の安全評価では断層が処分場を直撃しガラス固化体が破損することを想定している。しかし、この断層が新たな水道（みずみち）となり予想外の早さで人間の生活環境の汚染につながるケースは想定されていない。さらに、ガラス固化体を破損させる程のずれが起きるなら、地下水の流れが大きく変化し、最悪の場合には汚染された水が地表に噴出することも考えられる。

また、掘削した坑道は埋め戻し前の地下水の流れと同程度に戻すとしているが、その実証的な保証は現時点ではない。処分坑道が水道となり汚染水が早期に地表に出てくる恐れもある。こうしたネガティブな条件の重ね合わせによる安全評価は行われていない。

おわりに

発生している高レベル放射性廃棄物をそのままに放置し、将来世代に処分を先送りすることは倫理的な問題があるだろう。かといって、現在の技術で処分しても将来世代に環境の放射能汚染という負の遺産を背負わせることになる。また、処分地がすぐに合意されるとも考えにくい。当面はきちんと保管管理しながら、いっそうの安全確保のための技術開発や地下深部の状況把握などを進めながら、議論を重ねて住民の合意を待つしかない。

放射性廃棄物の処分を安易に考えて原発を建設し続けてきたのだが、その厄介さと将来への不可避の影響が明らかになった今、これ以上放射性廃棄物を発生させないこと、あるいは発生上限を確定することが処分地への合意を得る上での基本だと考える。

伴英幸（ばん・ひでゆき）
生活協同組合専従、脱原発法制定運動を経て1990年より原子力資料情報室（CNIC）スタッフとなる。1998年より共同代表。原子力市民委員会委員。グリーン連合幹事。2004〜2005年原子力委員会新計画策定会議委員、2011〜2012年総合資源エネルギー調査会基本問題委員会委員。現在、放射性廃棄物ワーキンググループ委員。著書に『原子力政策大綱批判——策定会議の現場から』（七つ森書館）、その他、『原子力市民年鑑』や雑誌などへ寄稿。

「オンカロ」レポート
——核のごみの最終処分場を訪ねて

小嶋裕一（「ポリタス」編集部・原発担当記者／映画作家／本書編者）

はじめに

たとえ原発を今すぐやめたとしても、原発が出す核のごみ——放射性廃棄物の問題を避けて通ることはできない。

1966年から原発を稼働させている日本は、すでに大量の放射性廃棄物を抱えている。その核のごみをどう処分するのか。それが我々に突きつけられている逃れられない問題だ。

特に問題となるのが、人が近づけば数十秒で死に至るほどの高い放射線を発する使用済み燃料である。日本の場合、2014年4月末時点で1万7000トンの使用済み燃料が発生しており、原発の敷地内にある使用済み燃料プールや、青森県の六ヶ所再処理工場の貯蔵プールで保管されている。

にもかかわらず、現在、最終処分場の目処は立っていない。日本を含め原発を利用する多くの国は、高レベル放射性廃棄物を地下深くに埋め、放射線レベルがもとのウラン鉱石と同程度にまで低下する10万年のあいだ隔離する「地層処分」という方法で最終処分する方針をとっている。過去には海洋投棄や南極の氷の下への埋設などが検討されたが、いずれも国際条約によって禁じられた。またロケットで宇宙に送る方法も、事故を起こした場合の危険性が排除できず実現に至っていない。

そのような状況のなか、最終処分場の場所が決まっているのはフィンランドとスウェーデンの2カ国だけだ。

そのうち実際に建設が進んでいるのはフィンランドのオルキルオト島の「オンカロ」のみ。米国やドイツは、最終処分場候補地の調査を実施したが、いずれの地域でも住民の反対運動を受けて白紙撤回に追い込まれている。

果たしてオンカロは、日本の最終処分場のモデルケースとなりうるのだろうか。日本には火山が密集し、地震も多発する。フィンランドとは地質学的な条件が大きく異なっている。ましてや、東京電力福島第一原発事故を起こした国だ。そのような国に、最終処分場を作ることなどいったい可能なのか――その答えを求めて昨年2016年5月、津田大介と私を含めた9人の一行はフィンランドを訪ねた。

❶「オンカロ」のある町

フィンランドは北欧スカンジナビア半島の内側に位置する人口550万人の国で、面積は約33・8万平方キロメートル。面積約37・8万平方キロメートルの日本よりやや小さい。成田空港から首都ヘルシンキまでは飛行機で約9時間、意外にも日本から最も近いヨーロッパの国だ。絵本『ムーミン』の舞台、サンタクロースの故郷として知られ、オーロラ見学のメッカとしても有名だ。しかし最終処分場オンカロの存在は、一般にはあまり知られていないかもしれない。

オンカロとオルキルオト原発のあるエウラヨキという町はヘルシンキから240㎞の距離にある。ちなみにオンカロはフィンランド語で「洞窟」あるいは「隠し場所」を意味する。2011年4月に日本で公開されたドキュメンタリー映画『100，000年後の安全』

写真1　オルキルオト周辺の豊かな田園風景
写真2　ビジターセンター

（本書262ページ）でその存在を知った人もいるかもしれない。

取材の前日に滞在したエウラヨキ近郊の町ラウマは、木造建築と石畳が美しい旧市街が世界遺産に登録されている。滞在先のホテルで朝食をとっていると、観光地に似つかわしくない屈強な男性客が多いことに気づいた。ポーランドなど周辺国から出稼ぎに来た原発作業員が宿泊しているのだ。

オルキルオト島まではラウマからバスで20分ほど。ラウマの市街地を抜けると豊かな田園風景が広がる（写真1）。その先の橋を渡り島に入ってからの一本道を走り、来場者向けのビジターセンターに到着した（写真2）。

図表1　フィンランドの原子力施設

ここで、オンカロを運営するポシヴァ社の関係者と挨拶の後、テラスに出てみると原発が一望できる。自然と調和したシンプルなデザインは、私たちがイメージする北欧テイストだ（写真3）。

このうち1、2号機はスウェーデン製でそれぞれ1979年と1982年に運転を開始した。建設中の3号機はフランスのアレヴァ社が開発した最新鋭の原発で2009年には完成しているはずだった。ところが、建設実績がなかったこともあり、完成が大幅に遅れ、現在のところ2018年に運転を開始する予定だ。建築費は当初の3倍の1兆円を超え、続いて建設される予定だった4号機の計画は凍結された。フィンランドにはオルキルオト原発の他に、ヘルシンキから東に車で1時間のハーシュトホルメンにロヴィーサ原発があり、旧ソ連製の2基が稼働中だ（図表1）。

電源に占める原発の割合は34・6%、次いで水力19・7%、石炭17・4%、天然ガス8・1%と続く（2014年）。電力網は隣国ロシア、スウェーデンと繋がっており、電力輸入が輸出を上回っている。フィンランドはロシアやスウェーデンから支配されていた時代もあり、特にロシアからのエネルギー依存度の低減を目

写真3 オルキルオト原発 左から3号機、1号機、2号機

指している。福島第一原発事故後も原発を維持する政策を堅持しており、中西部のピュハヨキに新たに原発を建設する計画だ。ただし、使用済み燃料の最終処分場の目処をつけることが原発新設の条件となっている。

ビジターセンター内の会議室でオンカロについての事前説明を受けていると、何やら外が騒がしい。外をのぞくと社会科見学で来ていた地元の小学生の姿があった（写真4）。オンカロではこうした社会科見学や海外からの視察で年間1万5000人を受け入れているそうだ。

その後、受付でパスポートチェックを受け、ビジターセンターからバスでオンカロへ向かう。道中はセキュリティ上の理由から、撮影に制限がかけられた。ラウマから来た一本道を少し戻ると緑色の建物が見えてくる。事務棟や監視棟、岩盤のサンプルを研究する施設だ（写真5）。

施設到着後、セキュリ

写真4 オンカロの見学に来た地元の小学生

ティゲートを通過すると、大きく口を開けるオンカロの入り口が目に飛び込んできた 写真6 。訪れたのが5月と暖かい季節だったこともあり、映画『100,000年後の安全』で記憶にある、雪深い最果ての地というイメージとはだいぶ印象が異なる。ちなみに、撮影のしやすい夏の時期の撮影を勧めたポシヴァ社に対し、同映画の監督、マイケル・マドセンは冬の時期を希望したのだそうだ。

写真5 建設中のオンカロ（2010年）／**写真6** オンカロへの入り口

この入り口から施設の最深部を行き来するための坑道は、幅5・5m、高さ6・3mと車両が通行できるほど広く、まさに「洞窟」のような雰囲気を醸し出していた 図表2 。坑道は10m進むと1m深くなる勾配1：10の下り坂で、最も深い約500mの地点まで、5㎞ほどらせん状に続く。最深部ではオンカロの地下施設から集まった地下水のくみ上げを行っている。

図表2 オンカロ内部の構造（提供：ポシヴァ社）

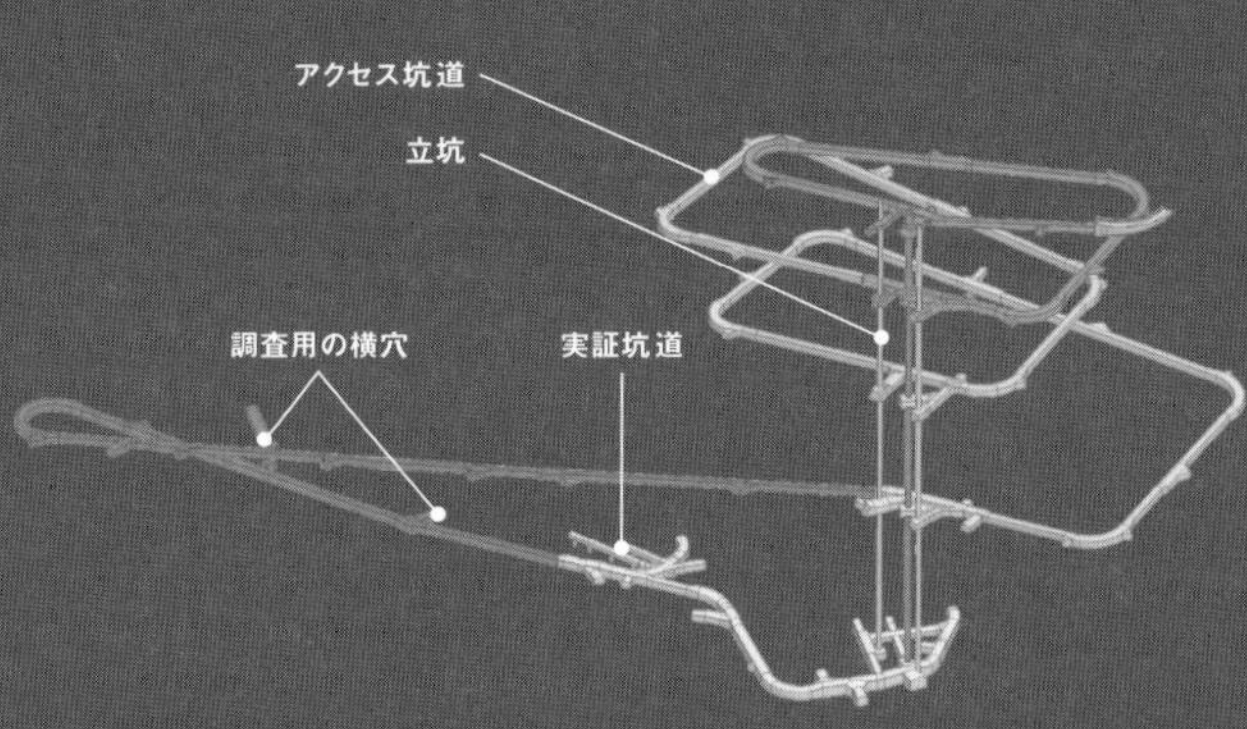

❷ 中・低レベル放射性廃棄物の最終処分場

オンカロは現在建設工事中で、坑道内部では掘削や発破作業が行われている。我々はこのタイミングに重なってしまい、残念ながら坑道内部には入ることができず、同じオルキルオト島内にある中・低レベル放射性廃棄物の最終処分場を見学することになった 写真7 。

危険な放射性物質を扱う施設では、盗難および施設の破壊に対して防護策をとることが国際条約や法律で義務付けられているため、処分場内は案内役のポシヴァ社のミカ・ビジターセンター長に加え、警備員が同行した。また、内部の撮影は許可されたが、入り口付近の撮影は厳しく制限された。

内部はオンカロと似た構造で、放射性廃棄物のサイロ（格納庫）がある地下60ｍまで、勾配1：10のらせん状の坑道（輸送トンネル）を６００ｍほど歩いて降りていく 図表3 。

この最終処分場は１９９2年に操業が始まった。使用済み燃料より低いレベルの放射性物質が保管されている。

地下は一年中温度が一定で、夏は涼しく冬は暖かい。5月とはいえ、外が暖かかったこともあり、内部はひんやりと感じられた。空気は乾燥し、砂埃が混じる。また、筆者ら以外に見学者はおらず、我々の話し声以外は、しんと静まり返っている。坑道内の壁は非常に硬い岩盤がむき出しになっている。床は舗装されており、左右には砂利が敷き詰められた側溝があるが、水が流れる様子は見られない。

この中・低レベル放射性廃棄物の最終処分場全体で、1分間に40リットル程度の地下水が流れ込むという。一方オンカロは1分間に30リットルほどともっと少ない。フィンランドにおいて、高レベル放射性廃棄物の最終処分場を建設するためには、地下水の流入量を1分間に80

写真7　坑道を歩くミカ・ビジターセンター長

写真8　壁の割れ目

リットル以下にしなければならないが、その条件を十分クリアしている。

坑道を中ほどまで降りたところでミカ氏が壁を指差した。見ると割れ目があり、水が流れた跡がある。割れ目の周辺には目印がつけられており、時間を追ってどれぐらい地盤が動いているか観測しているという（写真8）。

オルキルオト島は約19億年前の地層で、ポシヴァ社の地質学者による研究では、180万年前から現在までの地層の安全性を確認している。

またフィンランドは地震が少なく、ミカ氏は地震の揺れを体感したことはないそうだ。とはいえ小さな地震はあり、地震によって地盤が動くことで壁に割れ目が生じ、それが地下水の通り道ともなる。そのため、このような割れ目を避けることが放射性廃棄物を安全に隔離する上で重要となる。

説明を聞きながら25分ほど歩いたところで、地下60mにある中・低レベル放射性廃棄物のサイロがあるホールにたどりついた（写真9）。ホール内は放射性管理区域で、内部被曝を防ぐため飲食が禁止されている。さらに、我々のうちの代表者2名には、見学時の被曝線量を管理するため線量計が取り付けられた。

原発の定期点検などで発生した中・低レベル放射性廃棄物は、200リットルのドラム缶に詰められて車で

図表3 中・低レベル放射性廃棄物の最終処分場の構造図

出典：放射性廃棄物等安全条約に基づくフィンランド国別報告書（第5回）を基に一部加工

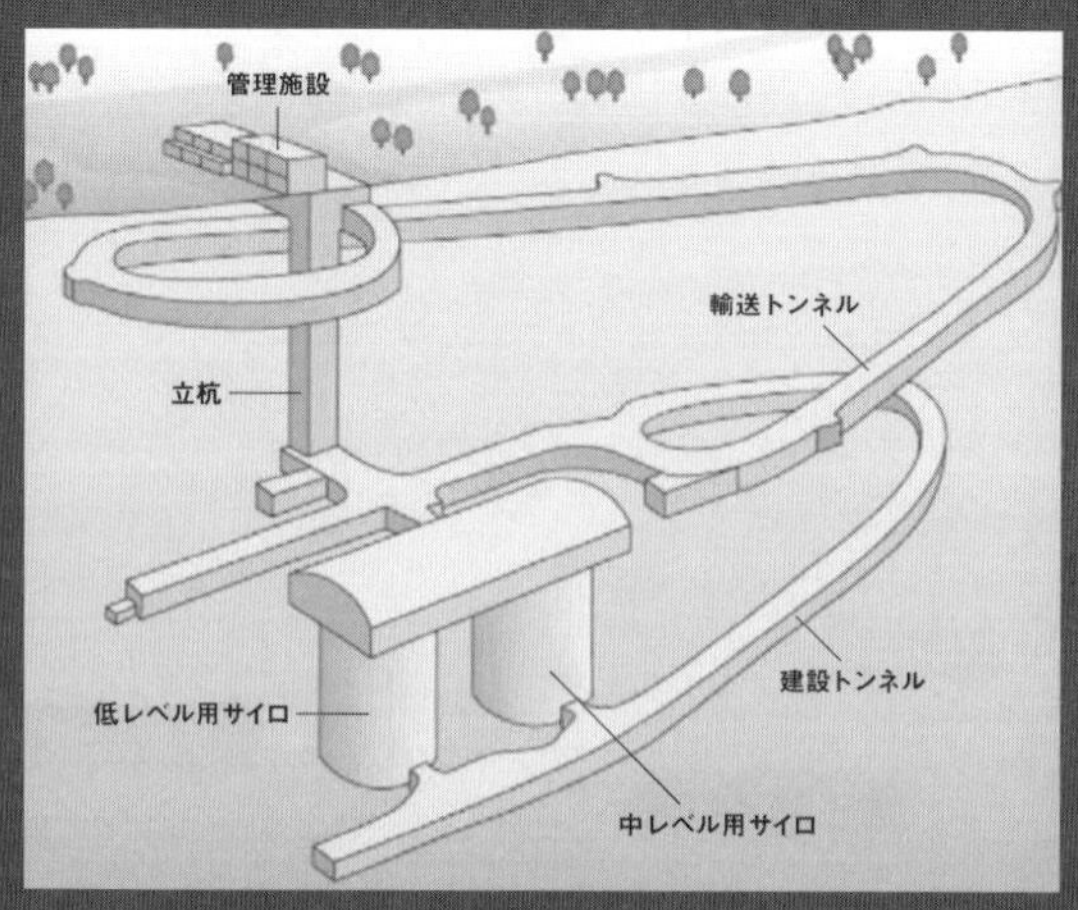

経済産業省 資源エネルギー庁『諸外国における放射性廃棄物関連の施設・サイトについて』より

写真9 中レベル放射性廃棄物のサイロ。奥に見えるのが遠隔操作のクレーン

このホールに運ばれ、遠隔操作のクレーンでサイロに収められた後、金属製の蓋で塞がれるという。現在、サイロは半分ほど埋まっており、今後20年で満杯になる。その後、拡張工事が行われ、廃炉時に大量に発生する放射性廃棄物が埋められる予定だ。すべて満杯になると、クレーンなど再利用できるものは運び出され、施設は埋め戻される。

ホール奥の壁に取り付けられている空間線量計は1・32マイクロ・シーベルト毎時（μSv／h）程度とそれほど高くない（写真10）。ただし、自分たちで持ち込んだ線量計を中レベル放射性廃棄物のサイロの蓋に近づけると10μSv／hを超えた（写真11）。

ホールを出る際、専用の測定器で手や荷物に放射性物質がついていないことを確認した。また、ホールに入る際につけた線量計も外部被曝の量に問題がないかチェックを受ける。

無事チェックを通過し、次に我々が向かったのは、ホールの横にある、オンカロの内部を模した展示室だ（写真12）。２０１３年末にオープンしたこの展示室は、オンカロと同じサイズの空間にオンカロを掘削する機械について説明するパネルや、地層の試験用に掘った鉱物が展示されている（写真13）。高レベル放射性廃棄物を埋めるための8メートルの穴（写真14）も再現されており、オンカロ内部の雰囲気を体感できた。

見学を終えた後、再び下りてきたらせん状の道を上ることを覚悟したが、帰りはエレベーターで地上に戻れると聞き、ほっと胸をなでおろした。

次項からは、オンカロ建設のプロセスや技術的な側面について、今回の取材で関係者にうかがった話を含め、少し詳しく述べていきたいと思う。

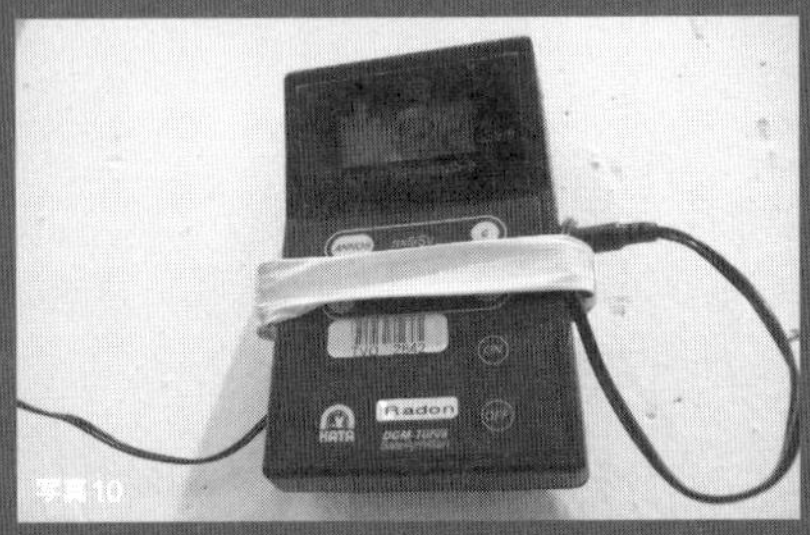

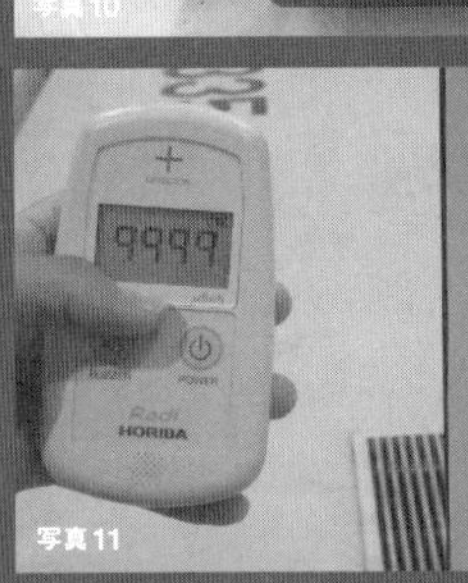

写真10　ホール奥の壁に取り付けられている空間線量計
写真11　我々が持ち込んだ線量計

❸ オンカロ立地選定の過程

フィンランドでは、高レベル放射性廃棄物の最終処分場の設置に向けて、１９７８年から地層処分の研究が始まり、１９８３年に高レベル放射性廃棄物のサイト選定調査を開始した。この時点では２０２０年の処分開始を目指しており、ほぼ計画通りにオンカロで地層処分が始まる予定だ。

　サイト選定調査は、「サイト確定調査」、「概略サイト特性調査」、「詳細サイト調査」の３段階に分かれてい

写真12　オンカロの内部を模した展示室
写真13　地層の試験用に掘った鉱物

図表4　サイト選定の経緯（出典：ポシヴァ社EIA報告書 1999）

サイト確定調査 1983-1985	→	概略サイト特定調査 1986-1992	→	詳細サイト特定調査 1993-2000	→	原則決定の承認 2001

経済産業省 資源エネルギー庁『諸外国における高レベル放射性廃棄物の処分について』（2017年版）より

る。第1段階のサイト確定調査が1983年に始まり、航空写真や地形図、人口密度などの文献調査によって徐々に候補地が絞り込まれていった図表4。オンカロのあるオルキルオトは、島という形状から、航空調査で処分場の適正を判断できなかったため当初候補地に含まれていなかった。しかし、中・低レベル放射性廃棄物の最終処分場建設のための調査データを使用することができたことと、島内のオルキルオト原発から使用済み燃料を輸送しやすいという利点もあり、調査地域に加えられたという。1986年には、第2段階の概略サイト特性調査が始まり、調査に同意した5カ所でボーリング調査などが行われ、その結果、候補地はオルキルオト、キヴェッティ、ロムヴァーラに絞り込まれた。そして1993年からその3カ所で詳細サイト特性調査が開始された。

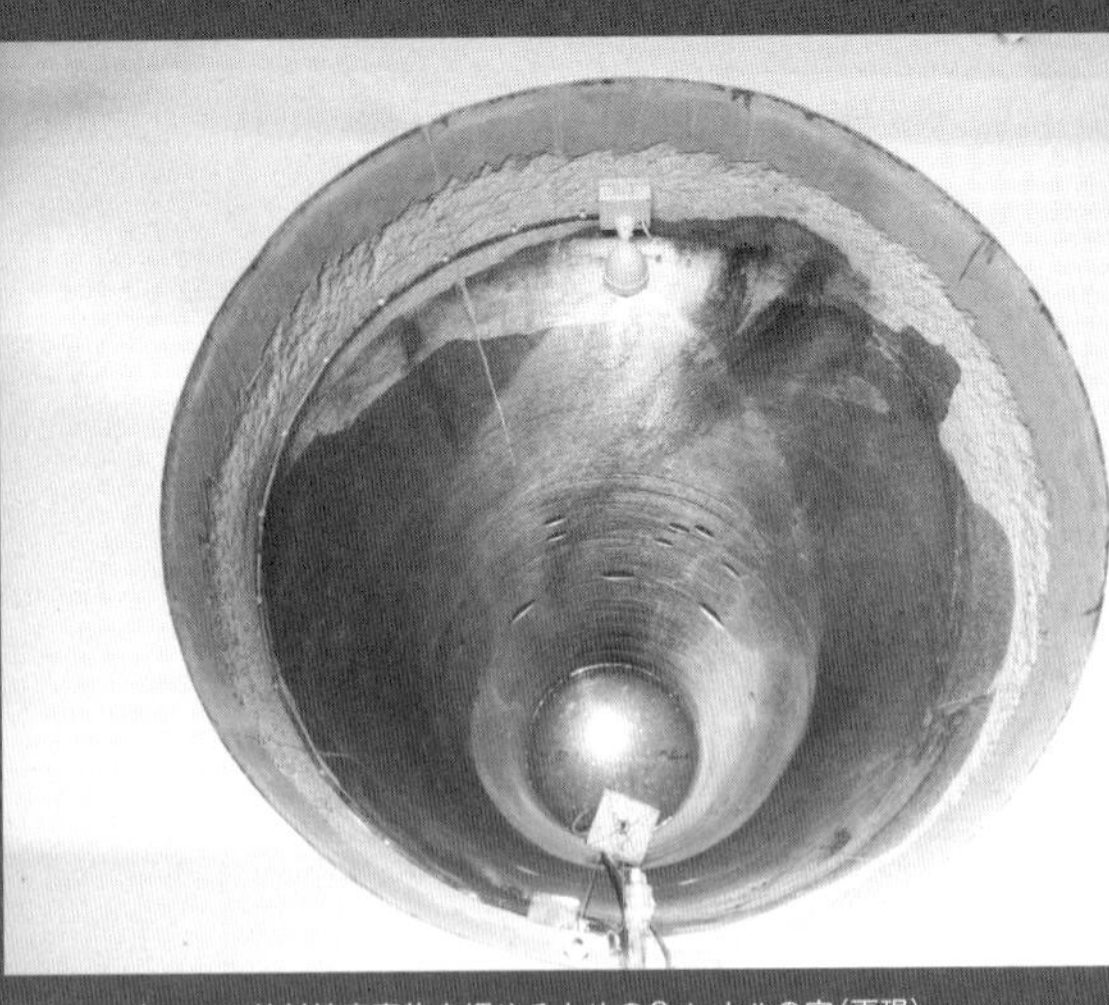

写真14 高レベル放射性廃棄物を埋めるための8メートルの穴(再現)

ところが1997年、ロヴィーサ原発のあるハーシュトホルメンが新たに候補地に加わることになった。ロヴィーサ原発の使用済み燃料は製造国である旧ソ連に送り返される契約になっていたが、1991年に旧ソ連が崩壊し、使用済み燃料の処分が行われないことが明らかになったため、フィンランドは1994年に原子力法を改正、1996年から使用済み燃料の輸出入を禁止した。そのためロヴィーサ原発から出る放射性廃棄物の最終処分を、フィンランド国内で行わなければならなくなったというわけだ。そこで、ロヴィーサ原発を所有するフォルツム・パワー・アンド・ヒート社(FPH社)は、オルキルオト原発を所有するテオリスーデン・ヴォイマ社(TVO社)と共同出資する形で高レベル放射性廃棄物の処分事業を行うポシヴァ社を設立した。オルキルオトと同じくハーシュトホルメンにも、中・低レベル放射性廃棄物の最終処分場建設の際に収集された調査データがあったため、途中から候補地に加えることができた。

ハーシュトホルメンを含めた4カ所で行われた詳細サイト特性調査は1999年まで行われ、いずれも最終処分場の建設について「安全性に問題はない」との結論に至った。ポシヴァ社は同年、候補地の地元住民を対象に、受け入れの是非を問う意識調査を実施した。その結果、オルキルオトとハーシュトホルメンで賛成派が反対派を上回った 図表5 。

同年、ポシヴァ社は、ハーシュトホルメンには強硬な反対派がいたこと、オルキルオトの方が原発敷地内に保管している使用済み燃料の量が多かったこと、地層処分に適したスペースが大きかったことなどの理由から、オルキルオトを最終処分場の候補地として申請した。オルキルオトのあるエウラヨキ自治体は2000年に議会で投票を行い、最終処分場の受け入れを表明。この決定を2001年5月に国会が承認した。

ポシヴァ社は2004年に調査施設としてオンカロの建設を開始。調査研究を経て最終処分場としての建設許可を国に申請し、2015年に許可された。現在は

図表5　最終処分場受け入れの是非を問う意識調査（出典：ポシヴァ社EIA報告書 1999より引用）

質問：安全規制当局による詳細調査と安全評価の結果、あなたが居住する自治体が放射性廃棄物の最終処分地として安全であることが判明した場合に、あなたの自治体内にフィンランド国内で発生した放射性廃棄物を定置することを受け入れますか？

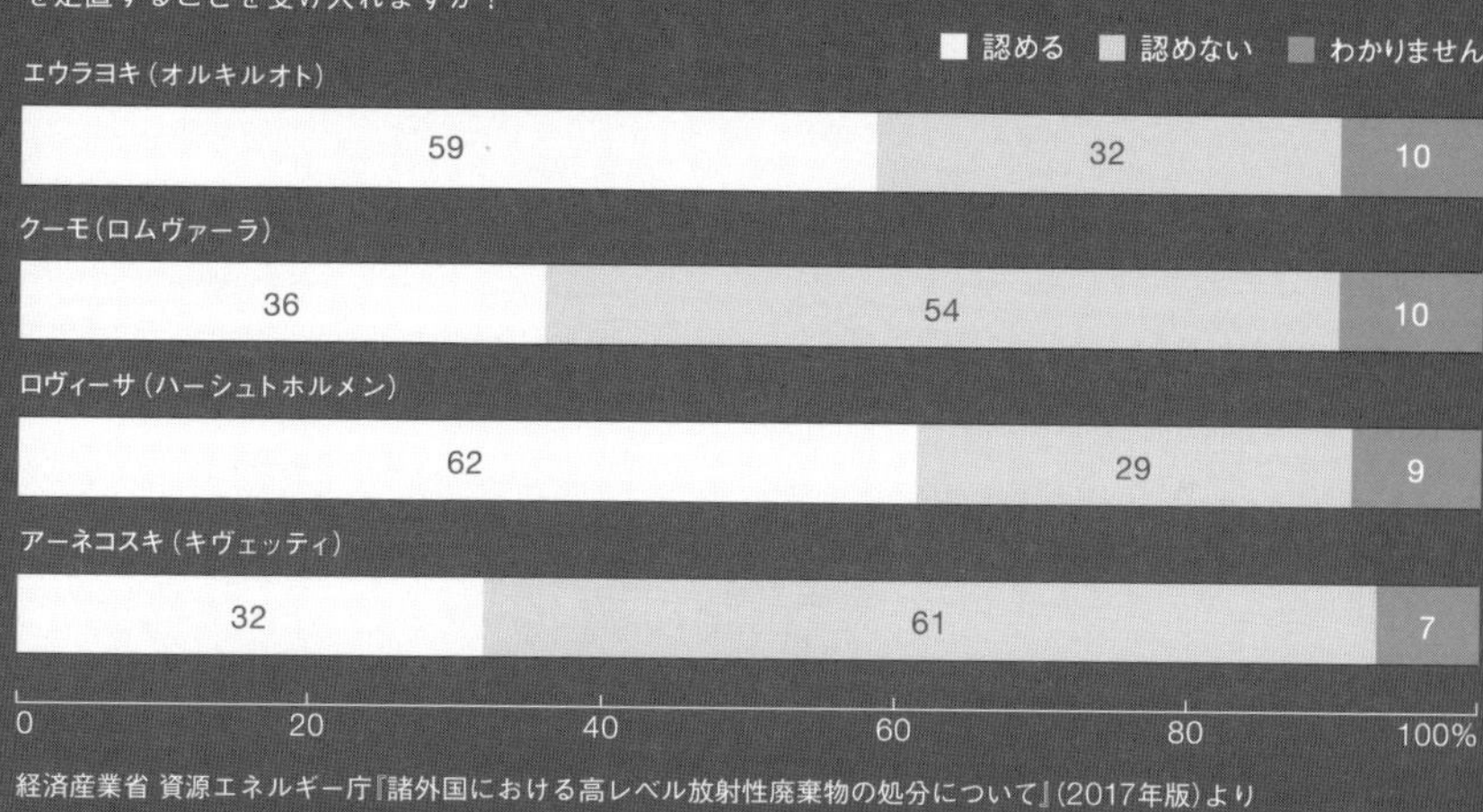

経済産業省 資源エネルギー庁『諸外国における高レベル放射性廃棄物の処分について』（2017年版）より

最終処分場の建設を進めており、2024年から使用済み燃料をオンカロに運び込む計画だ。

オンカロではオルキルオト原発3基分とロヴィーサ原発2基分の6500トンの使用済み燃料を埋める計画だが、凍結されたオルキルオト原発4号機の分を含む9000トン分の容積が確保できることから、ピュハヨキに新設される原発の使用済み燃料を受け入れる可能性もある。

フィンランドの原発から発生した使用済み燃料はプールで数年保管した後、その原発の敷地内にある中間貯蔵施設で保管されている。それら使用済み燃料は、オンカロの地上に建設される施設に運ばれ、燃料の重さを支える鉄と、錆びに強い銅の2重構造を持つキャニスターと呼ばれる容器に封入されることになっている。封入作業は作業員の被曝を防ぐため、遠隔作業で行われるという。キャニスターに封入された使用済み燃料は、エレベーターで地下420mまで降ろされ、ベントナイトと呼ばれる粘土質の緩衝材で周囲を覆って埋められる。ベントナイトはオムツなどにも使われている素材で、水を吸って膨らむ性質があり、使用済み燃料に水や空気が触れるのを防ぐ効果がある図表6。

図表6　フィンランドの使用済み燃料の最終処分方法

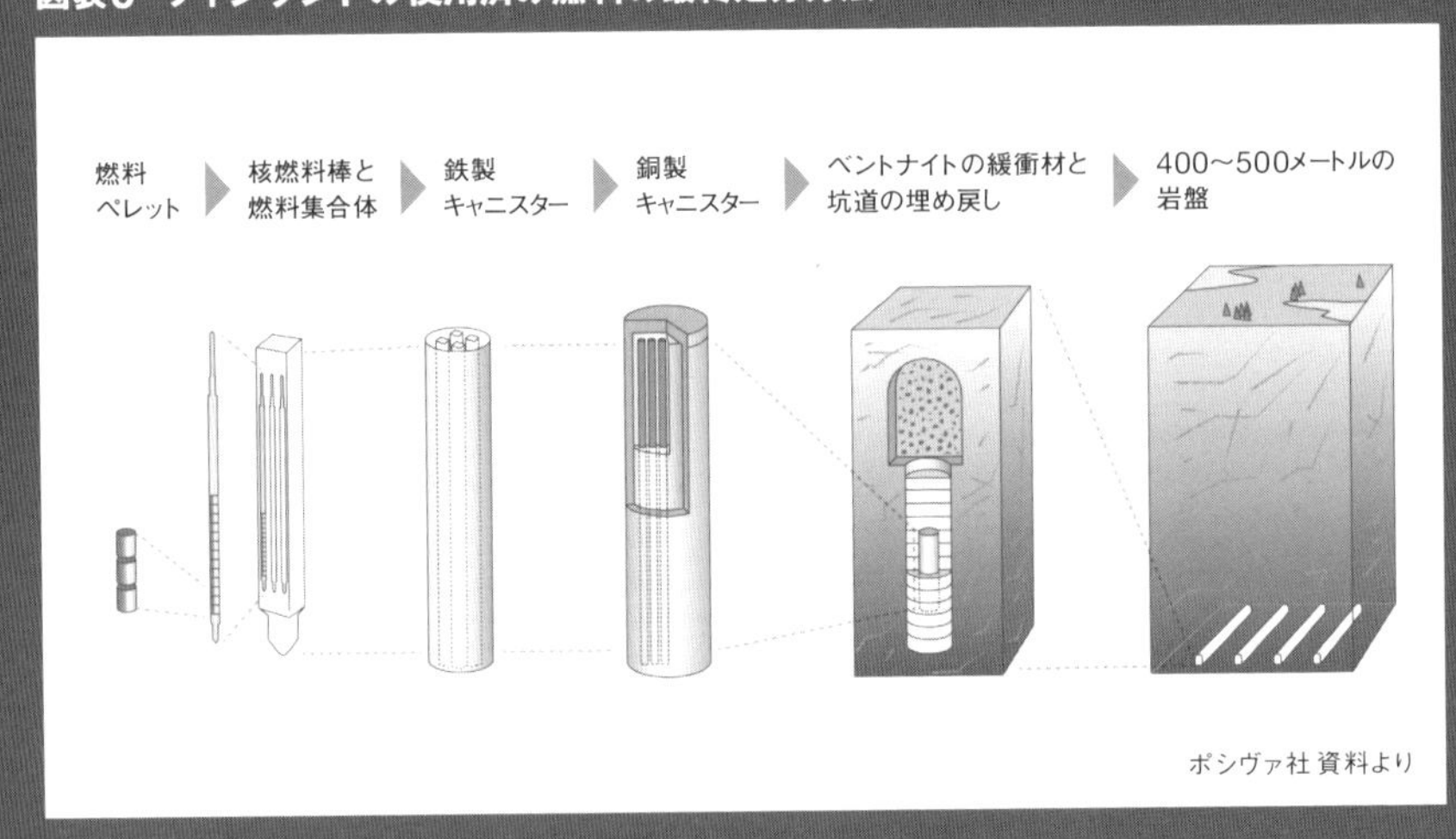

図表8　100000年後のオンカロ予想図

提供：ポシヴァ社

図表7　4000年後のオンカロ予想図

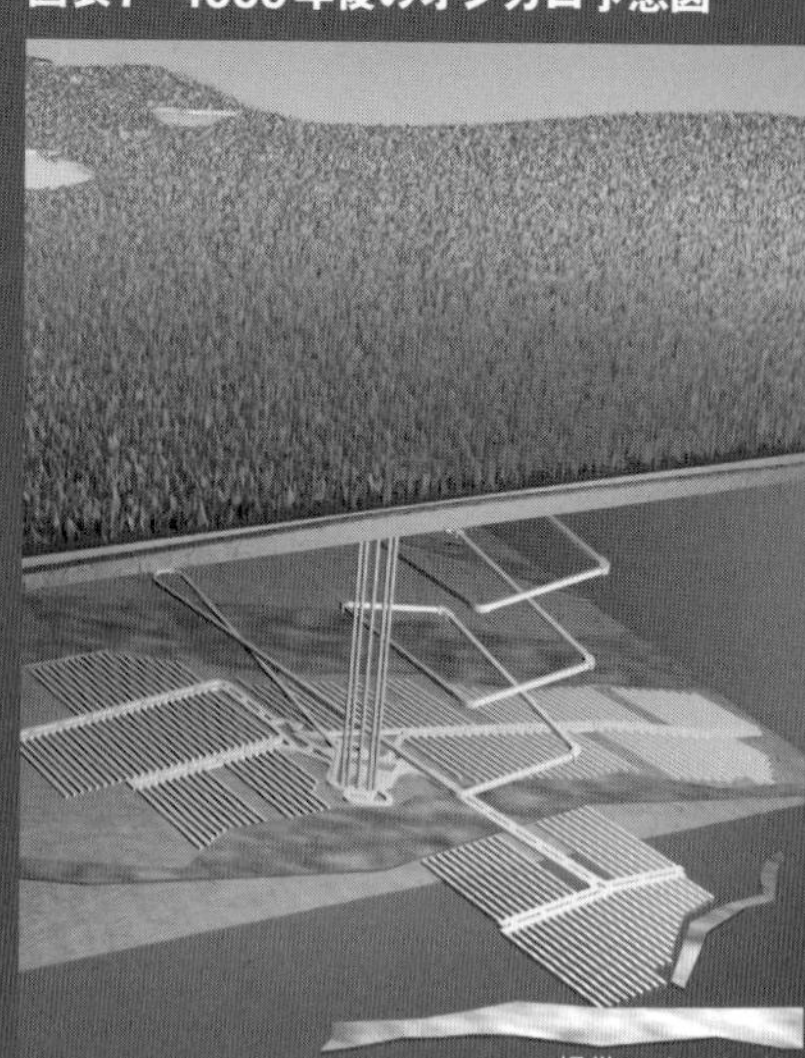

提供：ポシヴァ社

使用済み燃料を安全に隔離するためには、地震や火山活動、隆起などによって放射性物質が地上に上がってこないこと、地下水に触れて漏れ出さないことの2点が必須条件だ。安定した地層という天然のバリアと、これらキャニスターやベントナイトという人工のバリアを組み合わせることではじめて10万年という長期間の隔離が可能になる。

すべての使用済み燃料を埋め終わるとトンネルは埋め戻され、不要になった地上施設も解体される。ポシヴァ社の示した4000年後のオンカロを予想したイラストでは原発や地上施設の姿はなく、緑地が広がり、オルキルオト島はすでに島ではなく、陸続きになっている（図表7）。

また、10万年後には氷河期を迎え、地上は厚さ2・5kmの氷で覆われているという（図表8）。

地上の様子は劇的に変化しているものの、地下のオンカロにはまったく変化は見られない。

❹ なぜ最終処分場は受け入れられたのか

少し話を戻して考えてみたい。私がオンカロ建設に関してとても気になるのは、エウラヨキの住民の意識調査で、賛成が反対を上回ったのはなぜかということだ。

日本では、原発立地自治体に電源立地交付金が支払われる。これは、電力消費地が原発のリスクを引き受ける地域に支払う迷惑料という意味合いを持つ。たとえば、2014年度には川内原発のある鹿児島県薩摩川内市に約13億円、高浜原発のある福井県高浜町に約19億円が交付されている。また、高レベル放射性廃棄物の最終処分場を選定するための文献調査を受け入れただけで最大で20億円が交付されることになっている。

しかし、フィンランドにはそもそも交付金制度はなく、自治体の収入はすべて税収で賄われる。エウラヨキがオンカロの誘致で得られる恩恵は、主に建設や運営に伴う雇用の増加と固定資産税だ。自治体が徴収できる固定資産税の税率は通常0・5~1%とされているが、原子力施設に限っては特別に制限が緩和されている。その上限は税制関連法令の改正によって1999年には2・2%、2016年以降は3・1%に引き上げられた。オルキルオト原発に加え、最終処分場を受け入れることで、さらに年間数百万ユーロ（数億円）の収入増が見込まれる。人口6000人の町であるエウラヨキには、非常に魅力的な恩恵だろう。

写真15 テンペリアウキオ教会 氷河期から残る岩盤をくり抜いて造られたことから「岩の教会」と呼ばれる。

また、ポシヴァ社はエウラヨキが所有する老朽化した老人ホームを改修して事務所として借り上げたり、その代わりに建てる新しい老人ホームやアイスホッケー場の建設資金を融資するなど、最終処分場の申請前から戦略的に地域振興への関与を深めていた。

また、原発が立地するエウラヨキには原発関係者が多かったことも、最終処分場容認派が多数を占めた理由の1つだろう。核のごみの問題は原発の恩恵を受けてきた自分たちの世代で解決すべきだと考える人も多く、原発そのものには反対しながら最終処分場の受け入れには賛成する人すらいる。

私は、福島第一原発事故で、使用済み燃料を燃料プールに保管し続けることの危険性を強く思い知らされた。もし、4号機の燃料プールにあった使用済み燃料にまでメルトダウンが起これば、東京を含む首都圏までが避難区域となる可能性があったからだ。フィンランドでは、使用済み燃料プールや中間貯蔵施設に保管するよりも、地層処分してしまった方が安全だということが広く理解されている。18～19億年前の安定した地盤を持つフィンランドは地震も少なく、首都ヘルシンキにある「岩の教会」写真15に象徴されるように、岩盤の上に街があるという実感が多くの国民にある。すでに原発や中間貯蔵施設を受け入れているエウラヨキにとっては、地上にある使用済み燃料を地層処分することで地域全体のリスクを減らせると考えることができるのだ。

このような国民的な理解や信頼は、国や電力会社による地道な積み重ねの上に成立する。フィンランドはこれまで原発事故を起こしたことはなく、国や電力会社は徹底した情報公開や住民との丁寧なコミュニケーションを続けてきた。そのことによって、住民自身がコストやリスクを最小化するための合理的決定を下すことができたのだろう。

とはいえ、フィンランドの状況を理想とすることはできるのだろうか。住民の意識調査で賛成数が反対数を上回ったのは、原発が立地するエウラヨキとロヴィーサだけだった。つまり、日本よりもはるかに国民の理解が得られ、議論が進んだフィンランドにおいても、原発立地地域以外では高レベル放射性廃棄物の最終処分場受け入れに合意を得られてはいないということだ。人口の少ない地域が、経済的恩恵の見返りにリスクを負うという構造は温存されたままである。

❺日本に最終処分場は作れるか

〈瑞浪超深地層研究所〉を訪問する

日本もフィンランド同様、高レベル放射性廃棄物は300mより深い地層に最終処分することが法律によって決められている。また最終処分場の立地選定もフィンランドと同様、文献調査、概要調査、精密調査といったような段階を踏むことになっている。しかし、いまだ、最初の文献調査の段階にすら入っていない。

写真16 瑞浪超深地層研究所　地下300m研究坑道

図表9 瑞浪超深地層研究所構造図

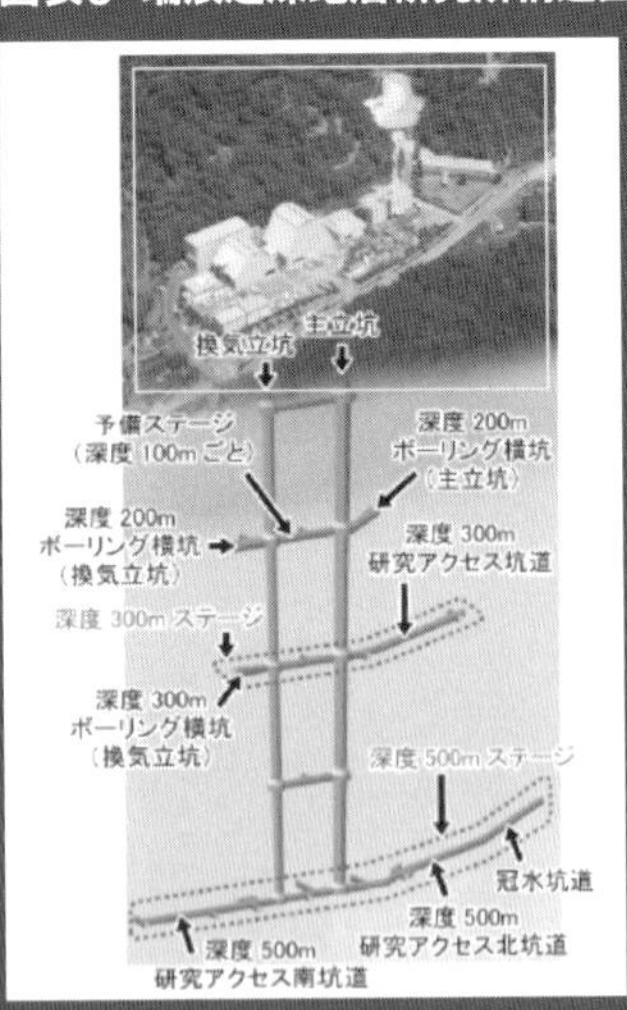

国立研究開発法人日本原子力研究開発機構「ようこそ瑞浪超深地層研究所へ」より

今回のフィンランド取材に先立ち、岐阜県瑞浪市にある〈瑞浪超深地層研究所〉を訪れた。ここは日本原子力研究開発機構（JAEA）が運営する地層技術の研究施設で、放射性廃棄物を持ち込まないことや、将来に渡って研究所を処分場とはしないことなどを地元自治体との協定で約束している。オンカロと比べれば小規模な施設で、エレベーターで地下に降り、坑道に入る構造となっている 図表9。研究用の坑道は地下300mと地下500mの深さにある。後者の坑道は整備中ということだったので、地下300mの坑道を見学した 写真16。専業の広報担当者は特に置いておらず、普段は研究を行っている小出馨(こいでかおる)副所長に案内していただいた。

さっそく見学を開始してまず気づいたのは、約7000万年前の花崗岩でできている壁の、ところどころに割れ目があり、地下水が染み出していること 写真17。そのため、床は濡れていて、左右の側溝には常に水が流れ続けている 写真18。オルキルオトの中・低レベル放射性廃棄物の最終処分場と比べ、明らかに水の量が多い印象を受けた。

小出副所長の説明によると、地下に行くほど割れ目や水の量は減り、地下500mの坑道の方が安定した地盤となっているそうだ。地下深くなるほど水の流れも緩やかになり、仮に放射性物質が漏れ出しても移動速度が遅くなるという。また、地下水は、地上の水と比べると含まれる酸素の量が少なく、金属を酸化させる力が弱いため、ガラス固化体を包む金属容器が錆びにくい効果があるという。さらに、地下では地震の揺れの影響も、地上の半分から3分の1と小さくなる。話を聞いていると、確かに地上より地下で高レベル放射性廃棄物を保管する方が安全だということは理解できる。

しかし、地層処分が有力な選択肢であるとしても、日本には克服しなければならない課題が山積している。特にフィンランドと比較した時、日本固有の問題が浮かび上がってくる。

なぜ日本では困難なのか

日本では使用済み燃料を再利用する核燃料サイクル政策をとっているため、使用済み燃料は資源として扱われている。高レベル放射性廃棄物として扱われるのは、その過程で発生する廃液を固めたガラス固化体と呼ばれるものだ。青森県六ヶ所村の日本原燃に２１７６本、茨城県東海村のＪＡＥＡに２７２本が保管されている（２０１７年3月末時点）。一方使用済み燃料を再利用しないフィンランドのような国では、使用済み燃料がそのまま高レベル放射性廃棄物として扱われる。

日本は地震大国、火山大国であり、全世界の震度6を超える地震の20％、活火山の７％が集中している。安定した岩盤を持つフィンランドに比べ、10万年間変動しない安定した場所を探し出すのは極めて難しい。

また、処分が必要な高レベル放射性廃棄物の量も異なる。フィンランドは原発5基分の高レベル放射性廃棄

写真17　水が染み出す壁の割れ目
写真18　側溝に流れ込む地下水

物の最終処分場を建設しているが、日本ではこれまでに57基の商用原発が運転し、建設中のものを含めれば約60基分の最終処分場が必要となる。

さらに重要なのが、原子力に対する信頼性の違いだ。たとえ地層処分が安全上可能な場所であったとしても、その地域の住民が納得しなければ最終処分場を作ることはできない。その住民の納得を得るために必要なのが国や専門家に対する信頼だ。しかし、日本では福島第一原発事故以前にも、2名の死者を出した東海村ＪＣＯ臨界事故、高速増殖炉もんじゅのナトリウム漏えい事故、5名の死者を出した関西電力美浜原発3号機の配管破断事故など、様々な事故を起こしてきた。

近くは、２０１７年6月6日、茨城県大洗町にある大洗研究開発センターで、放射性物質のずさんな取り扱いにより作業員5人が被曝した事故があったばかりだ。大洗研究開発センターを運営するＪＡＥＡは、高速増殖炉もんじゅの運営母体でもある。もんじゅは１９９９年のナトリウム漏えい事故を受けて運転を停止し、以降再開を目指していたが、その間も数々のトラブルや点検漏れを繰り返してきた。原子力規制委員会は「ＪＡＥＡには安全に運転する能力がない」と指摘し、２０１６年12月に廃炉が決まった。ＪＡＥＡの研究は原発の廃炉や、核燃料サイクル、放射性廃棄物の処分など多岐に渡る。日本で唯一の原子力に関する総合的研究開発機関であるＪＡＥＡが事故や不祥事を繰り返し、今も改善の余地が見られないことは日本の原子力開発の行き詰まりを端的に表している。

加えて、事故や事件の際の情報公開が不十分なことも信頼を得られていない一因となっている。東京電力が福島第一原発事故のメルトダウン（炉心溶融）を事故直後に認識しながら、それを2カ月ものあいだ公表しなかったのは象徴的な事例だ。報道の自由度ランキングで常に上位を争い、情報公開のレベルが高いフィンランドとは対照的だ（国際ＮＧＯの「国境なき記者団」が発表した２０１７年度の「報道の自由度ランキング」では、調査対象の１８０カ国・地域の中でフィンランドが3位だったのに対して、日本は72位だった）。

そう考えていくと、現時点で日本に最終処分場を作るのは難しいと言わざるを得ない。

高レベル放射性廃棄物の最終処分場の問題は、長らく解決の目処が立たないまま棚上げにされ、見て見ぬ振りをしながら原発を続けてきたという経緯がある。そのようななかで福島第一原発事故が発生し、ただでさえ複雑な問題が一層解決困難な状況になってしまっている。「高レベル放射性廃棄物」だけの問題として矮小化したままでは、この状況を打開することはできない。視野を広げ、核燃料サイクル政策、ひいては原子力政策全体のあり方の問題として見直す必要がある。核のごみの問題を棚上げにしたまま原発を続けるのではなく、最終処分までを見据えた原子力政策でなくてはならないのだ。

そのヒントになるのが、日本学術会議が２０１５年4月にとりまとめた提言だ。高レベル放射性廃棄物の問題が一向に解決に向かわない状況を受け、原子力委員会が日本学術会議に依頼したものだ（本書２５３ページ）。提言は、最終処分場の合意形成と立地選定、建設にかかる50年のあいだ、使用済み燃料を地上に保管する「暫定保管」と、電力会社が新たに発生する使用済み燃料の保管容量を確保し、暫定保管の計画を作成するまで原発の再稼働や新設を認めない「総量管理」という2つの考え方を柱としている。

しかし、政府が２０１５年の5月に閣議決定した核のごみの最終処分に関する新しい基本方針に、日本学術会議が示した「暫定保管」と「総量管理」の考え方が反映されることはなかった。新たな基本方針では、調査を希望する自治体が手を挙げるまで待つ、という公募方式から、国が科学的有望地を提示し、調査への協力を自治体に申し入れるという方式に改められた。

つまり、待っていても誰も手を挙げてくれないので、こちらから当てていく、という方針転換なのだが、原発を使い続けていくことを前提としたまま、最終処分場の問題を先送りしていることには何ら変わりはない。原発を使い続けるという目的のために最終処分場を見つけ出す。そう思われても仕方がないだろう。

「ここが最終処分場にふさわしいかどうか自分の目で確かめてください」——フィンランドの中・低レベル放射性廃棄物の最終処分場の案内をしてくれたミカ氏が、見学の最初に、私たちに告げた言葉を思い出す。オンカロについて何一つ隠すものなどないという信念と自信に気圧された。日本の場合、原発に限らず、専門家が相手の不安に先回りして安全性を強調し、納得させるという一方的なコミュニケーションになりがちだ。政治家や官僚、電力会社の関係者がよく使う「納得していただく」、「ご理解を得る」という言葉に結論ありきの姿勢があらわれている。このような姿勢では国や専門家が信頼を取り戻すことは到底無理であろう。失われた信頼をいかに取り戻すか、フィンランドの事例から学べることは多い。

また、ミカ氏の言葉は我々自身が主体的に安全性を確かめる覚悟があるのかを問うてもいる。多くの国民が原発の安全性に関して、常に国や専門家任せではなかったか。我々には自分たちが生み出してしまった核のごみに対する責任を果たす必要がある。

フィンランドにあって日本にないもの――それは本気で問題を解決しようとする覚悟ではないか。それが今回の取材を通して感じたことだった。

［文献］倉澤治雄『原発ゴミはどこへ行く?』（リベルタ出版、2014）／楠戸伊緒里『放射性廃棄物の憂鬱』（祥伝社、2012）／経済産業省 資源エネルギー庁『諸外国における高レベル放射性廃棄物の処分について』（2017年版）

小嶋裕一（こじま・ゆういち）

1982年生まれ。『ポリタス』記者。映画作家。宮崎県出身。明治大学理工学部電子通信工学科卒。日本映画学校卒。インフォグラフィック「あなたは原発の寿命を知っていますか?」が第19回文化庁メディア芸術祭エンターテインメント部門の審査委員会推薦作品に選出。監督作品に『おくの細道2012』、『19862011』。著書に『チェルノブイリ・ダークツーリズム・ガイド 思想地図β vol.4-1』（共著）、『福島第一原発観光地化計画 思想地図β vol.4-2』（共著）。Twitter : https://twitter.com/mutevox

「核のごみ」

――最終処分場にかかわる合意形成のために

今田 高俊

（社会学者／東京工業大学名誉教授）

原子力発電により生じる使用済み核燃料は強い放射線を出す。使用済み核燃料をそのまま、高レベル放射性廃棄物（以下、誤解のない範囲で「核のごみ」と略す）として直接処分することも可能であるが、日本では、資源の有効利用の観点から、使用済み核燃料に残留するウランやプルトニウムを取り出し再利用する核燃料サイクル政策を採用している。

使用済み核燃料を再処理した後には、高レベルの放射性物質を持つ廃液が残る。その危険性は、20秒程度で人間を死にいたらしめるといわれている。そこで、この廃液をガラスと混ぜてステンレス製の容器に入れガラス固化体にして、保管・処分することになっている。核のごみの放射能レベルが十分低く（自然界に存在する水準に）なるまでには最短1万年、最長10万年を必要とする。このため、核のごみを1万年～10万年にわたり人間の生活環境から隔離し、管理する必要があり、その方法として地下300m以深の地層に埋設処分する方法が計画されている。

原子力発電に賛成する／反対するにかかわらず、既に多くの核のごみが存在しており、その処分をどうするか避けて通れない問題である。東京電力福島第一原子力発電所の事故により、われわれは原発のリスクの大きさを目の当たりにしたが、核のごみの最終処分という大きな問題を抱えていることを忘れてはならない。

こうしたなか、日本学術会議では、2010年9月、原子力委員会委員長から高レベル放射性廃棄物の処分に関する審議依頼を受けて以来、2012年9月および2015年4月の2度にわたって『回答』および『提言』をとりまとめ、核のごみ処分に関する政策提言をおこなった。本稿では、2015年の提言『高レベル放射性廃棄物の処分に関する政策提言――国民的合意形成に向けた暫定保管』についてそのポイントを解説することにしたい注1。

❶ 暫定保管とは何か

提言では、核のごみ最終処分の国民的合意を得るために、特に暫定保管の重要性を指摘した。ここでいう暫定保管とは、核のごみを、一定の暫定的期間に限って、その後のより長期的期間における責任ある対処方法を検討し決定する時間確保のために安全性に厳重な配慮をしつつ保管することをいう。

暫定保管については、さまざまな反応が寄せられた。とりわけ、政府が推進している地層処分へといたる中途形態である中間貯蔵とどこが違うのかという意見が多くあった。そこでまず、暫定保管の特徴を説明しておく。

ガラス固化体にした高レベル放射性廃棄物は高温であるため直ちに地下に埋設するわけにはいかず、地上で30年～50年冷却する必要がある。つまりガラス固化体の場合、地層処分の前にその温度を下げることが「中間貯蔵」(interim storage)の目的である。

これに対し、「暫定保管」(temporary storage)は、地層処分についての安全性確保の研究および国民的合意形成のための期間の確保と実施を主目的とし、地層処分のための冷却貯蔵だけでなく、それ以上に最終処分にかかわる合意形成という重要な目的を含む。

暫定保管という管理方式は、中間貯蔵によるガラス固化体の冷却から地層処分へと直線的に進むのではなく、問題の適切な対処方策を確立するために、モラトリアム(猶予)期間を確保することに特徴が

注1 提言の全文は日本学術会議のホームページ内のURL(http://www.scj.go.jp/ja/info/kohyo/pdf/kohyo-23-t212-1.pdf)を参照。

ある。この期間を利用して、電力会社、政府、科学者に対する国民の信頼を回復し、核のごみの処分についての理解と合意形成を得ることが重要課題である。

以上のように、中間貯蔵とは異なり暫定保管の考え方は、技術面・社会面双方の視点を強調するものである。特に以下で論ずるように、責任倫理と公平原理を軸として廃棄物処分に関する国民的合意形成を図る社会面での課題を重視することに特徴がある。

❷ 政策提言の概要

提言の内容は5カテゴリーからなる。(1)暫定保管の方法と期間、(2)事業者の発生責任と地域間負担の公平性、(3)将来世代への責任ある行動、(4)最終処分へ向けた立地候補地とリスク評価、(5)合意形成へ向けた組織体制、である。これらに通底していることは、核のごみに関しては、科学技術的な精査に基づき責任倫理と公平原理を基礎として国民的合意形成を図り、最終処分にいたる民主的な手続きを確保することである。以下、５つのカテゴリーに沿って政策提言を見ていくことにする。

なお、各提言はわかりやすさに配慮してできるだけ簡略化した。

(1) 暫定保管の方法と期間

【提言1】 暫定保管の方法は、乾式(空冷)で密封・遮蔽機能を持つ容器等による地上保管が望ましい。

現在、使用済み核燃料は約1万７０００トン(川内原子力発電所1号機が再稼働するまでの値)あり、ほとんどが各原子力発電所内でプール保管されている。これらを核燃料サイクル向けに再処理してガラス固化体にすると約2万５０００本になる。これにフランスなどに委託して既に再処理した本数約２０００本を合わせると、2万７０００本になる。

地上で保管する場合、地震などの自然災害やテロ行為、戦争などで危険が増すのではないかという意見があるが、それは原子力発電所内でプール保管している現状でも同じことである。プール保管の場合、電源喪失が起きた際のリスクが追加的に生じるため、地上保管の方がリスクはより少ないと考えられる。

【提言2】 暫定保管の期間は原則50年とし、最初の30年を目途に最終処分のための合意形成と立地候補地選定をおこない、その後20年を目途に処分場の建設をおこなう。

暫定保管の期間を50年としたのは、技術的・経済的な側面が主な理由であるが、重要なことは、この期間のうち最初の30年（一世代30年といわれる）で、世代責任を果たすことである。30年のあいだに電力会社・国・科学者の信頼回復を図ると同時に、核のごみ処分に関する国民的合意形成、立地候補地の選定をていねいにおこなう。そして残りの20年かけて最終処分場を建設する。そのような悠長なことをいっている場合でないという批判もありうるが、失われた信頼回復と最終処分に関する合意形成を図るには決して長くはない。焦りは禁物である。

(2) 事業者の発生責任と地域間負担の公平性

【提言3】 高レベル放射性廃棄物の保管と処分については、事業者の発生責任が問われるべきである。また、国民も受益者となっている現状を自覚し、最終処分に関する公論形成への積極的な参加が求められる。

この提言は責任倫理について述べたものである。原子力発電により核のごみを発生させたのは電力会社であり、国策により原子力発電が推進されたとはいえ、発生者としての責任は免れない。事業者である電力会社の発生責任がどこまでおよぶのかについては議論の余地があるが、少なくとも暫定保管に関しては責任を持って対応すべきであろう。

電力利用をしてきた国民も、核のごみ問題は政府や電力会社がなすべきこととして無関心になるべきではない。国民は核のごみ問題について関心を抱き、関わり、公論形成に前向きに応答していくことが求められる。

【提言4】 暫定保管施設は電力会社の配電圏域内の少なくとも1カ所に、電力会社の自己責任において立地選定および建設をおこなうことが望ましい。また、負担の公平性の観点から、この施設は原子力発電所立地点以外での建設が望ましい。

この提言は公平原理について述べたものである。各電力会社は核のごみを、自身の配電圏域で処分するのが公平性にかなう。原子力発電関係の立地については、これまで過疎地域など弱小自治体に補助金がらみで了解を得てきたが、今後そのような方法により核のごみの保管と処分を依頼するには無理がある。負担は受益者が等しく負うべきであり、その上で具体的な方法について議論し合意を得るべきである。したがって、最低限、暫定保管施設は各電力会社の配電圏域内でしかも原発立地点以外に建設すべきである。

【提言5】 暫定保管や最終処分の立地候補地の選定と施設の建設と管理にあたっては、立地候補地域およびその圏域の意向を反映すべきである。

核のごみの暫定保管施設や最終処分場が設置される地域の数は限られるので、結果的には、一部地域への負担の強制と、他地域の「フリーライダー(ただ乗り)」化が起き、紛争の火種になりかねない。そうならないためにも、周辺自治体の意向も十分に踏まえる必要がある。このためには、立地地域とその近隣地域とのあいだに相互理解と信頼関係を構築するとともに、負担の地域間公平性を確保することが不可欠である。その際、経済的誘因に過度に依拠するのではなく、安全・安心を基本とした、住民の多様な価値を考慮すべきである。

❸ 将来世代への責任ある行動

【提言6】 将来世代に対する世代責任を反省し、暫定保管の安全性確保とその期間について不必要な延長は避けるべきである。

これは次の提言7とともに、将来世代に対する現世代の責任を述べたものである。提言では暫定保管期間を50年とした。暫定保管の期間があまりにも長くなると、対処すべき核のごみを生み出した世代の責任問題があいまいになる恐れがある。また、国民の関心の低下や暫定保管を開始した当初の原則の忘却・変質が生じる恐れがある。こうした無責任に陥らないためにも、暫定保管から最終処分の段階へと移行する際には、処分場を社会的記憶として留めておく工夫(たとえば、処分場跡地にモニュメント等を建設すること)が必要である。

【提言7】 再稼働問題の判断は、安全性確保と地元の了解だけでなく、新たに発生する高レベル放射性廃棄物の保管容量の確保および暫定保管の計画作成を条件とすべきである。

原発を再稼働すれば新たに核のごみが発生する。

新規発生分の核のごみについて責任ある対処をするためには、その管理（保管）をどのようにおこなうかについて事業者および国が明確な方針を示すべきである。すなわち、原子力発電所を再稼働させるためには、事業者が新たに発生する使用済み核燃料の保管容量を確保することおよび暫定保管に関して明確な計画を作成することが求められる。このような条件を明確にしないまま、既存の原子力発電所の再稼働や新規原子力発電所の建設をおこなうことは、将来世代に対する責任倫理を欠くと同時に、世代間の公平原理を満たさない。

④ 最終処分へ向けた立地候補地とリスク評価

【提言８】　最終処分場の選定については、地質学的知見に基づいて全国くまなくリスト化した上で、該当地域の自治体の自発的な受け入れを尊重すべきである。

日本は地震大国であり、火山列島であり、地層の隆起および断層運動など地質学的に大きな不安定性を持つ国である。したがって、最終処分地の選定には仔細なリスク評価が欠かせない。また、２００２年以来、自治体からの公募方式を採用していたが、はじめの一歩である文献調査に着手できた自治体すらない。このため、国は２０１５年５月に最終処分に関する基本方針を改訂した。「国が前面に立って取り組む」、「国が科学的有望地を提示し、調査への協力を自治体に申し入れる」と注２。国が前面に出ることを強調しすぎて、有望地の科学的精査が背景に退きかねない状況である。このような状態では科学技術者の自律性の確保に問題が残る注３。科学的有望地のマップ化は、国をはじめ電力事業者など直接的な利害関係者から独立した科学技術の専門家からなる委員会で検討されるべきである（なお、国は今年２０１７年４月に、「科学的有望地マップ」という表現は処分場ができる場所と誤解される恐れがあるとして、「科学的特性マップ」と変更している）。

【提言９】　暫定保管期間中の重要課題は、地層処分のリスク評価とリスク低減策を検討することである。地層処分の安全性に関して、原子力発電に対して異なる見解を持つ多様な専門家によって、十分な

注２　経済産業省・資源エネルギー庁　２０１５「特定放射性廃棄物の最終処分に関する基本方針が改定されました〜国が前面に立って取り組みます〜」News Release：５月22日（http://www.meti.go.jp/press/2015/05/20150522003/20150522003.pdf　２０１５年５月30日取得）。

注３　経済産業省が第３回最終処分関係閣僚会議で配布した資料１では、科学的有望地の提示について「総合資源エネルギー調査会で専門家により検討中」とのコメントが付されてはいるが、あくまで国が前面に立って取り組むことが焦点である（http://www.cas.go.jp/jp/seisaku/saisyu_syobun_kaigi/dai3/siryou1.pdf　２０１５年６月７日取得）。

議論がなされることが必要である。

現状では、核のごみの最終処分は人間生活圏から隔離する地層処分がもっとも有力な方法とされている。しかしこの処分方法を適用するには、地層が安定していることが不可欠である。地層の安定性をどのように評価するかが最重要課題となるが、わが国は、海洋プレートが大陸プレートの下に沈み込む位置にあるために地層の安定性に対する懸念が払拭できない。

これまでの研究結果から、活断層の分布は局在しているので、これを避けて処分場を建設することは可能とされている。ただし、火山活動、地熱活動、地層の隆起および断層運動の影響を避けたとしても、これらの現象と地震動が地下水の流れに影響し、間接的に処分場の隔離性能を減少させることが、大きな不安材料として残る。これへの対応は容易ではなく、最終処分場の選定開発にあたって、評価困難な問題として最後まで残る可能性が高い。

❺合意形成に向けた組織体制

社会的合意形成を図りつつ核のごみ問題に対処するためには、まず原子力発電行政に対する国民の信頼を回復することが重要である。このために、核のごみ問題の解決をめざした真剣な国民的議論を起こす必要がある。こうした国民的討論の場を設け、討論過程の司会・進行を担う主体が必要である。また、核のごみはハイリスクであり、暫定保管や地層処分の施設の管理と安全性の確保に関して、社会的に信頼が得られる科学的知見が求められる。このためには科学技術的問題についての専門家集団の合意形成が必要である[注4]。さらに、専門家集団の合意が国民の合意へと繋がることが必要であると同時に、この合意を国民の総意を反映する大局的方針として、政府および国会に提言する役割を担う主体が必要である。以上の、諸機能を担うために、以下2つの委員会と1つの会議の設置が求められる。

【提言10】 核のごみ問題を社会的合意の下に解決するために、国民の意見を反映した政策形成を担う「高レベル放射性廃棄物問題総合政策委員会」を設置すべきである。本委員会の中核メンバーは原子力事業の推進に利害関係を持たない者とする。

高レベル放射性廃棄物問題総合政策委員会（総合

注4 なお、経済産業省が総合資源エネルギー調査会に設置した「地層処分技術ワーキンググループ」における地層処分の成立性や安全性についての検討は、あくまでも政府部内に設置された議論の場でおこなわれたものであり、これは日本学術会議が必要性を指摘してきた「自律性のある科学者集団による専門的な審議の場」としての条件を備えているとはいいがたい。関連分野の学会長からも疑問の声が出されている。加藤照之、2014、「放射性廃棄物地層処分技術ワーキンググループ設立をめぐって——日本地震学会からの回答と考え方」『科学』Vol.84、No.2。

政策委員会と略す）は独立性の高い政府の第三者機関とする。すなわち、三条委員会として法的措置を施された行政委員会として、政府への勧告権など強い権限が付与されるものとする。国民レベルでの広範な合意形成と、専門家のあいだの合意形成が、総合政策委員会での協議や総合的な政策判断の基礎となる。

【提言11】 福島第一原発事故において、原発関係者への国民の信頼は損なわれた。最終処分問題ではこの信頼回復がとくに重要である。このために、市民参加に重きを置いた「核のごみ問題国民会議」を設置すべきである。

核のごみ問題国民会議の使命は、第1に、高レベル放射性廃棄物の地層処分の立地選定の在り方とその合意形成について公論を喚起することである。第2に、暫定保管の前期30年のあいだに、エネルギー政策に関する国民的議論をリードし、原子力利用の将来像をどうするのかについて国民の合意形成に携わることである。

【提言12】 暫定保管および地層処分の安全性に関する科学技術的問題の調査研究をおこなう諮問機関として「科学技術的問題検討専門調査委員会」を設置すべきである。

専門調査委員会の課題は、**(1)** 地層処分のリスク評価および最終処分地が備えるべき条件の評価、**(2)** 科学的に見た最終処分場の適地のリスト化、**(3)** 暫定保管から最終処分へ移行すべきタイミング（30〜50年を想定）、**(4)** 暫定保管サイトのモニタリングの報告、**(5)** 天災地変などによって保管場所の移動が必要になった場合の移動先の検討、**(6)** 放射性廃棄物の放射線量を少なくする減容化技術の開発、などをフォローアップすることであり、これらの課題に適宜専門分科会を設けて対応する。

核のごみ問題国民会議による国民レベルでの広範な合意形成と、専門調査委員会における専門家間の合意形成に基づいて、総合政策委員会で核のごみ最終処分地の候補決定がなされるべきである。

❻ おわりに

12におよぶ提言の背景にある精神は、**第1**に安全・安心を確保すること、**第2**に責任倫理と公平原理をモットーとすることである。提言では、暫定保管期間50年のうち、30年を費やして国民の理解と合意形成および最終処分地の選定をおこない、残る20年で処分場サイトの建設に充てることとした。一世代30年の期間に、良質な民意を反映するかたちで国民的合意を形成しつつ、科学技術専門家集団による処分場の適地の選定をおこなうことが、世代責任をまっとうするために不可欠である。

特に、核のごみの最終処分に関して国民的合意形成を図るには、全国から無作為に選ばれた少人数の市民による討議の場の設定が不可欠である。こうした試みはミニ・パブリックスによる討議デモクラシーとして最近注目を集めている。核のごみ国民会議には、こうした場を全国で数多く設定し運営することが求められる。専門家によるシンポジウムと質疑応答といった方法では、核のごみについての理解と最終処分について国民の合意を得ることは困難を極める。ミニ・パブリックスによる公論を通じて、国民各人が草の根的に理解と納得を得ていく手続きが不可欠である。

核のごみ最終処分の解決方法に王道はない。じっくりと地道に、手間ひまかけて合意形成を図るほかない。そのための30年という期間は、決して長くはない。

［付記］　本稿は、拙著、２０１６、「高レベル放射性廃棄物の暫定保管に関する政策提言」『学術の動向』21(6)：10-21を簡略化・加筆修正したものである。

今田高俊（いまだ・たかとし）
１９４８年兵庫県生まれ。社会学者。日本学術会議連携会員。２００８年紫綬褒章受章。東京大学文学部社会学科卒業。東京大学大学院社会学研究科博士課中退。博士（学術）。著作に、『自己組織性――社会理論の復活』（創文社）、『モダンの脱構築――産業社会のゆくえ』（中公新書）、『混沌の力』（講談社）、『社会階層と政治』『意味の文明学序説――その先の近代』『自己組織性と社会』（以上東京大学出版会）他。共著に『高レベル放射性廃棄物の最終処分について』学術会議叢書(21)（公益財団法人日本学術協力財団）他。

INTERVIEW 2

誰にも保障できない10万年後の安全——映画監督・マイケル・マドセン氏に聞く

マイケル・マドセン（映画監督）×聞き手・津田大介（「ポリタス」編集長／本書編者）

10万年後の人類に高レベル放射線廃棄物の処理施設をどう託すか

——監督が撮影したドキュメンタリー映画『100,000年後の安全』を拝見しました。最初はテーマがテーマなので、「反原発」的なイデオロギー色が強い映画かと思っていたのですが、最後まで観てみると、むしろ10万年後の人類に対し、我々がどのように責務を果たすべきかを問いかけるような重い内容でした。

マドセン　お説教のような映画は避けたかったんです。

——監督は元々、コンセプチュアル・アーティストとして活動されていますよね。その立場からストレートなドキュメンタリーを撮っているスタンスが面白いと思います。この映画では冒頭からクラフトワークが映画の中に組み込まれていて、ある種非常にベタな表現ながらも、演出としては非常に効果的だと思いました。個人的に音楽は映像よりも抽象度が高い表現だと思っています。曖昧だけど想像の余地が残されている、というか。監督は「音楽」と「映像」どちらの表現スタイルも手がけていますが、両者にはどのような違いがあると認識されていますか？

マドセン　音楽には芸術の一つの形態として興味を持っています。ドキュメンタリーの多くは、どちらかと言うと「こうあるべき」という意見が前面に押し出されていて、原理主義的だと思うんです。でも先ほども申し上げたように、私はこの映画をお説教のようにしたくなかった。私が音楽が好きなのは、抽象的だからなんですね。この映画でも抽象的な部分を残したかった。そうすることで、観る人は時には希望を抱いたり、時には恐れたりと、自由に想像を育むことができると

Daisuke Tsuda

思うので。

――音楽のプロモーションビデオ（ＰＶ）のような長回しで撮った映像がところどころに使われている理由も、想像の余地を残すための演出ということでしょうか？

マドセン　私自身はこの映画で撮った「オンカロ」という放射性廃棄物の最終処分場を一つの「現象」として捉えています。今まで永遠に残そうとして作られたのは、ピラミッドや大聖堂など、宗教的な考えに基づいて作られた建築物だけでした。一方、オンカロは10万年後

――私は「ポストヒューマン」という言い方をしましたが、人類が存在しなくなったその先まで存在するかもしれないものです。こんな建造物はいまだかつてなかった。まったく新しいものなんです。ですのでカメラワークでも、建物そのものの存在に焦点を合わせるようにしました。これを一つの現象として捉える必要があったからです。カメラクルーには「ＳＦを撮るようなカメラワークを」と指示しました。彼らが未来からのビジターで、現代を何も知らないとしますね。そうすると、たとえばこの部屋に入ってきたとしても何が大事かわからなくて、こうして対談している私たちではなく、電灯のほうが面白くてそちらを撮影してしまうかもしれない。そういう感覚を通して施設のすべてを語りたいと思ったんです。「外部から来て何もわからない」というエイリアン的な視点を保ちながら、真実を見つめていきたかった。

そして「10万年」の問題ですね。果たして人間にとって「10万年」という年月は理解できるものなのか。これだけ長い時間持つ建物を建てることそのものが一体何を意味するのか。映画の最後で私は「これはあくまでも真実であるが、同時に私の視野に映ったものにすぎない」と書きました。私が撮ったのは実在する場所、リアルな人たちです。けれどもそれは、どこかあの世のような異世界につながっている、そういった感じを私は受けました。ある意味では「詩的な真実」と言えるかもしれません。

そして私自身はカメラを長回ししているのですけど、これはある意味で「遠近法」に似ています。どこかに焦点を合わせつつ遠近法も取り入れることによって、何を語ろうとしている

Michael Madsen

か、どこを見つめているか、それが明確になるようにと考えて取り入れました。

　現在のような遠近法が確立されたルネサンス期には、神の作りたまいし存在だった人間の生物としての側面が浮き彫りになり、それが科学の登場につながりました。人体の解剖なんて、それまでは「神への冒瀆」とされていた。でも科学の登場によって人間は解放され、万物に含まれる真実をつまびらかにしていこうとします。

　私はこれをサウンドでも表しています。最後に使った音楽はクラフトワークなどにも影響を与えている先駆的な作曲家エドガー・ヴァレーズとアルヴォ・ペルトの曲です。つまり「何かの夜明け」を思わせる音楽を使っているんです。

　アートは時を超えて存在し得ます。この映画は事実を切り取るドキュメンタリーでありながら、アートでもある。それは観る人にさらなる解釈の余地を与える、あるいはレベルの高い質問を発するにも等しいことなのではないかと思っています。


――あえてジャーナリズム的な視点で語りますが、この映画は「原発の是非という問題とは別に放射性廃棄物の問題は存在する」という事実をくっきりと浮かび上がらせたところに大きな意義があると思います。「10万年」というキーワードを軸にインタビューをしていくというアイデアは始めからあったのでしょうか。それとも制作していく中で生まれてきたものなのでしょうか。

マドセン　最初からこのスタイルで行きたいと思っていました。私がもっとも大事にしていたのは「10万年」というタイムスパンと現場にいる人たちとのコミュニケーションです。オンカロに初めて行った時、そこで作業していた人たちに「完全に理解するのは難しいかもしれないけれど、原発の是非ではなく、「10万年」という年月の持つ意味が知りたい」とはっきり申し上げましたね。撮影を始めて2、3日経った時、私は安全委員会の方がこう言ったのを聞いて驚いたんです。「オンカロの存在は忘れてもらったほうがいい、そのほうが安全だ」と。なぜか。その人いわく「もっとも怖いのは人間の持つ本質的な好奇心だ」と。どんなに危険だと忠告したところで、人は見たがります。本当の脅威とは地下水でも地震でも氷河期でもない、今回の原発や廃棄物といったすべてを作り出したのも好奇心だけれど、その処理を難しくしているのも同じ好奇心なのです。ですからこの映画では核廃棄物がテーマというわけではなく、むしろ「今」という時代は何なのか、それを見つめたものと言えるかもしれません。ですから私は今回福島で起こった災害について「こう処理しろ」と言う気はまったくありません。ただ、処理の方法いかんによっては、これが手のつけようのない惨事に発展してしまうかもしれない。それを防ぐためにも、人々が現実を見つめ、話し合わなければならない時がきているのかもしれないと思います。

――「オンカロ」という施設を隠すべきだと運営会社が主張する一方、国は恒久的に伝えるべきだと主張する。この映画では両者の対立が描かれますよね。

マドセン　「隠すべき」というのは、未来の人間や生物に取り扱いマニュアルのない大きな設備を残してしまうことになるからですよね。そう考えると「伝えるべき」と主張する側はある意味、非常に思い上がっているとも言える。ただ「隠すべき」と主張する側は「この建造物が10万年持って何の事故も起きない」という絶対的な自信が裏にあるからでしょう。私は10万年後へのメッセージを残すという可能性に賭けてみるべきだと思います。成功するかどうかはわからないけれど、試みるだけの価値はあると。

――オンカロの運営会社と国の対立は、ちょっと日本の状況――東電と国の関係にも似ているな、と思いました。この前、福島のあるゴルフ場が東電を相手取って「福島第一原発の事故によって放射性物質で汚染され、営業に支障が出た」として、除染を求めて裁判を起こしたんですね。このゴルフ場は結局、裁判に負けてしまったんです。東電に言わせれば、「除染は国が行うことになっている、だから我々は補償しない」と。国と東電がお互い責任をなすりつけあっているうちに、責任の所在が曖昧になってしまう。これは日本ではよくあるケースです。これを打破するカギは、この映画でも描かれているとおり、話し合いをしていくことなんじゃないかと思うんですよね。

マドセン　原発や原子力関連の企業に接触すると、誰もが必ず自然保護団体のグリーンピースみたいな扱いを受けるんですね。「何をするのだろう」と警戒されるんです。でも「あなたたちのしていることを純粋に知りたい」と率直に言うわけです。私自身は科学者ではないので、科学者をアドバイザーにつけて彼らの言葉を正しく理解する努力をしました。つまり、彼らの言い分が科学的な理屈や根拠に基づいており、思いつきや感情論ではないと理解したうえで、オープンに接するようにした。彼らはどちらかと言うと、テクニカルなことを話したがるんですね。たとえば施設の壁の厚さや素材なんかについて。でも私は哲学的な質問を投げかけたかった。そのために数千ページの研究論文を全部読み、同じ理解の土台に立ったうえで「10万年」というタイムスパンが一体何を意味するのか、答えざるを得ない状況に持っていきました。原発や原子力関連の企業と言っても私企業である以上、利益追求は当然の視点ですし、その中で働いている人は雇われの身です。とはいえ、彼らは原子力の抱える大きな問題を解決するために闘っているのも事実で、希望を持って何かをなしえんとしています。知らないことも当然あります。「廃棄物の責任は出した会社だけではなく、我々皆が負うべきものだから、それをもっとオープンにして一緒に考えたい」。彼らが我々に心を開くきっかけになったのは、そんな発言でした。原発に賛成か反対かにかかわらず、原発による電力を享受している以上、放射性廃棄物は絶対に出てきます。その問題は皆で考えないといけません。原発側をただ敵視し、悪者にして片付ける姿勢ではいけないんです。日本はまさに福島第一原発の事故が起こった今、そのような姿勢を世界に示すいい機会だと思います。

人間の犯すヒューマンエラーも予測不能なほど高い

マドセン　フランスの原子力関連企業でスウェーデンの廃棄物を扱っている女性に、以前話を聞いたことがあります。その時彼女は「福島の状況は特別だ」と言っていたんですね。要は大地震による津波という自然災害に端を発する事故だから、我々には予想し得なかったのだと。しかしこれは、非常に危険な考え方だと私は思います。日本では予測し得ない震度の地震が起こり得る、そんなことはわかっていた。津波だって「tsunami」という呼び方が世界中に広がっているぐらい日本では顕著な現象です。つまり日本が抱えるリスクは数値化不能なほど高いと以前からわかっていたわけです。福島の場合には地震や津波などの不幸な自然災害が何重にも重なったと捉えられていますが、忘れてはいけないのは、人間の犯すヒューマンエラーも予測不能なほど高いということです。

たとえば、福島第一原発の事故では防波堤が低すぎて、津波を防げませんでした。もっと高いものが作れたというのに、すでにそこであやまちを犯している。事故後の対処も間違っていました。ドイツに至っては、それを受けて脱原発を決めたほどです。「日本ほど高い技術レベルを持っている国で原発事故が起きてしまった、ならば我々はこの技術に信頼を置くことはできない」と言ってね。

――映画の後半で監督が運営会社の職員に、放射線廃棄物の再処理について訊きますよね。そうしたらもう明確に「再処理すべきではない。（放射性廃棄物を）無害にするのは現実的に無理だ」という答えが返ってきた。あれは監督が相当勉強されたうえで引き出した言葉ですよね。とてもスリリングで面白いシーンでした。しかし彼らの会社は「放射線廃棄物を再処理せずに貯蔵する」という前提があるからこそ必要とされるという側面があります。あの言葉はそういう前提込みでのポジショントークなのか、それとも本音として「無理だ」と言っているのか、どう思われましたか？

マドセン　フィンランドでは掘削技術が発達しているからこそ、オンカロのような地下施設を作れます。この施設には裏口みたいなものがあって、将来的に放射性廃棄物を取り出せる道を残しているんですね。なぜそうしているのか、本当の理由は私にはわかりません。彼らは原発のゴミを「廃棄物」と呼びながらも一方で「宝物だ」という言い方をしたりします。しかもオンカロの3km先には新たな原発が作られている。これを観た人たちは「廃棄物処理の問題を解決したからこそ新たな原発ができたのだ」と言うかもしれません。私はジャーナリストではありませんし、さらなる調査をしないとご質問には答えられません。

――あえて単純な質問をさせてください。監督は何千ページもの文献を読んで学習されたと伺いました。知識を得たうえで今監督が現時点で原発に賛成か反対かを教えていただけますか。

マドセン　私一人の意見なんて聞いても面白くないでしょう。それよりも、この映画を観た人たちが原発の問題から目をそむけるのではなく、一人でも多く考えてほしいですね。オンカロは永遠に保つとされています。これが果たして我々が今原発を使っていることに対する責任の取り方なのか、永遠とは何なのか、そういったことを真剣に考え、賢く判断してほしいと思います。

――最後の質問です。原発や放射能の問題を語るのは本当に難しい。だからこそ目をそむけ、あえて見ないようにしていた人は日本だけでなく、世界中に一定数いました。この映画にはそういう人たちに「考えないとダメだ」と思わせるパワーがあると思います。また、3・11後の日本では、監督が作品に込めた思いや文脈が、それまでの日本とは異なるリアリティをもって受け取られることになると思います。そのうえで、この映画を観た日本人に、何かメッセージがあればお願いします。

マドセン　まずこの問題について、声を上げて話し合うべきだと思います。そして、誰一人として答えを出すことのできなかった問いへの答えを模索するべきかと。今、欧州の人たちは、東電が日本政府に真実を語らぬままうやむやにしてしまうのか、そして国民がそれを許すのかを注視しています。もし我慢して許してしまったとしたら、まったく理解しがたいミステリーだし、結局、悪い前例を作る結果となってしまうことは明らかだと思いますけどね。私も日本の「恥」の文化はよく知っています。しかし今、それが良くない方向に働き、恥を隠す方向に行っている。

今回の原発事故は人類史上最悪の災害の一つで、東電、そして政治の失敗の表れであることは明らかです。それが恥ずかしいからと直視しないで済ませてしまう、見て見ぬふりをするというのでは何の進歩もありません。結局そういうことが堂々巡りするようであれば、信頼というものがまったく存在しない社会であると露呈してしまうのではないか。どうしたらいいかわからなくて当たり前。それを正直に認めてしまうことが実は大事ではないかと思いますね。真実が語られないならば、ジャーナリストはそれを語らせるべきではないでしょうか。今年（２０１１年）7月、ノルウェーで青年が銃を乱射するテロが起きましたよね。これがアメリカなら、即「テロとの闘い」になったでしょう。ただノルウェーの反応は違いました。「我々に何が欠けていたのか、デモクラシー的な考えが足りなかったのか、一人ひとりが居場所を見つけられるような社会を構築できていなかったのではないか、もっと包容力のある社会にできないのか」という方向に行ったのです。私はその結論に心打たれるものがありました。日本がもし今の方向性のまま行ってしまえば、こういう部分が欠如することになってしまうのではないでしょうか。

――メディアに携わる人間として、大変身につまされる話です……。今日は貴重なお話をありがとうございました。

（2011年12月9日）

マイケル・マドセン

1971年生まれ。映画監督、コンセプチュアル・アーティスト。ストリンドベリの『ダマスカスへ』をベースに、都市と景観を上空から撮影した映像作品『To Damascus』（2005）のほか、何本かのドキュメンタリー作品を監督。また、コペンハーゲンのタウンホール広場の地下にある面積900平方メートルのサウンド・ディフュージョン・システムを備えたギャラリー『Sound/Gallery』の創始者および芸術監督を務める（1996-2001）。ニューミュージック&サウンドアート・フェスティバル「SPOR 2007」のデザインやデンマークのオーデンセの音楽図書館のコンセプトを考案。また、ゲストスピーカーとして、デンマーク王立芸術学校、デンマーク映画学校、デンマークデザイン学校で講演している。著書に『100,000年後の安全』（かんき出版）。

第 IV 章

原発の未来

第Ⅳ章

原発の未来

論点整理

これまでの章を通して、原発には多数のステークホルダーが存在し、それらが複雑に絡み合っている現状が明らかになってきたことと思う。本書の最後を締めくくる本章では原発の未来について考えてみたい。日本では、東京電力福島第一原発事故後も脱原発を決められず、再稼働や原発の寿命の延長、そして現在では新増設の動きもある。一方ドイツでは、福島第一原発事故を受け２０２２年までの脱原発を決めた。ドイツの脱原発は、日本においてその評価が分かれている。原発反対派からは先進的な脱原発の成功例として、原発推進派からは再生可能エネルギーへの補助金によって電気料金が急騰した失敗例として伝えられる。こういった二面性を持つドイツの脱原発を、我々はどう評価するべきだろうか。ドイツ在住のジャーナリストである**熊谷徹氏**に、ドイツが脱原発を決めた背景と課題について詳述していただいた。

仮に日本がドイツのように脱原発を選択するとしたら、どのような課題を克服しなければならないのだろうか。少なくとも、原発の未来を考えるにあたって、これまで原発のリスクを引き受けてきた立地地域の問題は避けて通れない。ドイツなど欧米の国にはない日本特有の問題として、原発立地自治体が受け取る多額の交付金の問題がある。福島大名誉教授の**清水修二氏**には、原発が生み出す地域の依存構造について解説していただいた。

「もし本気で脱原発を望むのなら」と題したコラムを寄稿していただいた評論家でジャーナリストの**武田徹氏**は、立地自治体が脱原発を選択するには原発依存以外の選択肢を用意しなければならないと指摘する。

原発受け入れの背景には、地方が抱える過疎化や財政難などの問題が横たわっている。

ＪＣＯ臨界事故、福島第一原発事故を経て「脱原発をめざす首長」となった元東海村長の**村上達也氏**には、原発立地自治体の脱原発への道筋を示していただいた。自ら発案した「ＴＯＫＡＩ原子力サイエンスタウン構想」や、上関原発建設計画の反対活動を30年以上も続けてきた祝島の豊かな自然に、原発から脱却した地域の未来を見出し、原発による恩恵はあくまで一時的なものに過ぎないとしている。

元原子力委員会委員長代理の**鈴木達治郎氏**には、２０５０年という長期的なスパンで原子力政策全体の今後を予測していただいた。地球温暖化対策やコスト、放射性廃棄物、核燃料サイクルなど、原発を取り巻く様々な課題に解決の糸口はあるのだろうか。

本章の最後の締めくくりとして、批評家・作家の**東浩紀氏**には「原発の倫理的問題」について論じていただいた。

ドイツが脱原発を決めたのはまさしく倫理の問題であった。アンゲラ・メルケル独首相は、福島第一原発事故を受け、原発に関する倫理委員会を設置した。技術的専門家が安全と判断したはずのドイツの原発を止めたのは、この倫理委員会の決定だったのだ。

しかし日本では、倫理の観点から原発の問題が議論されることはまれだ。果たして、原発は「倫理」に反するのか――多くの疑問を内包する原発を使うことは、許されるのか。

そして本章の末尾には**東浩紀氏**と本書の編者である**津田大介**、**小嶋裕一**との鼎談を収録した。福島第一原発事故後、原発の問題に向き合ってきた3人は、過去にチェルノブイリや福島第一原発も共に取材で訪れている。福島第一原発事故からの6年を改めて振り返り、報道やネット空間の問題、そして、原発や福島について語られにくくなった日本の特殊な現状について議論した。

脱原子力を決めたドイツ
――背景と課題

熊谷 徹
（在独ジャーナリスト）

ドイツ人は、２０１１年に発生した東京電力・福島第一原子力発電所の炉心溶融事故を対岸の火事とは考えなかった。世界中で、ドイツほど福島事故の教訓を真剣に自国にあてはめ、エネルギー政策を大幅に転換させた国は一つもない。

原子力回帰はあり得ない

私は１９９０年からドイツを拠点にして、エネルギー問題を取材・執筆活動のテーマの一つとしてきたが、福島第一原発事故直後にこの国が見せた劇的な展開には驚かされた。原子力擁護派だったアンゲラ・メルケル首相が、福島第一原発事故の映像を見て原子力批判派に「転向」した。東日本大震災からわずか4カ月後には、原子力発電所を２０２２年末までに全廃する法律が議会を通過した。

「日本と同じように天然資源が少ない物づくり大国ドイツは、本当に原子力発電をやめても大丈夫なのか」。「ドイツが方針を変更して、原発を再稼働することはあり得ないのか」。私は、多くの日本人からこうした質問を受ける。

私は２０１４年11月末に、ミュンヘン工科大学でドイツ技術アカデミー（acatech）などが開いたエネルギー転換に関する国際シンポジウムに参加した。この際にドイツ鉱業・化学・エネルギー産業労働組合（IG・BCE）のラルフ・バーテルス氏に「今後どのような事態が起きれば、ドイツは原発全廃政策を取り下げるだろうか」という挑発的な質問をしてみた。IG・BCEは、電力の大口消費者の利益を代表してエネルギー・コストの抑制を求めるとともに、エネルギー業界の雇用を守ることを任務としている。

　バーテルス氏は、「原発回帰はあり得ない」と断言した。「議会制民主主義に基づくこの国で、半数を超える市民が原発全廃を支持しているのだから、そうした世論に逆行する政党は敗北するだけだ」と指摘した。

　確かに現在のドイツでは、原子力発電の復活を要求する主要政党や報道機関は、一つもない。「再生可能エネルギーの拡大のために電力料金が高騰しているから、2022年以降も原子力発電所を使い続けるべきだ」という意見も聞いたことはない。日本とは異なり、ドイツはエネルギー政策のぶれを見せていない。原子力の発電比率ゼロ、再生可能エネルギーの発電比率80％の社会へ向けて、まっすぐに突き進んでいる。現時点では、政界、経済界、報道機関を含めて、脱原子力についての国民的な合意が出来上がっているのだ。

7基の原子炉を即時停止

　2011年3月11日以降、ドイツの新聞とテレビは日本で起きた地震と津波、そして原発事故のニュースで埋め尽くされた。福島事故に関するドイツのメディアの報道は、当初から日本よりもはるかに悲観的だった。翌日の3月12日には公共放送局が「最悪の場合、炉心溶融が起き、チェルノブイリ並みの事故になる」という原子力発電の専門家のコメントを流していた。彼らは事故発生直後から最悪の事態を想定していた。

　1986年のチェルノブイリ事故で放出された放射性物質は、ドイツ南部を中心に土壌や農産物、野生動物を汚染した。この時の恐怖感は、市民の心に深く刻み込まれている。このため、ドイツは福島から9000㎞も離れているにもかかわらず、メディアの報道によって市民の間に不安感が高まった。

ヨウ素剤や線量計を買い求める市民が続出した。

メルケル政権は、迅速に行動した。事故発生から4日後、連邦政府は3カ月にわたる「原子力モラトリアム」を発令。当時ドイツには17基の原子炉があったが、政府は全ての原子炉の安全点検を命じた。地方分権が進んでいるドイツでは、個々の原子炉の運転の許認可権を、州政府の原子力規制官庁が持っている。原子力発電所がある州の政府は、連邦政府の意を受けて、1980年以前に運転を開始した7基の原子炉を即時停止させた。これらの原子炉と、2007年以来変圧器火災のため止まっていた1基の原子炉は、モラトリアム終了後も再稼働することなく廃炉処分となった。メルケル政権は2010年秋に電力業界の要請を受け入れて、原子炉の稼働年数を平均12年間延長することを決めていたが、この措置も凍結した。

メルケルの告白

メルケルは、「原子力発電所を安全に運転させることができるかどうかについて、首相として責任が持てない」と語り、脱原子力へ向けて大きく舵を切った。彼女は、福島第一原発事故の映像を見て、「自分の原子力についての考え方が楽観的すぎたことを悟った」と告白した。

メルケルの考え方は、2011年6月9日に連邦議会で行った演説にはっきり表れている。

「……（前略）福島事故は、全世界にとって強烈な一撃でした。この事故は私個人にとっても、強い衝撃を与えました。大災害に襲われた福島第一原発で、人々が事態がさらに悪化するのを防ぐために、海水を注入して原子炉を冷却しようとしていると聞いて、私は〝日本ほど技術水準が高い国も、原子力のリスクを安全に制御することはできない〟ということを理解しました。

新しい知見を得たら、必要な対応を行うために新しい評価を行わなくてはなりません。私は、次のようなリスク評価を新たに行いました。原子力の残余のリスク注1は、人間に推定できる限り絶対に起こらないと確信を持てる場合のみ、受け入れることができます。

しかしその残余リスクが実際に原子炉事故につながった場合、被害は空間的・時間的に甚大かつ

注1　一定の被害想定に基づいて、様々な安全措置、防護措置を講じても、完全になくすことができないリスク。

広範囲に及び、他の全てのエネルギー源のリスクを大幅に上回ります。私は福島第一原発事故の前には、原子力の残余のリスクを受け入れていました。高い安全水準を持ったハイテク国家では、残余のリスクが現実の事故につながることはないと確信していたからです。しかし、今やその事故が現実に起こってしまいました。

確かに、日本で起きたような大地震や巨大津波は、ドイツでは絶対に起こらないでしょう。しかしそのことは、問題の核心ではありません。福島第一原発事故が我々に突きつけている最も重要な問題は、リスクの想定と、事故の確率分析をどの程度信頼できるのかという点です。なぜならば、これらの分析は、我々政治家がドイツにとってどのエネルギー源が安全で、価格が高すぎず、環境に対する悪影響が少ないかを判断するための基礎となるからです。

私があえて強調したいことがあります。私は去年秋に発表した長期エネルギー戦略の中で、原子炉の稼働年数を延長させました。しかし私は今日、この連邦議会の議場ではっきりと申し上げます。福島第一原発事故は原子力についての私の態度を変えたのです。（後略）」

この演説は、物理学者・政治家メルケルにとって一種の「敗北宣言」だった。彼女は居並ぶ議員、そして国民の前で「自分の考えは誤っていた」とはっきり認めたのだ。ドイツ社会では、意見を大きく変えることは、好ましい評価を受けない。それまでの考えが浅かったことを、暴露することになるからだ。一国の首相がこれほど率直に「自分の考えが誤っていた」と公言するのは、珍しい。通常は、様々な理由を挙げて、なぜ自分が別の考えを持っていたのかを正当化しようとする。だが彼女は弁解せず、己れの知覚能力、想定能力に限界があったことを正直に告白したのである。

緑の党なしに脱原子力はあり得なかった

メルケルが脱原子力に踏み切ったもう一つの理由は、この国の政治力学だった。当時メルケルは保守政党キリスト教民主同盟（CDU）、キリスト教社会同盟（CSU）、自由民主党（FDP）からなる保守中道連立政権を率いていた。これらの党はいずれも原子力擁護派だった。社会主義時代の東ドイツで、メルケルは物理学の研究者として働いていた。このため放射線についての基礎知識も持っており、ドイツ統一後にCDUの政治家になってからも、原子力発電についてては好意的だった。福島第一原発事故の前年には原子力発電のロビー団体の会合で演説し、「再生可能エネルギーが普及するまでのつなぎとして、原子力は重要だ」と語っていた。

一方、当時の連邦議会で野党だった社会民主党（SPD）と緑の党は、原子力に批判的だった。

福島事故の発生後にメルケルが懸念したのは、事故の影響で野党への支持率が増えることだった。実際、2011年3月26日にはベルリンやミュンヘンで25万人の市民が反原発デモに参加し、原子力発電に反対する気運が高まっていた。

メルケルの懸念は、現実のものになった。3月27日、つまり福島第一原発事故の約2週間後にドイツ南西部のバーデン・ヴュルテンベルグ州で行われた州議会選挙で、原発擁護派だったCDUの首相が敗退し、環境保護政党・緑の党が圧勝したのである。同党は、SPDと連立して政権を樹立。CDUが58年間にわたって首相の座を独占してきた同州で、初めて緑の党の首相が誕生した。これは日本で言えば、保守王国・新潟県で、共産党の知事が誕生するような、革命的な事態である。バーデン・ヴュルテンベルグ州は、ドイツの物づくりの中心地の一つで、電力需要の約50％を原子力でまかなってきた。

CDUが惨敗した理由は、二つある。一つはシュトゥットガルト駅の改修工事についての市民の反対運動に、州政府が高圧的な態度で臨んだこと。もう一つは、福島第一原発事故が引き金となった反原子力運動の高まりだった。ある有権者は、ラジオ局とのインタビューで「私はCDUに30年間投票してきたが、福島第一原発の事故を見て、自分がだまされていたことに気づいた。今回初めて緑の党を選んだ」と語った。

この選挙結果を見て、メルケルは「原子力に固執していたら、緑の党とSPDに大量の票を奪われる」と懸念した。これ以降、メルケルが率いるCDUだけでなく、CSU、FDPも脱原子力へ向けて舵を切った。全ての保守政党が、緑の党と同じ政策を取るようになったのだ。

メルケル政権は、2022年末までに全ての原発を停止させることを決定する。連邦議会と連邦参議院は2011年7月8日までに、脱原子力法案を圧倒的多数で可決した。ドイツは福島事故が発生してから4か月足らずで、原子力時代に終止符を打った。

西ドイツでは、1970年代から原子力発電について国を二分する論争が行われてきた。日本とは異なり、反原発の思想が大きな社会的運動に発展していた。その中で決定的な役割を果たしたのが、緑の党だ。同党は、1980年の結党以来、脱原子力を求めてきた唯一の政党である（SPDは、電力会社の組合に配慮して、チェルノブイリ事故が起きるまでは、原子力発電を擁護していた）。脱原子力政策そのものも、メルケルが生んだものではなく、緑の党の落とし子だ。

ヨシュカ・フィッシャーら緑の党の実務派は、左派との激しい路線闘争に勝ち、「北大西洋条約機構（NATO）からの即時脱退」などの急進的な主張を取り下げ、政策を穏健化させた。この結果、「環境に負荷の少ない生き方」を重視するドイツの中間層の間で、年々支持率を増やした。

同党は、1998年にSPDのゲアハルト・シュレーダー首相が率いる左派連立政権に参加し、環境省を担当した。そして2000年に、電力会社との間で「脱原子力合意」を成立させ、2002年に法律を施行させた。同時に、再生可能エネルギーを拡大させるための法律も施行させた。

シュレーダー政権の脱原子力法は、全ての原子炉に「残余発電量」を割り当て、発電量を使い切った原子炉を停止、廃炉にする。この法律は、全ての原発が停止する時期を明記しなかったものの、ドイツで初めて原発全廃を法制化したことの意義は大きい。

私は、緑の党が政権の一翼を担うほど重要な政党になったことが、ドイツが脱原子力を実現する上で、極めて重要だったと考えている。もしもドイツの緑の党が、隣国フランスにおけるような泡沫政党だったら、今でも脱原子力政策は実現していないだろう。

倫理委員会の提言を尊重したメルケル

もう一つ興味深い点は、メルケルが脱原子力を決定する際に、原子力発電の専門家だけではなく、原子力のプロではない知識人たちにも提言を行わせたことだ。

メルケルは福島事故が起きると、まず原子炉安全委員会（RSK）に、国内の全原発について、いわゆる「ストレス・テスト」を実施させた。これは、原発が洪水や外部交流電源停止、テロ攻撃などに耐えられるかどうかを検証するものだ。RSKは、原子力発電の専門家が構成する技術者集団である。この委員会は、ストレス・テストの結果「ドイツの原発には、停電と洪水について、福島第一原発よりも高い安全措置が講じられている」と述べ、「原発を直ちに止めなくてはならないという、技術的な理由はない」という結論に達した。

同時にメルケル首相は、哲学者、社会学者、教会関係者ら17人の知識人からなる「倫理委員会」を設置し、社会学的、文明論的な立場から長期的なエネルギー政策についての提言を作成させた。委員には『危険社会』などの著書で知られる社会学者ウルリヒ・ベックや、カトリック教会、プロテスタント教会の幹部ら原子力発電に批判的な人々が多く加わっていた。公聴会では大手電力会社の社長などエネルギー業界の専門家も発言の場を与えられたが、提言書を執筆した委員には、原子力技術のプロや電力業界関係者は一人も加わっていない。委員会の構成には、福島第一原発事故後、メルケルが原発についての技術者のリスク分析に不信感を抱いていたことが表れている。

倫理委員会は、RSKとは対照的に、原子力に対して否定的な態度を打ち出す。「福島第一原発事故は、原発の安全性について、専門家の判断に対する国民の信頼を揺るがした。このため市民は、〝制御不可能な大事故の可能性とどう取り組むか〟という問題への解答を、もはや専門家に任せることはできない」と述べ、原子力技術者に対する不信感を露わにした。

そして「原子炉事故が最悪の場合にどのような結果を生むかは、まだわかっていないし、全体像をつかむことは不可能だ。原子炉事故の影響を、空間的、時間的、社会的に限定することはできない」と指摘。潜在的な被害の大きさのゆえに、伝統的なリスク分析の手法を、原子炉事故に使用することはできないと警告している。

メルケルをはじめとして、多くのドイツ人は日本について「あらゆる事態について準備を整えたハイテクノロジー大国」という先入観を抱いていた。彼らは「チェルノブイリ事故は、社会主義国だから起きた。西側先進国では、あのような事故は起こり得ない」というドイツの原子力業界の主張を信用していた。だが福島第一原発事故は、その原子力神話を打ち砕き、「日本のようなハイテク大国ですら、過酷事故が起こり得る」という現実を突きつけた。そして倫理委員会は、原子炉事故が起きた場合に、汚染を除去するために多額の費用がかかることを考えれば、同じ費用を太陽光や風力エネルギーの拡大にあてる方が賢明だと指摘した。

倫理委員会は、２カ月間の討議の結果、２０２１年までに原発を廃止し、よりリスクの少ないエネルギー源で代替することを政府に提言した。メルケル政権は、この提言をほぼ完全に受け入れて、法案を作成した。

倫理委員会の設置は、福島事故以降のドイツ政府のエネルギー政策の決定過程の中で、最も興味深い一章である。メルケルは、原子力事故が起きた場合には、多くの市民が影響を受けるので、原子力を使い続けるべきか否かについての判断を、技術者だけに任せてはならないと考えたのだ。そして原子力のプロよりも、市民の意見を尊重した。これは、ドイツ人の民主主義に関する考え方が日本とは異なることを浮き彫りにしている。

再生可能エネルギー拡大のコスト増大

脱原子力は、ドイツのエネルギー転換政策の柱の一つにすぎない。再生可能エネルギー拡大も極めて重要である。電力会社が構成するエネルギー収支作業部会（ＡＧＥＢ）によると、２０１６年の再生可能エネルギー（水力を含む）の発電比率は、29・0％に達し、原子力（13・1％）に大きく水をあけた図1。２０１３年までは、褐炭による火力発電の比率が最大だったが、２０１４年には初めて再生可能エネルギーの比率が、褐炭を追い抜き、全電源の中で最大となった。

２０１６年の再生可能エネルギーによる発電量は１８８３億ｋＷｈ（キロワット時）で、原子力の2・2倍。再生可能エネルギーによる発電量は、２００６年からの10年間で、１６３％増えた。

連邦環境局によると、再生可能エネルギーがドイツの電力消費量の中に占める比率は、２０１６年に31・7％に達している。

再生可能エネルギー促進法（ＥＥＧ）は、再生可能エネルギーが電力消費量に占める比率を、２

図1　ドイツにおける再生可能エネルギー（水力を含む）と原子力の発電比率の推移

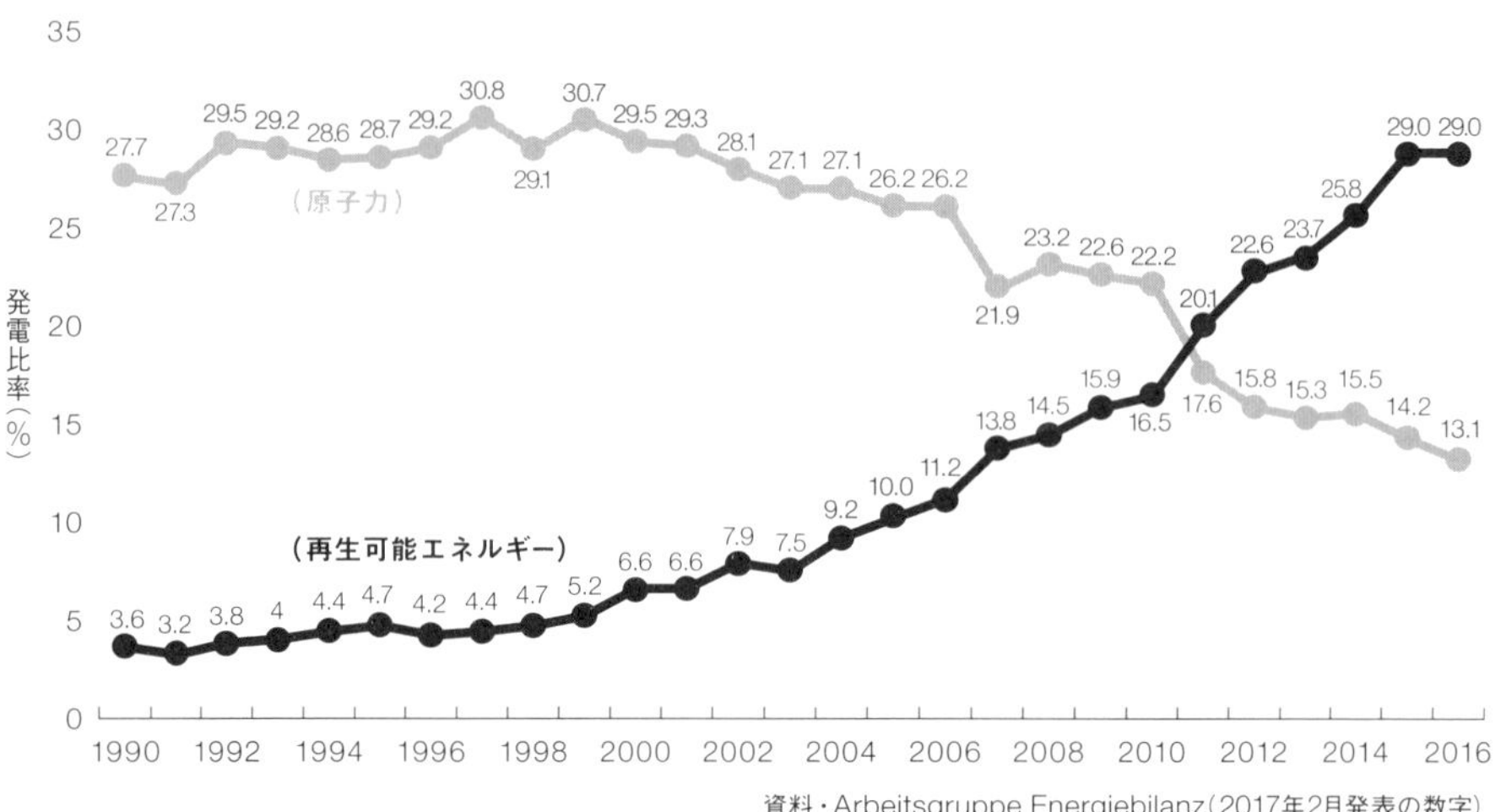

資料・Arbeitsgruppe Energiebilanz（2017年2月発表の数字）

０２５年までに40%～45%、２０３５年までに55%～60%、２０５０年までに80%に引き上げることを明記している。

だが、原子力を代替するための再生可能エネルギーの拡大と同時に、電力料金が上昇していることも事実だ。ドイツ水道・エネルギー連邦連合会（ＢＤＥＷ）によると、年間消費電力３５００ｋＷｈの標準世帯が毎月支払う平均電気料金は、自然エネルギーの助成が開始された２０００年には40・66ユーロ（４８７９円・１ユーロ＝１２０円換算）だったが、２０１５年には、84・02ユーロ（1万82円）となった。電力料金が15年間で2・1倍に増えたことになる図2。

この電力価格の中に再生可能エネルギー拡大のための賦課金、電力税などが占める比率は、２００６年には39・１%だったが、自然エネルギー拡大政策のために年々増え続け、２０１６年には54・０%に達した。つまりドイツの電気代の半分以上が、国のエネルギー政策・環境政策に基づく税金や賦課金なのだ。

ドイツの送電事業者によると、今年ドイツで一世帯あたりが負担するＥＥＧ賦課金の額は、２８６

図2　年間消費電力が3500キロワット時の標準世帯の1ヶ月の平均電力料金の推移

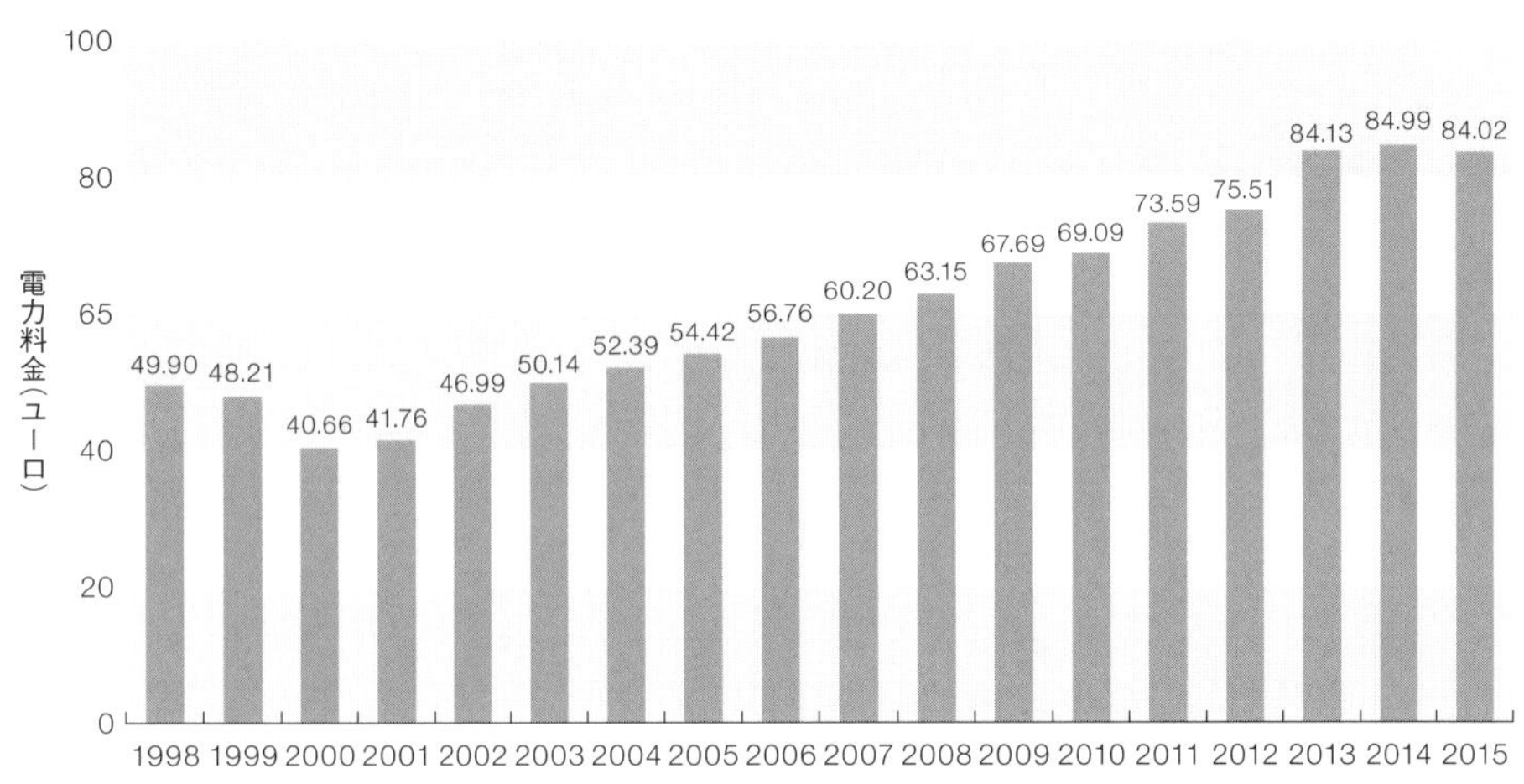

資料・BDEW(2015年2月発表の数字)

ユーロ（3万4320円）。2010年からの7年間で、235％増加した。

私は、1990年以来、ドイツの電力消費者である。2016年には、2738kWhの電力を使い、約768ユーロ（9万2160円）の電気代を払った。この国の電力市場はEUの指令に基づき、1998年以来完全に自由化されている。しかし再生可能エネルギー賦課金の増加などのために、自由化による電力料金の値下げ効果は相殺されてしまい、全く感じられない。

ドイツでは、送電事業者は需要の有無にかかわらず、再生可能エネルギーによる電力を買い取って送電網に送り込むことを義務づけられている。日本とは異なり、送電事業者が再生可能エネルギーによる電力の買い取りを拒否することはできない。再生可能エネルギーによる電力量が多すぎて、送電網が不安定になると判断された場合には、規制当局（連邦系統庁）が、発電事業者に対して風力プロペラの停止を要請する。

エコ電力買い取りのための資金は、消費者が毎月の電力料金に上乗せされた賦課金として負担する。送電事業者の推定によると、2017年に再生可能エネルギーの発電事業者に払われる賦課金（EEG助成金）の総額は、239億8000万ユーロ（2兆8776億円）に達する。17年間で27倍の増加である図3。

メルケル政権、再生可能エネルギー促進法を改革

特に2010年以降は、新設される太陽光発電装置の数が増えたために、電力1kWhあたりのEEG助成金の額が急増した図4。2011年には72%、2013年には47%も増えている。このため、2012年の夏以降、消費者団体や産業界がメルケル政権に対して「助成金の伸び率に歯止めをかけるべきだ」と要望した。電気代の値上がりは、特に低所得者層にとって大きな負担となる。ヴェストファーレン高等専門学校のハインツ・ボントルプ教授は、可処分所得の中に電力料金の占める比率が5%以上である世帯を、「電力のために貧困に拍車がかかっている世帯」と定義している。教授によると、「電力貧困世帯」に属する市民の数は、2000年からの15年間に170万人増えて、500万人になった。

特に皺寄せを受けているのが、失業しているか、就業していても給料が低すぎるために国の援助金を受けて生活している約350万人の市民。12年に電気代の滞納のために一時的に電気を止められた世帯の数は、32万2000世帯にのぼる。

またドイツの企業向けの電力価格は、EU加盟国の中でもトップクラス図5。フランスよりも44%高い。このためドイツの産業界、特に電力を大量に消費する化学業界、製鉄業界、非鉄金属業界は「これ以上電力コストが高くなると、製造施設をドイツから外国へ移す企業が増えるので、雇用に悪影響が及ぶ」と主張。2012年秋以降、再生可能エネルギー助成金の伸びに歯止めをかけるよう、メルケル政権に強く要求した。

初めて助成金なしで洋上風力発電基地を建設へ

このため、メルケル政権は2013年春に再生可能エネルギー促進法の改革作業に着手。201

図3　ドイツの消費者が毎年払う再生可能エネルギー助成金の総額（単位・百万ユーロ）

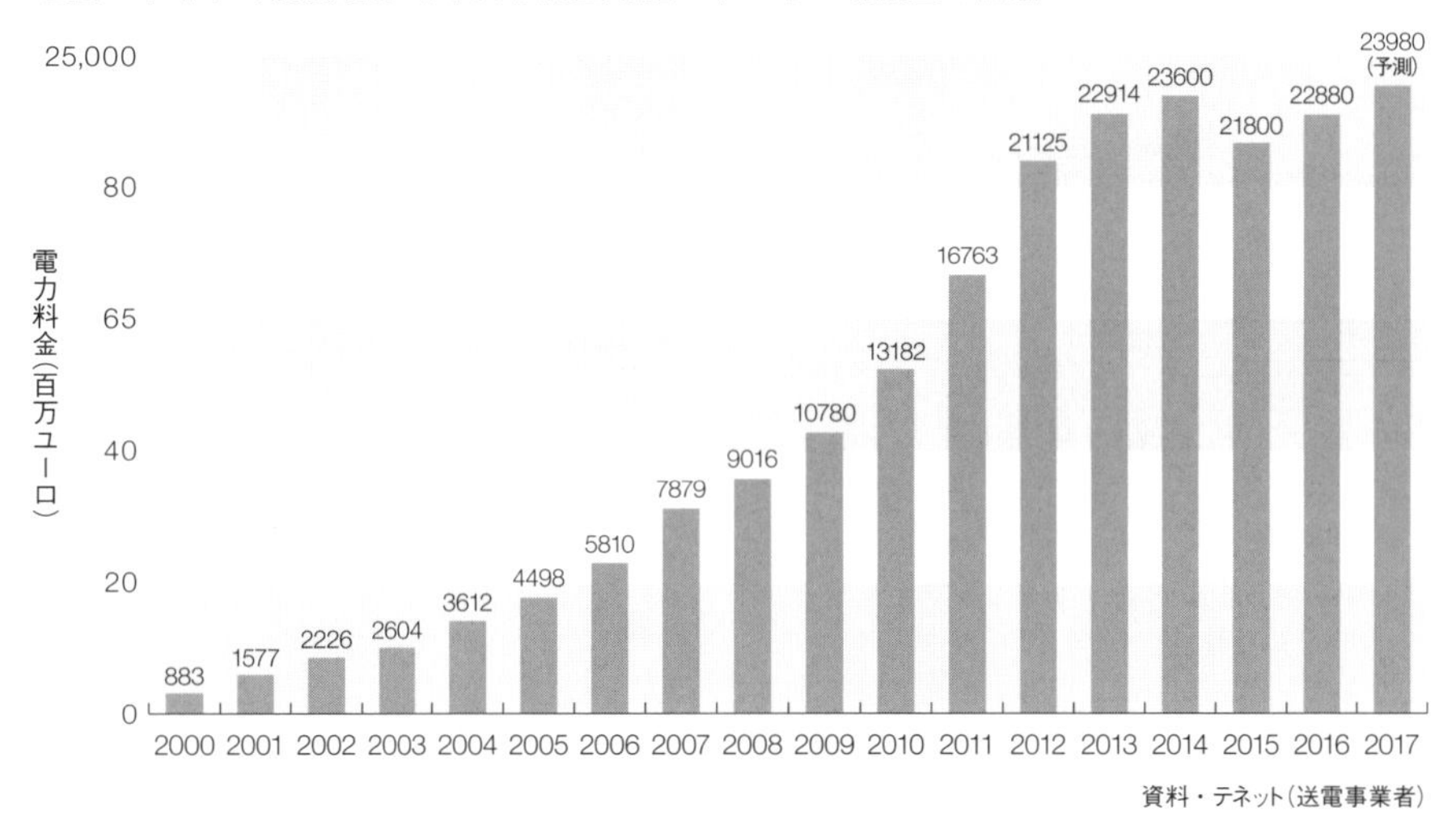

資料・テネット（送電事業者）

図4　電力1キロワット時あたりの再生可能エネルギー助成金（単位・セント）

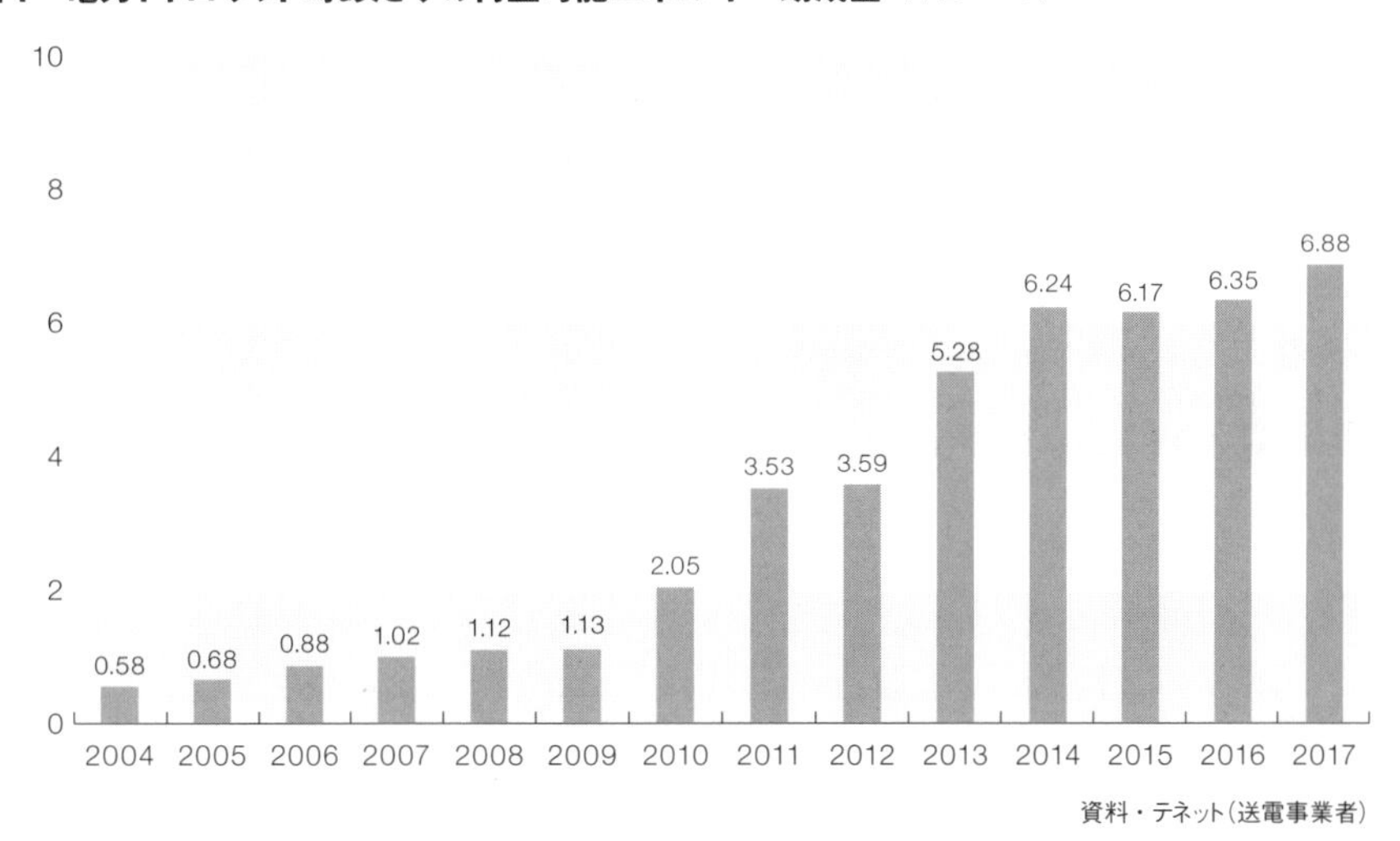

資料・テネット（送電事業者）

図5　欧州の製造業界向け平均電力価格（税・助成金を含む）

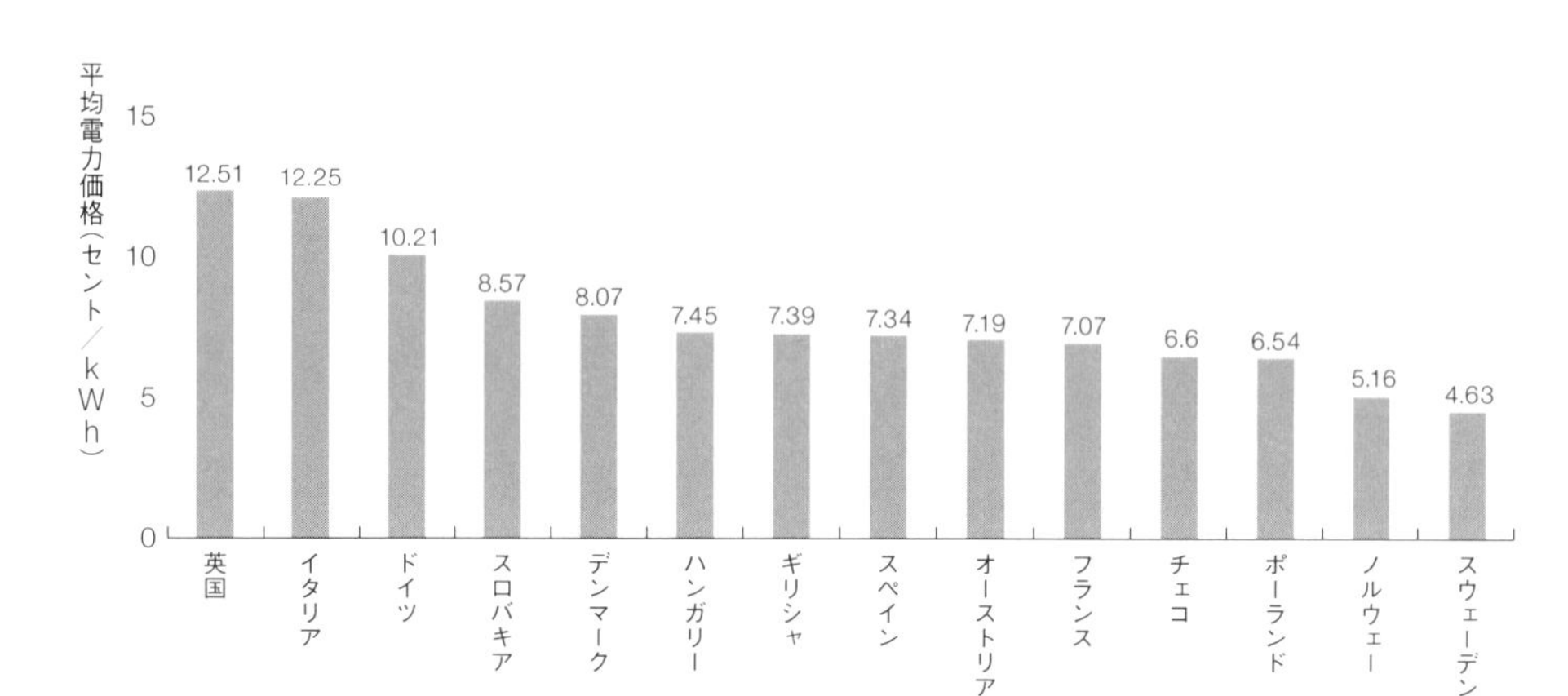

年間平均電力消費量：500ＭＷｈ～2000ＭＷｈの企業／資料・スタティスタ(2016年)

4年4月に改革法案を発表し、議会を通過させた。この改革によって、政府は再生可能エネルギーの1ｋＷｈあたりの法定買取価格を、平均17セントから12セントに削減。また太陽光発電の新規設置容量を毎年2・5ＧＷ（ギガワット）に抑えるなど、上限を設定した。助成を太陽光と風力に集中させ、過剰な助成を減らす。

ドイツのＥＥＧ助成金は、日本と異なり、法定買取価格と市場価格の差を補填する。したがって、再生可能エネルギーの普及によって市場価格が下がれば下がるほど、ＥＥＧ助成金が増えるという構造上の矛盾点がある。したがって今後の市場価格の動向によっては、今後もＥＥＧ助成金が政府の思惑通りに減るとは限らない。それでも、メルケル政権は今回の改革によって、少なくとも助成金の伸び率にブレーキをかけることをめざしている。

またドイツ政府は、市場メカニズムの強化もめざしている。たとえば２０１７年からは、再生可能エネルギーによる電力の80％については、助成金額が入札によって決められる。連邦経済エネルギー省は、新規に建設される再生可能エネルギー発電施設の設置容量について、競争入札を実施する。最も安い助成金額を提示した発電事業者が落札する。

２０１７年４月に行われたある洋上風力発電基地についての入札では、ドイツの大手電力会社ＥｎＢＷが「ＥＥＧ助成金なしで、洋上風力発電基地を建設する」と宣言し、落札した。つまり同社は発電施設の建設コストが下がっていることから、国から助成金をもらわなくても、電力を売ることで投資を回収できると判断したのだ。再生可能エネルギーが市場で完全に独り立ちできる日も、遠くはないと予想されている。

原子力回帰を求める声はない

興味深いのは、２０１２年から２０１４年にかけて行われた、再生可能エネルギー助成金の抑制をめぐる議論の中で、政党や経済学者、消費者団体、産業界から「エネルギー・コストを引き下げるために、原子力発電所を再稼働させるべきだ」という意見は全く出なかったことだ。最も先鋭的なＥＥＧ批判派の主張ですら、「法定固定価格による買い取りを廃止し、市場メカニズムに任せるべきだ」というものだった。

つまり、自然エネルギーを拡大するためのコストをいかに減らすかという議論の中で、「原子力回帰」は選択肢の中に入っていない。市民からも、「電気代が高すぎるので、原子力発電を再開してほしい」という声は出ていない。ドイツが「ポスト原子力時代」にあることを浮き彫りにする事実だ。

世論調査機関Yougovが２０１６年夏にドイツで行った世論調査によると、回答者の70％が、「メルケル首相が２０１１年に行った脱原子力の決定は、正しかった」と答えている。「誤りだった」とする回答者の比率は、11％にとどまった。再生可能エネルギー拡大コストへの不満は強いが、原子力発電所を廃止するという国民的な合意に揺らぎはない。

送電線拡充の大幅な遅れ

もちろん、脱原子力と再生可能エネルギー拡大には、コスト増大以外にも、いくつかの問題点が残っている。まず送電線の建設が遅れていることだ。ドイツでは、陸上風力発電装置が北部に多い。また現在バルト海や北海では、洋上風力発電基地の建設が進んでいる。しかし電力の大消費地は、南部のバイエルン州やバーデン・ヴュルテンベルグ州なので、北部で作られた電力を南部へ送るための、高圧送電線（電力アウトバーン）を建設しなくてはならない。このため2013年6月に連邦参議院は、2022年までに全長2800㎞の送電線を新設するための法案を可決した。ところが、送電線が通る地域の住民たちが、景観の破壊や不動産価格の下落、電磁波への不安を理由に、反対運動を起こしている。さらにバイエルン州政府も住民の抗議に同調し、2015年2月に「ドイツ北部からバイエルン州へ電力を送るための高圧送電線2ルートの内、1ルートは不要だ」という見解を発表し、メルケル政権に対し計画の見直しを迫った。

連邦政府は、住民の理解を得るために送電線ルートを部分的に変更し、新規に建設する送電線を地中に埋設することを決めた。このため送電事業者は、「全ての原発が止まる2022年までに電力アウトバーンは完成できない。建設コストも、当初予想されていた230億ユーロ（2兆7600億円）から110億ユーロ増えて、約340億ユーロ（4兆800億円）になるだろう」と予想している。

南部のバイエルン州とバーデン・ヴュルテンベルグ州は、福島第一原発事故が起きるまで電力需要のほぼ半分を原子力でまかなっていた。風力発電装置の建設も、観光業界の反対などにより、北部に比べると進んでいない。これらの地域では、今後大出力の原子力発電所が次々に停止していく。このため電力業界では、「ドイツの南北を結ぶ高圧送電網の建設が遅れた場合、電力需要が高まる冬期に、電力不足が起こる危険がある」と懸念する声もある。

原子力による電力輸入の矛盾

私は日本でドイツのエネルギー転換について講演をするたびに、聴衆から「ドイツは脱原子力を決めたと言いながら、フランスやチェコから原子力による電力を輸入している。矛盾ではないか」という質問を受ける。そこでドイツの電力業界のロビー団体である「ドイツ連邦エネルギー・水道事業連合会（BDEW）」の統計を見てみよう 図6 図7 。

この統計は、ドイツ国境を通過した電力量を示したものだ。BDEWによると、2003年以降、ドイツから外国へ向けて国境を通った電力量（便宜的に流出量と呼ぶ）は、外国からドイツに入ってきた電力量（便宜的に流入量と呼ぶ）を上回っている。

近年では、再生可能エネルギーによる電力の流出量が増えていることから、流出量と流入量の差、つまり純流出量は増える一方だ。２０１１年には、６・３ＴＷｈ（テラワット時）の出超だったが、２０１４年には5・7倍に増えて35・６ＴＷｈの出超となった。

この理由としてＢＤＥＷは、「ドイツの電力卸売市場の平均価格が、新エネルギーの発電量の増加などによって、オランダ、スイスなどに比べて低くなったことが、周辺国からドイツの電力への需要が増えた最大の理由だ」と指摘している。

しかし国別に見てみると、フランスやチェコからドイツへ流れ込む電力は、ドイツからこれらの国へ向けて流出する電力を上回っており、「入超」となっている。

たとえばＢＤＥＷによると、２０１４年にフランスからドイツに流れた電力の量は、ドイツからフランスに流れた量を約14ＴＷｈ上回っている。フランスの電力の約75％は原発で作られている。チェコからドイツに流れた電力量も、ドイツからチェコに流れた量を2・４ＴＷｈ上回った。

ただしここで注意するべきことは、これらの統計が示しているのが、国境を物理的に通過した電力量にすぎないということだ。この統計には、「どの国の企業が電力を買ったか」という情報は含まれていない。つまりＢＤＥＷの統計は、ドイツの電力販売会社がどれだけの電力を外国から買ったかを示す貿易統計ではない。

さらに、電力は送電線を使わないと送れないという物理的な特性も、実態の把握を難しくしている。たとえばフランスとポーランドは、国境を接していない。このためフランスがポーランドに電力を売る際には、電力はドイツの送電網を通過して、ポーランドに送られる。ＢＤＥＷの統計では、この電力量も、「フランスからドイツに流れた電力量」としてカウントされる。したがって、電力がフランスからドイツに流れ込んでも、それが全てドイツで消費されるとは限らない。

さらにドイツの送電網を流れる電力を、「フランスからの電力」、「チェコからの電力」というように区別することは、不可能だ。ＢＤＥＷは2０１４年の報告書の中で「電力という商品の物理的な特性を考えると、契約に基づく輸出入量を調べることは極めて難しい」と指摘している。

ただし、ドイツに流れ込んだフランスの電力の一部が、契約の上で最終目的地である他の国へ送られているにしても、ドイツで消費されている部分もあることは事実だ。つまりドイツの一部の消費者が、フランスの原発で作られた電力を使っていることも間違いない。

「ドイツはフランスに対し純輸出国」という主張も

ちなみに欧州には、BDEWの統計と真っ向から対立する情報もある。フランスの送電事業者RTEが、毎年発表する年次報告書（図8）だ。RTEは、フランスの国営電力会社EDFの子会社である。RTEは、この報告書の中で、国境を通過した電力量ではなく、「輸出入契約に基づく電力の移動」に関する統計を発表している。

その内容は、BDEWの統計と完全に矛盾している。たとえば、RTEが2015年1月に発表した統計によると、フランスが2014年にドイツから輸入した電力量は13・21TWhで、フランスからドイツへの輸出量7・3TWhを大幅に上回っている。つまり、フランスはドイツに対して、5・9TWhの入超ということになる。

つまりRTEは、「契約上はドイツからフランスに輸入される電力量が、フランスがドイツに輸出する電力量よりも多い」と主張しているのだ。これは、BDEWの統計と全く逆の結果である。フランスでは電気による暖房が多く使われており、冬の寒さが厳しい年には電力需要が急増するので、ドイツからの輸入が増えると聞いたことがある。

またドイツのエネルギー研究機関「アゴラ・エネルギーヴェンデ」が2016年1月に発表した統計の中でも、売買契約に基づくドイツのフランスへの電力輸出量は13・27TWhであるのに対し、フランスからドイツへの輸出量は3・84TWhとなっており、ドイツ側が9・43TWhの出超となっている。

ただしこれらの統計の中でも、2014年、2015年にドイツがフランスから、大半が原発で作られた電力を買ったことは事実である。

欧州では、国境を越えた電力取引は日常茶飯事だ。EUは、域内に単一の電力市場を創設することをめざしており、今後は電力の輸出入がさらに活発に

図6　ドイツの国境を物理的に通過した電力量（2016年/単位・TWh）　資料・BDEW

	ドイツから外国へ向けて国境を通過した電力量(a)	外国からドイツに向けて国境を通過した輸入量(b)	(a－b)の差
2000	41.9	45.0	－3.1
2001	44.8	43.5	1.3
2002	45.5	46.2	－0.7
2003	53.8	45.8	8.0
2004	51.5	44.2	7.3
2005	61.9	53.4	8.5
2006	65.9	46.1	19.8
2007	63.4	44.3	19.1
2008	62.7	40.2	22.5
2009	54.9	40.6	14.3
2010	59.9	42.2	17.7
2011	56.0	49.7	6.3
2012	67.3	44.2	23.1
2013	72.2	38.4	33.8
2014	74.5	38.9	35.6
2015	85.4	33.6	51.8
2016	82.0	26.6	53.7

図7　ドイツと周辺国の間の電力の流れ（2014年／単位・TWh）　資料・BDEW

相手国	相手国からの流入量(a)	相手国への流入量(b)	(a)と(b)の差*
フランス*	14.9	0.95	＋13.95
チェコ	6.5	4.06	＋2.44
オーストリア	5.5	14.49	－8.99
スイス	4.4	11.27	－6.87
デンマーク	4.3	3.76	＋0.54
スウェーデン	2.2	1.09	＋1.11
ルクセンブルク	2.0	6.54	－4.54
オランダ	1.0	24.99	－23.99
ポーランド	0.1	9.25	－9.15

● 数字がプラスである場合には、外国からドイツに流れ込んだ電力量が、ドイツから外国に流れ込んだ電力量を上回っていること（入超）を示す。マイナスの数字は、その逆。　●ドイツは、「フランスから入超」と主張。　● 数字は、グラフから拾っているため概数。

図8　フランスと周辺国の間の、契約に基づく電力輸出入量（2014年／単位・TWh）　資料・RTE

相手国	フランスからの輸出量(a)	相手国からの輸入量(b)	(a)と(b)の差
ドイツ*	7.3	13.2	－5.9
英国	15.9	0.8	15.1
ベルギー	17.4	0.8	16.6
スイス	25.5	9.1	16.4
イタリア	19.8	0.5	19.3
スペイン	6.5	2.9	3.6

● フランスは、「ドイツから入超」と主張。

なる。

こうした中でドイツがフランスに対して「あなたの国の電力の75％は原子力で作られているので、輸入したくない」と言って、電力の輸入を拒否することは難しい。また電力を、「原子力から作られた電力」と「風力によって作られた電力」に分けることは、物理的に不可能である。さらに、エネルギー政策は各国の安全保障にもかかわる問題なので、ドイツ政府がフランス政府に「原子力の発電比率を下げてほしい」と要求することもできない。フランスはにべもなく拒絶するだろう。

したがって、ドイツがフランスやチェコから原子力による電力を輸入していることは事実だが、ドイツがそうした電力を国内に入れないようにすることは、物理的に不可能だ。そこでドイツは、自ら決定できる自国のエネルギー・ミックスから原子力を排除することを決めたのだ。「隗より始めよ」というわけである。

ちなみに原子力大国フランスもドイツほど大規模ではないが、ささやかな「エネルギー転換」を計画している。２０１５年7月に同国議会は、現在75％である原子力の発電比率を、２０２５年までに50％に減らすことを決めた。ただしこれは原発の発電量を大幅に減らすのではなく、再生可能エネルギーの比率を40％に高めることにより実現される。現在稼働中の58基の原子炉の内、停止されるのは１基か2基にとどまる。ドイツとは対照的に、フランスは今後も原発を使い続ける。

「ドイツのフランスからの電力輸入」はドイツのエネルギー転換の中の「不都合な真実」の一つであり、同国のメディアも大きく取り上げていない。

脱原子力をめぐる違憲訴訟で、電力会社一部勝訴

２０１６年には、原子力時代の「負の遺産」をめぐって二つの新たな展開があった。一つは、脱原子力政策をめぐる違憲訴訟に判決が下ったことである。この裁判は、大手電力会社ＲＷＥ、エーオン、バッテンフォールが、「メルケル政権が原子炉を止めさせたことによって、憲法が保障する財産権が侵害された」と主張して、連邦政府を訴えていたもの。電力会社は同時に損害賠償訴訟も提起し、国に対し総額約１９０億ユーロ（２兆２８００億円）の

賠償を求めていた。この訴訟は電力会社が脱原子力の決定を覆そうとするものではなく、経済的な損害について補償を受けることが最終的な目的だった。12月6日にカールスルーエの連邦憲法裁判所が下した判決は、連邦政府と電力会社双方の顔を立てたものだった。

裁判所は、「2011年にメルケル政権が福島第一原発事故をきっかけとして、リスクを減らすために脱原子力を加速させたことは、妥当だった」として、国民の生命や健康に影響を与える「危険なテクノロジー」を使用し続けるか、廃止するかについては、政府が大きな裁量権を持っていることを認めた。

その一方で裁判所は、「原告の内2社は、メルケル政権の原子炉停止措置によって、2002年にシュレーダー政権が割り当てた残余発電量を、完全に発電することができなかった。さらに、2010年にメルケル政権が原子炉の稼働年数を延長した後に行った投資も、脱原子力の決定によってむだになった」として、財産権の部分的な侵害があったと認定した。メルケル政権の2011年の決定によって影響を受けた原子炉は17基だが、裁判所が財産権の侵害を認めたのは、わずか2基だった。

裁判所は連邦政府に対し、電力会社と交渉して2018年6月30日までに賠償金を支払うよう命じた。賠償金の額はまだ確定していないが、バルバラ・ヘンドリクス連邦環境大臣は、「発電事業者は数100億ユーロの賠償金を求めていた。しかし、電力会社が巨額の賠償金を受け取ることは、この判決によって不可能になった。私は連邦憲法裁の判決に大変満足している」と述べ、判決内容を高く評価している。ヘンドリクス大臣は、「連邦憲法裁判所が脱原子力政策の大部分については、合憲と判断した」と解釈している。

一方電力会社側も、「財産権が不当に侵害されたという、我々の主張が部分的に認められた。我々の勝訴だ」として判決を歓迎している。

ただしドイツ政府にとっては、多額の賠償命令を受ける危険がゼロになったわけではない。その理由はドイツ国外で、スウェーデンの国営企業バッテンフォールが起こした訴訟が続いているからだ。同社は、2012年にワシントンの国際投資紛争調停センター（icsid）に、「メルケル政権の脱原子力政策によって、ドイツで行った投資を阻害された」として、ドイツ政府を相手取って提訴した。同社が求めている損害賠償額は47億ユーロ（5640億円）前後と推定されている。

核のゴミの処理費用の負担責任を決定

2016年12月にドイツは、原子力をめぐるもう一つの負の遺産について、道程を決定した。連邦議会・連邦参議院が、使用済み核燃料など、放射性廃棄物の処理費用の負担方法についての法案を可決したのだ。これは政府、議会、電力会社の長年にわたる交渉の結果だった。

こうした「核のゴミ」に関する費用は、電力業界ではバックエンド費用と呼ばれる。ドイツ政府は、バックエンド費用を次の二つのカテゴリーに分類した。

① 原子炉の廃炉・解体費用（核廃棄物の輸送容器への収納費用を含む）

② 高レベル放射性廃棄物の最終貯蔵処分場と中間貯蔵施設の建設、運営費用

この法案によると、原子炉の廃炉・解体費用については、RWE、エーオン、バッテンフォール、EnBWの4社が、全額を負担する。これらの4社は、原子炉の廃炉・解体費用について、永久に責任を持つ。

さらにこれらの4社は、高レベル放射性廃棄物の最終貯蔵処分場と中間貯蔵施設の建設、運営費用として、2017年7月1日までに235億5600万ユーロ（2兆8267億円）を政府が運営する公的基金に振り込まなくてはならない。この金額には、建設・運営費用が不足する場合に備えた、約35％の割増額（61億6700万ユーロ）も含まれている。

ただし大手電力4社は、この資金を振り込んだ時点で、最終貯蔵処分場と中間貯蔵施設に関する一切の負担責任やリスクから解放される。万一最終貯蔵処分場と中間貯蔵施設が235億5600万ユーロを超えた場合には、納税者が負担する。

大手電力4社は、2016年度12月期の決算でこのバックエンド費用を計上したため、全社で最終損益が赤字となった。エーオンの赤字額は160億7000万ユーロ（1兆9208億円）、RWEの赤字額は、57億1000万ユーロ（6852億円）。両社にとって、創業以来最悪の赤字である。大手電力4社は、これまでバックエンド費

用を毎年積み立てていたが、割増額が上乗せされたのは各社にとって想定外だった。このためエーオンは増資や資金の借り入れを迫られたほどだ。

エーオンのヨハネス・タイセン最高経営責任者（CEO）は、株主に対して「バックエンド費用に関する政府との合意は、我が社にとって大きな費用と痛みを伴う。しかしこの合意は、エーオンの将来にとって透明性をもたらす。さらにエーオンは、原子力に伴う永遠のリスクから、解放される。だから我々は、この合意を受け入れたのだ」と説明した。

ドイツ政府によると、最終貯蔵処分場は100万年にわたり使用される。将来貯蔵処分場内部で浸水が起き、放射性物質が地下水を汚染したとしよう。それでも大手電力は、2017年に公的基金に金を払い込んだ後は、全く責任を問われない。彼らが、2016年度決算に深い傷を受けても、公的基金への資金の払い込みに同意したのは、核のゴミという原子力の負の遺産から解き放たれる保証を得るためであった。言うなれば、2兆8267億円は電力業界が原子力時代に別れを告げるための、高額の「手切れ金」だった。

連邦議会の調査委員会によると、2022年末に最後の原子炉が停止した時にこの国に残る放射性廃棄物の量は、85万立方メートル。日本同様に、ドイツでも処分場の建設地はまだ決まっていない。連邦議会が2016年に候補地の選定手続きを決定しただけだ。ドイツ政府は2031年頃までに建設地を決定し、2054年頃までに最終処分場を完成させる方針だ。だが過去の原発反対運動の経験から、建設地周辺の住民が強く反対することは、確実。ドイツ人の原子力の負の遺産との戦いは、まだ続く。

最大手エネルギー企業が原子力事業を分離

最近日本の保守系メディアの間では、「ドイツの脱原子力政策や再生可能エネルギー拡大は、コスト高騰のため、失敗に終わった」という記事が見られる。確かにドイツの再生可能エネルギー拡大政策では、2012年になるまでコストに関する議論が真剣に行われてこなかった。その理由の一つは、再生可能エネルギー拡大が経済的な理由ではなく、2000年にシュレーダー政権に参加していた緑の党の、エコロジー重視のエネルギー政策に基づいて実施されたからだ。

つまり、再生可能エネルギー拡大は、緑の党の政治的イデオロギーの産物である。当時私は、連邦環境省で再生可能エネルギー拡大を担当していた緑の党に属する課長をインタビューしたことがある。彼は「我々の目的は、エネルギーの消費を減らすために、エネルギーのコストをあえて高くすることだ」と語った。つまり、緑の党にとっては再生可能エネルギーの拡大が、国民経済へのコストを増やすことは、織り込み済みだったのである。このことは、日本ではあまり理解されていない。

また、ドイツの経済学者からは「ドイツのように日照時間が短い国で、太陽光発電を助成するのはナンセンスだ」という意見が強かった。確かに、ＥＥＧ助成金のおよそ半分は太陽光発電に投入されているのだが、太陽光の発電比率は、２０１６年の時点で５・９％にすぎない。これは、非効率だと言わざるを得ない。

それでも、私がドイツでエネルギー転換を定点観測している私に言わせれば、「ドイツの再生可能エネルギー拡大は、コスト高騰のため、失敗に終わった」という主張は、完全な誤りだ。

そのことは、同国の電力業界の動きを見れば明白だ。電力会社は、原子力や火力発電などの比率を減らし、事業の中心を再生可能エネルギーなどの新しいビジネスモデルに置こうとしている。この国の電力業界のトップであるエーオンと、第2位のＲＷＥは、いずれも２０１６年に会社を分割し、再生可能エネルギーなど新規事業を本業の根幹に据えた。両社にとって、創業以来最も大規模なリストラとなった。

エーオンは火力など伝統的な発電事業を、ユニパーという、独立した新会社にスピンオフ。本社は再生可能エネルギー、送配電事業、顧客ソリューションに特化する。エーオンは当初原子力発電もユニパーに押し付けようとしたが、政府が「電力会社が原子力事業を子会社に分離しても、親会社は原子力事業について最終的な責任を負う」という法律を制定したために、原子力事業を本社に残さざるを得なかった。

一方ＲＷＥは、イノジーという再生可能エネルギーなどに特化する新会社をグループ内に設立。原子力、火力などの伝統的な発電事業は、本社が引き続き担当する。イノジーが２０１６年に株式市場に上場した時には、米国の機関投資家などから買い注文が殺到し、同社をＲＷＥグループの稼ぎ頭にするという経営陣の思惑通りになった。

イノジーの株価は２０１７年4月末の時点で、大手電力の中で最も高く、ドイツの電力業界で株式時価総額が最大の企業となった。将来イノジーは、ＲＷＥグループの収益の80%を生み出す予定。イノジーに投資家の人気が集まっている理由は、原子力などの非採算部門を引きずっていない上に、再生可能エネルギーなどの新規分野を事業の根幹に据えているためである。

ドイツの電力業界では、ビジネスモデルを転換して、再生可能エネルギーに精力を注がない企業には、投資家が関心を持たない。福島事故は、この国の電力業界地図を大きく塗り替えたのである。

新エネ普及で火力発電の収益性も悪化

エーオンとＲＷＥが大リストラに踏み切った背景には、もう一つの理由がある。それは、福島第一原発事故以降、再生可能エネルギーによる電力が急増したために、火力発電の収益性も悪化したことだ。

太陽光発電装置の設置が急増したことなどにより、電力の卸売市場に大量のエコ電力が流入し、供給過剰状態が出現。電力の卸売価格が大幅に下がった。たとえば経済社会の恒常的な電力需要をカバーするベースロードと呼ばれる電力の先物取引価格は、08年から13年までに50%、需要が最も高くなる時のピークロードと呼ばれる電力の先物価格は、65%も下落した。

この価格下落のため、褐炭、石炭、天然ガスによる火力発電所の収益性が悪化。特に減価償却が終わっていない、新型の天然ガス発電所では、運転コストすらカバーできない所が現れた。発電すればするほど、損失が膨らむのだ。このためエーオンは数ヶ所の火力発電所を停止せざるを得なかった。

２０１３年のエーオンのドイツ国内での発電比率の中では、石炭、褐炭、天然ガスなどの化石燃料が59・5%、原子力が29・2%だった。再生可能エネルギーの発電比率は11・4%と全国平均の半分以下だった。しかもその内、水力発電を除くいわゆる新エネルギーの比率は、１・１%にすぎなかった。水力発電の収益性も、卸売市場での電力価格の下落によって低下している。つまりエーオンの発電比率の9割近くが、採算性の悪化しつつある部門だった。

さらにドイツ政府は、地球温暖化に歯止めをかけるために、長期的にエネルギー供給のための化石燃料の使用をやめる方針だ。脱原子力の次は、「脱褐炭」、「脱石炭」が重要なテーマとなっている。

ヨハネス・タイセン社長は、2014年12月2日の記者会見で「現在の企業構造では、急激に変化する市場に対応できない。これまで通りのやり方を続けていくわけにはいかない」と断言した。同時に「再生可能エネルギーの内、風力や太陽光はまだ初期段階にあるが、火力発電などの伝統的な発電事業に比べて、今後急速に伸びると確信している」と述べ、同社の未来は再生可能エネルギーにあるという姿勢を打ち出した。SPDで環境問題に詳しいミヒャエル・ミュラー議員は、「エーオン分割は、エネルギー転換の勝利を意味する」と宣言した。

日本で言えば東京電力に相当するトップ企業が、原子力・火力発電から事実上「撤退」し、風力や太陽光発電を基幹事業にするという決定は、「ドイツで再生可能エネルギー拡大が失敗した」という日本での一部の報道に対する反証だ。ドイツ人たちは、「物づくりと貿易に依存する世界第4位の経済大国も、自然エネルギーを中心とした電力供給体制への転換が可能だ」というテーゼを世界中に対して立証しようとしているのだ。

省エネ消費と経済成長のデカップリング

さらにドイツは、エネルギーの消費量を増やさずに経済成長を達成することをめざしている。同国のエネルギー消費量とGDPの間の相関関係は、年々弱まりつつある。

エネルギー収支作業部会（AGEB）によると、1990年から2015年までにドイツの国内総生産（実質GDP）は、42・1%増えた。しかし15年のドイツの一次エネルギー（石炭、風力など他のエネルギーに変換されるエネルギー）の消費量は、1990年に比べて10・8%減った。GDP1000ユーロあたりの一次エネルギー消費量は、同期間に36・8%減ったほか、国民一人あたりの一次エネルギー消費量も、13・3%減った。エネルギー効率の改善はドイツ政府が最も重視する目標であり、今後もエネルギー消費と経済成長率の乖離傾向が続くものと思われる。ドイツ人たちは、エネルギー消費を減らしても、産業立国としての経済成長が可能であることを世界中に示そうとしているのだ。
　ドイツのエネルギー転換については、今後も経済性や安定供給をめぐって激しい議論が行われ、様々な紆余曲折があるだろう。しかしこの国がめざす「エネルギー消費を減らし、原子力と化石燃料への依存から脱する」という究極の目標には、ぶれがないように思われる。

熊谷 徹（くまがい・とおる）
1959年東京生まれ。早稲田大学政経学部卒業後、NHKに入局。ワシントン支局勤務中に、ベルリンの壁崩壊、米ソ首脳会談などを取材。90年からはフリージャーナリストとしてドイツ・ミュンヘン市に在住。過去との対決、統一後のドイツの変化、欧州の政治・経済統合、安全保障問題、エネルギー・環境問題を中心に取材、執筆を続けている。著書に『ドイツの憂鬱』、『新生ドイツの挑戦』（丸善ライブラリー）、『あっぱれ技術大国ドイツ』、『ドイツ病に学べ』、『住まなきゃわからないドイツ』、『顔のない男・東ドイツ最強スパイの栄光と挫折』（新潮社）、『なぜメルケルは「転向」したのか・ドイツ原子力40年戦争の真実』、『ドイツ中興の祖・ゲアハルト・シュレーダー』（日経BP）、『偽りの帝国・VW排ガス不正事件の闇』（文藝春秋）、『日本の製造業はIoT先進国ドイツに学べ』（洋泉社）他多数。『ドイツは過去とどう向き合ってきたか』（高文研）で2007年度平和・協同ジャーナリズム奨励賞受賞。
http://www.tkumagai.de

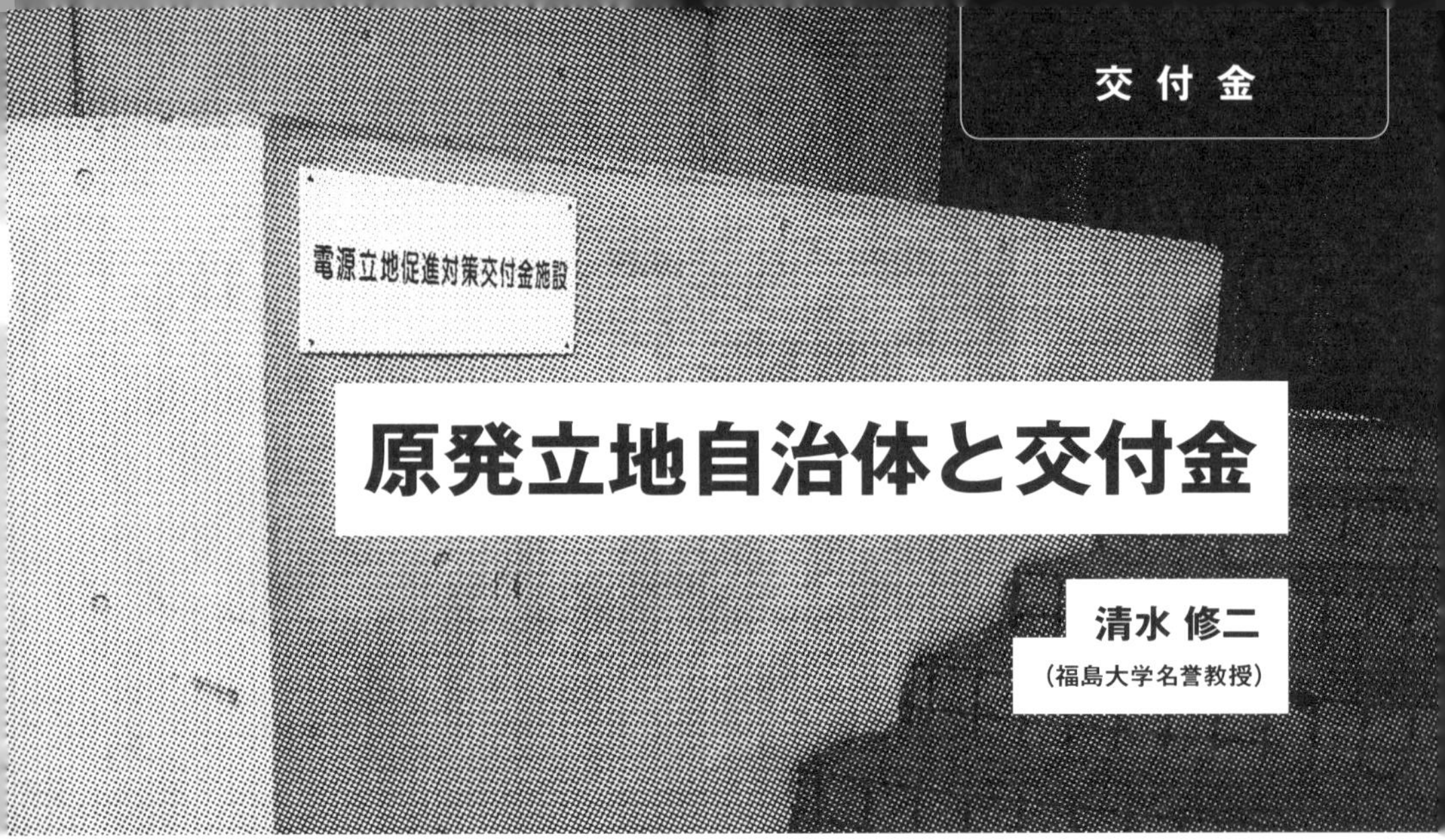

交付金

原発立地自治体と交付金

清水 修二
（福島大学名誉教授）

❶電源三法制度の登場とそのしくみ

原発はどこに造ってもいいというものではない。万一の大事故の際に集団的被ばく線量を低く抑えるため、原発は人口密集地から距離をおいて造らなければならないと「原子炉立地審査指針」に書いてある。いくら安全だと太鼓判を押しても、現実に東京に原発を造ることは法令上できないのである。そこで原発は人口希薄な農漁村に立地することになるが、巨大な出力をもつ原発で作られる電気のほとんどは地元外の都市部に流出してしまう。地元は危険や不安ばかり背負い込むことになる。

誰がどう考えても理不尽なこの横車を押すために考案されたのが、世界に冠たる利益誘導システム「電源三法」だ。1973年の石油ショックでエネルギー安全保障が重要視されるようになったのを背景に、翌1974年にこの制度は作られた。「電源開発促進税法」「電源開発促進対策特別会計法」「発電用施設周辺地域整備法」、これら三つの法律を総称して電源三法と呼んでいる。電源開発促進税（電促税）を税務署に納めるのは電力会社だが、電気使用量にしたがってそれを負担するのは電力の消費者である。現在の税率は1000kWhあたり375円で、月300キロワット時消費する一般家庭なら毎月113円くらいになる。この税金は発電の費用、すなわち生産費に含まれているので請求書にも領収書にも数字が出て来ず、その存在を認識している消費者は非常に稀だ。納められた電促税は特別会計に入れたあと、周辺地域整備法によって、発電所（水力・火力・原子力・地熱。ただし今は沖縄県を除き火力発電は対象外になっている）を受け入れた市町村とそれに隣接する市町村に補助金（交付金）として分配される。これが電源三法交付金である。

この制度は、電源立地とりわけ原子力施設の立地を進めるための受益者負担による利益還元のしくみとしてスタートした。要するに、電気を大量に消費する都市部の住民や事業者が、リスクを引き受けてくれた農村に支払う「迷惑料」というわけだ。これを裏返してうがった見方をすれば、金を受け取っているのだから多少のことがあっても我慢せよという「我慢料」ともいえる。現に福島第一原発事故のあと、被害を訴える福島県民に向かってそういった見方からの批判が浴びせられたのは事実だ。

原発は1個の巨大な産業施設であるから、その建設にも運転にも大量の人的・物的資源が費やされる。1基あたり4000～5000億円の建設費が落ちるとともに、運転段階でも1発電所あたり数千人の雇用が生まれる。ところが原発の場合、その地域経済効果には大きな限界がある。たしかに建設にともなって一時的に大きな経済効果があるものの、完成してしまうと急激にそれは収縮する。発電所は原材料でも中間生産物でもなくエネルギーを生産するものであり、電気はどこで買っても同じ電力会社なら価格は同じなので、原発の近くに事業所を立地する合理的な理由がない。したがって経済的波及効果は乏しいし、もともと一般の事業所立地の条件が悪い場所を選んで原発は造られるから、原発誘致を起爆剤に地域の経済発展を図ろうとしても容易でないのである。

他方で発電所という巨大な設備の建設が長期にわたって（福島県双葉地方では広野町の火発を含め実に25年）続くと、農村の地域経済構造は元に戻れないほどの大きな変容をこうむらざるをえない。とくに建設中に膨張する建設業やサービス業において完成後の需要収縮の影響は大きい。また地元市町村の財政においても、急激な収入の増加に対応した支出の拡大が生じ、いったん膨張した支出構造は簡単には元に戻せない。こうした現象を「電源立地効果の一過性問題」と呼ぶ。原発を受け入れた地域・自治体がさらなる増設を求めるケースが生じる背景にはこうした事情があり、「原発は麻薬」といわれるゆえんである。

❷ 制度の変質と補助金の濫造

電源三法システムの発足後の展開を見よう。もともとは発電所立地地域に対する迷惑料支給のしくみだったはずのこの制度に、大きな転換をもたらしたのは1980年の電源多様化勘定の導入である。立地対策に加えて研究開発にもこの税金が使われるようになり、そのぶん増税となった。しかも多様化勘定は事実上「高速増殖炉勘定」で、核燃料サイクルを推進するために半分以上が使われることになった。特別会計の変質が始まったといえる（なお、電源開発促進対策特別会計は2007年度からエネルギー対策特別会計の一部となる形に再編成されている）。

ところでこの制度の最大の問題は電促税が目的税であることだ。発足の時点では高度経済成長が持続する想定で税率も定められたが、時あたかも低成長経済への移行期で電力需要の伸びはスローダウンし、原発建設の必要度も低下した。その結果、発電所の立地が決まらないと支出されない三法交付金は当然のことながら支出が滞った。しかし電促税は目的税で、通産省（後に経産省）と文部省（後に文科省）の占有財源であるため減税にはならず、繰越金が毎年度かさむ中で次々にいろんな交付金が濫造される成り行きになった。上述の「一過性問題」が顕在化するとともに、地元から新たな地域政策とその財源を求める声が上がったことも大きな原因のひとつである。

その内容を（原子力発電に限って）簡単に整理すると、**第1**に、当初は原発の建設期間中に限られていた補助金（電源開発促進対策交付金）が、建設前および運転開始後にも交付されるよう交付期間の延長が図られた。**第2**に、原発が運転されている限りは無期限に交付される補助金（原子力発電施設等立地地域長期発展対策交付金）が導入された。新規立地が進まない中で既設地点が重視されるようになった事情が背景にある。**第3**に、原子力発電所だけでなく使用済み核燃料再処理工場や放射性廃棄物の処分場等も交付の対象に加えられていった。**第4**に、運転期間が長期化すると金額のかさ上げがなされるしくみが導入された。老朽化（高経年化）対策である。**第5**に、さまざまな政策誘導が組み込まれていった。プルサーマルの実施や定期点検の間隔の拡大、使用済み核燃料の保管などに協力することを条件に、時には申請期限を付して交付する方法がとられた。**第6**に、交付金の使途の拡大がなされていった。当初は施設の建設に限定されていたのが、施設の維持管理費、ひいては役場の職員の人件費にまで使えるようになっていく。

　こうした変化を概観していえるのは、最初は電源立地の「被害補償」や「利益還元」だったこの制度が、やがて「利益誘導」ないし「政策誘導」の手段としての性格を濃厚にしていったということである。

　注目されるのは2001年度に政府が行った電源三法交付金制度の政策評価だ。そこで述べられている内容で重要なのは、制度の目的が途中で転換しているという指摘で、当初の目的は「地域振興」であったとはいえず運用の中で重点をそこにシフトしていったとの見方をとっている。この指摘は、この制度がもともと地域政策であるというより産業立地政策にすぎなかったことを明瞭に物語っている。しかも政策評価においては当該制度がとくに「産業振興」の分野で効果が乏しいとの評価も下しており、電源三法が地域政策と呼ぶに値しない事実を自ら認めている。

　この政策評価を受けて補助金改革が行われた。多数乱立状態になっていた補助金は電源立地地域対策交付金に一本化され、その使い勝手も良くなった。もっとも、一本化されたとはいっても、その内訳を見ると「○○交付金相当部分」と表記されていることから分かるとおり交付金の算定方法は従来のまま継承されていて、政策手段としての性格は変わっていない。また使途の制限が緩和されたことが重要なポイントで、これはずっと前から地元自治体が要求していたことが実現した恰好だが、無駄な公共事業に多く使われるといった弊害を回避する意味では前進といえるものの、これはこれで問題がある。もともとの目的税としての性格が希薄化し立法趣旨から外れることが**第1**。そして**第2**に、ほとんど一般財源（自由に使途を決められる財源）と変わらない扱いになり、一部は義務的経費である人件費にまで充てられることになると、原発への財政的依存がいっそう深化してしまうからである。

❸交付金の実際

電源開発促進税の総額がどれくらいかというと、2014年度決算で3210億円である。これは国の一般会計にいったん計上したあと特別会計に繰り入れになるが、そのさい一般会計に一部が「留保」される扱いになっている。2016年度予算だと3200億円の電促税のうち287億円が一般会計留保分である。この留保分は将来、特別会計に不足が生じた場合に「戻す」約束になっている。いわば特別会計からの借入金のようなもので、恒常的に不足をきたしている一般会計に目的税の一部を回しているわけである。電源開発促進という特定目的のために創設された目的税が、一般会計の財源に回されること自体、問題である。

しかしそれでもなお特別会計には剰余金がたまっている現状がある。自治体への交付金の財源である「電源開発促進勘定」では2014年度、4120億円（前年度からの繰越金を含む）の歳入に対して546億円の剰余金が生じた。一割以上余ったわけだ。東京電力福島第一原発の事故のあと新規の原発立地は完全にストップしている。新たな発電所の建設を目的にして作られたこの制度が、いわば無用の長物となる傾向を次第に深めていくのは避けられない。

上述のとおり電源三法交付金は現在、「電源立地地域対策交付金」に一本化して配分されている。福島県内にどれくらいの金額が配分されているかを見よう。事故前の2010年度は総額143億7089万円、それが2015年では71億6285万円に減っている。福島第一原発の廃炉が決まり、さらに東北電力の浪江・小高原発の建設計画も中止になったことの影響である。ただし福島第二原発については事故前の交付金額が保証されていて、2015年度は楢葉町に15億3983万円、富岡町に11億3844万円が落ちている。それでも楢葉町と富岡町は、県内の他の市町村とともに福島第二原発の廃炉を主張している。全国の原発立地自治体の多くが財政上の懸念から再稼動を望む現状のもとで、福島の地元自治体が原発からの絶縁を明確に表明している事実は重い。

ちなみに制度発足以来、福島県および県内市町村が受け取ってきた交付金の総額は２０１５年度までの40年間で３３３９億９１８５万円である。約３３４０億円が、福島県内の水力・火力・原子力発電所の立地に対する迷惑料として税金から支払われてきたということである。福島第一原発事故の処理費用がいくらになるか分からないが、経済産業省の試算では21兆５０００億円ほどになる見込みで、３３４０億円の64倍を超える。

❹ポスト福島事故の交付金

福島第一原発の事故で全国のすべての原発が停止した状態となり、それが2年続いた。その後鹿児島県の川内原発をさきがけとして再稼動に入る原発が次第にふえている。政府はこの動きを加速するため、電源三法交付金制度を「政策誘導」的に利用する挙に出た。三法交付金は原発の出力をもとに交付限度額を決めるものと、実際の発電量をもとに決めるものと両方あるが、運転を停止した状態だと当然のことながら発電量はゼロになるから後者の交付金は出ないことになる。しかし定期点検や今回のような異常停止の場合は「みなし稼働率81％」を適用し、停止中原発でも大幅に交付金が減らないようにする措置をとってきた。

しかし２０１６年度以降は、福島第一原発事故の前10年間の平均稼働率をみなし稼働率とすることにし、しかもそこに68％の上限値を設定した。再稼動しないと多かれ少なかれ交付金が減る仕掛けになったのである。全国の原発でこの上限を下回っている原発は十数基あり、新潟の柏崎刈羽原発7基が全部そこに含まれる。一番ダメージの大きいのが新潟県なのである。東京電力の今後の経営において最大の鍵を握っているのは柏崎刈羽原発再稼動の成否である。きわめて意図的な政策誘導手段として交付金制度が利用されているといえよう。

さて、電源三法制度の今後のあり方について考えてみよう。時代は今や本格的な「廃炉時代」に入っている。形骸化しつつあるとも見られているが、運転開始から40年を経過した原発は原則廃炉とする「40年ルール」がある。原子力規制委員会はすでに5原発6基の廃炉を決定した。国のエネルギー計画では、発電電力量に占める原発のシェアを福島第一原発事故前の30％から20~22％に引き下げる想定になっているから、事故が起こらなくても廃炉になる原発は確実にふえていく。そうなると「電源開発促進」を目的とした財政システムの果たす役割も確実に縮小していく道理だ。これからの電源立地地域対策は「廃炉対応」ないし「撤退対策」を主眼として講じられるべきではなかろうか。

福島では、思いがけない形でではあるが、廃炉・撤退の局面を迎えている。原発に依存してきた経済構造からの脱却をどう図るかだが、実際には事故炉の廃炉だけでも何十年もかかる見通しで、「廃炉産業」への依存がしばらくは続くだろう。高濃度に汚染された事故炉に加え膨大な除染廃棄物を抱えることになる被災地双葉郡の将来に、明るいビジョンを描くのは正直むずかしい。福島第一原発事故に責任を有することを認めるのであれば、政府も被災地復興のためにこそ財政資源を最優先で傾注していくべきだろう。

❺利益誘導から脱却できるか

電源三法システムは、エネルギー問題をめぐって生じる都市と農村の利害対立を調整するための大掛かりな政治装置である。原子力発電についていえば、電力の大消費地から離れた遠隔の農村に原発を造り、そこで生まれた使用済み核燃料は青森県に運び、さらに再処理後に残る高レベル放射性廃棄物はまた別の（まだ決まっていない）場所で処分する。こうして放射能はそのつど濃縮されながら次第に貧しい地域に移転していく。これを私は「環境負荷の多段階転移の構造」と名づけているが、電源三法交付金をはじめとする金銭供与がそこで決定的な役割を果たしているのがこの国の現実だ。しかもほとんどの国民は、自分たちが電気料金とコミで、利益誘導のための目的税を負担していることを知らない。

欧米でも原子力施設の立地に際して地元に公共施設の建設（日本では「還元施設」と呼ぶ）などの利益還元がなされることはあるし、台湾と韓国が日本の制度をモデルに電力会社の利益や売り上げの一部を地元に還元するしくみを作ったりしている。しかし日本のように目的税を入れたり特別会計を作ったりしている国は世界に例がない。原発が建てばそれだけで相当額の租税収入や雇用が地域にもたらされるが、それでも足りずさらに追加的な利益供与が要求され支給されるのは、たぶんに日本的な現象であるといえそうである。「理性より利害」で物事が進められる社会の傾向が、そこには認められる。私たちは一体いつから、そんな「思想」に染まってしまったのだろうか。

その意味で、日本国民にとって試金石となるのが高レベル放射性廃棄物の処分場問題である。政府が処分場の立地手続きを法制化し、巨額の電源三法交付金の支給を約束して、まず全国の市町村に立候補を呼びかけたのは十数年前のことだ。しかしどこかの首長が手を挙げようとするや否や袋叩きにあって引っ込める事態に業を煮やした国は、自ら候補地選定を行う方針に転換した。しかし恐らくは、どこであれ候補に挙がった地域では猛烈な反対運動が起こるだろう。福島第一原発事故のため隣県で生じた低レベル除染廃棄物（指定廃棄物）を各県内で処分する提案すら、住民や自治体の反対で立ち往生している。高レベル廃棄物となればどういう事態になるか想像に難くない。そこに仮に「海外での処分」という選択肢が登場したらどうなるだろう。国民の大部分は喜んで飛びつくに違いない。もちろん相当額の迷惑料を積んで引き取ってもらうわけである。現に引き取ってもよろしいという国や地域がないわけではない。放射能のごみを引き取ってもらう代わりに莫大なお金を支払う。電源三法の発想と全く同じだ。

北欧のフィンランドでは高レベル廃棄物処分場の建設が進められている。立地選定をしたのは電力会社だ。議会はまず、国内の放射能のごみを外国に持ち出さず、外国のごみも国内に持ち込まないことを法律で定めた上でことを進めた。日本のような地元に対する手厚い利益提供もなされなかった。それでも時間をかけて合意形成を成し遂げたということである。こういうことがわれわれの国でもできるかどうか、民主主義の成熟度が試される問題である（日本のような地盤のゆるい国で、提案されている深地層処分が本当に安全かどうかについて議論のあることはいうまでもないが、ここではさておく）。

清水修二（しみず・しゅうじ）
1948年東京都生まれ。京都大学卒。1980年福島大学経済学部に助教授として赴任。以後教授、学部長、副学長を経て2014年退職。同大学名誉教授。原子力関連著書『差別としての原子力』（リベルタ出版）『NIMBYシンドローム考――迷惑施設の政治と経済――』（東京新聞出版局）『原発になお地域の未来を託せるか』（自治体研究社）『原発とは結局なんだったのか』（東京新聞）他。

Column 7

もし本気で脱原発を望むのなら

武田 徹（評論家、ジャーナリスト）

予測が確かにできない段階で、悪い方に転がる可能性に備えてあらかじめリスクを排除しておく。それが「予防原則」だ。もとは環境問題の議論を通じて確立された考え方で、化学物質や遺伝子組み換えなどの新技術が重大かつ不可逆的な悪影響を発生させる懸念がある時、被害発生が科学的に実証されていなくても「予防的」に回避策を採るべきだとする。

こうした予防原則が、適用の仕方では厄介なものであることを明らかにしたのが、東日本大震災ならびに東京電力福島第一原発事故だった。まずリスクを避ける選択が別のリスクを招いてしまう、いわゆる「リスクのトレードオフ」がある以上、身近に迫る（ように感じられる）リスクを避けるだけの単純な予防原則では不十分である。たとえば政府が避難指示を出した地域の住人ではないが、子供の被曝を恐れて遠方に自主避難した家族が、転出先で子供のいじめに遭うようなケースもある。こうした結果を避けたければ、一つのリスクを回避する予防法だけでなく、その回避で生じるリスクから逃れる方法も考えつつ安全策を練る必要がある。

その場合、社会的なリスクの広がりを視野に入れる必要もある。というのも予防原則に基づいて危険を未然に避けようとして、他者に危険を強いることもありえるからだ。たとえば東日本大震災後、福島県で発生した「がれき」の受け入れを拒否する自治体が多くあった。政府が放射性廃棄物とみなす基準を下回る線量のがれきであっても、「今より線量を増やす」可能性がある以上、その被害が科学的に実証されていなくても受け入れを拒否する姿勢は予防原則的には正しい。しかしその結果、原発立地周辺地域の復興は遅れる。予防原則の追求は時に社会的な共生を困難にする。

原発の再稼働問題にも予防原則がからむ。都市部の住民はいつ事故が起きるかわからないからと考え、予防原則の立場から再稼働に反対する。それは立地地域にしてみれば受け入れ難い態度だ。立地地域はかつて過疎化にあえぐ貧しい地域で、原発の誘致や運転による税収入、交付金収入でかろうじて財政破綻を避けてきた事情がある。もしも原発再稼働がなければ、こうした財政構造は大きな変化を強いられ、多くの町民が生活の激変に苦しむ可能性がある。もちろん原発が潜在的な危険性をはらむことは、原発とともに暮らしてきた地元の人たちが一番良く知っている。しかし、事故は「起こるかどうかわからない」確率的なリスクなのに対して過疎化はすでに進行している確実なリスクなのだ。

以前にこんな比喩を思いついたことがあった。山道が二本に分かれている。一方の道は濃い霧がかかっていて先に何があるかわからない。一方の道は霧が晴れて視界がひらけているが、先の方で道が崩れて通行できないことがわかっている。だとすれば旅人は明らかに通行不能な道ではなく、先に行けるかもしれない可能性に賭けて霧のかかった道を選ぶ。こんな例に置き換えてみれば、立地地域の選択が妥当であることが理解できるのではないか。規制委員会が発足し、一応の安全対策も講じられたということで、事故が起きないかもしれない可能性に賭けて地元が再稼働を選び、貧困を避けようとするのは一定程度の合理性を持った選択なのだ。

しかし立地地域以外の住民の予防原則に基づいた選択は、こうした立地地域の選択と両立し得ない。もし本気で脱原発を望むのなら、通行不可能な道行きを一部の人たちに強いる暴力を選ぶのではなく、通行不能だった道を整備し、霧の中の道を行くことを選ばずに済むようにしてやる——、つまり確定的であり、制御可能であるはずの過疎や貧困の問題の解決をまずは目指し、確率的な原発事故を回避する選択を立地地域が取れるようにしてやらなければならない。予防原則的な視点ももちろん盛り込みつつ、そのリスクは確定的か、確率的か、人為的に増減させられる部分はどこまでで、どこから先は制御不能なものか等々、リスクの多様なあり方を理解し、構造的に問題を解いてゆく姿勢が必要だ。そうせずには立地地域と原発推進派が足並みを揃える構図を切り崩すことはできないだろう。

武田 徹（たけだ・とおる）
1958年東京都生まれ。評論家、ジャーナリスト。専修大学文学部人文ジャーナリズム学科教授。元BPO委員。国際基督教大学人文学科卒。同大学院比較文化研究科博士課程単位取得退学。著書に『流行人類学クロニクル』（サントリー学芸賞、日経BP社）、『「核」論　鉄腕アトムと原発事故のあいだ』（中公文庫）、『原発報道とメディア』（講談社現代新書）、『原発論議はなぜ不毛なのか』（中公新書ラクレ）、『日本ノンフィクション史』（中公新書）他。

立地自治体

原発が亡びても地方は生き残る

村上 達也
（元東海村長／「脱原発をめざす首長会議」世話人）

世界は変わった

米国でトランプ大統領が誕生し、ヨーロッパでも強権的、右翼的ポピュリズムが跋扈し始め、世界的規模の危機が蔓延する昨今であるが、その嚆矢は２０１２年12月のこの日本での安倍政権誕生だった。

安倍政権の特質は、どう言い繕っても反憲法であろう。国民主権、個人の尊重、不戦・平和主義の現憲法体制の否定――戦前回帰を策す超国家主義政権である。この政権は東日本大震災、東京電力福島第一原発事故という未曾有の危機と恐慌状態の渦中で誕生した。

警察権力が個人の内心にまで土足で踏み込んだ戦前の「治安維持法」に酷似した「共謀罪法」の制定を公然と成し遂げ、彼らが目指す「戦後レジームからの脱却」、現憲法抹殺の最終局面を迎えつつある。安倍政権が想定外の長期政権となった結果、いまや立法、司法、行政の三権分立は崩壊し、権力は一体となって国民に対峙する体制となっている。戦前の大政翼賛体制もかくありしかと思う。ドイツのメルケル政権「倫理委員会」に引けを取らず、高邁な精神性を示した福井地裁と大津地裁の原発運転差止め判決も、上級審でひっくり返され、裁判所も当てにならなくなってきた。

原発再稼動と原発事故避難者への支援打ち切り、帰還の強制が、復興加速化の掛け声の下、強行されている。だが天は見ていた。原発メーカー東芝と米ウェスチングハウスの経営危機と破綻、そしてヨーロッパ最大の原発企業である仏アレバ社の経営危機の露見。片や原発再稼動反対・廃炉要求の国民運動は依然各地で続いており、再稼動反対の国民世論も一貫して60％近い高水準を保っている。原発に関する限り民意は健在である。権力の暴走を止め民主主義を守るためにも原発は止め、廃止せねばならない。ドイツや台湾のように。

福島第一原発事故の前と後では世界が変わったのである。

「がんばろう！」でよかったのか？

まだ記憶に新しいが、東日本大震災、福島第一原発事故の後、この国は「がんばろう日本」「がんばろう東北」「がんばろう福島」などなど、「がんばろう」一色であった。そのために事態の冷静な認識と解明が阻害されることはなかっただろうか、「個人」は「全体」に包摂され、我慢と忍従を強いられてきた面があるのではなかろうか。福島第一原発事故の被災地域で言えば、「ふるさと帰還」の声の前に沈黙を強いられた人も多かっただろう。

このような国民的マインドは、かつてこの国にもあった――デジャヴュ（既視感）だ。「聖戦」、「大東亜共栄圏」、そして「一億総玉砕」などなど。特に「聖戦」というスローガンには黙せざるを得なかったのではないか。

確かに東日本大震災による被害は人智を超えるものがあった。しかし4枚のプレートの交差によってできあがっているこの国では地震、津波による災害はそれこそデジャヴュであって、何も貞観地震を引き合いに「１０００年に一度」などと言い逃れできるものではなかった。災害が異常に大きくなったことに人為的原因がなかったはずはない。

特に原発事故においてをや。それは人類史上でチェルノブイリ原発事故に次ぐ放射能汚染による大規模な自然環境破壊、ありとあらゆる生命への危害であった。経済発展のため、エネルギー確保のためと、言い繕って問題をそらしてはならない。日本人全体への警告、問い掛けだ。それを日本人ははっきり認識すべきだ。なかんずく、原発事故によってそれぞれの未来に関わる生存基盤であるふるさとを失ってしまった人たちに対し、「がんばろう」、「復興」の掛け声をかけるのみでよかったのか。70年前の敗戦と同じでないか。塗炭の苦しみを舐めた無謀な戦争について、特に中国とアジア諸国を侵略し、わが国を上回る多くの命を奪った戦争をしでかした罪への反省もなく総括もしないで「一億総懺悔だ」、「さあ戦後復興だ」、「経済成長だ」の掛け声で、いつしかそれは「がんばろう」という単純な言葉に変わってしまった。それこそが未だに中国、韓国などと上手くいかない原因であり、ヨーロッパにおけるドイツとアジアにおける日本の分かれ道であった。

推進vs反対は二項対立なのか？弁証法の話ではないか

福島第一原発事故の後、脱原発、反原発の主張に対し、原子力推進側からは「二項対立の感情論だ」という批判を大分耳にした。特に御用学者などは中立性、客観性を装って言っていた。「がんばろう」の唱和と同じく、特殊日本的「和」に訴えて事故後の状況下での原発論議を封じようとしたのだろう。

どだい、「反原発」か、「原発推進」かの対立は二項対立と言える筋のものだろうか。特に、福島第一原発事故の後、その対立は弁証法の話に変わったのではないか。原子力エネルギー開発、それ自体に内在していた矛盾が事故、災害で白日の下に晒された、その自己矛盾を止揚するのかどうかがことの本質だろう。

原発についての推進か反対かの議論は、福島第一原発事故以前は立地地域を除いてなされたことがほとんどなかった。しかし、いつの間にか国民が知らないところで国策とされてきた。唯一政府が組織的に取り組んだのが、民主党政権下で事故後に行われた国民意識調査と討論型世論調査であった。そこでは時期はともかく、「原発ゼロへの道」への国民の意思は示された。それを受けて時の政権が確定したのが、２０３０年代に原発ゼロの道であった。

ドイツのメルケル政権とは比較にならないが、弁証法的思考能力を欠く日本社会といえども、ここまでは曲がりなりにも弁証法的な結論を出した。この結論をひっくり返し、原発政策を福島第一原発事故以前に先祖帰りさせたのが自民党安倍政権と電力・

原子力業界である。現在の安倍政権はひたすら原発再稼働と原発の輸出に突き進んでいる、はたまた原発新増設の本心も見え見えである。全く国民の意思には歯牙にもかけない国権主義的姿勢である。

こういう日本社会にあって二項対立と言って議論を制限し、封じてはならない。原発に関する議論は私たちの現在の生活の在り様、子供たちの将来に関わる問題なのだから、黙することなく大いに語っていく責任が私たちにはある。元々論理的思考など苦手な日本人だ。二項対立と非難されようが問題ではない。

原発権力の復活と焼け太り

安倍政権は新たなエネルギー基本計画を策定し原子力を「重要なベースロード電源」と位置づけ、政府が先頭に立って原発再稼働の音頭を取っている。これは周辺住民をはじめとする国民世論を無視した強権的手法と言わざるを得ない。

政府の意向を忖度して、原子力規制委員会は今日までに鹿児島県川内原発2基を皮切りに愛媛県伊方原発1基、福井県高浜原発4基すべて、美浜原発1基、佐賀県玄海原発2基など合計12基に審査合格証を出し、更に13基の審査が進行中である。残りの17基も早晩審査に入り、合計42基の稼動体制は目前に迫ってきている。

哲学者の故・久野収さんは、日本人の特質として「頂点同調主義」(『久野収セレクション』岩波文庫)と言っていたが、政権交代によって原子力規制庁は早くも独立機関としての性格が危うくなってきている。作家の辺見庸さんも言っていた――日本は「全民的協調主義」、「あらかじめのファシズム」の国だと(『いまここに在ることの恥』角川文庫)。こういう国で米国のNRC(原子力規制委員会)のような機関を望むのは所詮、夢物語か。

せめてもの救いは田中規制委員長の孤軍奮闘だ。審査は科学者の良心から「原発は安全だとは言わない。審査は安全を証明するものでない」と言ってくれたことである。安倍首相が何の根拠もなしに「世界一厳しい規制基準だ」と僭称し、政府や電力会社が審査合格を以て安全宣言しているのとは大きな違いである。この田中発言は無責任と批判されていたが、私は原発の本質を突いた言葉だと思う。原子力規制委員長であっても原発は安全と断言できるものでない、原発を取るか、同時にそのリスクを取るか、国民一人ひとりが自分で考えろ、と言っているのである。私たち国民が決めねばならない。

政府や電力業界は出力が小さいものに限ってだが、40年を超えた原発数基の廃炉の決定をしたが、しかしこれもお茶濁しでしかない。その一方で「リプレース」と称し、大型原発の建設を画策しているのだからとんでもない話だ。焼け太りを目論んでいるのだ。

福島第一原発事故被災者、避難者の救済はおろか、事故の収束もおぼつかない中で、原発新設の計画を練っているとは、何とおぞましい国だろう。泉田前新潟県知事が言っていたように、福島第一原発事故の真の検証も総括もできてないと私も思う。その中で政府も電力業界もフクシマ以前への全面回帰を画策している。国民は騙されてはならない。

変われない日本(いつか来た道)

この風景もまたデジャヴュだ。敗戦によってこの国は変わったと思ったが、基層においては何も変ってはいなかった。私たち日本人は戦前、特に敗戦までの昭和期は克服すべきものであったはずだ。しかし原子力政策を見ているとこの国のエリートの精神は、いや頭の構造は何も変わってはいなかった。獲物を一つ手にすると、更に獲物を獲ようとする――しかも謀略的手法によって。だから破局まで突き進む。旧陸軍の参謀本部高級将校の行跡を紐解けばそれがわかるだろう。それは国家を牛耳っているのは俺たちだという傲慢な自惚れから出ていた。かつて『国家の品格』などの著作において、戦前の日本を称賛した先生がいたが、品格の欠片もない連中が中枢を握っていた。

太平洋戦争に突き進んでいったその原因は、明治維新からの日本に胚胎していたことだが、特に昭和軍部の頭の中は陸軍の傀儡国家、満州国の保持であったろう。その補強のため中国北部(北支)に進出し、次いで中国全土に戦争を拡大したが中国人民の頑強な抵抗によって泥沼に脚を取られ、その打開のために日独伊三国同盟を締結し、ナチスドイツの勢いに乗じアジアの盟主たらんとしたが(大東亜共栄圏)、結局は目算もなく米英との太平洋戦争に突き進んでいった。煎じつめて言えば金のなる木、満州を謀略によって手に入れ、その権益にしがみつき(「満蒙生命線論」)、結局は見通しのないまま戦略なき無謀な戦争に国民を総動員していった。挙げ句には、それこそ本気で本土決戦だ、一億総玉砕だと高唱し、全国民を道連れにしようとさえした。このようにこの国は方向転換できない、一部の者の権益を保守するため破滅までいってしまう国柄なのだ。

私は、「この国はエリートが亡ぼす国家だ」と、福島第一原発事故の後、早くから言ってきているが、政府、財界、学会の原子力ムラのエリートたちを見ていると、この思いは残念ながら間違っていない。そこへ国益、国威に最大の価値を置く国権主義、国家主義政権ができた。ただでさえ方向転換のできない国なのに、原子力政策は原発事故を受けて転換どころか、従来の路線を強化、推進しようとしている。それは既に首相の積極的な原発輸出外交に表れているが、全国的な再稼働の動き、そして後述する山口県上関原発建設の動きに表面化している。

しかし、国民もしっかりしなければならない。加藤周一は『私にとっての20世紀』(岩波現代文庫)の中で、日本人は「現在主義」だ、それは「大勢順応主義」につながっていると言っている。過去に拘泥せず未来を煩わずひたすら今だけの利益に関心がいく、という意味だ。それにしても福島第一原発事故はわずか6年前のこと、忘れるには早過ぎる。

祝島の闘いは終わらない——政府、中国電力の非道

民主党政権下で原発の新増設はしないと決めた時、最初に浮かんだのは、「これで山口県祝島の人たちは救われる。長い闘いに終止符が打たれる」ということだった。ところがどうだ。地元山口県の安倍政権の登場を機に中国電力は巨大な原発建設計画(137・3万kW、2基)の再スタートをはっきり目論んでいる。

祝島の島民は島を挙げて34年余も(!)原発建設に強固に反対し続けている。当時50代だった人でも80代となっている。これだけ長期間反対があるにもかかわらず原発建設計画を取り止めようとしない中国電力は非道、非情な会社だ。その人倫にもとる所業は言語を絶する。

一昨年、2015年の1月下旬、山口県祝島と上関町を訪問した。訪問して、これだけがんばれるのは然るべき理由があることが、つぶさに感じ取れた。祝島は周囲12kmのハート型をした小さな島で、島全

体が山岳であり、農業に適した平地はほとんどない。しかし瀬戸内の要衝に位置し、目の前の豊かな漁場に恵まれ漁業を営み、また往昔は酒造りの杜氏を多く輩出し本土に出稼ぎに出ていたとのこと。一方、島内では急斜面をものともせず柑橘類、ビワの栽培を拓いてきた。

瀬戸内の島々はどこも同じだが、歴史に培われたその島特有の高い文化を持っている。祝島は家々をつなぐ練塀の町としての特有の文化を今に残している。ユネスコの世界遺産に指定されてもいい文化遺産である。島での生活はゆったりとして桃源郷のようであった。小泉八雲が明治の日本を評して「見るもやさしそうな人々が、幸福を祈るがごとく、そろって微笑みかけくる世界～あらゆる動きがゆったりと穏やかで、声をひそめて語る世界～昔見た妖精の国」と言っているが（『神々の国の首都』）、この言葉は、そっくり祝島そのものである。

祝島の人々は港のある狭い地域に一塊となって長い歴史を紡いできている。島民全部が一つの家族である。この一体性が崩れては、人々は生きていけない。祝島が祝島でなくなる、そういう世界である。そこにカネと力で以て原発建設の暴風が襲来した。生計、歴史、文化を共有することで命脈を保ってきた島の人たちは、それこそ一致団結して反対してきている。これが祝島の人たちの闘いである。

この人たちに中国電力はカネで以て分断する策に出てきた。漁業補償金である。これはどこでも原発建設を進める時の常套手段だが、最初に漁業補償金で反対派を切り崩す。元の単協祝島漁協は受け取りを拒否していたが、その後山口県下の漁協が一本化され、その県漁協が補償金を受領してしまい、旧祝島漁協分は分配を保留したまま今に至っている。この補償金の取り扱いを巡って、ここにきて島内で少し悶着が起こっているようだ。

祝島が祝島であるその所以は島民にある、しかも一体化した島民共同体にありと思うのだが、その島民をカネで以て分断する中国電力の所業には激しい憤りを覚える。「お前らは祝島を消すのか」と問いたい。金による人心篭絡は悪魔の所業である。

その上、中国電力は、反対運動弾圧のため、反対運動の島民代表者や支援者に些細なことを理由に大額の損害賠償訴訟（スラップ訴訟）まで起こした。強大な組織権力を持つものが無力な個人に対してのかかるいやがらせ行為は社会正義に反している。これは中国電力が道徳的にも堕落した証左であり、長い目で見れば会社の損失ではないだろうか。

ところで人口３３００人の上関町は原発誘致に熱心なようだが、巨大な原発２基から入る莫大な金を何に使おうとしているのだろうか。財政需要額の小さな町に多額の金が入ってきて町政が、いや町全体が狂うことはないだろうか。老婆心ながら心配になる。

また山口県知事は地元出身の安倍政権に媚びているのか、その煮え切らない態度も問題だ。このまま生殺し状態を続け、祝島の人たちの自滅を狙っているのか。芦浜原発建設計画を白紙撤回した当時の北川正恭三重県知事の英断に倣ってはどうか。北川知事はＪＣＯ臨界事故の直後、２０００年の年頭に、その決断をした。

「国の責任」とは？

川内原発では鹿児島県知事も薩摩川内市長も、「国の責任で」という言葉を多用し、経産大臣もまた「国が責任を持つ」と言って、再稼働に突き進んでいる。この「国の責任」という言葉はわかったようで、空を掴むような実体のない言葉である。現に福島第一原発事故で国は責任を取ったと言えるだろうか。東電も国も誰一人として責任は負っていない。

私の住んでいる東海原発の30㎞圏内には96万人が住んでいる、しかも東日本大震災の被災原発である、奇しくも静岡県浜岡原発31㎞圏内の人口は94万人とのこと、しかもこの原発は東海地震の震源地の真上に立っている。この両原発とも再稼働に向けて一途に突き進んでおり、周辺自治体は実効性皆無、絵に描いた避難計画の策定に汗を流している。まるで先の大戦での、必敗確実の日米戦戦略策定のようなことをやっているのだ。

「政府の責任」を言うのであれば、このような原発の廃炉を決定、指示するのが国の責任というものであろう。このほかにも中央構造線上にある伊方原発、集中立地している新潟県の柏崎刈羽原発や福井県若狭地方の原発など、外形的に見て問題を孕んだ原発が多いがどうするのか。

福島第一原発事故を起こした国の政府として国民にはもちろん、国際社会に対しても、国はこれら原発を停止、廃棄して原子力災害を極小化するという方針を明らかにするべきだ。原子力規制委員会の個別審査に丸投げして再稼働を進める国に責任意識あり、とは全く見えない。国の責任とは絵空事だ。そうだ、国民は騙されてはならない。

現在進行形の水俣公害事件の過去にはこういうことがあった。元水俣市長の吉井正澄さんは、こう語っている。「水俣病を発生させたチッソにすべての責任があるのは当然だが、根本原因を追及していくとすべて国の責任に突き当たる」と。そして1959年の本州製紙江戸川工場の汚染水排水事故と、同じ年に2000人の水俣市民が起こしたチッソの工場廃水停止要求デモへの国の対応の違いを述べている。前者は魚が死んで浮いただけだが、すぐに操業を停止させた。後者は病人と死人が出ていたが、操業を続けさせた。この違いは、当時の通産省軽工業局長の裁判での証言に表れている。「日本の経済発展にとって、製紙会社とチッソ水俣工場は貢献度が違う。比較権限の問題だ」と。また「東京周辺で騒ぎが大きくなれば収拾ができなくなるから操業を停止させた」とも陳述している。

これが「国の責任」の取り方というものだ。原発立地地方の人たちは、責任を国に丸投げせず、また目先の金に惑わずに、周辺自治体の人たち、将来世代のことも考え毅然たる判断をなさるべきだ。再稼働をオーケーする前に、故郷を追い出され6年経った今も将来の見通しのない避難生活を強いられている福島第一原発事故被災者の話を聞き、そして水俣病の公式確認から60年経っても未だに市全体が苦しみもがいている水俣公害事件からも学び、その上で子孫のために賢明な判断をされた方がよいだろう。

東海村JCO臨界事故——脱原発への伏線

私は2011年の東日本大震災時ばかりでなく、1999年にも、わがふるさと東海村が吹き飛ぶ恐怖を村長という立場で味わっていた。東海村JCO臨界事故である。この時に、この国は原発を持つ能力、資格があるのか疑念を抱くことになった。

私が東海村再興への最初に取った行動は、公害で痛めつけられ、「環境と健康のまちづくり」を掲げて再起を目指していた水俣市訪問であった。そこで出会ったのが吉井元水俣市長で、以来患者さんを含め多くの水俣市民と接する中で、効率や利便追求ではなく環境と人間に視点を置いた地域づくりを学んできた（水俣市の当時の総合計画の標語に「不便を受け入れるまちづくり」というものがあった)。

福島第一原発の事故直後の2011年6月頃から、私は脱原発を表明し始めたが、そのきっかけは当時の経産大臣による定検終了後の佐賀県玄海原発の安全宣言であった。原発事故から3カ月後で、福島の現地ではまだ大混乱状態にあり、事故の実態が何も明らかになっていない時点でのことで呆気に取られた。そこでこの国は原発など持つべきではない、持つ能力もないと確信したのであった。

だが、伏線はJCO臨界事故にあった。事故の究明は、原子力界挙げてすべての責任を原子力産業界の周辺企業JCOに負わせて、検証は早々に打ち切り、蓋をしてしまった。その後の2007年の新潟県中越沖地震でも「止める、冷やす、閉じ込める機能が働いた、日本の原発技術は高い」とばかり高唱し、地震による原発への打撃については蓋をし、その後原発増強に突き進み、教訓は何ひとつ酌むことはなかった。2004年のスマトラ沖の海溝型地震からも、日本海溝や南海トラフを目の前に控えていながら教訓を得ようともしなかった。福島第一原発事故後も根本は変わってはいない。この国は危ない国である。

社会的価値、文化的価値が最後を制す

所詮は原発による恩恵は「一炊の夢」、30年か40年の話である。原発立地自治体の産業は商店を含めて、すべての商行為が原発に依存するモノクロ経済社会に化し、自力発展の芽が消えていく。原発が消えれば、周りの自治体と較べても見劣りすることになる。ましてや重大な事故を起こし、核廃棄物処分の見通しもない原発の将来は見えている。早いか遅いかはあっても、いずれは原発依存から脱却の道を探らざるを得ないのが立地自治体の宿命である。原発は地域にとって疫病神だと思って間違いない。

私は原子力発祥の地・東海村の村長であったからというわけではないが、原子力科学研究それ自体を拒否しているわけではない。今日の原子力科学利用の経済規模において、原発などのエネルギー分野と医療や新素材開発などの分野の比率は5：5だそうだ。特に高出力の加速器を利用した先端・基礎科学研究分野での成長は目覚しい。まさしく21世紀の科学だ。ジュネーブにあるEUの円周30㎞の巨大な加速器セルン、東海村のJ-PARC(大強度陽子加速器)などがその施設である。欧米の原子力分

野の主力はすでにエネルギー開発からこの分野へ移り、日本よりずっと先を進んでいる。

ＪＣＯ臨界事故の直後から、私はそれまでの原子力施設からの金に依存することから脱し、地域自らの力によって持続可能な社会をつくろう、と村民に呼び掛けてきた。それを称して「一次方程式的発展の時代は終わった、これからは連立方程式を解ける能力をつけよう」と村民に訴え、２００５年Ｊ-ＰＡＲＣを核とした「高度科学研究文化都市構想」を立て、村の指針とした。更にそれを発展させて２０１２年に「ＴＯＫＡＩ原子力サイエンスタウン構想」として現在に至っている。

構想の主眼は、世界中の科学者、研究者から国際的な研究都市として認知される、そのような社会環境、住環境を整えることである。これは施設からもたらされる固定資産税や電源交付金などの経済的価値を求めるのではなくて、施設や研究機関の持つ社会的、文化的価値を重視し、その価値を活かせる地域社会を自らの力でつくろうということである。逆説めいているが、幸いにもＪ-ＰＡＲＣは国の研究施設であることから経済的、財政的恩恵はゼロに近い施設である。だが世界の３本指に入る先端・基礎科学研究施設であって、社会的、文化的価値は極めて高い。この価値をものにできるかどうか、村民や地域の力量が試される施設である。

過疎化で地方は消滅しない

ここまで書いてきて、「東海村はいいよ、いろんな施設があって、俺んとこは原発しかないのだ、まちのためには原発が必要なんだ」という大きな声が聞こえてくる。でも福島第一原発事故によって世界は変わった、それ以前とは違うと言うほかない。「今停止している原発は全部以前通り動きますか、動いたとしても遠くない近未来には確実に消えていく代物です。それに今後、恩恵はなく危険だけを共有させられる周辺自治体の住民が立地自治体の意向だけに任せるでしょうか。労せずして金の入る原発依存のシナリオは先が見えているから早くお捨てなさい」と言いたい。

また、「過疎化の進行を止めているのは原発が立地しているからだ」と言う声もあるだろう。だが原発で過疎化を阻止するのにも限界がある。地方の過疎化は人口減少時代にあるこの国では、どこの地方でも急速に進行している。これは大都市を核に経済効率だけを追求した一極集中政策の結果であって、地方である限りどこでも避けられない。過疎化は自然の勢いだと割り切るほかはない。考えを変え、逆転の発想に立てば過疎地こそは21世紀資本主義国日本の先頭を走ってるだけとも言える。

祝島に行ってわかったことだが、瀬戸内の島々の過疎化は想像を絶する。例えば、祝島はかつて3000人以上の人口があったが現在は500人を切り、高齢化率70％、平均年齢70何歳だそうだ。でも祝島の人は島の歴史伝統、文化を守って、したたかに存在し続けている。全国各地の限界集落などと言われているところの人たちも、訪ねてみれば至って元気である。政府や中央の学者は数字をもてあそんで「消滅自治体」などと勝手なことを言っているが、全く失礼な話だ。それは人間不在、没文化の形式論理に過ぎない。

ところが、今の県や市町村はどこもかしこも国の脅かしに屈し、地方創生事業一色になりつつある。アベノミクスと僭称する新自由主義経済の論理を基に官僚が机上で書いた中央主導の地方改革では、むしろ地方の衰退は加速すると危惧する。ましてや国家財政の効率化、国家統治能力強化などの意図から考えられている道州制の導入などがあってはたまったものではない、地方の破壊、国土の荒廃が一挙に進行することは間違いない。

地方が存続し続ける必須条件は、地方の自主性を発揮すること、国家に追随するのではなく地方分権を推進し、住民主体の地方主権を確立することである。山口県周防大島出身で、戦後離島振興法成立に尽力した高名な民俗学者の宮本常一は「そこに住んでいる人自身が本気にならない限り地域の振興はない」と言っていた。つまり他力依存ではだめだと言っていたという（佐野眞一『旅する巨人』文春文庫）。

かつての高度成長期の考えの延長線で、中央や、大企業、原発などに依存し、開発・発展、人口増加を望むのは、ないものねだりである。地方である、そのこと自体の価値に目覚め、人と環境を重視した考えに徹する。このことが地方のあるべき姿であろう。そうであれば都会で無意味な競争に疲れた人たちは、こうした気概ある、志操の高い地方に大なる魅力を感じ訪ねてくるはずである。いたずらに発展を、成長を望めば墓穴を掘るだけだと言いたい。

経済発展に乗り遅れたと言われる日本海側――たとえば島根県、鳥取県を訪れた時、美しいな、豊かだなと思う人は多いのではないか。太平洋側で発展した地方には、古いものより急ごしらえの新しいものが勝ってコンクリートジャングルと化している。高層ビルができたとて、いずれは廃棄物の山ではないか。成長発展の恩恵に浴せなかった地方こそ、長年引き継がれた文化が、歴史建造物ばかりでなく風景自体に残っている。まるでイングランドの田園風景のようだ。これからの時代、人はこうした地方にこそ本物の価値を見出して寄ってくるはずである。

福井地裁の大飯原発再稼動差止め訴訟の、あの判決文は美しい、そして高貴だ。日本国憲法の言葉に匹敵する高貴さだ。日本人でもこういう文章が書けるのだと感動した。原発に依存しないで地方に生きる、生き続けるとは「豊かな国土とそこに根を下ろして生活していることが国富である」、このことに尽きる。

帝国は必ず亡ぶ、だが地方は残る

原発がなくなれば当座、立地自治体は確かに厳しくなる。だが福島第一原発事故後の国内の状況、世界のエネルギー政策の動向などを考えれば、脱原発依存の道を探っていかざるを得ない時代が来る。一つ言えることは、日本のある地域が消滅する事故を起こしておいて誰も、どの機関も責任は問われていないということだ。原発推進の世界は、本質においては事故の前と後で変わっていない。だから今後も地域まるごと長期間原発に依存するなど、本質的に危険な話なのである。立地自治体が電力供給に果たしてきた役割に誇りがあるなら原発再稼働を求めるだけでなく、エネルギー転換の動きや原発以後の社会をも見据え、政府に対して別の観点からの支援要請を訴える時期に来ているのではなかろうか。

話が横道にそれるが、先の大戦の戦争責任問題も、日本人は「戦後復興」の大合唱の中で消し去り、戦争指導者の責任を問うことをしなかった。その問題をないがしろにしたことが今日でも尾を引いている。今年は戦後72年である。「過去に目を閉ざす者は、現在についても盲目となる」とのワイツゼッカー元ドイツ大統領の残した言葉が再び脚光を浴びているが、中国、韓国はじめアジア諸国に多大な損害を与えた私たち日本人としてもわがこととして受け止める、その知性が求められている。

原発についても同じだ。「フクシマ」という人類に与えられた命題に目を閉ざしてはならない。事故後に原発を経済的観点からのみ議論するのでは、２０２２年までに原発全廃を決断したドイツの論理と較べ、いたく寂しい。原発依存か、脱原発かの議論は、人権尊重の論理や地方主権の観点をも入れて深めていく必要があろう。言葉を換えれば、今危機に瀕している日本国憲法の精神に立ち返って思考を深めることが求められていると、私は思う。

　歴史上「帝国」と称したもので亡ばなかったものはない。歴史の定理である。近くは大日本帝国、ヒトラーのドイツ第三帝国、オスマン帝国、遠くはペルシャ帝国、ローマ帝国、モンゴル帝国など枚挙に暇がない。巨大システムは帝国と同じく脆いものだ、原発という巨大システムも脆い代物である。

　先に触れたように、米ウェスチングハウスは破産し、２００６年にわが世をいく鼻息でそれを買収した原発メーカー東芝は、いまや存亡の機に直面している。ＧＥの原子力部門を傘下に入れた日立製作所も、原発事業で大きな損失を出している。もう一つの国産原発メーカー三菱重工も、米国で多額の損害賠償請求訴訟を抱え翻弄されている。仏アレバ社も経営危機に瀕す。これらに較べてドイツの企業は、メルケル政権同様賢明である。ドイツの電機大手のシーメンスは福島第一原発事故後直後の２０１１年９月に原子力事業から撤退を表明。ＥＵ最大の電力会社Ｅ－ＯＮも、３年前に主力を再生エネルギー事業部門に転換することを表明しているのだ。強大な権力をもって一大帝国を築いた原子力界は黄昏、全世界での没落が進んでいるのだ。こういう世界にあって、福島第一事故後の国連総会で「原子力で再び世界をリードする」と獅子吼したのがわれらの安倍首相である。

　帝国は必ず亡ぶ。だがその支配下にあった地方は亡ぶことなく現在につながり、未来につながっていく。あまりにも巨大なシステムであり、人類に対し危険性の高い原発は消えていく必然性があるが、歴史と伝統に培われた地域と叡智を働かせることができる住民がいる限り地方は永遠である。

村上達也（むらかみ・たつや）
１９４３年、茨城県石神村（現東海村）生まれ。元東海村長、「脱原発をめざす首長会議」（２０１２年設立）世話人。66年一橋大学社会学部卒。地元常陽銀行を経て、97年東海村長就任。１９９９年ＪＣＯ臨界事故に遭遇、国の指示のない中、独断で住民避難を敢行。２０１１年福島原発事故後の同年７月脱原発を表明。２０１３年９月村長退任（４期16年）。

核燃料サイクル

原子力政策の今後

――対立を超えて、根本的改革に取り組め

鈴木 達治郎
（長崎大学核兵器廃絶研究センター センター長・教授）

まえがき

２０１１年3月11日に発生した東日本大震災と津波によって引き起こされた東京電力福島第一原子力発電所の事故（以下「福島事故」）は日本の原子力政策を根本的に考え直す機会を与えたはずであった。何よりも、事故の被災者に寄り添い、二度と事故を起こさない決意のもと、原子力発電への依存度をできる限り低減させていく。これが２０１４年4月に発表されたエネルギー基本計画[注1]の柱である。しかし、一方でエネルギー基本計画は原子力発電を「重要なベースロード電源[注2]」として一定規模を維持する」とした。この結果、原子力政策の論点が、「原発推進vs脱原発」という二項対立が残ったままとなり、現実には目の前にある既存原発の再稼働問題に「原発政策の是非」が問われがちで、議論が平行線をたどっている。しかし、本当に重要なのは、福島事故の教訓と反省を踏まえて、原子力政策の根本的改革を考えることである。そのような改革は、推進・反対の枠を超え、多くの国民の期待と支持が得られるものと筆者は考えている。本論は、そのような観点から、課題を整理してみたものである。

注1 経済産業省、「エネルギー基本計画」、平成26年4月。http://www.enecho.meti.go.jp/category/others/basic_plan/pdf/140411.pdf

注2 発電コストが低廉で、季節や昼夜を問わず安定した電力供給ができる電源のこと。ベース電源とも呼ばれる。

エネルギー基本計画の矛盾と限界

２０１４年4月11日に、福島事故後初めての「エネルギー基本計画」が発表された。この中で、原子力に関する基本的政策が提示された。それは「原子力依存度をできるだけ低減させる」と同時に「ベースロード電源として確保する」という、論理的には矛盾した政策であり、事実上は再稼働を急ぎ、新設も排除しないという、福島事故以前の政策にほぼ回帰したものと、解釈してよいだろう。これでは、福島事故の教訓や反省を踏まえた政策とはいいがたい。

エネルギー基本計画は3年に1回見直すことが決められているので、２０１７年は見直しの年となる。新しい基本計画を議論するうえでの重要なポイントをあげておこう。

まず第1に、「原子力依存度低減」と「脱炭素社会の実現」を柱に据えることだ。日本は過去、２回「脱依存」の政策を実現している。60年代の「脱石炭依存（石油へのシフト）」と70年代の「脱石油依存（原子力と天然ガスへのシフト）」である。それを実行するために、エネルギー政策の構造改革を実施している。脱石油依存の際には、原子力発電立地と促進するための、電源開発三法を成立させ、特別会計枠を作って、原子力予算（研究開発と立地地域への交付金）を拡大させてきたのである。今回、福島事故の反省を踏まえ、「原子力依存低減」と「脱炭素」を進めるためには、原発に重点を置いた交付金制度を廃止、または見直す「構造改革」が必要だ。炭素税の導入や、「低炭素電源交付金」制度への改革などが考えられる。

次に、国民の信頼回復である。民主党政権下では「国民的議論」を柱に、国民参加型の意思決定プロセスが模索された。また、経産省・文科省といった従来のエネルギー政策に関与してきた官庁だけではない場（国家戦略室）に「エネルギー・環境会議」を設置して、省庁を超えた議論を実現した。現在は、また福島事故以前の経産省による審議会方式で、しかもその透明性・公開性には疑問がつくような意思決定プロセスで、政策が決められてきている。国民参加の努力はほとんどなされていない。これでは国民の信頼回復はままならない。意思決定プロセスの改革も重要な課題の一つである。

最後に、この「エネルギー基本計画」の最大の限界は、２０３０年という時間軸である。エネルギー政策にとって15年という時間は極めて「短期」といっても過言ではない。というのも、大型発電所の平均寿命は40～60年、これから15年間でエネルギーミックスを大幅に変革することは、「非現実的」政策として否定されてしまう。再稼働問題に目が行ってしまうのも、この時間軸のせいともいえる。

本来エネルギー政策は、最低20～30年、できれば40～50年程度の視野で議論すべき課題である。脱炭素社会を目指すのであれば、パリ協定に基づき、2050年までにCO_2を80%削減するという目標を目指すべきだ。そこからさかのぼって考えれば、現時点で何をすべきか、何が最も重要な課題かが浮き彫りになるはずだ。

2050年のエネルギー・ビジョン：省エネが決め手

では、2050年ごろのエネルギー需給状況はどうなっているだろう？　筆者も参加している日本経済研究センターが興味深い分析結果を最近発表している。

まず、エネルギー需要の見通しについての報告注3である。要旨としては次の3点が指摘されている。

①福島事故以降の省エネ・省電力の進展は、1973年の石油危機以来のペースで進み始めた。経済が成長してもエネルギー需要は増加しない状況が起きている。

②石油危機後の日本経済と同様に、日本の産業構造改革を進めていけば、新たに国際競争力を高めることができる。

③今後非製造業が主体となる産業構造へ転換することができれば、2050年のエネルギー消費は現在より40%減となりうる。いわゆる「乾いたぞうきん」といわれた日本のエネルギー消費構造は、福島事故を契機に再び省エネが飛躍的に進み、かつそれが新たな国際競争力の源泉となりうる、という結論であった。

次に、温暖化ガス削減見通しについての報告注4である（図1 図2）。

①エネルギー価格が上昇を続けていけば、20

注3　日本経済研究センター、「経済構造変化で2050年のエネルギー消費、40%減：省エネルギーは成長のバネ」、2014年11月4日。http://www.jcer.or.jp/policy/pdf/141104_policy1.pdf

注4　日本経済研究センター、「2050年、05年比で温暖化ガス60%削減可能～30年でも米国並みの30%削減～温暖化防止の国際議論でリードを～」、2015年2月27日。http://www.jcer.or.jp/policy/pdf/150227_policy.pdf

図1　温暖化ガス削減への貢献度（単位・パーセント）

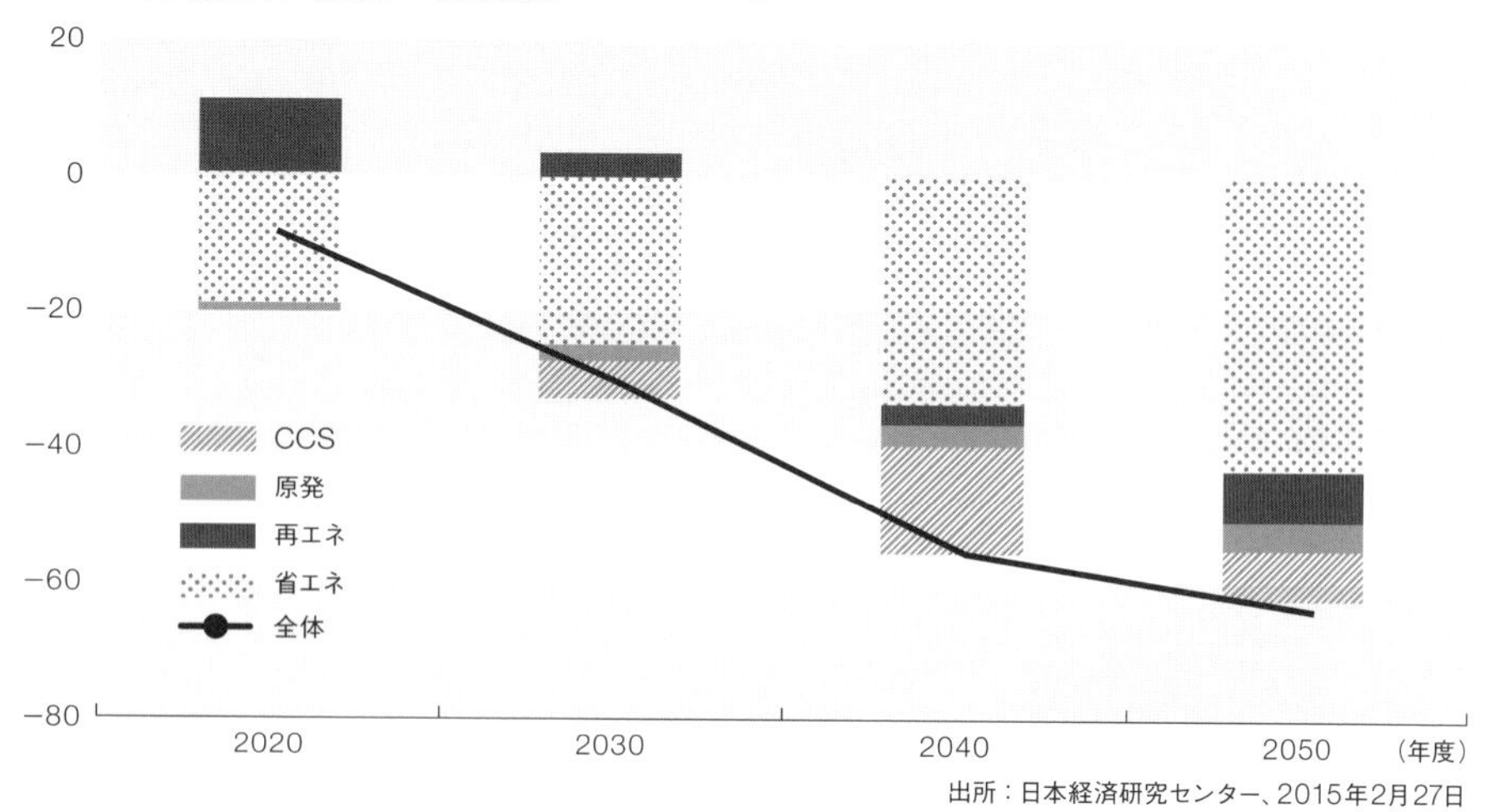

出所：日本経済研究センター、2015年2月27日

（注）CO_2回収貯留技術（CCS）は、2025年以降に実用化し、2040年に火力発電のCO_2を全て吸収すると仮定。再エネが全電力に占める割合は、2030年度に36％、2050年度に約6割と仮定。2020年と2030年に、再エネがCO_2を増加させているのは、原発停止により増加した火力発電分を再エネがいつ頃カバーできるか検証するため、火力代替分を含めているため。

図2　温暖化ガス見通し：原発15％維持のケースと脱原発のケースの差はわずか

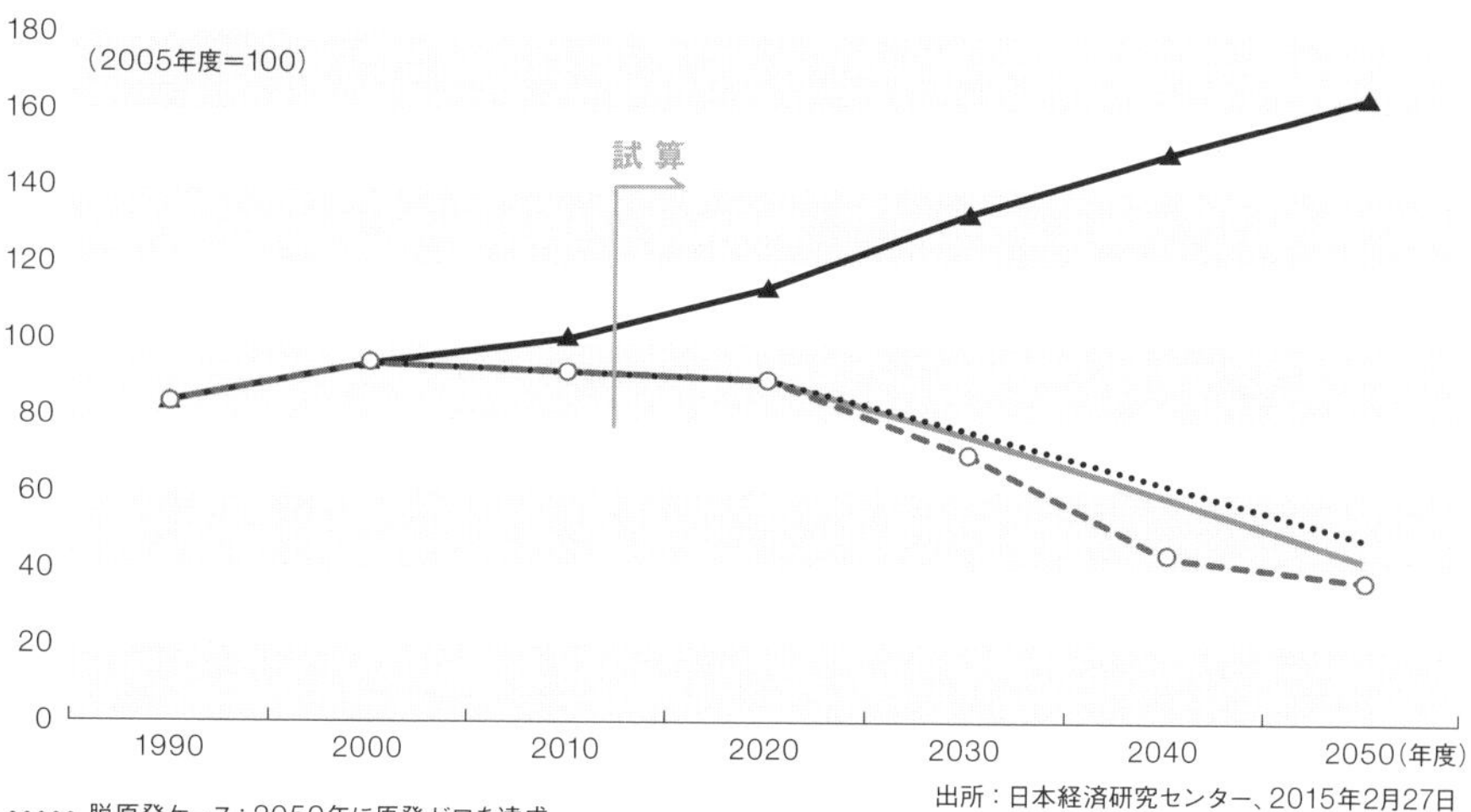

出所：日本経済研究センター、2015年2月27日

- 脱原発ケース：2050年に原発ゼロを達成
- 原発15％ケース：原発の構成比を15％に維持（40年廃炉の原則に従えば原発が総発電量に占める割合は2030年度には15％になる）
- CCS活用ケース：火力発電から排出されるCO_2はすべてCCSが回収するため、脱原発でも原発維持でも排出削減量は変わらない
- 実質GDPの水準

（資料）日本エネルギー経済研究所データベース、国民経済計算より予測、実質GDPは「グローバル 長期予測と日本の3つの未来」（日本経済研究センター）の成長シナリオ予測。

50年には05年比で温暖化ガス60%削減が可能、30年段階でも30%削減可能

②その中で最も貢献度が大きい（40%削減）のが省エネ（消費構造の転換、効率向上による消費削減）である

③原発を一定規模で維持する場合、過酷事故に備えた保険料や、電源立地交付金の増額が必要と考えられる。そう想定すると、2050年度まで脱原発を選択するケースと15%を維持するケースで、削減費用に差はない

④確実に削減を実現するためには、排出量に上限を設けるか、CO_2排出量に炭素価格をつける大型の環境税や排出量取引制度などの措置が必要になる。

この分析はエネルギー価格上昇を前提にしているが、長期のエネルギー消費構造の変化等、2030年時点では見えない視点を与えてくれる。原発依存度の低減は、省エネ、再生可能エネルギー、二酸化炭素回収貯留技術の導入で十分に可能であることが示唆されたのである。

原子力の競争力について徹底した検証を

原発をベースロード電源として一定規模で維持する一つの重要な理由は、原発が競争力のある電源だという前提である。この前提の検証も必要だ。

いわゆる電源別発電コスト比較というのは、新設のモデル発電所を想定して、寿命期間（40年）の平均コストで比較する。最新のコスト比較は、2015年に発表されており、そこでは原発の発電コストは最低10・1円／キロワット時（kWh）で、事故に伴うコスト（福島事故コストを12・2兆円と想定し、それに基づいた平均事故コストを9・1兆円と見積もった）が1兆円上昇するたびに0・04円／kWh上昇すると推定されていた注5。この結果に基づくと、火力発電所とほぼ同等と見られているが、事故コストの上昇や化石燃料のコストによっては、平均コストでも競争力を失う可能性も否定できない。

しかし、2016年12月、経産省・東京電力は福島事故コスト推定総額を11兆円から22兆円と大幅に上昇させた注6。これだけでも、上記の原発コストは、0・4円近く上方修正しなくてはならない。

注5 発電コストワーキンググループ報告、「長期エネルギー需給見通し小委員会に対する発電コスト等の検証に関する報告」、平成27年4月。http://www.enecho.meti.go.jp/committee/council/basic_policy_subcommittee/mitoshi/cost_wg/006/pdf/006_05.pdf

注6 東京電力・1F問題委員会「東電改革提言」（2016年12月）http://www.meti.go.jp/committee/kenkyukai/energy_environment/touden_1f/pdf/008_01_00.pdf

さらに、日本経済研究センターが独自に推定した福島事故コストは、50~70兆円にまで膨れ上がる可能性があると指摘した注7。この数値を使えば、原発の発電コストは、原発は14・7円/kWh（総合エネ調の試算は10・3円）となり、石炭、LNG（液化天然ガス）火力を上回ることになった。原発の競争力神話も崩れ始めているといってよいだろう。

ただし、自由化市場では、このような平均コストの比較だけ見ていてもあまり意味がない。自由化市場になると、各発電所がその時点での発電コストで競争することになる。一般的にいって、既存の原発の多くは運転コストが十分に低いため、自由化市場でも競争力はあると想定される。それは、いまでも電力会社が再稼働を経営上不可欠と見ることからもうかがえる。しかし、古い原発であっても、新しい規制基準を満たすための設備投資が大きくて、運転コストが一気に上昇して競争力をなくす可能性もありうる。

原子力発電への競争力については、このような透明性の高い徹底した議論が必要だが、政府の原子力支援政策はこのような議論がないまま、進められている。徹底した情報公開と透明性のある議論が必要だ。

推進・反対に関わらず真剣に取り組むべき課題

原子力の将来が不透明であっても、その将来の行方に関わらず取り組まなければ課題もある。将来が不透明だからといって、そういった課題への取り組みが遅れることは、原子力政策にとっても社会にとっても望ましいことではない。福島第一原発の廃止措置はその最大の課題であるが、それ以外にも、推進・反対の枠を超えて、取り組まなければならない課題として、次の3点をあげたい。

(1) 使用済み燃料管理と廃棄物処分

第一に、使用済み燃料管理と放射性廃棄物処分問題である。

使用済み燃料は2016年末現在で約1万7000トン貯蔵されており、ほとんどが既存原発内のプールに貯蔵されている。プール貯蔵は、コンパクトで、かつ冷却能力に優れているため、取り出したばかりの使用済み燃料の貯蔵法としては優れている。安全管理の面からも、発熱量の高い5年程度はプールでの冷却が必要である。その後は順

注7 日本経済研究センター「事故処理費用は50~70兆円になる恐れ」(2017年3月7日)
http://rief-jp.org/wp-content/uploads/JCER2017431504.pdf

次再処理工場へと搬送する計画であったが、後述するように、核燃料サイクルは順調には進んでおらず、青森県六ヶ所村で２００５年に運転開始予定だった六ヶ所再処理工場は、技術的トラブルも続き運転が遅れており現在安全審査中という状況である。その結果、六ヶ所再処理工場の貯蔵プールはほぼ満杯であり、既存のサイトの貯蔵容量がいっぱいになれば、発電所の運転はできないことになる。貯蔵量は全国のプール貯蔵容量の70％に達しており、時間的余裕がなくなってきている。プール貯蔵より安全で、長期の貯蔵が可能であり、また貯蔵容量の柔軟性もあって、今後は乾式貯蔵と呼ばれる空冷のキャスクによる貯蔵が有力とされている。

エネルギー基本計画においても、使用済み燃料貯蔵容量の拡大が最重要課題として取り上げられているが、問題は地元との関係である。これは次節の「核燃料サイクル」問題と密接に関係する。

そして、高レベル廃棄物の最終処分問題への対応である。すでに日本学術会議からは「暫定保管」と「総量管理」を基本とした「根本的見直し」の提言がなされており、政府でも見直しの議論が進められている。ここで最も重要なのは、廃棄物処分計画に対する国民の信頼が欠如している、ということだ。この信頼回復にむけて、地層処分の安全性に関する科学的議論の透明性、意思決定プロセスへの国民参加の在り方、そして原子力政策や核燃料サイクルとの関係等、多くの問題について、国民的議論が必要だ。そのような議論を進め、かつ政府のプログラムを常に監視し、信頼できる情報提供を行う、いわゆる「第三者機関」の設置が必要である。廃棄物処分事業自体も長期にわたるが、この合意形成プロセスも腰を据えて取り組まなければならない課題である。

（2）国際的な重要課題・核燃料サイクルとプルトニウム問題

使用済み燃料からウランとプルトニウムを回収して再利用する「核燃料サイクル」は、日本の原子力政策の要として開発当初より一貫して推進されてきた。

しかし福島原発事故を踏まえ、原子力の将来が不透明になった段階で、原子力委員会は「柔軟な核燃料サイクルへの転換」を提言した注8。これは、回収するプルトニウムを利用する原発が減少すること、経済性でも再処理より貯蔵や直接処分（再処理しないで使用済み燃料のまま地層処分する）のほう

注8 原子力委員会「核燃料サイクルの選択肢について（決定）」平成24年6月21日。http://www.aec.go.jp/jicst/NC/about/kettei/kettei120621_2.pdf

注9 原子力関係閣僚会議、「高速炉開発の方針」（平成28年12月21日）http://www.cas.go.jp/jp/seisaku/genshiryoku_kakuryo_kaigi/pdf/h281221_siryou1.pdf 同、「『もんじゅ』の取り扱いに関する政府方針」（平成28年12月21日）http://www.cas.go.jp/jp/seisaku/genshiryoku_kakuryo_kaigi/pdf/h281221_siryou2.pdf

が有利であること、将来の実用化が期待されてきた高速増殖炉が実現しないと、いったんはリサイクルできてもそのMOX（プルトニウムとウランの混合酸化物）使用済み燃料はいずれ処分する必要があること等、が明らかになったからである。したがって、再処理は需要に応じて柔軟に行うことや、現在は法律上不可能な直接処分を可能にすることなどが必要となる。いわゆる「全量再処理」路線からの転換が必要なのである。

この「全量再処理からの転換」は、2016年12月に発表された「もんじゅ廃炉」の決定注9でさらに重要性を増した。政府は、「もんじゅ」を廃炉にしても、高速炉の実用化と核燃料サイクルの継続を発表しているが、これは「絵に描いた餅」といわれても仕方ない。現時点で、少なくとも高速炉開発は白紙に戻し、実用化よりも基礎基盤研究から立て直すほうが合理的だ。そうなると、上記に述べたように軽水炉だけの核燃料サイクルはいずれ破たんすることが明白である。さらに問題はそのコストの巨大さだ。六ヶ所再処理工場は建設費だけですでに3兆円近くを費やし、運転維持費だけで毎年2000億円規模の出費が推定されており、廃止措置などを含め、40年間で13兆円以上のコストがかかると見積もられている。経済性では、再処理は直接処分より明らかに劣っており、六ヶ所再処理工場を停止すれば、数兆円の経費が節約できる。

もう一つ再処理がもたらす重要な課題がある。それはプルトニウム在庫量問題である。プルトニウムは燃料にもなるが、核兵器の材料にも使用可能だ。国際原子力機関ではわずか8kgで核爆発装置が作成可能としている。日本では、「余剰プルトニウムを持たない」政策を1992年より導入しているが、再処理が進む一方で、利用が大幅に遅れたため、2015年末現在、国内で10・8トン、再処理を委託してきた英仏には37・1トン、合計47・9トンものプルトニウム在庫量を抱えているのが現実である注10。これに対し、隣国の韓国・中国からは懸念の声があがり、核不拡散・セキュリティの専門家からも、在庫量を削減すべきとの批判が続くようになった。2014年3月、オランダ・ハーグで開催された〈第3回核セキュリティサミット〉において、日米政府は日本のFCA（高速炉臨界装置）にあったプルトニウムを全量撤去することを発表注11、ハーグ共同声明注12において、

注10 内閣府原子力政策担当室「プルトニウム管理状況について」平成28年7月27日。http://www.aec.go.jp/jicst/NC/iinkai/teirei/siryo2016/siryo24/siryo1.pdf

注11 世界的な核物質の最小化への貢献に関する日米首脳による共同声明，2014年3月24日。http://www.mofa.go.jp/mofaj/dns/n_s_ne/page18_000244.html

注12 ハーグ核セキュリティ・サミット コミュニケ，2014年3月25日。http://www.mofa.go.jp/mofaj/dns/n_s_ne/page22_001001.html

「高濃縮ウランの保有量を最小化し、また分離プルトニウムの保有量を最小限のレベルに維持することを奨励する」ことに合意した。

これを受け、２０１４年の「エネルギー基本計画」では、核燃料サイクルについては「状況の進展に応じて戦略的柔軟性を持たせながら対応を進める」と断言した。このまま、プルサーマルが円滑に進まない状況で六ヶ所再処理工場が運転を開始すれば、プルトニウム在庫量はますます増加することになる。日本が公約している「余剰プルトニウムを持たない」政策の信頼性がもはや保たれなくなってきているのだ。

日本は、１９８８年に締結された日米原子力協定の下、30年間は「包括事前同意方式」の下で核燃料サイクル商業化を許可されてきたのであるが、２０１８年に期限を迎える協定の延長にも影響を与える可能性が出てきた。プルトニウム在庫量削減は国際安全保障上急務の課題であるが、現時点で政府は核燃料サイクルの堅持をうたっている。このまま核燃料サイクルを継続すれば、その動機が「潜在的核抑止力の維持ではないか」といった懸念も現実のものとしてとらえられるリスクが出てくる。国際的懸念を解消し、核燃料サイクルの見直しは必至である。より合理的な原子力政策に転換するためにも、核燃料サイクルの見直しは必至である。

いまこそ、核燃料サイクルの必要性、経済性、環境に与える影響、国際安全保障への影響といった総合的観点からの評価が必要であり、それに基づいた政策転換が求められている。

結びに

福島事故以降、原子力行政、専門家への信頼は失墜し、その回復は未だになされていない。そういった状況の中、推進と反対の対立と不信感が障害となって、原子力政策の議論が一向に進まないことは、日本全体、いや世界のエネルギー・環境問題にとっても極めて不幸なことである。本来は、２０５０年までを見通したエネルギー・環境情勢を踏まえつつ、冷静に現時点で取り組まなければならない課題に優先順位を置いて、政策を構築していくべきだ。そうすれば、推進・反対の二項対立を超えて、合意形成が可能な原子力政策の実現が可能となるだろう。本論がその実現の一助となれば幸いである。

鈴木達治郎（すずき・たつじろう）

1951年大阪生まれ。長崎大学核兵器廃絶研究センター（RECNA）センター長・教授。75年東京大学工学部原子力工学科卒。78年マサチューセッツ工科大学プログラム修士修了。工学博士（東京大学）。原子力工学を専攻後、技術と政策の関係、とくに原子力技術と社会の関係を中心に研究を行ってきた。核兵器と戦争の廃絶を目指す団体「パグウォッシュ会議」に参加して現在も評議員。2010年1月から2014年3月まで原子力委員会委員長代理を務める。共著書に『アメリカは日本の原子力政策をどうみているか』（岩波ブックレット）、『高レベル廃棄物の最終処分について』（日本学術協力財団）、『エネルギー技術の社会意思決定』（日本評論社）他多数。Twitter：@tatsu0409

Column 8

風評の固定を生む、福島の語りにくさ

小松理虔（ライター）

震災後の福島では、一体何が起きてきたのか。どのような議論が生まれ、地元ではどのように受け止められているのか。私たち福島に暮らす人間の経験は、全国に散らばる原発のあり方を考える上で重要な論点を提供してくれるはずだ。しかし、筆者の見る限り、福島に関する議論は年々複雑化し、あるいは関心そのものが失われ、一般人が福島を語ることはますます面倒になってきているように思える。本稿では、福島で食や情報発信に関わってきた市民の立場から「福島の語りにくさ」について簡潔に整理しておく。

最初に頭に浮かぶのがやはり「政治的な面倒くささ」だ。福島の復興をどう評価するか、健康被害をどう見るかといった事実ベースの議論に、外部から党派性が持ち込まれ、福島でガンが多発しないと気が済まない人や、福島を応援するフリをして左翼を叩く人などが「場外乱闘」を起こす様が繰り返されてきた。それに嫌気が差し、福島を語ることから離れてしまった人も多いだろう。

福島では、県内紙が幾度となく報じているように、県民の多くが〝県内の〟原発全基廃炉を望んでいる。しかし全国的な「脱原発運動」に対するイメージは悪い。急進的な反原発集団が繰り広げてきたパフォーマンスや、福島に対する差別的なデマが原因だ。多くの人たちが福島の原発は廃炉にして欲しいと思っている。しかし、それを全国に広げるために「福島には人が住めない」と語る急進的な勢力と手を取り合えるかといえば、話は違う。早く廃炉にして欲しいと願っているのに、それを大々的に語ることができない。そうした「捻れ」もまた、福島の語りにくさを生んでいるように思う。

さらに、非科学的なデマを排除するための「議論のハードル」が自由な議論を阻害している面があることにも触れておく。放射能や被曝に関する発言は、時として福島に暮らすことを選んだ人たちを差別することになってしまう。だから福島を語る時には最低限の放射線知識を持とう。そんな目的で様々な関連図書が発行され、その度に「議論のための最低限の知識」がアップデートされてきた。そうした発信自体は歓迎されるべきものだ。しかし、それが「それしきの情報を知らないなら関わるな」というような、将来的に理解者になってくれるかもしれない人たちの切り捨てに使われてきた場面を、ＳＮＳなどでよく見てきた。

こうした動きに合わせてデマへの応対も過激になり、正しい情報を広く発信していくというのではなく、デマの発言主の人格を否定したりするような反論も見受けられ、魔女狩りのような見え方になっていることが少なくない。差別に対して声を上げることは重要だ。しかし、デマに対する反論が政治性を帯びて過激になれば、対抗する陣営の闘争心にも火がつくだろうし（そしてデマは訂正されない）、周囲で見守っていた人たちも議論から遠ざかってしまう。もし自分が間違った発言をすれば次に狩られるのは自分だからだ。

議論のハードルが極度に高まるにつれ、外部の人間は語るな、科学的な知識を持ってから関われ、とやかく言う奴は復興の邪魔だ、というような言論状況が生まれた。狙いはやはりデマや差別的言説の排除だったろう。しかし、こうした当事者語りが排除してしまったのは、「こんなことを言ったら傷つけてしまうかもしれない」「勝手に福島を伝えたら迷惑になってしまうかもしれない」、そんな風に考えるような良心的な人たちだったのではないか。当事者語りは、一定の人たちの溜飲を下げ、傷を癒やしもしたが、外部そのものの切り捨てでもあったのだと、この数年を振り返って思う。

よく語られる「記憶の風化」や「風評の固定」に抗うのならば、私たちは、福島をよく知らないための人に福島を伝え、将来のエネルギーや地域振興のあり方を議論すべきはずだ。しかし、ただでさえ無関心のハードルは年々高くなっている。福島を語るための語りにくさこそ「風評の固定」と「記憶の風化」を加速させていると筆者は感じている。

こうした現状に風穴を開けるのは「福島をよく知らない人」の存在だ。データや事実は粛々と更新しつつ、「よく知らない人」を動員するためのシステム、観光やアーカイブ、文化的活動のさらなる起動が求められるだろう。最近では、正しさがぶつかりあう様そのものを分析し、そこからの脱出を模索するような哲学的なアプローチも出てきた。そのような活動の上に、もう一度、原発について誰もが自由に語れる場、一言で言えば「外部」を取り戻すことが必要なのではないだろうか。

小松理虔（こまつ・りけん）
1979年福島県いわき市生まれ。法政大学文学部卒。テレビ局の報道記者、雑誌編集者、かまぼこメーカー広報などを経て、現在はフリーランスのライター／広報。福島第一原発沖の海洋調査を行う「いわき海洋調べ隊うみラボ」を主催する傍ら、ライターとしても広く福島の情報発信に当たっている。共著に『常磐線中心主義ジョーバンセントリズム』（河出書房新社）など。

Column 9

囚人のジレンマと福島第一原発事故

武田 徹（評論家、ジャーナリスト）

日本の原子力技術受容状況を象徴するキーワードは「囚人のジレンマ」だ。

囚人のジレンマとは数学的に人間行動を分析・説明する「ゲーム理論」の一つのモデルで、逮捕されて別々に独房に収監された二人の囚人の選択行動を例とする。互いに黙秘を続ければ取り調べは暗礁に乗り上げ、二人とも無罪放免される。しかし実際には相手を疑い、仲間が自分を裏切る前に自分から仲間が犯人だと証言してしまう。こうして両者がそれぞれに相手が犯人だと明かした結果、両者とも罪が確定し、刑に処されてしまう。と、かなりはしょった説明をしたが、要するに、お互い協力する方が協力しないよりもよい結果になることが分かっていても、相互不信の結果、協力しなくなり、むしろ最善の結果を逃してしまうという構図を指す。

この構図が原子力技術を巡ってもありえる。福島第一原発事故では冷却機能の損失により1号機から3号機が立て続けに損傷した。もしも原子炉を密集させて建造していなければ、それなりに余裕をもって電源喪失事故への対応が可能で、ここまで酷い事故に至らなかったのではないか。そう考えることはできる。しかし原子炉を集中させたのはまさに日本の原子力受容史の結果なのだ。

１９７９年のスリーマイル島事故、１９８６年のチェルノブイリ事故を経て、原発に対する不安は増大、反原発運動の盛り上がりの中で原発用地の新規取得は著しく困難となった。そんな状況の中で、原発依存政策を続けるなら、既に取得された発電所敷地内で増炉や使用済み燃料の保存を行うしかなくなった。それが福島第一原発の敷地内に6基もの原子炉が建設された理由だ。原発推進政策に反原発運動が向き合うことでむしろリスクを高めてしまったのだ。

もしも原子炉が外部電源を失っても自然落下によって冷却水を注入したり、自然な廃熱によって安定的冷却にまで到達できる設計だったら、やはり事故は深刻化しなかっただろう。実はそうした新世代の原子炉は設計されている。スウェーデンで１９７５年ごろ研究されていたＰＩＵＳ（Process Inherent Ultimate Safety）炉は、冷却水喪失が発生すると原子炉容器内外に生じる圧力差を利用してポンプを駆動させることなく外のプールから水を注入できる設計だった。日本でも自然の力で安全性を確保する受動的安全炉は研究されていた。日本原子力研究所が1993年からJPSR（JAERI Passive Safety Reactor）炉などPIUS炉の延長上に受動的安全性を確保する炉型を探った。だがその成果は殆ど報じられず、もちろん採用にも至らなかった。なぜか。

反原発派は原子力技術の必要性を一切信じず、即時全面的脱原発を求める立場を取るので、より安全な炉への改造や、原子炉の密集による事故の深刻化を防ぐために新規立地の獲得が必要だというロジックを受け入れることができない。一方、原発推進派は今の原発に欠点があることを認めると反原発運動に付け込まれると考えるので、より安全な原子炉形式や原子炉の密集が危険だと認めることができて「安全神話」を唱え続ける。

こうした反対派と推進派が互いに不信感をもって一歩も引かずににらみ合ってきた構図の延長上に福島第一原発事故が起きた。そして事故後にも反原発デモの盛り上がりなどもあって囚人のジレンマ構造は解消されるどころか、むしろ強化された。

たとえばジャーナリズムは囚人のジレンマ構造からの脱却を目的として公益を最大化するように勤めるべきだろう。しかし事故後のジャーナリズムはむしろ反原発、原発推進のいずれかの立場に加担し、両者を横断した議論の構築を担えなかった。政府や電力会社の発表を伝える放送系マスメディアと右派マスメディア、それをあくまでも疑おうとするリベラル派マスメディアとフリーランス系のジャーナリストたち。その対立は事故後により先鋭化した。

そうした膠着状況の中で再稼働がなし崩し的に進められる。その延長上にいつかまた事故が起きる。そんな不吉な予言が成就するとしたら、それは反原発運動も含めて、共通の利益であるリスク漸減を目的とする協力関係を取れない原子力利用状況の不幸な結果なのだ。

武田 徹（たけだ・とおる）
1958年東京都生まれ。評論家、ジャーナリスト。専修大学文学部人文ジャーナリズム学科教授。元BPO委員。国際基督教大学人文学科卒。同大学院比較文化研究科博士課程単位取得退学。著書に『流行人類学クロニクル』（サントリー学芸賞、日経BP社）、『「核」論 鉄腕アトムと原発事故のあいだ』（中公文庫）、『原発報道とメディア』（講談社現代新書）、『原発論議はなぜ不毛なのか』（中公新書ラクレ）、『日本ノンフィクション史』（中公新書）他多数。

原発は倫理的存在か

東 浩紀
（批評家・作家）

そもそもが「倫理」に反する

原発をめぐる議論で「倫理」がなぜ問われるかといえば、それは使用済み核燃料の処理技術が確立されていないからである。「トイレのないマンション」とも揶揄されるように、現在の原発は、使用済み燃料の処理を、長期間保管しその危険性が自然に減衰するのを待つか、あるいは後世の技術開発の可能性に委ねることで成立している。いずれにせよ、いまここで処理できないものを、いつかだれかがなんとかしてくれるという「他人任せ」の態度のうえで成立しているのは疑問の余地がない。

面倒なことは他人に任せ、自分だけが利得を得る。そのような態度が「よい」ことであるかどうか。原発の倫理的問題は結局はそこに集約される。日本では東京電力福島第一原発事故を機にはじめて関心を向けたひとが多いが（筆者自身もそのひとりだが）、この問題は本質的に事故の可能性とは関係ない。経済性とも関係がない。事故がなくても、いくら経済効率がよくても、使用済み核燃料は蓄積する一方であり、後世の自然環境と人間社会の負担は増える一方だからである。

そしてそう考えると、上記の問いに肯定で答えることはきわめてむずかしい。面倒なことを他人に任せ、自分だけが利得を得る。そのような態度が、無責任で責められるべきものであることは、文化的な多様性とは無関係に、多くのひとが同意する価値観だと思われる。そうでなければ、そもそも人間社会は成立しない。

つまり、原発は（少なくとも現在の技術水準での原発は）、そもそもが倫理に反する存在なのである。わたしたちは、原発を建設し、運用し、その果実を享受することで、日々倫理に反する行為をしている。

原発が「許される」条件

しかし、これは必ずしも原発の即時停止や全廃を意味しない。また、わたしたちすべてが深く反省し、罪の意識に沈殿すべきだということも意味しない。なぜなら、人間の行動は倫理のみで図られるわけではないからである。倫理に反する決定が、別の論理に基づいて支持されることはある。たとえば戦争時の殺人のように。あるいは、地球の裏側で何百万人もの飢えた子どもたちがおり、少額の寄付でその多くの命が救われることがわかっているにもかかわらず、ジャンクフードで日々膨大な食料と資金を浪費しているわたしたちの日常のように。

それゆえ、わたしたちが考えるべきなのは、原理的には倫理に反するはずの原発が、それでもいまこの時代に存在が許される、そのときの「条件」とはなにかということである。それは便利だから許されているのか。儲かるから許されているのか。ほかに手段がないから許されるのか。議論はここから具体論に入り、哲学の手を離れる。

最終的な結論はさまざまな要素に依存し、不安定な未来予測にも左右される。たとえば、もし近い将来に画期的な技術革新が生じ、使用済み燃料の危険性が安全かつすみやかに除去できるようになるとするならば、たとえいま原発が倫理に反するように見えたとしても、むしろ建設を推進し、革新の到来を早めたほうが倫理的だということになる。

あるいは、多くの人文的問題と同じく、その議論もまた再帰的な構造をもつ。たとえば、もし仮に、ある国で原発が倫理に反するものであることを確認したうえで、それでも慎重な議論を経て稼働が不可避だと判断されたのだとしよう。それ自体は否定すべきことではない。しかし、その決定の事実そのものがほかの国での安易な建設を促進するのだとすれば、その副作用は正当性の前提を掘り崩してしまうことになる。原発そのものが素直に肯定できる存在ではない以上、わたしたちは、その是非について、未来や他者の視線も考慮しながら総合的に判断しなければならない。

なぜ慎重な議論が必要なのか

以上、原発と倫理の関係について私見を述べた。ではそんなふうに言うおまえは具体的にどう考えているのかと問われれば、筆者は、深刻な福島第一原発事故を経験した日本は、ほかの国とは異なる条件を自覚し、原発の管理について特別の倫理的な役割を果たすべきだと考えている。それゆえ、原発の再稼働はしても新設はせず（リプレース含む）、自然全廃を受け入れるとともに、他方で原子力の研究にはいっそうの力を入れ、新設なしでの研究者と技術者の養成を試みるべきだと思う。

いずれにせよ、わたしたちが忘れてはならないのは、原発というのは、21世紀初頭の現時点での技術水準においては、そもそも倫理に反する存在、つまり「存在しないほうがいい存在」であり、それゆえ稼働や新設をめぐっては慎重な議論が求められるということである。わたしたちは、すべての議論を、まずこの認識から始めなければならない。さきほども記したように、わたしたちはつねに倫理を守る必要はない。しかし、倫理を破るには、つねにそれなりの「言い訳」が必要になる。そして、その言い訳をどれだけ精緻に、説得力あるかたちで、そして普遍的な論理に基づいて作ることができるか、そこでこそ人間の知性は試される。その点で言えば、立地自治体と経済界が望むので新設します、というのは、知性のかけらもない判断である。

東浩紀（あずま・ひろき）
1971年東京生まれ。批評家・作家。ゲンロン代表。東京大学大学院総合文化研究科博士課程修了（学術博士）。専門は哲学、表象文化論、情報社会論。著書に『動物化するポストモダン　オタクから見た日本社会』（講談社文庫）、『存在論的、郵便的』（新潮社、第21回サントリー学芸賞・思想・歴史部門受賞）、『クォンタム・ファミリーズ』（河出文庫、第23回三島由紀夫賞）、『弱いつながり』（幻冬舎、紀伊国屋じんぶん大賞２０１５）、『ゲンロン０　観光客の哲学』（ゲンロン）他。

鼎談

なぜ我々は「原発」を忘れたいのか
——報道・ネット空間・無気力の連鎖から、先へ

東浩紀×津田大介×小嶋裕一

みんな、2011年春のあのパニックを忘れている

津田　東さんにはこの本で、原発と「倫理」というテーマで非常に重要な原稿をお書きいただいていますが、今日はもう少し、この国の現在の状況含めて、突っ込んだお話を伺っていきたいと思います。よろしくお願いします。

東　こちらこそ。ところで今日、共謀罪法案が可決されるらしいですね（審議が延長し、鼎談翌日の2017年6月15日未明に参院本会議で可決）。そんな日に原発について話し合うというのは、なんともいえないタイミングだと思います。

津田　たしかに共謀罪ともつながる話ですが、原発の是非はこの国を今後どうしていきたいのかという話でもありますよね。そして、この国で原発のことを考える場合、東京電力福島第一原発事故に触れないわけにはいかないわけですが、東さんは事故の第一報を聞いた時にどんなことを思いましたか。

東　そうですね。あの時は地震とか津波とかいろいろな情報が入ってきたから、いつ原発事故について聞いたのか記憶が定かではありませんが……。やはり驚いたのはあの映像ですね。水素爆発。

津田　あれは本当にすごかった。

東　そうです、建屋が吹っ飛んだ、遠くから撮影されたあの映像です。

津田　2011年3月12日の夕方ですね。

東　ええ、あれを見た時にはすごく驚きました。多くのひとがそうだったのではないかと思います。しかしあの衝撃をいま人々は忘れているような気がする。

津田　あの時、そこからどういう事態に発展することになるか、想像できていた人って少なかったんじゃないかと思うんですよね。変な言い方かもしれませんが、リアリティがないというか。

東　ぼくは15日に伊豆に避難しています。その時はホームセンターなど店頭で物資が消えつつあったのを記憶している。ヨウ素とか。

津田　放射性ヨウ素にイソジンが効くという噂が出たりしてましたからね。

東　ええ。電池なんかもかなり品薄になっていました。あと、都内ではガソリンスタンドに車が行列をつくっていたけれど、伊豆に近づくとそんなことはなくて、「あ、あれは東京だけの現象なんだ」と思った記憶があります。

友人にも、子どもを連れて大阪など西日本に移動したひともけっこういましたね。みんないろいろ動いていた。ちょっとしたパニック状態になっていたと思います。

津田　そこから6年が経ち、原発事故直後の記憶も薄れ、「原発」という話題はある意味、我々と直接関係のない専門的なもの、みたいになってしまったような気がします。なにか起きてもきちんとニュースに取り上げられることが減ってしまった。

東　忘れ去られることは予想してましたが、ぼくが6年前に予測できなかったのは、原発事故による「反作用」ですね。

例えば先日、茨城県の大洗の原子力実験施設でプルトニウムが漏れて研究員5名が被曝するという、大きな事故が起きたでしょう（２０１７年6月6日）。放射性物質が相当ずさんに管理されてることもわかった。本来これはもっと続報があるべき事故だと思うんだけれども、びっくりするほどない。

原発事故を語ることそのものが、タブーになった

東　そういう光景を見て思うのは、なんていえばいいのか……原子力事故そのものがタブーになってしまったのかなと。

福島の事故から数年経って、「あの事故についてあまり大きく報道した結果、福島の人々が傷ついた」といった反省の言説が現れるようになった。たしかにその側面もあったけれど、こん

Hiroki Azuma

どはその反作用として、この数年、原発事故について、いや原発そのものについて、たいへん語りにくい状況が生まれてしまったように思います。福島に限らず、原発に少しでも批判的なことをいうと、「おまえは風評被害に加担するのか！」と怒られる状況になってしまった。事故直後は、こういう事態になるとは誰もが予想していなかったのではないか。ぼくはこれはよくないことだなと思っています。

津田　東さんは原発事故以降、ずっと思想的、哲学的な課題としての「福島」に強い関心があると話されてきましたよね。

東　ええ。現代文明を考えるうえでたいへん大きな問題だと思います。ところがいまや、こんなふうに「福島に思想的に関心がある」と発言すること自体が、福島のひとを傷つける、思想的に関心があるとかいうと福島を食い物にしてるだけじゃないかといわれてしまうようになった。考えるんではなくて、現地でひとを助けろと。たしかに人助けは必要でしょうけれど、そのような状況は、「福島については考えてはいけない」という思考停止を生み出してしまう。いまや、この状態こそが考えるに値することといったねじれた状況があった。

津田　同感です。

東　振り返ってみれば、事故前にも原発についてはいろいろな議論があった。日本はそもそも被爆国だし、チェルノブイリ事故にも関わりが深かった。チェルノブイリの事故当時は反原発デモも行われていた。

津田　１９８０年代はけっこう盛んでしたよね。

東　ええ。それが、21世紀に入ると、地球温暖化の問題が出てきたため、風向きが変わり原発がけっこうポジティブに評価されるようになってきた。そこで事故が起きたわけですが、とはいえ、もともと日本国民全員が原発に賛成だったわけではなく、議論はあったんです。

　だから原発事故が起きたのであれば、普通に考えて議論が盛り上がるはずだった。そして実際に盛り上がりました。しかしごく短期的なものだった。6年が経ったいま、反原発が盛り上がるどころか、むしろ原発を語ることそのものにまったく違う政治的な意味が生まれてしまっていて、原発を語ること自体がむずかしい、事故以前よりもむずかしくなったというねじれた状況があると思います。

津田　原発問題が単なるエネルギー問題ではなく、事故によって生じた差別問題に話の重心が置かれるようになってしまった。

東　そうもいえますね。これはすごくよくないことです。原発についてポジティブに語る、ネガティブに語る、そのどちらについても、純粋なエネルギー問題ではなく、特定の集団への差別意識と結びついた特定の政治的態度なんだと受け取られるようになってしまった。

例えば先日の大洗の事故についても、「報道が少ないんじゃないか」とツイッターに書いたら、すぐに「JCOの時は報道が差別を生み出しましたからね」とリプライが来た。たしかに１９９９年のJCO事故の報道では東海村に風評被害があったといわれています。けれど、だから報道が少なくていいことにはならない。

いまは「原発事故関連の報道自体が差別に加担することなんだ」という歪んだ感覚が、世の中に共有されてしまっていると思います。

ずさんな管理、しかしなぜ報道の枠組みができないのか

津田　「もしも」の話ですけれども、２０１１年秋や２０１２年に先日の大洗の事故が起こっていたら、まったく世間の受け止め方は違ったでしょうね。

東　それは違うでしょうね。そもそも今回の事故が起きたのは、関西電力高浜原発が再稼働した直後なんですよね。以前ならそこも結びつけて報道されたと思います。

津田　再稼働もこれだけ繰り返されると、ありきたりな話題になり、報道もどんどん小さくなっています。

東　高浜原発については、いちど地裁で差し止めになったのをひっくり返して再稼働とか、政権の強引さが目立つんですけどね。そして、その再稼働とほぼ同時に大洗の事故が起きて、しかもずさんな管理が明らかになっている。

小嶋　大洗の事故が起きたのは、ちょうどもんじゅの廃炉を地元の福井県が受け入れた日でもあるんですよ。もんじゅの管理主体も大洗の事故と同じJAEAなんです。そのことについて業界紙の『電気新聞』なんかはコラムで「間が悪い」と表現していました。

東　なるほど、「間が悪い」ね。

小嶋　すごい表現ですよね。

福島の事故後、推進派も反対派も議論ができなくなっている

津田　小嶋はぼくが編集長を務めるウェブメディア「ポ

リタス」の原発担当として事故以降、東電の会見にも毎日通い、事故がある程度落ち着いた後も普通のひとはもう見なくなったような細かな記事もチェックし続けてきた。小嶋はここ数年の原発報道についてどのような変化を感じていますか。

小嶋　やはり『読売新聞』と『産経新聞』が明らかに原発推進に寄っていて、『朝日新聞』と『毎日新聞』は逆。極端に二分化されていますね。

事故前は、朝日も毎日も原発はCO_2を出しませんから、地球温暖化対策という観点からも「原発はやっていこう」という立場だったんですよ。それが事故後に段階的脱原発に反転して、一方で読売と産経は朝日毎日への対抗意識で推進に振れちゃってる感じがしますね。だから読売や産経では、原発に対してネガティブな関係の報道は少なく、社説では再稼働や新増設を訴えているという印象です。

東　津田さんと小嶋さんと一緒に、新潟にある東京電力柏崎刈羽原発に取材に行きました。そこで印象的だったのは、いまは広報施設が閉じられていること。あのような広報施設は、事故前には市民に開かれていたのに、事故後は「市民を刺激するから」という理由で閉じられている。福島第二原発の取材では、担当者の方から、1990年代以前にはかなり積極的に市民を原発内の見学会に呼んでいたという話を聞きました。それが、JCOの事故があったり、テロが懸念されたりするようになって、だんだん少なくなっていった。そして2011年の事故です。それで、原発の広報なんてとんでもないということになった。でもそのせいで、市民が原発の現実を知る機会は、じつはどんどん少なくなっていっているんですよね。

そこにさらに、さっきもいったように、いまや、原発に関する議論や報道そのものが被災者を傷つけるという理屈が被せられている。原発推進側も反原発側も議論できなくなった状態だと思います。

「デマ」という言葉の意味が 3・11以降、変わってしまった

津田　原発について語ること自体がタブー視されるようになったということですよね。それだけ人々がかたくなになってしまったひとつの原因は、急進的あるいは過激な脱原発のひとたちにも一因はあるのでしょう。「放射

能によってひどい健康被害が出る」といいつのることで、それが風評被害やデマを生む構造がある。

小嶋　最近は「デマ」に対抗する「デマ潰し」の動きも目立ちます。

津田　たしかに、ネットではそっちの方が目立っている。

東　ネットは完全に市民警察の場になってしまいましたね。

例えば浪江町の山林の火事があったでしょう。あのとき、火事によって放射能の飛散が懸念されるが……という内容の地方紙のコラムが相当叩かれました(2017年4月29日、浪江、双葉両町の約20ヘクタールにわたる山林火災。この事故に対して、和歌山県の『紀伊民報』が、そのコラムに「被曝の懸念」と書いたことで批判が相次ぎ、「陳謝」する運びとなった)。だけど浪江町の山林にかなりの放射性物質が飛散したのは事実であって、「火事で周辺の放射能の値が高くなった」と虚偽の報道をするなら問題だけれど、「懸念される」と書くのはデマではないと思うんです。

津田　その通りですね。

東　懸念の表明すらデマだっていう話になっているのは、異常だと思います。とはいえ、こういうぼくの発言もまた「デマ」認定されるんでしょうけどね(笑)。つまりは、「デマ」という言葉の意味も変わってしまったんだと思う。3・11以降、ある意味ですごく便利な言葉になってしまった。

風評被害とブランド価値は本来、表裏一体のもの

津田　いま、数字で見ると、福島は驚くほどの速さで除染が進んでいます。部分的とはいえ放射線量も大きく下がった。最も心配されていた海洋汚染も想定ほどではなくなってきています。福島沿岸部で獲れた魚からは放射性物質が出なく、これは本当に喜ばしいことだと思うし、海産物の流通も少しずつ復活させていくべきだと思いますが、検査して「数字として安全だよ」っていっても、たぶん忌避するひとはいなくならない。問題はそのことを叩いてどうするのかということなんですね。

東　ぼくは事故の直後からいっているのですが、風評被害はブランドと表裏一体なんですよね。ブランドというのは、いわば「風評利益」なんですよ。

例えば「福島のお酒がおいしい」というけれど、「おいし

い」っていうことを数値化できるかといえば、それはむずかしい。実際、多少酔っ払っているひとに、そこら辺のコンビニで買ってきた酒を「福島のものですよ」って出したら「うまい、うまい」って飲んでしまうかもしれない。

つまりは、福島のお酒をおいしいと感じる源泉はなにかというと、必ずしもお酒そのものだけではないわけでしょう。それに付帯するイメージ、演出、ストーリー、お店の雰囲気、ブランド価値、そういうものすべてが込みで福島のお酒が「うまい」と感じるわけですよね。人間はそもそもモノをそういうふうに消費する生物なんです。

津田　そうですね。そういうことはこの本で小松理虔さんも書かれていますよね（82ページ）。それらがポジティブに作用すれば、ブランド価値というものになる。

東　そう。だから、同じ理屈で、そこに原発事故っていうネガティブなイメージがくっついてしまうと、いい商品でも同じようには味わえなくなってしまう。これはある意味で仕方のないことです。ブランドの利益だけを享受し、風評被害を避けようと思っても、それは無理なんです。そもそも同じメカニズムで生まれているんだから。

そこで、風評被害は悪なんだからおまえの頭の中のイメージそのものを変えろというのは、じつはむしろ危険な発想です。

東電はじめ、電力会社を救うスキームがどんどんつくられている

津田　いまの東さんの指摘はとても重要ですね。人々はそういう理屈によって、福島や原発についてオープンに語れなくなってしまったわけですから。それと比例して、どんどん原発推進が進められている。この2年間だけでも本当にさまざまなことが決まっています。

この本で高橋洋さんも指摘していますが（141ページ）、例えば、東京電力が賠償すべき費用を「新電力」、つまり電力自由化で新たに参入した電力会社にも「託送料（送電線で電力を送る費用）」に乗せて負担させるというスキーム。これが実現すると、わざわざ東京電力との契約をやめて新電力に乗り換えたひとたちも、電気代の支払いを通して賠償費を負担することになる。原発を使い続けるための「地ならし」と見ることもできますね。

小嶋　次の〈エネルギー基本計画〉を、2017年度の

うちに策定する予定がありますが、6月9日の『日本経済新聞』で「原発の新増設を明記するのでは」という報道が出たのですが、結局明記を見送る報道が8月2日に出ました。そのような紆余曲折も含め、この2年間で、原発新設のための下地をどんどん敷いてきてますね。

東京電力をはじめとする、原発を抱える既存の電力会社をなんとか助けるための仕組みをどんどんつくっています。その一環で、先程の賠償金を託送料に乗せる話も出たんです。

2016年4月に電力が自由化され、やはり新電力に切り替えればいくらか電気代は安くなるんですが、新電力があまりに勝ちすぎると、原発を抱えた電力会社が戦えなくなるから、それをどうやって新電力側に負担させるかというせめぎ合いが続いています。

津田　やはり原発を使い続けることありきで物事が進んでいる印象を受けますね。これまで原発を推進する大きな理由の一つとして、経済性があったけど、細かくデータを検証すると経済的なメリットはそれほどない、あるいは他のエネルギーと比べてコスト高であることが明らかになってきた。

それだけでなく、大事故を起こしたことで、非常にリスクの高い技術であることも周知されましたよね。

それでも原発をやめられない一番の大きな理由はなにか。この本の中でも何人かの論者によって指摘されたように、「潜在的核保有国でありたい」という願望が横たわっているのだと思います。しかし、それは表立っていえないから建前として原発を使い続けるための他の理由を出さざるを得ない。いまはそのほころびがどんどん表面化しているし、国民とのコミュニケーションもまったく進んでいない。そんな状況だと思います。

原発はそもそも、不完全で過渡的な技術

東　ぼくは、科学技術というのは基本的に素晴らしいものだと思っているんです。ただ、原子力技術に限っていえば、過渡期的なもので、そこが問題だと思っています。

1950〜60年代に原子力について書かれた文献や小説を読むと、みんなけっこうすぐ核融合発電に移行できると信じていたように思います。そして核融合ならゴミは出ないから、問題ないといえばない。

だけど、原子力というのは人類が想定していたよりもむずかしい技術だった。そして、プルトニウムやウラン

など処理できないゴミを出し続ける核分裂発電の状態で、技術の進歩が止まってしまった。ところが他方で、地球温暖化や世界経済の発展などがあり、石油や石炭などの化石燃料がなくても発電できるのは都合がよいということで、技術そのものとしては不完全なまま世界中に広まってしまった。それが問題の根幹だと思います。

現在の原発というのは、いまの技術でまったく処理できない放射性のゴミを大量に生み出すことによって発電しているので、どう考えても褒められた技術ではありません。原発に抱えるこの「非倫理性」については、国民レベルでというか、本当は全人類レベルでコンセンサスを取っておくべきだと思うんですよ。

津田　原発はエコだという主張がありましたが、廃棄物の問題を考えたらとてもエコなんていえない。

東　ええ。これは未来の人類がなんとかしてくれるだろうっていう技術ですからね。

津田　究極の先送りですよね。

かつては米ソの冷戦構造があったため、過渡期的な技術であっても、採用せざるを得なかった側面はあるわけで。もしかしたら1960年代に日本で原発が動き始めた頃には、こんなに早く冷戦が終わるとは想定していなかったのかもしれない。ただ問題は、冷戦の崩壊後も原発を動かし続けてきたということ。

そのツケをちょうど40年、50年経ってぼくらが支払わされているというのが現状ですね。老朽化の進んだ原発、そして事故の処理。放射性廃棄物の処理問題もある。支払利息が大きくなってしまって、もう利息分すら払えない状況です。

宇宙に打ち上げるのも困難な核のゴミ

東　原子力発電の最大の問題はとにかくゴミの問題です。あれは本当は宇宙に打ち上げるぐらいしか解決策がない。宇宙はもともと放射能に満ちてるので捨てても問題ない。

津田　原発が生まれた1960年代には実際にそういう処理を想定していました。

東　ところが打ち上げも事故が多い。

津田　もしチャレンジャー号に核燃料が積まれていたら、上空で放射性物質がばらまかれてしまったわけで。

東　とはいえ、20世紀を振り返ってみると、そもそも核実験を死ぬほどやっているし、チェルノブイリの事故が起きて、福島の事故が起きて、じゃあ地球が壊滅してるかっていうとまったくしていない。先ほど福島の除染が意外と進んでいるという話もあったけど、チェルノブイリもいまはかなり回復しているわけです。

津田　チェルノブイリ原発は、いまでも現役の送電所として毎日2800人が働いてますからね（『チェルノブイリダークツーリズムガイド』、2013年より）。

東　そう。そして緑もきれい。だから、もしかしたら、原発事故が起きても、宇宙に打ち上げて失敗しても、さほど大きな影響はないのかもしれない。でも、だからといって面倒なことをすべて未来に先送りする態度が許されるのかといえば、それは別。それがぼくが論考で書いたことです（338ページ）。

「なかったことにしたい」日本人の集団心理

東　ところで、これはエビデンスなしの単なる印象論でしかないんだけれども、日本がいま原発をあらためて推進している背景には「あの原発事故をなかったことにしたい」という集団心理が強く働いているんじゃないか、とぼくは感じています。

福島第一原発事故は日本の戦後の歩みの中で、大きな挫折だった。「戦後が終わって、これからは災後だ」などともいわれた。でも「災後」なんて言葉はまったくはやることなく、すぐ消えてしまった。

そして、2011年が日本にとって大きな転換点になるはずだった、その事実そのものを忘れて、逆にそんな可能性そのものをなかったことにしたいという集団的心理が働いているように思うんですね。

津田　それはいまのネットにもマスメディアにも頻出する「日本スゴイ」のような、無邪気に自国を称揚する言説と表裏一体の話なんじゃないでしょうか。

東　そう思います。そういう意味でも、いまやこの国では、原子力技術、原子力発電っていうものが、2011年以前よりもはるかに厄介な心理的意味を帯びてしまっている。

この国では、原発および原発事故に関する言説は、もはや経済性や環境や安全保障といった観点で理性的に議論できるものではなく、感情的な負荷がすごく高いものになってしまった。その状況にどう向き合うのかきちんと考えなければ、ここから先には進めない。

理想と現実、世論調査と選挙結果のズレ

津田　ぼくも感覚的には、東さんのいう「忘れたい」という深層心理の広がりに同意する一方で、データを見ると日本人はけっして忘れてないいんじゃないかとも思うんですよ。まだまだ世論調査では「脱原発したい」と答えるひとが7割から8割いますから。
　ただそれが選挙結果という形では出てこない。これはどう理解すればいいんでしょうか。

東　そういうことはありえます。例えば、改憲の賛成派はいまや国民の多数といわれているでしょう。でも実際に国民投票となったら、改憲はむずかしいんじゃないかと思います。集団心理は必ずしも世論調査の結果にそのまま表れるわけじゃない。そんなことというと、じゃあなにを根拠に話せばいいんだということになりますが……。でも、世論調査の数字で表れてくると逆に「いや、やっぱり……」というような無言の抑圧が入ってくるようなことはありますからね。

津田　まあ日本って、選挙結果でバランスを取ろうとする面もあったりしますね。

東　そういう意味では、ぼく自身は改憲派なのだけど、護憲派はまだ安心していいようにも思ってます。

津田　国民投票までいっても否決される？

東　ええ。そこまでいったところで、きっと急に護憲が強くなるんじゃないかな。原発はその裏という感じがする。世論調査で脱原発が多数派だと出ても、それを掲げる政治家が実際に登場すると「いやいや」「とはいっても」と、みんな引いてしまう。

津田　理想と現実は違うから、と。

小嶋　２０１２年の民主党政権時代、〈エネルギー環境会議〉という場をつくって「２０３０年に原発ゼロ」ということを決めたんです。
　ただしその後、民主党が負けて自民党政権になって以降、原発がどんどん再稼働している。

津田　実際のところ、選挙前の世論調査で「なにが投票の判断材料になるか」と尋ねたら、原発に関することって、いつも3位、4位なんですよね。基本はみんな「経済」と「雇用」にしか関心がない。
　だからそれらの分野で一定の結果を出している安倍政権が強いっていうのは、ある意味ではわかりやすいことでもあるんでしょうね。

官僚制の問題と国民に広がる無気力

津田　なぜ原発がこの国の大きなイシューにならないのか。それについては東さんはどう考えますか。

東　さきほどの繰り返しになりますが、2011年の事故直後に存在していた「この国が変わらなきゃ」っていう空気そのものが、いまや完全に消えている。「どうせ変わんないよね」と無気力感だけが残っている。原発はその象徴ですね。

津田　あの時はもちろんぼくも東さんも「変わらなきゃ」と思っていたし、いまもぼくは思っているつもりですけど。

東　そうですか……ぼくはもう正直、なかなか……共謀罪も通るわけですしね。

津田　うーん。

東　もはや国民はある種の無気力に覆われている。自分たちになにかができるとは本気で思わなくなってきている。実際、野党も市民運動も空回りしている。いまは森友・加計問題で大騒ぎをしているけれど、政権の方が現実を冷徹に捉えていて、いくらああいうスキャンダルがあろうが関係ない、法案が通ったらみんなすぐに忘れると国民を舐めてかかっているし、実際そうでしょう。

政権側はそういう現実をよくわかっているんだと思いますよ。原発も粛々と再稼働しても誰も文句いわないだろうと。

津田　ぼくは違う見方ですね。安倍政権は原発に対してほとんどノープランではないかと思うんですよ。安倍さんの発言を見ていると、彼が強く原発を推進したいという強い意志は感じない。むしろあまり興味関心がないように見える。だから、経産官僚や原子力業界のいうがまま、なすがままに進めているだけなんじゃないかと。

小嶋　経産省が事故前の状態にすべて戻そうとしているんですよね。事故後に原子力規制委員会という独立性の高い第三者委員会をつくったものの、当初は原発に批判的な立場の委員もいたのが、任期を終えると、国会同意人事によって推進寄りの委員に入れ替わってきています。具体例を挙げると今度新たに委員として入るのは大阪大学の山中伸介さんという方で「原発の寿命40年は短すぎる。60年がいいんじゃないか」という意見の持ち主です。

また、この本で黒川清さんも指摘していましたが（94ページ）、規制機関としての独立性を保ち、天下りの問題を防ぐために、原子力規制庁の職員が、原子力を推進する経産省や文科省へ異動するのを禁止する「ノーリターンルール」も形骸化していきそうですね。

安倍さん自身が原発についてどう考えているかぼくにはわかりませんが、原子力規制委員会が原発の安全審査を行い、審査を通った原発が粛々と再稼働していくっていう方針ですよね。しかし、原子力規制委員会は「まあ、この規制に通しただけであって安全だと保証したわけではない」といっています。誰も責任を取ることなく、再稼働だけが進んでいく図式になっています。

東 官僚制の問題ですね。日本ではなににつけてもその問題がつきまとう。

津田 ここには日本のいろいろな問題が凝縮しています。三権分立といいながら司法がまったく機能しておらず、行政の追認機関でしかない点もそうです。

東 匿名の巨大な官僚集団が勝手にいろいろと決めて、誰も責任を取らないまま組織の論理でずっとそれを続けていくという問題。原発に限らず、あらゆることがそうですね。

陰謀論とネット空間/SNSを規制すべきか

小嶋 東さん、このあいだ『日経サイエンス』の陰謀論の記事(2017年7月号「トランプと科学」特集)について話していましたよね。

東 クアトロチョッキという研究者の、「陰謀論サイトの読者は、虚偽が暴露されるとその陰謀論サイトを読み続ける確率が逆に30%高まる」という論文についてですね。

津田 絶望的な話ですね。

東 まったくです。それに、そのことがわかったからなんなんだという感じがします。わかったところでどうしようもない(苦笑)。

津田 「ポスト真実」は「事実」を突きつけることでは解決しない。なぜかといえばもはやそれは「信仰」の問題になっているから。そんな状況ですからトランプも勝ってしまうわけですよね。

東 本当に解決しようと思ったら、インターネットを禁止するぐらいしかないでしょう。しかしそうもいかないですしね。

津田 もしかすると、成熟した言論空間としてのネットは、中国でこれから一番伸びるんじゃないかと思いますね。既にインターネット規制をしているから、フェイクニュース規制もやりやすいでしょ。

東 規制によってまっとうな市民社会が育っていくと。

津田 もちろんこれは皮肉であって、中国の政府の情報統制を肯定しているわけではないですけど。いずれにせよ残念な話です。

東　しかし、そういうことを思う状況ではありますね。

ネット空間の自警団がもたらす抑圧の連鎖

東　そこに関連していうと、福島第一原発事故は、日本においてSNSが爆発的に普及する時期に起きた。事故にとっては不幸な偶然だったと思います。というのも、今日話題にしている「原発事故についての語りにくさ」は、SNSがあったからこそつくられている。

津田　これもまた歴史的な「もしも」の話になりますが、チェルノブイリの事故が起きた1986年に福島第一原発事故が起きていたら、たぶん日本はスムーズに脱原発していたんじゃないだろうか、とも思いますね。

東　少なくとも世論は変わっていたと思う。これは福島の問題にはかぎらないですが、いま起きているのは、実際に差別があるかどうかということと関係がなく、「差別があることを許さない」と表明し正義感を振りかざすひとたちがSNS上でとにかく大勢つながり、市民警察みたいなものを形成しているということです。これはあちこちで議論を歪めている。

津田　しかもそういうひとたちは、被害の直接的な当事者ではなかったりする。

東　そういう市民警察は、SNSがなければ存在し得なかった。SNSがなければもっと福島についても、原発全般についても報道されていたかもしれない。

津田　問題は、そういう「自警団」をやっているひとの中に、東電の利害関係者がいることですね。闇が深いな、と。

小嶋　そういうことをふまえて一つ一つの情報を「これはデマだ、これは陰謀論だ」と訂正していったとしても、次から次へと新たに信じてしまうひとが現れるという連鎖の構造ができていて、出口がないような感じがします。

「語りにくさ」のために警戒区域内に光が当たらない

東　福島第一原発事故による放射能の被害は、当初心配されたものほどは深刻でなかったといってよいと思います。それはよかったんですが、そのため、ある時期から、話題は、事故そのものではなく、事故によって福島の印象が悪くなってしまったことをどうするかという問題に移ってしまった。当然それに関しては対応していくべきですが、ただこれは対応に限界があるんですよね。

津田　定期的に避難区域内のひとたちに会って話を聞いているんですが、ああいうネット自警団的なひとたちの主張は、いまは必ずしも当事者の認識や理解とは合わなくなってきています。

むしろ福島や原発について語りにくい空気ができることで、避難区域のひとたちが忘れ去られつつあることに危機感を持っている当事者も多い。これは看過できない弊害だと思います。

彼らは、コミュニティも含めて、津波被害を受けた地域とは異なるまったく新しいやり方で復興の道を探っていかざるを得ない。にもかかわらず、そもそもそういう状況にスポットライトが当たっていない。

東　そんな構造がつくられて固定してしまったのは、本当に不幸なことです。

支援政策は「帰す」ことを目的とすべきではない

小嶋　いまの話はこの本の中だと山下祐介さんの論考（72ページ）に近いですね。今回、避難区域が大幅に解除されたために避難していたひとたちは全員「自主避難者」扱いになる。すると解除から1年後には賠償や支援が打ち切られるのでいわば「ただのひと」というレイヤーになってしまうんです。現状ではすべて「帰す」ための政策、つまり「帰らない」という選択肢を与えないための政策になっているんですよ。

一方、佐藤暁さんの論考（48ページ）は「廃炉のやり方を間違えるともういちど、事故が起こるかもしれない」という話です。もしその可能性があるなら「放射線量が下がったから戻って住め」っていうのはかなり乱暴な議論ですよね。

東　それは単純な問題で、あのような事故があったならば、その後が物理的に安全だろうが安全じゃなかろうが、多くのひとが住むことを躊躇するのは自然なことだと思います。事故が起きなければずっと暮らせていたひとが、それができなくなったわけで、その人々に補償を行うのは当然のことです。

ただ、問題は、それをどれくらい継続するかということです。つまり金額、対象範囲、継続性の問題。

いずれにしても「帰す」ことが政策としての目的になってはいけない。

さらなる差別を助長する賠償金制度

小嶋　しかもその賠償金を、いま検討されているように託送料に上乗せすることになれば、多くのひとが「俺たちが福島の避難者の賠償金を直接負担しているんだ」と感じる構図がつくられてしまう。より問題が深くなります。

津田　それがまた差別を助長させる。

東　そうですね。

津田　ヒットした矢部宏治さんの『日本はなぜ、「基地」と「原発」を止められないのか』に象徴されるように、原発の問題と沖縄の米軍基地の問題は、迷惑施設――いわゆる「NIMBY（Not In My Back Yard：うちの裏庭につくるな）」問題の観点から、よく並べられて語られます。しかし、原発と沖縄の基地が最も違う点は「住民が自分たちで誘致したものか」ということに尽きます。原発を誘致した理由には、明治維新以降ずっと引きずっていた、中央政府から冷遇されてきた地域の歴史もある。そうであっても、やはり自分たちで誘致して事故を起こしてしまったのだ、という記憶は残りますよね。

小嶋　誘致した頃はそれほど危険だとは考えていなかった。むしろ最新の産業に夢を見ていたでしょうから。

津田　けれど40年以上経って、事故は起きた。山下さんの論考にあるように、「原発を誘致したという自業自得なところのあるひとたちのために、なぜ俺らが賠償金を肩代わりしなきゃいけないんだ。しかも原発は使いたくないと思って新電力を選んだとしても、原発事故の賠償金を払わなきゃいけない。おかしいじゃないか」という思いが人々の間に起こり得る。

原発と福島あるいは議論と沈黙

東　いまは福島について語ることがたいへんむずかしいので、原発に関する議論をいちどそこから切り離すべきかもしれませんね。

津田　原発と結びつけて福島を語るってことが困難になっているのだから、少なくとも原発の議論をする時は、まず福島から切り離して始めるしかないんでしょうね。

東　考えてみれば、あの事故があったかなかったかにかかわらず、もともと原発はない方がいいものだし、つくる場合は地域にも社会にも環境にもかなり無理を強いるものなんです。そういうものをこの国が続けていくのが、いいことなのかどうか。それは事故とは関係なく議論されるべきです。

オフィシャルには語られない潜在的核保有論

津田　さっきの建前論でいえば「潜在的核保有論」っていうのは政治家、それこそ石破茂さんなんかも公言してますよね。

潜在的核保有、つまりプルトニウムを保有していたいからこそ原発を続けざるを得ない。この一部の政治家だけが口にする本音っていうのは、けっしてオフィシャルには語られない。

この状況についてはどう思いますか。

東　北朝鮮が核を持っていて、中国も持っている。いまは韓国も在韓米軍の核を共同保有しようとし始めているという話もある。この状況で見ると、日本は核を持たざるを得なくなるはずです。

津田　なるほど、バランス的に。

東　とはいえ、さきほどの改憲の話にもつながるけれど、これもたぶん集団心理の抵抗でできないでしょう。

津田　となると、核を持てない状況下でのギリギリの選択肢として「核武装はしないけどいつでもその気になればできるんだ」という可能性を抑止力にするという……。

東　ただ、ぼくは専門家でないのでよくわからないんだけど、そんなにすぐに核兵器がつくれるものではないわけでしょう。

小嶋　ですね。来月から可能ですよ、というわけではないですし。何年かかりますか、という問題ですね。

津田　それが果たして本当に「抑止力」になるのか。自民党の大物保守政治家にそのことを尋ねたことがあるんですが、「たしかに直接的な抑止力ではないが、ないよりかはマシだ」という答えが返ってきました。「ないよりかはマシ」ということは理解できるけど、それはいまの原発や核燃料サイクルにかかっている多大なコストを支払ってまでも手に入れなければならないものですか？　ということは思いますね。

小嶋　この本で武田康裕さんが指摘しているように（202ページ）、IAEA（国際原子力機関）の査察から隠れて核武装することは無理なのでNPT（核拡散防止条約）を脱退しなければならない。そうすると原発に必要なウラン燃料を輸入できなくなって原発も運転できなくなってしまう。さらにNPT違反になれば経済制裁を受ける可能性もある。爆弾だけじゃなくて、それを飛ばすミサイルの開発も必要だし。そんなに簡単なことじゃありませんよ。

津田　プルトニウムもちゃんと保有量が細かく管理されていますもんね。

小嶋　と思ったら、このあいだ大洗の事故が起きた。IAEAから非常に厳しく管理を義務づけられているのに、ずさんなのが露見したわけです。

東　あれは驚きですよね。あんなにいい加減に管理されてるんだったら、流出だってありそうです。何十年かぶりにフタ開けたら、ウランないぞと。

津田　それで「いやぁ、紛失したんですけど記録がないからわかりません」みたいな。

リベラルの敗北、インテリとネトウヨの接続

津田　核をめぐる政治的なサスペンス物語なんですが、池澤夏樹さんの『アトミック・ボックス』という小説が非常に興味深かったです。しかしもはや現実が小説を超えている。大洗の事故なんか見ると、そういうこともあり得るくらいのずさんな管理なんだって明らかになってきていますしね。

余談ですが、このあいだたまたまある場所で宇宙関係の研究者のひとと会って話す機会があったんですが、思想的には素朴な右翼なんですよね。

話していると、ものすごく頭のよい優秀なひとだというのは伝わってくるんです。NASAからも「こっちで働けよ」と誘われているくらい。けれど、「自分は国のお陰で研究できてるし、日本のために働きたい。働けることを誇りに思う」と断っている。若いインテリ、研究者と安倍首相周辺にいるような保守層との接続は意外と進行しているんじゃないかと思いましたね。

東　むろんその彼がそうとはいいきれないけれど、いま社会の中枢にいるひとたちは、リベラルから見れば「ネトウヨ」と分類されるタイプが多いと思いますよ。戦後教育はじつは機能してなかったんじゃないかな。

津田　安倍政権は経済政策だけじゃなく、教育政策もかなり多くのことをやっていますからね。

東　いままで平和教育とか憲法教育とか長年してきた結果、それでもネトウヨばっかり育ってるんだから、安倍政権にとってはいまのままでもいいと思うけどね（笑）。

しかし、「リベラルな市民教育」なるものはいつ機能したんでしょうね。ぼくや津田さんの世代は、まだ日教組が強かったはずですけどね。その世代がネトウヨ化してるんだから。

小嶋　ぼくは１９８２年生まれなのですが、たしかに日教組的な教育の押し付けがましさに対する反発はありました。そんな時期を経て大学時代に小林よしのりさんの『ゴーマニズム宣言』などに影響を受けて保守化する、というのはよく見た光景です。

１９８０年代、１９９０年代の対米ルサンチマンと現代の嫌中・嫌韓・嫌朝

東　ぼくの実感ですが、１９８０年代から１９９０年代にかけて日本の経済はとにかく強かった。にもかかわらず、アメリカに政治的にいいようにやられて、ジャパン・バッシングがあり、日米自動車交渉やデトロイトでの日本車焼き討ちが頻繁に報道されていた。それが、ぼくたち団塊ジュニア世代の「俺たちはもっとすごいはずなのに」という気持ちにつながったというのはあるでしょうね。

津田　でも結局は、アメリカの圧力によって日米構造協議が行われ、為替もいいようにされ、「ジャパン・アズ・ナンバーワン」から転落していった。

なのに「アメリカ許すまじ！」って方向には行かなくて、かつて植民地支配していた近隣の北朝鮮、韓国、中国を敵視して叩いてルサンチマンを晴らすみたいな感じになっていく。

小嶋　若い世代ほど原発の再稼働に賛成するひとの割合が多くなる傾向があるんです。経済を支えている世代ほど原発が止まって景気に悪影響が出るのを恐れるというのは気持ちとしてわかる。もちろん事故が起こればより大きな影響が出てしまうのですが。

東　若い世代は、原発も賛成、安倍政権にも賛成か。それが彼らの選択であれば、やむなしでしょう。

反緊縮、経済再分配と「愛国心」キャンペーン

東　ぼくはほとんど愛国心がないし、日の丸にも君が代にも敬意がないひとですが、政治をやるならばやはり愛国心をキャンペーンに組み込まないと負けてしまうんだと思う。日本のリベラルはだから負け続けている。みんな、国を愛したいんですよ。

津田　国を愛すからこその、脱原発、反緊縮、経済再分配なんだっていえばいいのにね。日本は民主党が超緊縮だから経済的なリベラル政策はアベノミクスにさらわれてしまっている。

東　最近になって左翼が「憲法9条こそ日本の誇り」みたいなキャンペーンを打ち始めてるけれども、完全に遅いと思います。

「この日本という国に誇りを持とう。日本の伝統に誇りを持とう。伝統とはなにか？　それはリベラルだ、平和主義だ」みたいなスローガンなりロジックなりを早くに構築すべきだったんだと思う。そうじゃないと負けてしまう。

でもいまこんなことをいったら、リベラルを自称する人たちが「じゃあ在日はどうなるんですか？」とか「日本が排除してきたものの歴史にも目を当てなければいけません」とかいってくるわけじゃない。そして結局、負けていくんです。

「環境」「市民社会」という国際的イメージ戦略に成功したドイツ

津田　まともな保守だって、もっといていいはずなんでしょうが……。小林よしのりさんや西尾幹二さんのように、保守で脱原発を掲げるひともいますが、多数派は「リベラルが脱原発に乗っかるなら、俺らは推進だ」と逆張りに行ってしまう。この貧しい言説の状況というのも大きいですよね。

東　そもそもドイツだって、いまでこそ「エコです」「環境に優しいです」「成熟した市民社会です」みたいな顔しているけれど、歴史的にはナチスの国なわけでしょう。ていうイメージの切り替えがうまい。翻って日本は全然そういう切り替えができていない。いまだに太平洋戦争のイメージを引きずっている。

津田　それは外部からの目をどれくらい意識するかという観点の有無じゃないですか。ドイツは他国からの目に対して自覚的だった。日本は「別に世界からどう思われようがかまわない。むしろそれこそが日本の誇り」みたいに開き直ってしまうところがある。

東　日本はどうも「逆ギレ」しがちですね。

津田　最近でも、国連の特別報告者ケナタッチさんの件（共謀罪について、プライバシーを不当に制約する恐れがある、深刻な欠陥のある法案だと指摘した）でも、ネットでは「国連脱退だ！」と騒ぐひとが出てくる始末で。

東　議員がそういい出したらたいへんですね。

津田　いや、ネットだけじゃなく『産経新聞』はそれを伝える記事の見出しに「反日」と入れました。戦前の新聞かよって話ですよ。自民党議員も似たようなことといってましたね。松岡洋右を思い出しました。

東　トランプもパリ協定から脱退を表明したし、脱退がトレンドかな。

津田　そういう流れの中、原発のイメージ肥大化が進んでいる。原発は「強い日本」の象徴で、それを回復することが日本のアイデンティティとイデオロギーの回復なんだと。半ばそういう話になってしまっているところがあるんじゃないかと思います。

マスコミが潰れれば日本の市民社会は育つかもしれない

小嶋　ドイツがどうして脱原発できたかというと、福島の原発事故だけがきっかけではないんです。チェルノブイリ事故を受けて、政権の中に反原発派の緑の党が入ってきました。でも、全ての原発を即時停止せよというような急進的な主張はせず、段階的脱原発に道筋を付けていった経緯があるんですよ。日本にはまったくそういう動きがない。

津田　そういう意味でいうと、なぜ同じ敗戦国からスタートして日本とドイツにこれほどの差が生まれたのか。それはおそらくマスコミの強さの違いが大きいのではないかと思います。

マスコミに対する信頼度調査を行うと、ドイツでは異様に低い結果が出る。一方、日本で同様の新聞に対する信頼度調査を行うと「新聞を信じますか」という質問に68・6ポイントという国際的に見ても相当高い結果が出る。地上波テレビについても同様です。これは日本の特徴なんですよね。新聞の発行部数も世界一ですし。

日本のマスメディアは強すぎる。イコール、マスメディアが必要以上に世論を誘導する、いや、世論をつくりあげてしまえるんですね。

これに対してドイツは市民社会が強く、連邦制で地方分権も進んでいるため、マスメディアの力が弱い。各新聞、それぞれ100万部も出てない。数十万部しか刷られてないような新聞がなにかいったところで、さほど影響力はない。しかも新聞やテレビ、世論調査の見方など、メディアリテラシー教育が盛んなので、マスメディアのことを疑いながら見ている。

そうすると新聞に誘導されずに、自分たちの主体的選択として政策や政治家を選ぶことになるんです。日本とドイツの差は、たぶんその違いが大きい気がします。逆説的にいえば、日本が市民社会になっていくには、いちどマスコミが潰れるくらいのインパクトがなければなにも変わらないのかもしれません。

この本でインタビューに応じてくださった前新潟県知事の泉田裕彦さんが結局なぜ選挙を降りたのかというと、地元で最も影響力がある『新潟日報』と対立したから。対立の構図が政治家とメディアなんですよ。これはいまの日本を端的に現しているすごく象徴的な話だな、とぼくは感じています。

リベラルだけどバカな文系、頭はいいけどネトウヨの理系

東　最後に論点を付け加えると、震災後の日本では、文系と理系の対立が妙に政治的に強化されたところがあり、それも憂いています。ひらたくいうと、文系はリベラルだけどバカ、理系は頭はいいけどネトウヨ、といったステレオタイプがつくられてしまった。震災前はこうではなかったと思うけど。

津田　ツイッターを見ていても、最近ますますそういう感じがしますよね。

東　実際、そのせいでもともとリベラルだったはずのひとも、タイムラインの雰囲気に引きずられていくんですよね。

津田　ネトウヨのリツイートとかしてしまう。

東　おそろしいことだと思います。例えばSF作家のようなひとたちっていうのは、理系に親和性がありつつも、メインカルチャーの中にはいないわけで、反権力的だったり反体制的だったりというメンタリティが基本にあった。それが震災後のSNSが生み出した単純な分割の中で、いつのまにかネトウヨ的言説に巻き込まれ始めている。

逆に文系の知識人の方も、昔はもっと科学や技術に興味があったものだけれど、この一連の流れの中で「理系的なもの＝ネトウヨ」という警戒感、忌避感が強くなってしまった。

津田　「フォビア」になってしまうということですね。

東　そうです。いまや「理系は原発推進、文系は原発反対」とものすごく大雑把なことになってしまっている。みんなでSNSをやめた方がいいんじゃないかな（笑）。

言論空間の空中戦と6割の沈黙
——分断ラインを引き直す

東　いずれにせよ、現実はそんなに単純ではないから、言葉の方も複雑な状態に戻していかなきゃいけない。原発に限らず、毎日いろんなことがあちこちで話されているように見えて、じつはおそろしく単純でしょう。すべてが安倍支持か反安倍かの対立に集約されちゃっている。

津田　本当はいろいろな切り方ができるはずなんですけどね。

東　そうです。「おまえは文系、だとしたらリベラルで反原発なんだろ、それでデモとか行くんだろ?」「へー、で、おまえは理系?　じゃあ安倍支持で御用学者で数式は読めるけど弱者の痛みはわからないってわけだ!」みたいな感じになっている。

小嶋　推進派の2割と反対派の2割が、この6年間、言論空間でずっと空中戦をやっています。

津田　で、残りの6割が「原発、なくなるといいなぁ。でも、どうかなぁ」とふわっと思って沈黙している。

東　そうです。「原発はできればなくなった方がいいな」と思っていろいろネットで調べてはみるけど「そこまで俺、エネルギーとか詳しくないし……」みたいなひとたちはたくさんいるはずです。でも、いまやそのひとたちはもう意見表明できない雰囲気なんですよね。だから、そういうひとたちにこの本を届けたいっていうことですよね。

津田　ええ、東さんのいう「誤配」を含めて。東さんが提唱された、新しい連帯のありかたを探りながら、ですね。この本がその一助になるといいなと思います。

今日はどうもありがとうございました。

（2017年6月14日／六本木「ネオローグ」にて／構成＝松田ひろみ）

東浩紀（あずま・ひろき）

１９７１年東京生まれ。批評家・作家。ゲンロン代表。東京大学大学院総合文化研究科博士課程修了（学術博士）。専門は哲学、表象文化論、情報社会論。著書に『動物化するポストモダン　オタクから見た日本社会』（講談社文庫）、『存在論的、郵便的』（新潮社、第21回サントリー学芸賞・思想・歴史部門受賞）、『クォンタム・ファミリーズ』（河出文庫、第23回三島由紀夫賞）、『弱いつながり』（幻冬舎、紀伊国屋じんぶん大賞２０１５）、『ゲンロン０　観光客の哲学』（ゲンロン）他。

本文写真
pp.36-37, 59 © 2014 mstk east "fields" / CC BY 2.0
p.38 © 2014 Tony Webster "Dillon Wind Power Project" / CC BY 2.0
p.84 © 2014 Nuclear Regulatory Commission "Atoms For Peace mobile exhibit." / CC BY 2.0
pp.96-111, 342-365 © 高橋健太郎
p.116 © 2010 Indi Samarajiva "Tanker" / CC BY 2.0
p.132 © 2008 Agustín Ruiz "pollution!" / CC BY 2.0
p.141 © 2009 Kevin Dooley "Transporting nuclear waste" / CC BY 2.0
pp.114-115, 160 © 2014 Nuclear Regulatory Commission "Unit 3 reactor under construction at the V.C. Summer" / CC BY 2.0
p.192 © 2009 Maarten Heerlien "Hiroshima after the bomb" / CC BY 2.0
p.204 © 2010 Jitze Couperus "For Sale - slightly used HMB-1" / CC BY 2.0
p.213 © 2014 Georgie Pauwels "Lost" / CC BY 2.0
p.227 © 2013 BÜNDNIS 90/DIE GRÜNEN "IMG_7376" / CC BY 2.0
pp.190-191, 253 © 2015 The Official CTBTO Photostream "CTBT side event at the 2015 NPT Review Conference: The Urgency of Action on the CTBT Contributing to International Peace and Security in an Increasingly Unstable World" / CC BY 2.0
pp.263, 265, 267, 269 © 荒牧耕司
p.274 © 2012 Oliver Hallmann "Demonstranten auf dem Opernplatz" / CC BY 2.0
p.310 © 2011 Daniel .... "Tanker - Thames Estuary" / CC BY 2.0
pp.272-273, 324 © 2006 Ryan Lackey "power-station-kw" / CC BY 2.0
●上記各行末にCC BY 2.0とあるものについては、以下を参照。https://creativecommons.org/licenses/by/2.0

表紙写真 津田大介

協力：アップリンク
特別協力：相馬拓郎、中村大樹、國分幸人
編集協力：糸瀬ふみ、岩本室佳

●本書はオンラインの政治メディア「ポリタス」にて配信された特集〈原発新設の是非を問う〉（2015年5月23日～6月24日 http://politas.jp/features/6/article/374）における各論考に大幅な増補を施し、書き下ろし等を加えて構成されています。

[編者プロフィール]

津田大介（つだ・だいすけ）

ジャーナリスト／メディア・アクティビスト。(有)ネオローグ代表取締役。「ポリタス」編集長。1973年生まれ。東京都出身。早稲田大学社会科学部卒。早稲田大学文学学術院教授。大阪経済大学情報社会学部客員教授。テレ朝チャンネル2「津田大介 日本にプラス+」キャスター。J-WAVE「JAM THE WORLD」ナビゲーター。一般社団法人インターネットユーザー協会（MIAU）代表理事。メディア、ジャーナリズム、IT・ネットサービス、コンテンツビジネス、著作権問題などを専門分野に執筆活動を行う。ソーシャルメディアを利用した新しいジャーナリズムをさまざまな形で実践。世界経済フォーラム（ダボス会議）「ヤング・グローバル・リーダーズ2013」選出。主な著書に『ウェブで政治を動かす!』（朝日新書）、『動員の革命』（中公新書ラクレ）、『情報の呼吸法』（朝日出版社）、『Twitter社会論』（洋泉社新書）、『未来型サバイバル音楽論』（中公新書ラクレ）、『越境へ。（亜紀書房）』、『メディアの仕組み（夜間飛行）』、『「ポスト真実」の時代「信じたいウソ」が「事実」に勝る世界をどう生き抜くか（祥伝社）』、『日本一やさしい「政治の教科書」できました。（朝日新聞出版）』他。2011年9月より週刊有料メールマガジン「メディアの現場」を配信中。
Twitter https://twitter.com/tsuda

小嶋 裕一（こじま・ゆういち）

1982年生まれ。「ポリタス」記者。映画作家。宮崎県出身。明治大学理工学部電子通信工学科卒。日本映画学校卒。インフォグラフィック「あなたは原発の寿命を知っていますか?」が第19回文化庁メディア芸術祭エンターテインメント部門の審査委員会推薦作品に選出。監督作品に『おくの細道2012』、『19862011』。著書に『チェルノブイリ・ダークツーリズム・ガイド 思想地図β vol.4-1』（共著）、『福島第一原発観光地化計画 思想地図β vol.4-2』（共著）
Twitter https://twitter.com/mutevox

[決定版] 原発の教科書

初版第1刷発行 2017年9月5日

編　者　津田大介・小嶋裕一
発行者　塩浦 暲
発行所　株式会社 新曜社
101-0051 東京都千代田区神田神保町3-9
電話：(03)3264-4973(代)・FAX：(03)3239-2958
e-mail：info@shin-yo-sha.co.jp
URL：http://www.shin-yo-sha.co.jp/
本文デザイン・装丁　氏デザイン株式会社
イラストレーション　中村 隆
印　刷　星野精版印刷
製　本　イマ井製本所

ISBN978-4-7885-1536-9 C1030